清华大学 计算机系列教材

严蔚敏 吴伟民 米 宁 编著

数据结构题集
（C语言版·第2版）

清华大学出版社
北京

内 容 简 介

本书与清华大学出版社出版的《数据结构》(C语言版·第2版)一书相配套,主要内容有习题与学习指导、实习题和部分习题的解答或提示三大部分,以及附录A。

其中习题与学习指导篇的内容和《数据结构》(C语言版·第2版)一书相对应,除第0章外,也分为12章,每章大致由基本内容、学习要点、可视交互学习内容与解析、基础知识题和算法设计题五部分组成。实习题分成7组,每组都有鲜明的主题,围绕一两种数据结构,安排4～9道题,每道题都有明确的练习目的和要求,在每组中都给出一个实习报告的范例或做题示例,以供读者参考。

本书内容丰富、程序设计观点新颖,在内容的详尽程度上接近课程辅导材料,尤其是提供 AnyviewC 支持可视交互学习,不仅可作为大专院校计算机类专业或信息类相关专业数据结构课程的配套教材,也是广大工程技术人员和自学读者颇有帮助的辅助教材。

图书在版编目(CIP)数据

数据结构题集:C语言版/严蔚敏,吴伟民,米宁编著. -- 2版. -- 北京:清华大学出版社,2025.9.
(清华大学计算机系列教材). -- ISBN 978-7-302-70340-2

Ⅰ.TP311.12-44;TP312.8-44

中国国家版本馆 CIP 数据核字第 2025ME4376 号

策划编辑:白立军
责任编辑:杨　帆
封面设计:常雪影
责任校对:李建庄
责任印制:沈　露

出版发行:清华大学出版社
　　　网　　　址:https://www.tup.com.cn,https://www.wqxuetang.com
　　　地　　　址:北京清华大学学研大厦 A 座　　　　　邮　　编:100084
　　　社 总 机:010-83470000　　　　　　　　　　　　邮　　购:010-62786544
　　　投稿与读者服务:010-62776969,c-service@tup.tsinghua.edu.cn
　　　质量反馈:010-62772015,zhiliang@tup.tsinghua.edu.cn
　　　课件下载:https://www.tup.com.cn,010-83470236
印 装 者:三河市铭诚印务有限公司
经　　　销:全国新华书店
开　　　本:185mm×260mm　　　印　　张:20.75　　　字　　数:503 千字
版　　　次:1988 年 12 月第 1 版　　2025 年 10 月第 2 版　　印　　次:2025 年 10 月第 1 次印刷
定　　　价:59.80 元

产品编号:108489-01

序

清华大学计算机系列教材已经出版发行了近100种,包括计算机专业的基础数学、专业技术基础和专业等课程的教材,覆盖了计算机专业大学本科和研究生的主要教学内容。这是一批至今发行数量很大并赢得广大读者赞誉的书籍,是近年来出版的大学计算机教材中影响比较大的一批精品。

本系列教材的作者都是我熟悉的教授与同事,他们长期在第一线担任相关课程的教学工作,是一批很受大学生和研究生欢迎的任课教师。编写高质量的大学(研究生)计算机教材,不仅需要作者具备丰富的教学经验和科研实践,还需要对相关领域科技发展前沿的正确把握和了解。正因为本系列教材的作者具备了这些条件,才有了这批高质量优秀教材的出版。可以说,教材是他们长期辛勤工作的结晶。本系列教材出版发行以来,从其发行的数量、读者的反应、已经获得的许多国家级与省部级的奖励,以及在各个高等院校教学中所发挥的作用上,都可以看出其所产生的社会影响与效益。

计算机科技发展异常迅速,内容更新很快。作为教材,一方面要反映本领域基础性、普遍性的知识,保持内容的相对稳定性;另一方面,又需要跟踪科技的发展,及时地调整和更新内容。本系列教材都能按照自身的需要及时地做到这一点,如《计算机组成与结构》一书至今已出版至第5版,使教材既保持了稳定性,又达到了先进性的要求。本系列教材内容丰富、体系结构严谨、概念清晰、易学易懂,符合学生的认识规律,适合教学与自学,深受广大读者的欢迎。本系列教材中多数配有丰富的习题集和实验,有的还配有多媒体电子教案,便于学生理论联系实际地学习相关课程。

随着我国的进一步开放,我们需要扩大国际交流,加强学习国外的先进经验。在大学教材建设上,我们也应该注意学习和引进国外的先进教材。但是,计算机系列教材的出版发行实践以及它所取得的效果告诉我们,在当前形势下,编写符合国情的具有自主版权的高质量教材仍具有重大意义和价值。它与前者不仅不矛盾,而且是相辅相成的。本系列教材的出版还表明,针对某个学科培养的要求,在教育部等上级部门的指导下,有计划地组织任课教师编写系列教材,还能促进对该学科科学、合理的教学体系和内容的研究。

我希望今后有更多、更好的我国优秀教材出版。

张钹

清华大学计算机科学与技术系教授,中国科学院院士

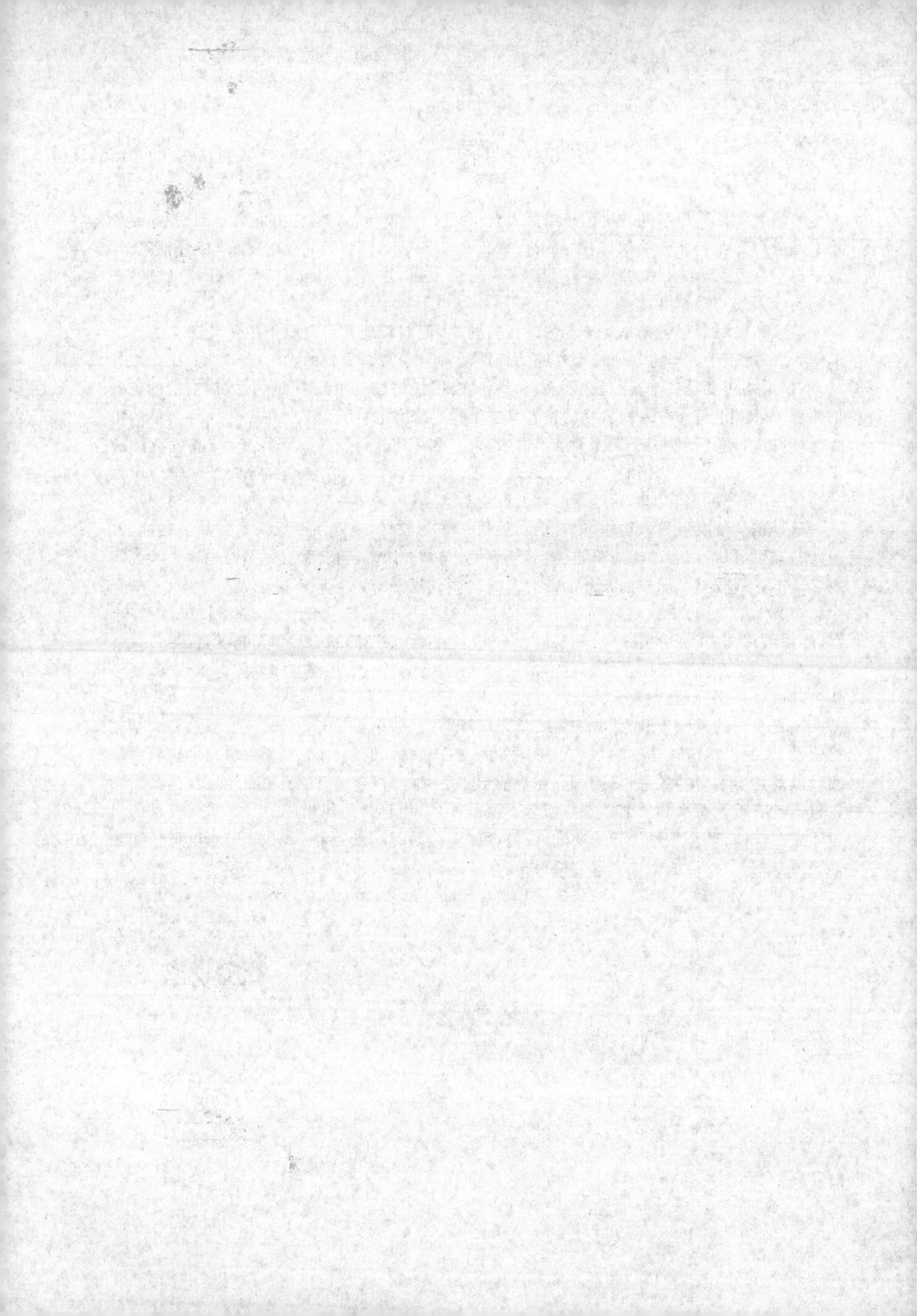

第 2 版前言

按照严老师的规划,本套数据结构第 2 版教材的组合仍然是《数据结构》+《数据结构题集》(简称教科书和题集)。在教科书的第 2 版前言已概述了新版教科书的主要修编、优化和新增的内容,题集也做了相应的配套工作。

首先是习题总量有了大幅增加,由 400 余题增至 800 余题。基础知识题分为两类题型:新增单项选择题 370 余题,其余题目归类为解答题,有 200 余题。算法设计题也增至 270 余题。单项选择题给出了全部答案,也增加了对部分解答题和算法设计题的解答或提示的比例。完成习题作业是学习数据结构和算法的必要过程,读者应该至少有一部分习题能够独立求解,因此仍然未对习题提供全部答案和解析。

作为教科书的重要补充,在第一篇的第 1 章绪论(预备知识)中新增了"算法分析基本方法"一节。学习算法分析是一个反复迭代的渐进过程,在对每个算法进行学习讨论时才得以进行分析实践。新增这节内容的目的,一是集中归纳基本方法以对具体算法学习时提供支持;二是使读者对算法分析的内容有不同层次或深度的选择。

第 1 版由光盘配送的"数据结构算法演示系统"提供了 80 余个典型算法的动态交互式跟踪演示,在海内外发行受到广泛欢迎,是国际上最早且至今仍最全面的数据结构算法演示系统。由于版本较旧,只较好适配 Windows XP 等操作系统,在第 2 版教科书和题集中不再配送光盘(可在清华大学出版社官网下载相关资源)。

第 2 版题集的一个重要变化是和教科书同步引入 AnyviewC,以支持可视交互学习,推荐的可视交互学习模式如下。

(1) 对教科书中尚不能或不易理解的算法,在 AnyviewC 上点选对应测试源文件,编译后进行可视交互跟踪运行,在数据结构区、栈区和堆区观察数据结构受算法作用而引起的形态变化,帮助对算法的消化理解。每个算法的代码可能不太长,但其基于数据结构的类型定义及基本操作的实现代码,以及测试用例和 main 函数的代码量通常数倍甚至超十倍于算法本身。在 AnyviewC 中点选即可编译运行代码,除了为读者节省了编写时间,也是很好的可阅读学习的参考代码,为任课教师备课提供了便利。

(2) 系统提供的只是基本的测试用例。读者可对算法代码进行修改扩展,增添测试用例,训练代码测试的设计和实现能力,这有助于理解算法的细节,也为完成模式(3)相应的算法设计题作业做准备。

(3) 读者编写了算法设计题的作业代码后,在 AnyviewC 中编辑、编译和进行可视交互调试,提交系统予以测评,可获得系统实时直观反馈的信息,帮助排错和完成编程作业。

每个专业的学习都要掌握描述、处理和解决所涉问题的专用语言,用于书面和口头交互(或称交际)。如工程类专业的图形语言,有建筑专业的平面图和立面图、机械专业的三维零部件图和装配图、电子类专业的电路图等。学习方式是聚焦识图和制图的师生交互,从教师的讲授、微课和教材获得知识,从教师对视图或制图作业的批改获得反馈信息。

计算机大类专业除了师生交互,还需要深度和不断的人机交互学习。相比汉语或英语等自然语言表达的作业,教师批改算法或程序作业要更耗时。而且,与其他专业的作业批改相比,计算机专业作业中算法或程序批改需要更严苛和精准,人的批改确实不如机器的运行验证更准确和更及时。当年给严老师当助教,一个小班的一次作业,我至少要花两整天才能完成全收全改。随着扩招、大班教学和普遍不设助教等的变化,现在各校已很难做到对学生作业全收全改了。在难以做到足够的师生交互的情况下,人机交互也因程序"黑箱"运行的原因做不到信息对称。对作业代码 BUG 的发现和排除耗时费力,要么不了了之,要么依赖参考答案。真正独立完成作业的比率较低。

在学习具有代表性的高水平"精品课程"解决学习编程难的经验时,常看到这样的表述:

"不少学生把程序写出来了,却花了很长时间调不出来,成了学习的拦路虎。"解决的办法是,"及时给予指导,如安排在机房小班上课,边讲边上机实验"。

"'数据结构'课程作业偏多。""需增加助教。"解决的办法是,"多与学生交流,如可以在课程网站上建立留言板,线上答疑,鼓励学生与教师和助教多交流"。

近年配书微课大量出现,作为课堂教学的补充对学生学习起到一定的帮助。但是,这仍是教师向学生单向传授,代替不了师生交互,难以答疑解惑。

希望 AnyviewC 能在一定程度上支持进行可视化人机交互学习的尝试,实时直观反馈算法代码的运行和调试信息,促进数据结构课程教学、自学和作业的"提速增效"。

在第一篇的各章都设有"可视交互学习内容与解析"一节,给出了该章主要数据结构在AnyviewC 上的可视形态和算法运行的效果截图示例及解析。

本书附录 A 是"AnyviewC 使用说明"。我的学生曹勇锋参与了 AnyviewC 的开发和维护的大量工作并做出了重要贡献,在此向他表示感谢!

由于本人的能力有限,新版题集以及 AnyviewC 难免存在不足或错误,诚恳希望各位专家、老师、同行和读者给予批评指正。

吴伟民　广东工业大学计算机学院

2025 年 5 月 28 日

第 1 版前言

数据结构是计算机科学的算法理论基础和软件设计的技术基础,主要研究信息的逻辑结构及其基本操作在计算机中的表示和实现。数据结构不仅是计算机专业的核心课程,而且已成为其他理工科专业的热门选修课。课程的教学要求之一是训练学生设计复杂程序的技能和培养良好程序设计的习惯,其重要程度绝不亚于知识传授。因此,在数据结构的整个教学过程中,完成习题作业和上机实习是两个至关重要的环节。为了帮助读者学好这门课程,我们编写了这本具有学习指导功能的题集。

目前,由严蔚敏和吴伟民编著出版的数据结构系列教材有 C 和 Pascal 两种描述语言的版本。这本题集是与《数据结构》(C 语言版)(清华大学出版社)配套编写的,习题和实习题都是按相同的内容顺序编排,很多习题涉及教科书上的内容或算法,因此读者手边最好能有这本教科书,以便随时查阅。

习题的作用在于帮助学生深入理解教材内容,巩固基本概念,达到培养良好程序设计能力和习惯的目的。从认知的程度划分,数据结构的习题通常可分为 3 类:基础知识题、算法设计题和综合实习题。基础知识题主要是检查对概念知识的记忆和理解,一般可作为学生自测题。算法设计题的目的是练习对原理方法的简单应用,多数要求在某种数据存储结构上实现某一操作,是数据结构的基础训练,构成了课外作业的主体。综合实习题则训练知识的综合应用和软件开发能力,主要是针对具体应用问题,选择、设计和实现抽象数据类型(ADT)的可重用模块,并以此为基础开发满足问题要求的小型应用软件,应将其看作软件工程的综合性基础训练的重要一环,并给予足够的重视。

本书第一篇含全部 400 多道习题,组织成 12 章,分别对应教科书中各章内容,并在每章之前给出该章的基本内容和学习要点。这些习题是作者在多年教学过程中所积累资料的基础上,参考大量国外教材之后精心设计而成的。书中对特别推荐的习题做了标记,并对每道习题的难易程度按五级划分法给出了难度系数,仅供参考。

第二篇分别以抽象数据类型、线性表、栈和队列、串、数组和广义表、树和图,以及存储管理、查找和排序为核心,设置了 7 组上机实习题,每组有 3~9 道题目供读者自由选择。希望这些实习题能对习题起到良好的补充作用,使读者受到涉及"从问题到程序"的应用软件设计的完整过程的综合训练,培养合作能力,成为将来进行软件开发和研究工作的"实践演习"。

第三篇安排了部分习题的解答或提示。对于多数有唯一确定解的题给出了答案,而对算法题则有选择地做了示范解答或提示。但是,算法的解答都不是唯一的,我们的解答也不一定是臻于完美的。希望我们的答案和提示能起到抛砖引玉的作用,愿读者开发出更多更好的解法。热忱欢迎读者将这些好的算法寄给我们,在此预先表示感谢。然而,我们仍想特别强调的是,本题集主要是为配合高等院校的教学而编写的,因此,为了培养学生独立思考和解决问题的能力,我们诚恳希望不再出版或编印本题集的更详尽的解答,以免干扰学校正常的教学和本书的训练意图,敬请谅解。

数据结构是实践性很强的课程，光是"听"和"读"是绝对不够的。在努力提高课堂教学的同时，必须大力加强对作业实践环节的要求和管理。国内外先进院校一般都要求修读数据结构的学生每周应不少于4个作业机时，而且有一套严格的作业、实习规范和成绩评定标准，形成行之有效的教学质量保证体系。本题集强调规范化在算法设计基本训练中的重要地位。在习题篇中给出了算法书写规范，在实习题篇中给出了实习步骤和实习报告的规范。教学经验表明，严格实施这些貌似烦琐的规范，对于学生基本程序设计素养的培养和软件工作者工作作风的训练，将能起到显著的促进作用。

数据结构及其算法的教学难点在于它们的抽象性和动态性。虽然在书本教材和课堂授课（板书或投影胶片）中采用图示可以在一定程度上化抽象为直观，但很难有效展现数据结构的瞬间动态特性和算法的作用过程。"数据结构的算法动态模拟辅助教学软件 DS-DEMO"是为学习并掌握数据结构中各类典型算法而开发的一个辅助教学软件，可对教科书中80多个典型算法进行动态交互式跟踪演示，在算法执行过程中实现数据结构和算法的动态同步可视化，使读者获得单从教材文字说明中无法获得的直观知识。软件既可用于课堂讲解演示，又能供个人课外反复观察、体会和理解，对提高教学质量和效率有显著效果。为便于读者参考，在第一篇的每章列举了与该章相关的算法清单，并在附录中提供了该软件完整的使用说明。

1987年出版的《《数据结构题集》，严蔚敏、米宁、吴伟民编）曾在计算机和其他理工专业的"数据结构"教学中得到广泛使用，反映良好。这本 C 语言版题集在力求反映程序设计和软件工程新思想方面做了一些探索，如算法演示软件、模块化抽象和信息隐蔽、软件工程方法训练等。对于书中存在的谬误和有争议之处，作者诚恳地欢迎广大读者提出批评意见和建议，在此谨向热情的读者致以衷心的感谢。

米宁没有参加本版题集的编写工作。

严蔚敏　　清华大学计算机技术与科学系
吴伟民　　广 东 工 业 大 学 计 算 机 学 院
米宁

目　　录

第一篇　习题与学习指导

第二篇　实　习　题

第三篇　部分习题的解答或提示

第一篇　习题与学习指导

第0章　本篇提要与作业规范

一、本篇提要

本篇内容是按照作者编著的教科书《数据结构》(C语言版·第2版)的内容和课程教学要求组织的。除个别章外,各章一般含基本内容、学习要点、可视交互学习内容与解析,以及基础知识题和算法设计题等组成部分。其中:

"**基本内容**"列举了该章的内容提要,提醒读者把握该章主要内容;

"**学习要点**"指出了该章的教学重点和难点,以供读者在组织教学或自学时选择习题作参考;

"**可视交互学习内容与解析**"提供了"算法可视交互集成平台AnyviewC"中支持该章相关的部分数据存储结构和算法的可视交互学习、程序调试的内容和解析。通过编辑修改、可视运行、交互观察算法执行过程数据结构的动态变化,有助于深刻理解算法的本质和提高教学效果(在附录A中列有AnyviewC的使用说明)。这部分的学习最好与AnyviewC可视交互同步进行。

数据结构的练习题大致可分为"基础知识题"和"算法设计题"两类。

"**基础知识题**"细分为单项选择题和解答题两部分,主要供读者进行复习自测之用,目的是帮助读者深化理解教科书的内容,澄清基本概念、理解和掌握数据结构中分析问题的基本方法和算法要点,为完成算法设计题做准备。单项选择题中选用或参考了一些考研真题。

"**算法设计题**"则侧重于基本程序设计技能的训练,相对于实习题而言,这类编程习题属于偏重于编写功能单一的"小"程序的基础训练,然而,它是进行复杂程序设计的基础,是本课程习题作业的主体和重点。

AnyviewC对教材170余个算法提供了测试运行的代码。读者可进行相应的可视交互跟踪运行,观察算法行为细节及其导致的数据结构形态变化,以帮助理解算法和数据结构的实现。

AnyviewC已对绝大部分算法设计题提供做题过程支持,包括编辑源代码、编译、可视调试运行和自动测评。随着系统的开发完善,将支持和新增更多题目。

各章的题量根据教学内容的多少和重要程度而定,几乎对教科书的每节都安排了对应的习题。但对每个读者来说,不必去解全部习题,而只需根据自己的情况从中选择若干求解即可。为了表明题目的难易程度,便于读者选择,在解答题和算法设计题的题号之后标注了一个难度系数,难度级别从①～⑤逐渐加大,其区别大致如下:难度系数为①和②的习题以基础知识题为主;难度系数为③的习题以程序设计基础训练为主要目的,如强化对"指针"的基本操作的训练等;习题中也收纳了不少难题,其难度系数设为④和⑤,解答这些题可以激起学习潜力较大的读者的兴趣,对广泛开拓思路很有益。但习题的难度系数只是一个相对量,读者的水平将随学习的进展而不断提高,因此没有必要比较不同章节习题的难度系数。此外,该难度系数值的假设是以读者没有参照习题的解答或提示为前提的。

"循序渐进"是最基本的学习原则。读者不应该片面追求难题。对于解难度系数为 i 的习题不太费力的读者,应试试难度系数为 $i+1$ 的习题,但不要把太多的时间浪费在难度系数为 $i+2$ 的习题上。"少而精"和"举一反三"是实践证明行之有效的。解答习题应注重"精",而不要求"多"。为此,编者在一些自认为值得向读者推荐的"好题"题号前加注了标记◆。把握住这些"关键点",就把握住了数据结构习题,乃至数据结构课程的总脉络。

算法设计的正确方法:首先理解问题,明确给定的条件和要求解决的问题;其次按照自顶向下、逐步求精、分而治之的策略逐一地解决子问题;再次严格按照和使用本章后面提供的算法书写规范和 C 语言完成算法书面作业的最初版本;最后上机调试、测试,完成最终版本,并做好上机过程笔记和小结。

需要强调的是"算法的可读性"。算法是为了让人读的,不是供机器读的,初学者总是容易忽视这一点。算法的真正意图主要在于提供一种在程序设计者之间交流解决问题方法的手段。因此,可读性具有头等的重要性。不可读的算法是没有用的,由它得到的程序极容易产生很多隐藏很深的错误,且难以调试正确。一般地说,宁要一个可读性好、逻辑清晰简单但篇幅较长的算法,也不要篇幅较小但晦涩难懂的算法。算法的正确性力求在设计算法的过程中得到保证,然而一开始做不到这一点也没多大关系,可以逐步做到。

按照规范书写算法是一个值得高度重视的问题。在基础训练中就贯彻这一规范,不但能够有助于写出"好程序",避免形成一系列难以纠正且贻害无穷的程序设计坏习惯,而且能够培养软件工作者应有的严谨的科学工作作风。

二、C 语言概要

本书采用 C 语言的一个精选核心子集作为描述语言。以下对其作简要说明。

(1) 预定义常量和类型。

```
//函数结果状态代码
#define  TRUE     1
#define  FALSE    0
#define  OK       1
#define  ERROR    0
#define  INFEASIBLE -1
#define  OVERFLOW   -2
typedef int Status;      //Status 是函数的类型,其值是函数结果状态代码
typedef int bool;        //bool 是布尔类型,其值是 TRUE 或 FALSE
```

(2) 数据结构的表示(存储结构)用类型定义(**typedef**)描述。数据元素类型约定为 ElemType,由用户在使用该数据类型时自行定义。

(3) 基本操作的算法都用以下形式的函数描述。

```
函数类型 函数名(函数参数表) {
    //算法说明
    语句序列
}
```

当函数返回值为函数结果状态代码时,函数定义为 **Status** 类型。数据存储结构基本采用指针类型,初建时需动态分配存储空间,用函数值返回其指针。若不再使用,需回收存储空间,严格避免内存泄漏,并返回空指针。

(4) 注释。

```
单行注释        //文字序列
```

(5) 逻辑运算约定。

与运算 &&:对于 A && B,当 A 的值为 0 时,不再对 B 求值。

或运算 ||:对于 A || B,当 A 的值为非 0 时,不再对 B 求值。

三、算法书写规范

1. 算法说明

算法说明,也称(算法)规格说明,是一个完整算法不可缺少的部分,应该在算法头(即过程或函数首部)之下以注释的形式写明如下内容:算法的功能;参数表中各参量的含义和输入输出属性;算法中使用了哪些全局变量或外部定义的变量,它们的作用、入口初值以及应满足哪些限制条件,例如,链表是否带头结点、表中元素是否有序、按递增还是递减方式有序等。必要时,算法说明还可用来陈述算法思想、采用的存储结构等。递归算法的说明特别重要,读者应该力求将它写成算法的严格定义。

算法说明应该在开始设计算法时就写明,可以在算法设计过程中做一些补充和修改,但是切忌最后补写。对于递归算法的情况,这一点尤其重要。这样做也是递归算法设计的正确而有效的途径,在算法设计(即解决一个问题)的过程中,能否利用自身的处理能力来解决所划分出的一个或几个子问题,全凭检查自身的规格说明而定。书写(递归)算法的规格说明时,应该忽略它如何实现或者假定它能够实现。如何实现的问题正是接下去要做的事。

算法说明书写得不好或不完全时,往往失去了评判一个算法正确与否的标准。书写恰当而又简洁的算法说明是一项具有很强技巧性的活动,通常要经过不断的练习才能达到。在本节的末尾将列出一些规格说明的例子。

2. 注释与断言

在难懂的语句和关键的语句(段)之后加以注释可以大大提高程序的可读性。注释要恰当,并非越多越好;此外,注释句的抽象程度应略高于语句(段),例如,应避免用"//i 增加 1"来注释语句"i++;"。

断言是注释的一种特殊写法,是一类特别重要的注释。它是一个逻辑谓词,陈述算法执行到这点时应满足的条件。多写断言式的注释,甚至以断言引导算法段的设计,是提高算法结构良好性、避免错误和增强可读性的有效手段,是特别值得提倡的。其中最重要的是算法的入口断言和 **else** 分支断言。注意,正确的算法也只能在输入参数值合法的前提下得出正确的结果。如果算法不含参数合法性检测代码段,书写入口断言是最低限度的要求。

3. 输入和输出

算法的输入和输出可以通过 3 种途径实现。

（1）通过 scanf 和 printf 调用语句实现,其特点是实现了算法与计算环境外部的信息交换。

（2）以算法头中参数表里显式列出的参量作为输入输出的媒介。

（3）通过全局变量或外部变量隐式地传递信息。

后两种途径的特点是实现了一个算法与其调用者之间的信息交换。

如果一个算法是定义在某个数据结构之上的几个操作之一,该数据结构可以不列在算法的参数表中。在其他情况下,应尽量避免使用第（3）种途径。

4. 错误处理

尽可能使用函数值返回算法的执行状态（正确/错误,或是错误代码等）,便于调用者处理异常情况,有利于培养良好的程序设计习惯。

5. 语句选用和算法结构

赋值语句、**if** 分支语句和 **while**（或 **for**）循环语句是最基本的 3 种语句,仅用此 3 种语句就足够对付一切算法的设计了。实际上,不仅是"足够",而且是"最好"。这样做对于提高结构良好性和可读性、避免逻辑错误是有益和有效的。**switch** 分支语句是广义的 **if** 分支语句,在分支条件复杂时选用可以避免 **if** 语句的多重嵌套,有助于提高算法的可读性,也是一个鼓励使用的语句。一般情况下,不准使用 **goto** 语句,个别的特殊情况除外。

算法设计过程中应尽量避免下列所示的语句结构:

```
do {
  do {
    …
  } while …
  …
} while …
```

或者

```
if (…)
  if …
```

对于第二种结构,如果难以改变,应该对第二个 **if** 语句加上一对语句括号,以便明确条件成立时的作用范围。此外,语句的开/闭括号应对齐。

6. 基本运算

如果题目中未明确要求用某种数据结构上的基本运算编写算法,不得直接利用教科书中给出的基本运算。如果非用不可,则要求将所用到的所有基本运算同时实现。

7. 几点建议

（1）建议以图说明算法。

（2）建议在算法书写完毕后,用边界条件的输入参数值验证一下算法能否正确执行。例如,对于顺序表插入算法,空表是一个边界条件。

8. 附例:算法规格说明例释

例 1 第 2 章算法设计题第 1 题。

> **Status** DeleteK(SqList L, **int** i, **int** k)
> //本函数从顺序存储结构的线性表 L 中删除第 i 个元素起的 k 个元素

例 2　第 2 章算法设计题第 39 题。

> **float** Evaluate(Poly pn, **float** x)
> //多项式 pn->data[i].coef 存放 ai,pn->data[i].exp 存放 e_i(i=1,2,…,m)
> //本算法计算并返回 $\sum_{i=1}^{m} a_i\, x^{e_i}$,不判别溢出
> //此外,入口时要求 $0 \leqslant e_1 < e_2 < \cdots < e_m$,算法内不对此再做验证

例 3　第 3 章算法设计题第 1 题的入栈 Push 算法。

> **Status** Push(TwoWayStack tws, **int** i, ElemType x)
> //两栈(标号 0, 1)共享空间 tws->elem[0..m-1],栈底在两端。tws->top[0]和
> //tws->top[1]为两栈顶指针。tws->data[0..tws->top[0]]为栈 0
> //tws->data[tws->top[1]..m-1]为栈 1。本算法将 x 推入栈 i(=0,1)
> //若入口时栈满,则不改变栈且返回 OVERFLOW

例 4　第 3 章算法设计题第 16 题的出列 dequeue 算法。

> ElemType dequeue(SqQueue Q)
> //循环队列 Q->base[(m+rear-Q->len+1) % m]元素出列操作
> //Q->len 为队列长度。当 Q->len==0 时,返回"空值"nullE,否则返回出队列元素

第1章 绪论（预备知识）

一、基本内容

数据、数据元素、数据对象、数据结构、存储结构和数据类型等概念术语的确定含义；抽象数据类型的定义、表示和实现方法；描述算法的 C 语言；算法设计的基本要求以及从时间和空间角度分析算法的方法。

二、学习要点

（1）熟悉各名词、术语的含义，掌握基本概念，特别是数据的逻辑结构和存储结构之间的关系。分清哪些是逻辑结构的性质，哪些是存储结构的性质。

（2）了解抽象数据类型的定义、表示和实现方法。

（3）熟悉 C 语言的书写规范，特别要注意参数传值的方式，输入输出的方式以及错误处理方式。

（4）理解算法 5 个要素的确切含义：①动态有穷性（能执行结束）；②确定性（对于相同的输入执行相同的路径）；③有输入；④有输出；⑤可行性（用以描述算法的操作都是足够基本的）。

（5）掌握计算语句频度和估算算法时间复杂度的方法。

三、算法分析基本方法

算法分析的学习是一个反复迭代的渐进过程。教科书第 1 章只是概述，具体到每个算法的学习讨论，才得以进行分析实践。在这里对算法分析的基本方法做一个归纳整理，所用示例涉及各章内容。

1. 算法时间复杂度的增长趋势刻画

O、Ω、Θ 和 o 是描述函数渐近行为的数学符号，广泛用于算法分析。它们分别从不同角度刻画了算法时间复杂度的增长趋势。以下是它们的定义、区别、联系及示例。

1）大 O 符号（Big O Notation）

数学定义：若存在正常数 c 和 n_0，使得对所有 $n \geqslant n_0$，有 $T(n) \leqslant c \cdot f(n)$，则称 $T(n) = O(f(n))$。

直观含义：$f(n)$ 是 $T(n)$ 的**渐进上界**，表示算法的最坏情况增长率不会超过 $f(n)$。

示例：若 $T(n) = 3n^2 + 2n + 1$，则 $T(n) = O(n^2)$，因为当 n 足够大时，高阶项 $3n^2$ 主导增长。

2）大 Ω 符号（Big Omega Notation）

数学定义：若存在正常数 c 和 n_0，使得对所有 $n \geqslant n_0$，有 $T(n) \geqslant c \cdot f(n)$，则称 $T(n) = \Omega(f(n))$。

直观含义：$f(n)$ 是 $T(n)$ 的**渐进下界**，表示算法的最好情况或平均情况增长率不低于 $f(n)$。

示例：快速排序的平均时间复杂度为 $T(n) = \Omega(n\log n)$，因为其平均性能不会低于 $n\log n$。

3）大 Θ 符号（Big Theta Notation）

数学定义：若存在正常数 c_1, c_2, n_0，使得对所有 $n \geq n_0$，有 $c_1 \cdot f(n) \leq T(n) \leq c_2 \cdot f(n)$，则称 $T(n) = \Theta(f(n))$。

直观含义：$f(n)$ 是 $T(n)$ 的紧确界，表示算法的实际增长率与 $f(n)$ 完全一致。

示例：归并排序的时间复杂度为 $T(n) = \Theta(n\log n)$，因为其上下界均为 $n\log n$。

4）小 o 符号（Little o Notation）

数学定义：若 $\lim\limits_{n \to \infty} \dfrac{T(n)}{f(n)} = 0$，则称 $T(n) = o(f(n))$。

直观含义：$f(n)$ 是 $T(n)$ 的严格的非紧确上界，表示比 O 更弱的上界，$T(n)$ 的增长速度比 $f(n)$ 慢得多，但不确定具体有多慢。

示例：$T(n) = 2n + 5$ 满足 $T(n) = o(n^2)$，因为当 n 趋近无穷时，$\dfrac{2n+5}{n^2} \to 0$。

5）符号间的关系

（1）包含关系。

Θ 包含 O 和 Ω：若 $T(n) = \Theta(f(n))$，则 $T(n) = O(f(n))$ 且 $T(n) = \Omega(f(n))$。

O 和 Ω 互不包含：$T(n) = O(f(n))$ 不意味着 $T(n) = \Omega(f(n))$，反之亦然。

（2）o 与 Ω 的对立性。

若 $T(n) = o(f(n))$，则 $T(n) \neq \Omega(f(n))$。

例如，$T(n) = 2n$ 是 $o(n^2)$，但显然 $T(n) \neq \Omega(n^2)$。

（3）严格性与非严格性。

O/Ω：允许等号（渐近等价）。

o/ω：严格不等号（不渐近等价）。

6）4 个符号对比

4 个符号对比如表 1.1 所示。

表 1.1　4 个符号对比

符号	名称	定义方向	数学条件	直观意义
O	大 O（上界）	渐进上界	$T(n) \leq c \cdot f(n)$	最坏情况增长率 $\leq f(n)$
Ω	大 Ω（下界）	渐进下界	$T(n) \geq c \cdot f(n)$	最好情况增长率 $\geq f(n)$
Θ	大 Θ（紧确界）	同时上下界	$c_1 \cdot f(n) \leq T(n) \leq c_2 \cdot f(n)$	实际增长率 $= f(n)$
o	小 o（严格上界）	严格渐进上界	$\lim\limits_{n \to \infty} \dfrac{T(n)}{f(n)} = 0$	增长速度远慢于 $f(n)$

7）应用场景

（1）大 O：描述算法的最坏情况时间复杂度（如快速排序的最坏情况 $O(n^2)$）。

（2）大 Ω：证明算法的最低性能下限（如比较排序算法的下界 $\Omega(n\log n)$）。

（3）大 Θ：当上下界一致时使用（如归并排序的 $\Theta(n\log n)$）。

（4）小 o：强调增长率的严格差异（如 n VS n^2）。

8）常见误区

（1）**混淆上下界**：O 是上界，Ω 是下界，二者不可互换。

（2）**滥用 Θ 符号**：仅当上下界严格匹配时使用。

（3）**忽略常数因子**：渐近符号隐藏常数，但实际代码中常数可能影响性能。

掌握以上这些符号及其关系，能更严谨地分析算法效率，避免模糊表述（如线性时间可能指 $O(n)$、$\Omega(n)$ 或 $\Theta(n)$）。

2. 求时间增长率上界的方法

求时间增长率的上界是算法分析中的核心问题，主要用于评估算法在最坏情况下的效率。以下是 7 种常用方法和示例。

1）大 O 定义法

原理：根据定义，若存在正常数 c 和 n_0，使得对所有 $n \geqslant n_0$，有 $T(n) \leqslant c \cdot f(n)$，则 $T(n) = O(f(n))$。

步骤：

（1）推导算法运行时间的表达式 $T(n)$。

（2）通过不等式放缩或数学变换，找到满足条件的 c 和 n_0。

示例：线性查找的最坏时间复杂度为 $T(n) = k \cdot n$（k 为每次操作代价）。取 $c = k$、$n_0 = 1$，显然 $T(n) \leqslant c \cdot n$，故 $T(n) = O(n)$。

2）基于程序结构的直接分析法

这是依据教科书 1.4.3 节介绍的 4 个法则计算基本操作的频度。

（1）循环结构：$f \times r$，f 为每次循环的基本操作数（或复杂度），r 为循环次数。

（2）嵌套循环结构：$\prod_{i=1}^{k} c_i r_i$，k 为嵌套循环层数，c_i 和 r_i 分别为第 i 层基本操作数（或复杂度）和循环次数。

（3）顺序结构：$\sum_{i=1}^{l} f_i$，l 为顺序排列的结构数，f_i 是结构 i 的基本操作数（或复杂度）。

（4）条件分支结构：$\mathrm{MAX}\{f_{\mathrm{if}}, f_{\mathrm{else}}\}$，对条件各分支的基本操作数（或复杂度）取最大值（级）。

这只是对一般情况而言。在稍后的示例可看到，每一层循环次数不一定是常数，单层的循环结构可能隐含了多层的循环等。对具体个例需仔细分析。

3）递归树法

下面是关于递归算法分析的 4 种基本方法，首先看递归树法。

原理：将递归展开为树，逐层计算代价并求和。

步骤：

（1）绘制递归树，每层代价为子问题的总开销。

（2）计算所有层的代价总和。

例如，归并排序的递归树深度为 $\log n$，每层代价为 $O(n)$，总代价为 $O(n \log n)$。

4）迭代展开法

像递归累加、顺序查找、求斐波那契数列、求所有子集等算法都属于线性递归，它们每次递归的问题规模是线性缩减的。

线性递归的递归式形如 $T(n)=aT(n-b)+f(n)$,其中,a 是每次递归分出的子问题个数,b 是问题规模缩减的固定步长。

原理:展开递推式,合并项得到闭合表达式。

例如,分析 $T(n)=T(n-1)+O(1)$(如累加、线性查找递归操作)。

代入展开得 $T(n)=T(n-1)+1=T(n-2)+2=\cdots=T(0)+n$。

故 $T(n)=O(n)$。

5)分治法主定理

适用场景:形如 $T(n)=aT(n/b)+f(n)$ 的递归式,其中,a 是每次递归调用分出的子问题个数;b 是问题规模缩小的比例因子;$f(n)$ 为子问题综合操作的时间耗费,分以下 3 种情况。

(1)若 $f(n)=O(n^{\log_b a-\varepsilon})(\varepsilon>0)$,则 $T(n)=\Theta(n^{\log_b a})$。

(2)若 $f(n)=\Theta(n^{\log_b a}\log^k n)$,则 $T(n)=\Theta(n^{\log_b a}\log^{k+1} n)$。

(3)若 $f(n)=\Omega(n^{\log_b a+\varepsilon})$ 且满足正则条件,则 $T(n)=\Theta(f(n))$。

之所以称为主定理,因为其适合问题规模按比例缩小的场景,即分治法中大多数算法。

例如,归并排序的递归式为 $T(n)=2T(n/2)+O(n)$。

$a=2,b=2,f(n)=O(n)$。

$\log_b a=1,f(n)=\Theta(n^{\log_b a})$,属于情况(2)($k=0$),故 $T(n)=\Theta(n\log n)$。

又如,教科书对归并排序平均情况的时间复杂度进行了详细推导分析。如果运用主定理,则可更加简洁:按平均每次缩小规模一半,列出递归式 $T(n)=2T(n/2)+O(n)$。

主定理参数:$a=2,b=2,\log_b a=1,f(n)=\Theta(n)$。

结论:符合情况(2),时间复杂度为 $O(n\log n)$。

快速排序的最坏情况的递归式是 $T(n)=2T(n-1)+O(n)$,不适合用主定理,但可以运用迭代展开法,展开后是 $O(2^n)$。

6)代入法

原理:猜测上界形式,用数学归纳法证明。

步骤:

(1)假设 $T(n)\leqslant c\cdot f(n)$。

(2)代入递推式,解不等式确定 c 和 n_0。

例如,证明 $T(n)=2T(n/2)+O(n)\leqslant c\cdot n\log n$。

假设成立,代入得 $T(n)\leqslant 2(c\cdot(n/2)\log(n/2))+c\cdot n=c\cdot n(\log n-1)+c\cdot n=c\cdot n\log n$。

取 $c=1$,归纳成立,故 $T(n)=O(n\log n)$。

7)摊还分析

适用场景:分摊单个操作的平均时间,适用于均摊复杂度。

方法:聚合分析,即总代价分摊到每个操作(其他如记账法和势能法理论性较强,这里不展开讨论)。

聚合分析简单易用。例如,顺序表的插入操作,均摊时间为 $O(1)$。每次扩容的 $O(n)$ 开销分摊到 n 次插入操作中。

对上述 7 种基本方法小结。

● 选择方法:根据递归式结构(主定理、递归树)、迭代形式(循环次数)或特殊场景(摊还分析)。

- 比较函数增长：熟悉常见函数增长率(如 $n! > 2^n > n^k$)有助于快速判断上界。
- 严格证明：即使直觉上时间复杂度为 $O(f(n))$，仍需通过数学方法验证。

通过灵活组合这些方法，可系统化分析算法的时间增长率上界，为算法设计提供理论支撑。

3. 增长率的层级和分析示例

相对于输入规模 n，由低到高的典型增长率可划分为若干包含层级。逐级讨论若干程序段或函数的时间复杂度的分析示例。

1) 常数级 $O(1)$

常数级 $O(1)$，如 $1,2,10,30,100,800,1000,100\,000$ 等。

常数级的增长率，即代码中的基本操作的最大频度是与 n 无关的常数。

例如函数 $f1$:

```c
int f1() {
    int sum = 0;
    sum = (1 + 100) * 100/2;
    return sum;
}
```

顺序执行 3 行非结构语句，每行语句的频度均为 1，故函数 $f1$ 的时间复杂度为 $O(1)$。

再如函数 $f2$:

```c
void f2(int a[], int n) {
    printf("%d\n", a[n/2]);
}
```

C 语言的库函数 printf 的时间复杂度是 $O(1)$，其中，表达式 $a[n/2]$ 虽然含取 n 值做除法，但其频度为 1 且与 n 无关，函数 $f2$ 的时间复杂度也是 $O(1)$。

2) 对数级 $O(\log n)$

对数级 $O(\log n)$，如 $\log 100, \log n, 8\log n, \log n + 500, \log n - 60$ 等。

对数是增长率极低的函数。在算法分析中，最常见的是以 2 和 10 为底的对数，但同属对数级，不予细分。

例如函数 $f3$:

```c
int f3(int n) {
    int count=0;
    for (int i=1; i<n; i*=2)          //循环次数与 n 有关，且与 i 的每次倍增相关
        count++;
    return count;
}
```

影响 **for** 循环次数的因素已列出在注释中。i 的倍增序列为

$$1 = 2^0, 2^1, 2^2, \cdots, 2^{k-1}, 2^k$$

其中，$2^{k-1} < n \leqslant 2^k$，对不等式取以 2 为底的对数有，$k-1 < \log_2 n \leqslant k$。故 $f3$ 的时间复杂度为 $O(\log n)$。

再如函数 $f4$:

```
int f4(int a[], int n, int target) {
    int left = 0, right = n - 1;
    while (left <= right) {                    //while 循环次数未能直接看出
        int mid = (left + right)/2;
        if (a[mid] == target) return mid;      //若相等,则函数结束
        else if (a[mid] < target) left = mid + 1;
        else right = mid - 1;
    }
    return -1;
}
```

仔细分析:初值 left＝0 和 right＝n－1,每次迭代将它们的距离减半。两种结束情况:
①参数 target 被找到,返回其下标;②left 和 right 交错距离变为负值,循环结束。函数实际功能是折半查找,循环次数也符合 n 的对数阶特性,故时间复杂度是 $O(\log n)$。

除了折半查找,堆和各种平衡树的操作时间多为对数级。

3) 线性级 $O(n)$

线性级 $O(n)$,如 $n,30n,7n+400,16n-1000$ 等。

线性时间 $O(n)$ 的例子是单层循环,循环次数与 n 成正比。如 for 循环为 $0 \sim n-1$ 次,循环体是常数级的。

例如函数 $f5$:

```
int f5(int n) {
    int sum = 0;
    for (int i = 0; i < n; i++)
        sum += i;
    return sum;
}
```

循环执行 n 次,每次操作为常数时间。$f5$ 是线性级的 $O(n)$。

又如函数 $f6$:

```
int example(int n) {
    int sum=0, i=1;
    while (i <= n)
        sum += i++;
    return sum;
}
```

同样是 $O(n)$。虽然 while 循环的循环次数没那么直观,但一般也不难看出。

4) 线性对数级 $O(n\log n)$

线性对数级 $O(n\log n)$,如 $2n\log n, n\log n+1230$ 等。

线性对数时间 $O(n\log n)$ 常见于快速排序、归并排序等递归算法(见前面的讨论),或者双重循环,循环次数分别为 n 和 $\log n$。

例如函数 $f7$,其外循环 n 次,内循环控制变量 j 的取值数列如注释。

```
int f7(int n) {
    int count = 0;
    for (int i = 0; i < n; i++) {
        for (int j = 1; j < n; j *= 2)    //j=1,2,4,…,2k-1<n≤2k
```

```
            count++;
        }
    return count;
}
```

j 每次加倍，直到第 $k = \log_2 n$ 次，$j \geqslant n$，故 $f7$ 的时间复杂度是 $O(n \log n)$。

但是，如果与 $f7$ 同样功能的函数 $f8$ 却写成单循环结构，分析就没那么简明了。

```
int f8(int n) {
    int count=0, i=0, j=1;
    while (i < n)
        if (j < n) { j *= 2;   count++; }
        else {j=1;   i++; }
    return count;
}
```

显然，while 循环的循环次数远不止 n 次，其循环体是一个 **if-else** 分支结构，j 倍增 $\log n$ 次，i 才增 1 次，隐含了与 $f7$ 类似的内循环。因此 $f8$ 和 $f7$ 一样，时间复杂度也是 $O(n \log n)$。

当然，我们会编写可读性好的 $f7$ 而不是 $f8$。但是，教科书 6.3.1 节的算法 6.4 和 6.5 同是非递归中序遍历二叉树，单循环结构算法 6.5 的操作逻辑性更为简单明了。顺便指出，这两个遍历算法的时间复杂度都是 $O(n)$，二叉树没有显式保存节点个数 n，因而算法中也不出现 n。

5）平方级 $O(n^2)$

平方级 $O(n^2)$，如 $n^2, n^2 + n - 1000, 8n^2 - 100n + 10$ 等。

平方时间 $O(n^2)$ 的典型例子是双层嵌套循环，每层都循环 n 次。例如，读者已十分熟悉的起泡排序、选择排序的结构，这里不再进行具体分析。但是，类似于 $f7$ 和 $f8$ 函数，平方级的二重循环也可表达成单循环结构，在实际分析中要给予注意。

作为对教科书的补充，讨论采用 $n \times n$ 邻接矩阵存储的图的深度优先遍历递归算法的时间复杂度分析（教科书是根据算法对邻接矩阵不重复地访问，认定时间复杂度是 $O(n^2)$）。

算法描述：邻接矩阵的深度优先搜索（DFS）递归实现中，对每个顶点的访问需要遍历其所有邻接顶点（即检查矩阵的整行），具体步骤如下。

（1）标记当前顶点为已访问。

（2）遍历邻接矩阵的当前行，对每个未访问的邻接顶点递归调用 DFS。

设 $T(n)$ 表示对包含 n 个顶点的图进行 DFS 的时间复杂度，则递归式为

$$T(n) = T(n-1) + n$$

其中，第一项 $T(n-1)$ 表示处理当前顶点后，递归处理剩余的 $n-1$ 个顶点；第二项 n 表示遍历当前顶点的邻接行（需检查 n 个矩阵元——可能的边）。

展开递归式为

$$
\begin{aligned}
T(n) &= T(n-1) + n \\
&= T(n-2) + (n-1) + n \\
&= T(n-3) + (n-2) + (n-1) + n \\
&\quad \vdots \\
&= T(1) + 2 + 3 + \cdots + n \\
&= 1 + \sum_{k=1}^{n} k = 1 + \frac{n(n+1)}{2} = O(n^2)
\end{aligned}
$$

因此,时间复杂度为 $O(n^2)$。

6)立方级 $O(n^3)$

立方级 $O(n^3)$,如 n^3, $n^3+n^2+n-1000$ 等。

立方时间 $O(n^3)$ 是三层嵌套循环,每层 n 次。如矩阵乘法中的 3 层循环。由前面对低阶的讨论,很容易推广到高阶,就不再展开讨论。

以上 1)~6)都属于多项式级 $O(n^k)$,k 为常量。在关于 n 的多项式

$$c_k n^k + c_{k-1} n^{k-1} + \cdots + c_2 n^2 + c_1 n^1 + c_0 n^0$$

中常数 $k \geqslant 0$,c_k 为常实数。

取增长率最高的最高阶项 $c_k n^k$ 并略去常实数 c_k 后,用 n^k 代表该多项式关于 n 的增长率。

根据大 O 定义,取 $c = c_k + 1$,就可以找到 n_0,当 $n > n_0$ 时

$$cn^k \geqslant c_k n^k + c_{k-1} n^{k-1} + \cdots + c_2 n^2 + c_1 n^1 + c_0 n^0$$

亦即找到该多项式的一个上界,可称其时间复杂度为 $O(n^k)$。

当 $k = 0$ 时,就是常数级 $O(1)$。

当 $k = \frac{1}{2}$ 时,$n^{\frac{1}{2}} = \sqrt{n}$,称为平方根级 $O(\sqrt{n})$。它的增长率为 $O(\log n) \sim O(n)$。

举一个平方根级的例子:

```
int f9(int n) {
    int i=0, sum=0;
    while (sum<n)
        sum+= ++i;        //i 增 1 后累加到 sum
    return i;
}
```

由注释可知,$\text{sum} = 1 + 2 + 3 + \cdots + (k-1) + k = \frac{k(k+1)}{2}$,$\frac{(k-1)k}{2} < n \leqslant \frac{k(k+1)}{2}$,$k$ 为 while 循环次数。

可求得 $k = \frac{\sqrt{8n+1} - 1}{2}$,即 $f(n) = \frac{\sqrt{8n+1} - 1}{2}$。取最高阶项,函数 f9 的时间复杂度为 $O(\sqrt{n})$。

7)指数级 $O(2^n)$

指数时间 $O(2^n)$ 通常出现在递归问题中,如斐波那契数列的递归实现,或者全部子集生成。例如,一个递归函数每次 n 减 1 调用自身两次,直到 n 减到 0。

教科书 3.3 节的汉诺塔问题是大家最熟悉的指数级的递归问题。其代码如下:

```
void hanoi(int n, char from, char to, char aux) {
    if (n == 1) {
        printf("Move disk 1 from %c to %c\n", from, to);
        return;
    }
    hanoi(n-1, from, aux, to);
    printf("Move disk %d from %c to %c\n", n, from, to);
    hanoi(n-1, aux, to, from);
}
```

可直接写出递归式并初步展开：

$$T(n) = 2 \cdot T(n-1) + O(1)$$
$$= 2 \cdot (2 \cdot T(n-2) + 1) + 1$$
$$= 2^2 \cdot T(n-2) + 2 + 1$$
$$= 2^2 \cdot (2 \cdot T(n-3) + 1) + 2 + 1$$
$$= 2^3 \cdot T(n-3) + 2^2 + 2 + 1$$
$$\vdots$$
$$= 2^{n-1} \cdot T(1) + 2^{n-2} + \cdots + 2 + 1$$
$$= 2^{n-1} + 2^{n-2} + \cdots + 1$$
$$= 2^n - 1$$

每次递归生成两个规模减 1 的子调用，总调用次数为 $2^n - 1$。时间复杂度为 $O(2^n)$，每一步移动对应一次递归调用。

也可以归纳递推：

假设 $T(k) = 2^k - 1$ 成立。

递推 $T(k+1) = 2 \cdot T(k) + 1 = 2 \cdot (2^k - 1) + 1 = 2^{k+1} - 1$。

结论 $T(n) = 2^n - 1$，时间复杂度为 $O(2^n)$。

8) 阶乘级 $O(n!)$

阶乘级 $O(n!)$ 的算法在数据结构课程较为少见。这个级别典型的递归函数有全排列生成、旅行商问题(TSP)暴力解法、n 皇后问题暴力解法和错位排列计数等。

以生成数组元素的所有排列作为这个级别的示例。

```c
void permute(int arr[], int start, int end) {
    //生成 arr[start..end]的所有排列,初次 n=end-start+1
    if (start == end) {
        for (int i = 0; i <= end; i++)    //输出一个排列 arr[0..end]  O(n)
            printf("%d ", arr[i]);
        printf("\n");
    } else {
        for (int i = start; i <= end; i++) {    //n 次循环
            swap(&arr[start], &arr[i]);          //交换元素 O(1)
            permute(arr, start + 1, end);        //递归处理剩余元素
            swap(&arr[start], &arr[i]);          //回溯 O(1)
        }
    }
}
```

显然，有 n 次对 $n-1$ 规模子问题的递归，可写出递归式：

$$T(n) = n \cdot T(n-1) + O(n)$$
$$= n \cdot T(n-1) + cn$$

其中，c 为常数。

在展开时可忽略较低阶项 cn，即

$$T(n) = n \cdot T(n-1)$$
$$= n \cdot (n-1) \cdot T(n-2)$$
$$= n \cdot (n-1) \cdot (n-2) \cdot T(n-3)$$

$$\vdots$$
$$=n \cdot (n-1) \cdot (n-2) \cdots 2 \cdot T(1)$$

基例：$T(1)=1$（单个元素无须递归）。

展开结果：$T(n)=n!$。

9）双重指数级 $O(2^{2^n})$ 以及更高级别

这已经超出数据结构课程讨论的范围了。

在此之上更高级别的就被认为是超指数级，甚至是超计算级，如教科书 3.3 节列出的阿克曼（Ackermann）函数，即

$$Akm(m,n)=\begin{cases} n+1, & m=0 \\ Akm(m-1,1), & n=0 \\ Akm(m-1,Akm(m,n-1)), & \text{其他情形} \end{cases}$$

从函数的定义可见，Ackermann 函数可以看成关于 n 的一个函数序列，其中第 0 个函数返回 $n+1$，而第 m 个函数则是将第 $m-1$ 个函数对 1 迭代 $n+1$ 次。对较小的 m，该函数为

$$Akm(0,n)=n+1$$
$$Akm(1,n)=n+2$$
$$Akm(2,n)=2n+3$$
$$Akm(3,n)=2^{n+3}-3$$
$$\vdots$$
$$Akm(n,n)=2^{2^{2^{\cdot}}}-3$$

塔状的乘幂中共有 $n+3$ 个 2。

当 $m \geqslant 4$ 时，Ackermann 函数的增长超快。

$$Akm(4,0)=13$$
$$Akm(4,1)=65\ 533$$
$$Akm(4,2)=2^{65\ 536}-3$$

有 19 729 位，而 $Akm(4,3)$ 即使是位数也不易估计。

阿克曼函数是 Wilhelm Ackermann 于 1928 年提出的。该定义看似简单，但揭示了递归的深层特性和极限，是计算机科学和数学中一个极具代表性的递归函数。

四、可视交互学习内容与解析

本章是全书绪论，还没有进入具体的数据结构和算法的学习和讨论。但在教科书 1.3 节我们通过例 1-7 的小整数集的实现和数据存储结构的 C 语言描述，把视野引向了 C 程序运行时的内存组织和管理，为后序章节讨论各种数据结构的存储和算法实现做了相关的概念和技术铺垫。

AnyviewC 在程序运行时，全程直观呈现了运行栈和堆的全貌，并即时表现每一行源程序执行对栈和堆的作用效果。这就突破了计算机内存"黑箱"的制约，在一定程度上实现了"所见即所得"。不仅于此，还可以观察数据结构的形态动画，支持可视交互学习。

下面对小整数集初建空集 Init、加入元素 Add、移除 Remove 和回收 Free 4 个函数的调用过程中，源程序、运行栈和堆的可视变化的部分截图进行简要讲解。

（1）对 4 个函数调用的 main 函数（教科书例 1-7 的代码与 main 函数在同一个源码编辑窗内）的截图如图 1.1 所示。定义小整数集 S 为全局变量（稍后比较与 S 定义为局部变量的差异），左、中空白区域分别为栈区和堆区。

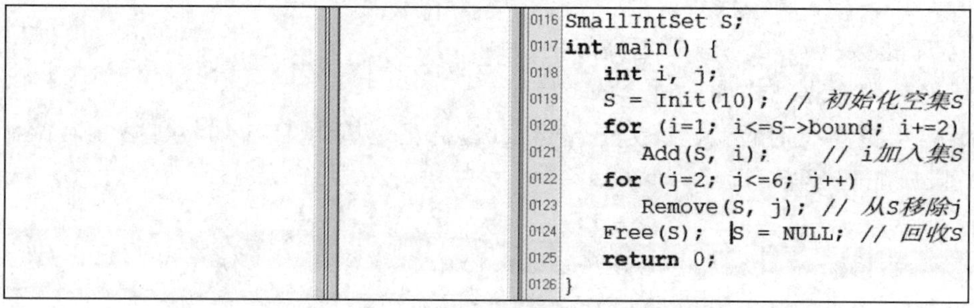

图 1.1　AnyviewC 测试小整数集——系统初始状态

（2）对源程序编译后，启动运行，即将开始执行 main 函数的截图如图 1.2 所示。源码中深底色白字的行是即将执行的行，栈区出现了全局变量 S。RA 和 DL 为栈区管理和函数调用的控制单元（可忽略）。栈区的每个小矩形格表示一个存储单元（AnyviewC 将 char、int、float、指针等类型的简单变量都笼统分配一个单元，忽略了实际不同的字节数），各自左边是变量名，右边是 4 位十进制地址。

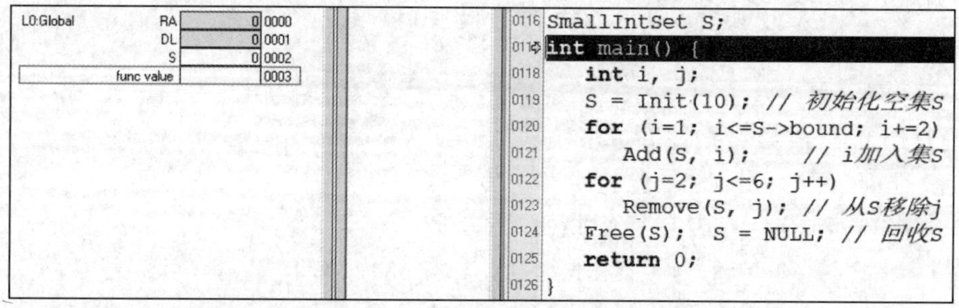

图 1.2　AnyviewC 测试小整数集——即将开始执行 main 函数

（3）进入 main 函数，构建空集 S 前的截图如图 1.3 所示。栈区出现了 main 函数的活动记录，没有参数，有两个变量 i 和 j。

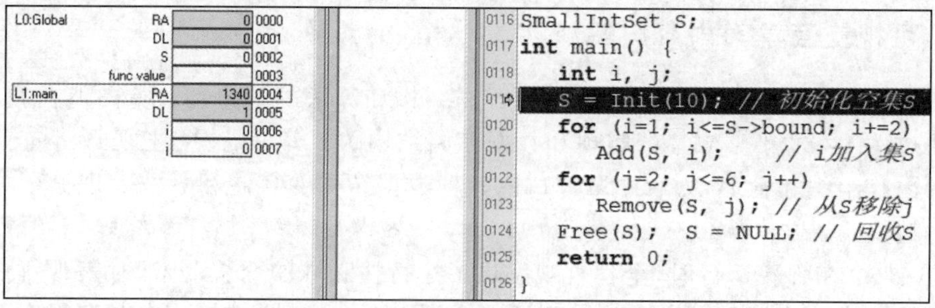

图 1.3　AnyviewC 测试小整数集——构建空集 S 前

（4）图 1.4 是构建空集后的截图。堆区呈现了分配给集合 S 的存储区域（参阅 Init 函数代码），底下标有域名的 3 个单元是集合结构体。栈区 S 格子内是结构体起始地址 9997，而结构体最左边的 2^ 表示地址为 2(S 的地址)的单元指向它。S 存储区域上方的 11 个单元是由 elem 域(格内 9986)指向元素的存储空间(已约定最上方的 0 号单元空闲)。

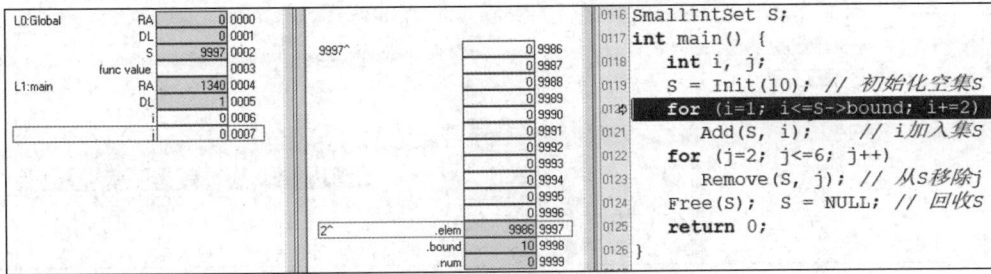

图 1.4 AnyviewC 测试小整数集——构建空集后

(5) 第一个 for 循环将依次加入 1、3、5、7、9 到集合 S,如图 1.5 所示。

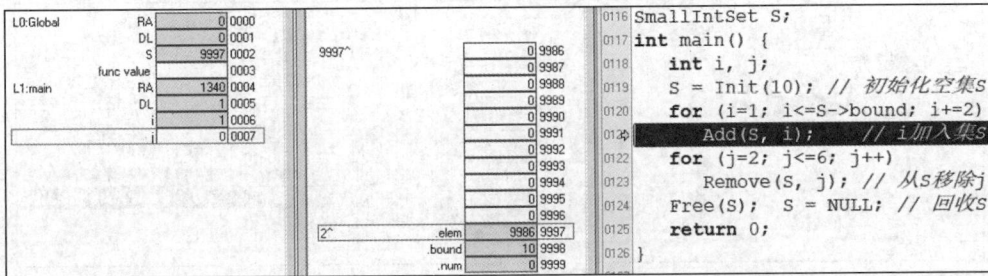

图 1.5 AnyviewC 测试小整数集——即将加入元素

(6) 加入 1 之后的截图如图 1.6 所示,堆区对应单元格内置了 1。

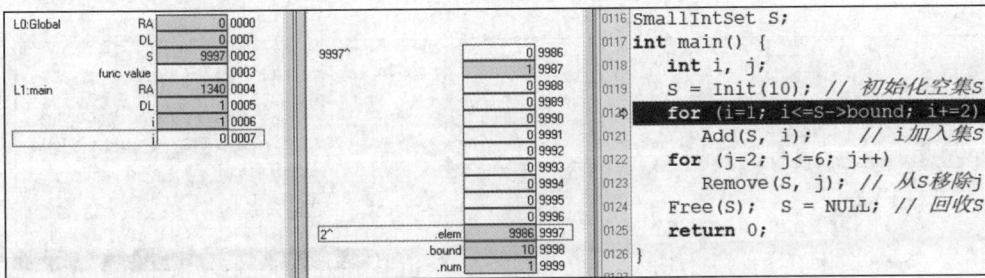

图 1.6 AnyviewC 测试小整数集——加入元素 1

(7) 加入的 5 个元素的格子均置为 1,如图 1.7 所示。

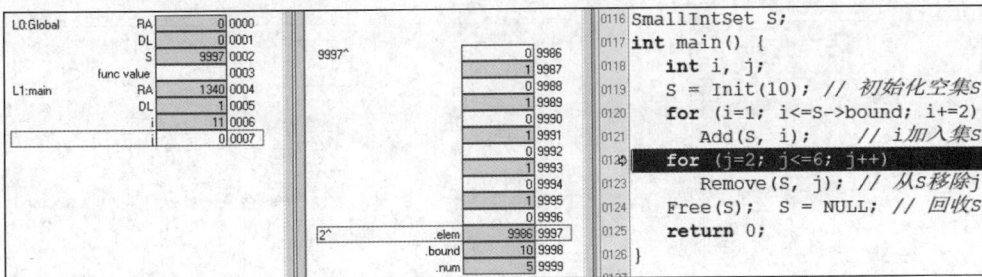

图 1.7 AnyviewC 测试小整数集——加入 5 个元素后

（8）如图 1.8 所示，第二个 for 循环要移除元素 2、3、4、5 和 6，即将对应格子置为 0。实际上将会看到，被改变的只有 3 和 5 对应的格子，2、4、6 本来就不是集合成员。

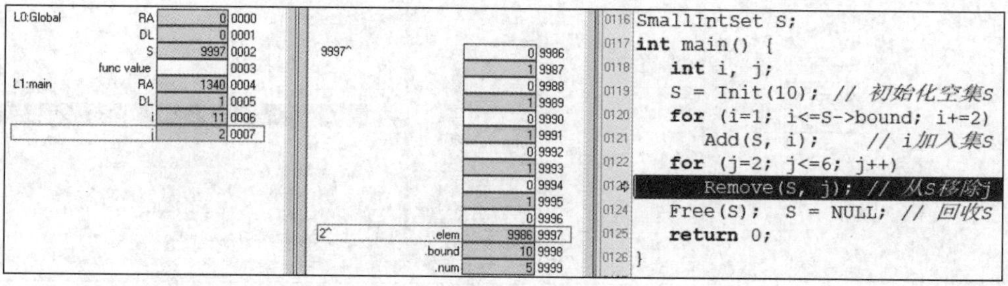

图 1.8　AnyviewC 测试小整数集——即将移除元素

（9）如图 1.9 所示，准备回收集合 S（的空间）。

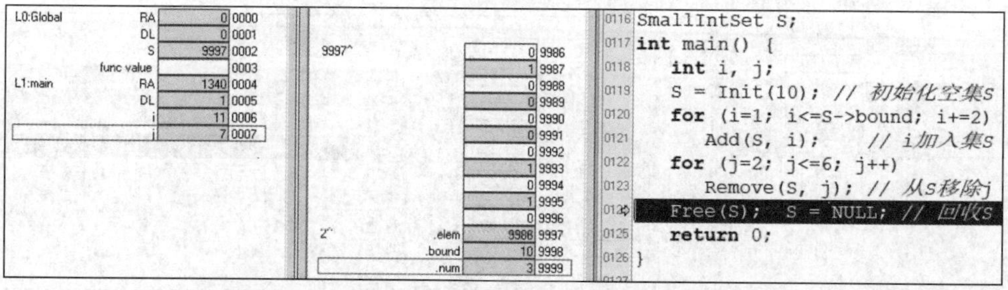

图 1.9　AnyviewC 测试小整数集——准备回收集合 S

（10）S 的存储空间被回收（堆区只显示被分配占用的空间），S 置为 NULL（格子内为 0），如图 1.10 所示。

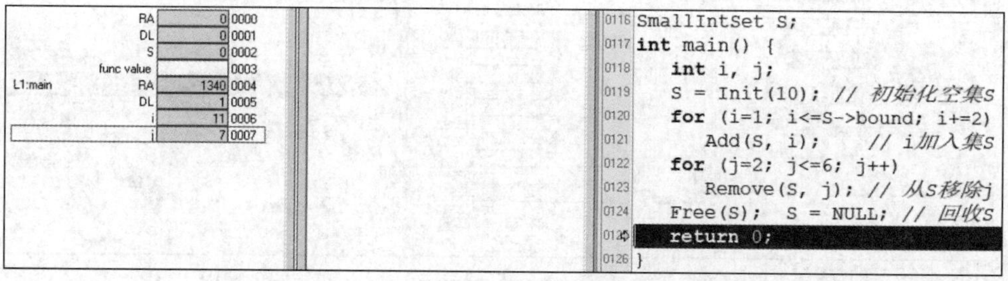

图 1.10　AnyviewC 测试小整数集——集合 S 被回收

（11）退出 main 函数后程序结束，栈区收回其存储空间，如图 1.11 所示。

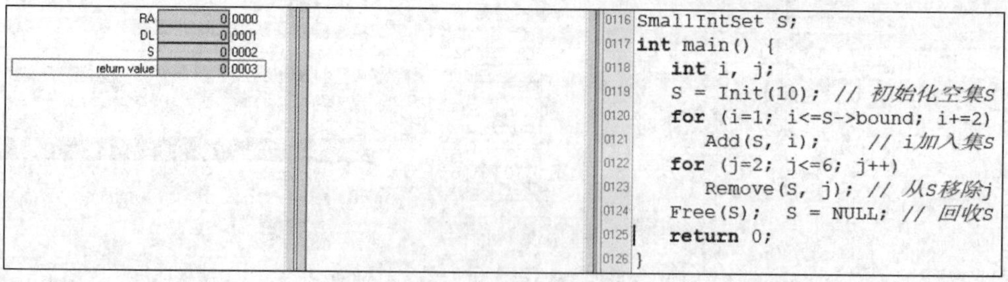

图 1.11　AnyviewC 测试小整数集——退出 main 函数

（12）如果不回收 S 的空间，如图 1.12 所示。假设其他函数结束前不释放在函数内分配的堆的空间，系统仅回收该函数在栈区的空间，而遗留在堆的空间就成为废弃的"垃圾"，在整个程序结束前都不能重新利用。这就是内存泄漏，要杜绝发生。

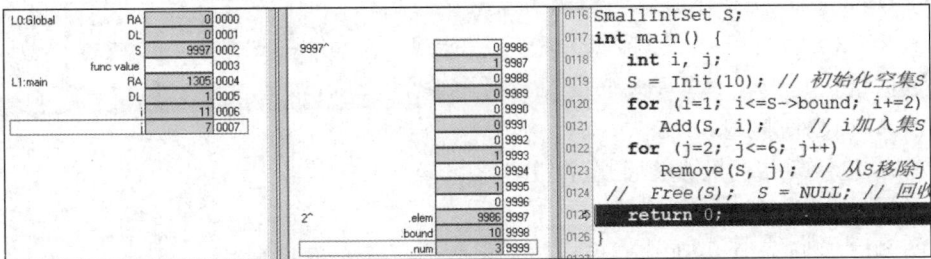

(a)

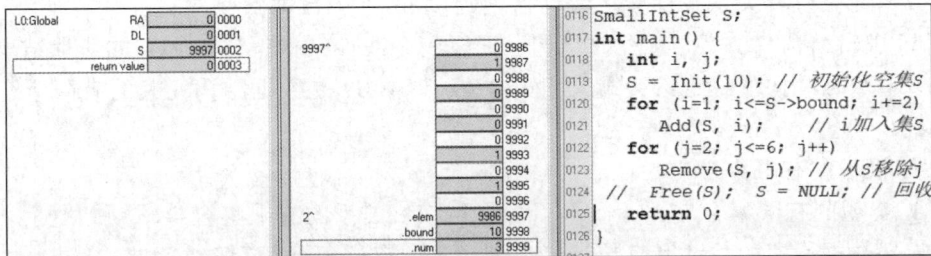

(b)

图 1.12　内存泄漏示例

（13）如图 1.13 所示，S 被定义为局部变量，且不回收空间。

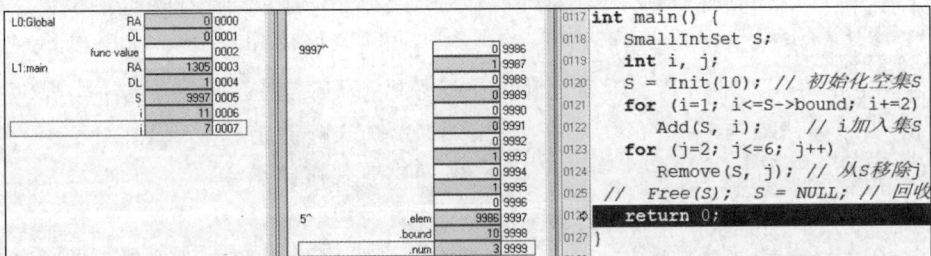

图 1.13　AnyviewC 测试小整数集——S 被定义为局部变量

（14）如图 1.14 所示，main 函数结束后，S 不存在了，但分配给它的空间仍遗留在堆区。如果是其他函数发生这样的情形，那就是内存泄漏。

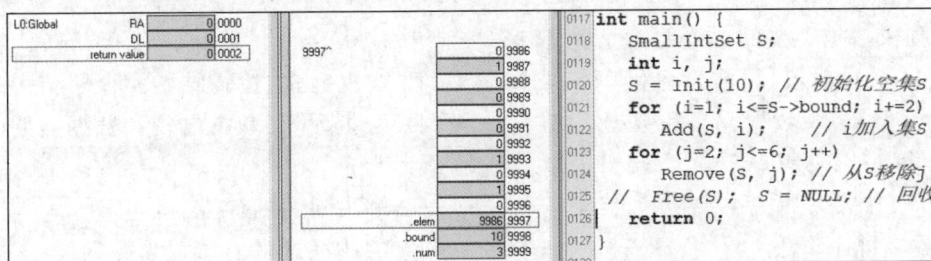

图 1.14　AnyviewC 测试小整数集——内存泄漏另一种情形

五、基础知识题

（一）单项选择题

1. 计算机识别、存储和加工处理的对象被统称为（　　）。

  A. 数据　　　　　　　B. 数据元素　　　　　C. 数据结构　　　　　D. 数据类型

2. 数据结构是（　　）。

  A. 一种数据类型

  B. 一组性质相同的数据元素的集合

  C. 数据的存储结构

  D. 相互之间存在一种或多种特定关系的数据元素的集合

3. 数据元素及其关系在计算机存储器内的表示，称为数据的（　　）。

  A. 逻辑结构　　　　　B. 存储结构　　　　　C. 线性结构　　　　　D. 非线性结构

4. 若将数据结构形式定义为二元组(D,R)，其中，D 是数据结构元素的有限集合，则 R 是 D 上（　　）。

  A. 操作的有限集合　　　　　　　　　　B. 映像的有限集合

  C. 类型的有限集合　　　　　　　　　　D. 关系的有限集合

5. 根据数据元素的关键字直接计算出该元素的存储地址的存储方法是（　　）。

  A. 顺序存储方法　　　　　　　　　　　B. 链式存储方法

  C. 索引存储方法　　　　　　　　　　　D. 散列存储方法

6. 在数据结构中，数据的逻辑结构可以分成（　　）。

  A. 内部结构和外部结构　　　　　　　　B. 线性结构和非线性结构

  C. 紧凑结构和非紧凑结构　　　　　　　D. 动态结构和静态结构

7. 若结点的存储地址与其关键字之间存在某种映像关系，则称这种存储结构为（　　）。

  A. 顺序存储结构　　　　　　　　　　　B. 链式存储结构

  C. 索引存储结构　　　　　　　　　　　D. 散列存储结构

8. 以下陈述正确的是（　　）。

  A. 在顺序存储的线性表中，逻辑上相继的两个数据元素在物理位置上并不一定紧邻

  B. 链式存储的线性表可以随机存取

  C. 顺序存储的线性表可以随机存取

  D. 在线性表的存储结构中插入和删除元素时，移动元素的个数仅与该元素的位置有关

9. 抽象数据类型的 3 个要素是（　　）。

  A. 数据对象、数据关系和基本操作　　　B. 数据元素、逻辑结构和存储结构

  C. 数据项、数据元素和数据类型　　　　D. 数据元素、数据结构和数据类型

10. 算法指的是（　　）。

  A. 计算机程序　　　　　　　　　　　　B. 解决问题的计算方法

  C. 排序算法　　　　　　　　　　　　　D. 解决问题的有限操作序列

11. 算法分析的目的是（　　）。

  A. 辨别数据结构的合理性　　　　　　　B. 评价算法的效率

C. 研究算法中输入与输出的关系　　　　D. 鉴别算法的可读性

12. 评价一个算法时间性能的主要标准是（　　　）。

　　A. 算法易于调试　　　　　　　　　　B. 算法易于理解

　　C. 算法的稳定性和正确性　　　　　　D. 算法的时间复杂度

13. 下列各式中，按增长率由低到高的顺序正确排列的是（　　　）。

　　A. $\sqrt{n}$，$n!$，2^n，$n^{3/2}$　　　　　　　　B. $n^{3/2}$，2^n，$n^{\log n}$，2^{100}

　　C. 2^n，$\log n$，$n^{\log n}$，$n^{3/2}$　　　　　　D. 2^{100}，$\log n$，2^n，n^n

14. 语句的频度是指在程序中该语句的（　　　）。

　　A. 执行次数　　　　B. 出现次数　　　　C. 循环嵌套层数　　　　D. 条件嵌套层数

15. 若算法中语句的最大频度为 $T(n)=2006n+6n\log n+29\log^2 n$，则其时间复杂度为（　　　）。

　　A. $O(\log n)$　　　　B. $O(n)$　　　　C. $O(n\log n)$　　　　D. $O(\log^2 n)$

16. 若算法中的语句频度为 $T(n)=6542n+2n\log n+3(\log n)^2$，则其平均时间复杂度为（　　　）。

　　A. $O(\log n)$　　　　B. $O(n)$　　　　C. $O(n\log n)$　　　　D. $O(n^2)$

17. 下述程序段中语句①的频度是（　　　）。

```
S=0;
for (i=1; i<m; i++)
    for (j=0; j<=i; j++)
①    s+=j;
```

　　A. $(m+1)(m-1)/2$　　　　　　　　B. $m(m-1)/2$

　　C. $(m+2)(m-1)/2$　　　　　　　　D. $m(m+1)/2$

18. 下面程序段的时间复杂度是（　　　）。

```
for(i=0;i<n;i++)
    for(j=1;j<m;j++)
        A[i][j]=(i+1)*j;
```

　　A. $O(n)$　　　　B. $O(m+n+1)$　　　　C. $O(m+n)$　　　　D. $O(m \times n)$

19. 下面程序段的时间复杂度是（　　　）。

```
int f19(int n) {
    int i=0, x=1;
    while (x<n) {
        x *= 2;   i++;
    }
    return i;
}
```

　　A. $O(\log n)$　　　　B. $O(n)$　　　　C. $O(n\log n)$　　　　D. $O(n^2)$

20. 下面程序段的时间复杂度是（　　　）。

```
int f20(int n) {
    int i=0, x=1;
```

```
    for (i=0;  x<n/2;  i++)
        x*=2;
    return i;
}
```

    A. $O(\log n)$ B. $O(n)$ C. $O(n\log n)$ D. $O(n^2)$

21. 下面程序段的时间复杂度是(　　)。

```
int f21(int n) {
    if (n<=1) return 1;
    else return n * f21(n-1);
}
```

    A. $O(\log n)$ B. $O(n)$ C. $O(n\log n)$ D. $O(n^2)$

22. 下面程序段的时间复杂度是(　　)。

```
int f22(int n) {
    int count=0;
    for (int k=1; k<=n; k*=2)
        for (int j=1; j<=n; j++)
            count++;
    return count;
}
```

    A. $O(\log n)$ B. $O(n)$ C. $O(n\log n)$ D. $O(n^2)$

23. 下面程序段的时间复杂度是(　　)。

```
int f23(int n) {
    int x=0;
    while (n>=(x+1) * (x+1))
        x++;
    return x;
}
```

    A. $O(\log n)$ B. $O(n^{1/2})$ C. $O(n)$ D. $O(n\log n)$

（二）解答题

1. ①　简述下列术语：数据、数据元素、数据对象、数据结构、存储结构、数据类型和抽象数据类型。

2. ②　试描述数据结构和抽象数据类型的概念与程序设计语言中数据类型概念的区别。

◆**3.** ②　设有数据结构 (D,R)，其中，$D=\{d_1,d_2,d_3,d_4\}$，$R=\{r\}$，$r=\{(d_1,d_2),(d_2,d_3),(d_3,d_4)\}$。

试按图论中图的画法惯例画出其逻辑结构图。

◆**4.** ②　试仿照三元组的抽象数据类型分别写出抽象数据类型复数和有理数的定义（有理数是其分子、分母均为自然数且分母不为 0 的分数）。

5. ②　试画出与下列程序段等价的框图。

（1）

```
product=1;   i=1;
while (i<=n) {
```

```
    product *=i;
    i++;
}
```

（2）

```
i=0;
do {
    i++;
} while (i!=n &&a[i]!=x);
```

（3）

```
if (x==y) z=abs(x * y);          //abs 为取绝对值函数
else if (x<y) z=y-x;
else z=(x-y)/abs(x) * abs(y);
```

◆6. ③   在程序设计中,常用下列 3 种不同的出错处理方式。

（1）用 **exit** 语句终止执行并报告错误。

（2）以函数的返回值区分正确返回或错误返回。

（3）设置一个整型指针变量的函数参数以区分正确返回或某种错误返回。

试讨论这 3 种方法各自的优缺点。

◆7. ③ 在程序设计中,可采用下列 3 种方法实现输入和输出。

（1）通过 **scanf** 和 **printf** 语句。

（2）通过函数的参数显式传递。

（3）通过全局变量隐式传递。

试讨论这 3 种方法的优缺点。

8. ③   设 n 为正整数。试确定下列各程序段中前置记号@的语句的频度。

（1）

```
i=1;  k=0;
while (i<=n-1) {
    @  k += 10 * i;
    i++;
}
```

（2）

```
i=1;  k=0;
do{
    @  k +=10 * i;
    i++;
} while(i<=n-1);
```

（3）

```
i = 1;   k = 0;
while (i<=n-1) {
    i++;
    @  k += 10 * i;
}
```

(4)

```
k=0;
for(i=1; i<=n; i++) {
    for (j=i; j<=n; j++)
        @   k++;
}
```

◆(5)

```
for(i=1; i<=n; i++)
    for (j=1; j<=i; j++) {
        for (k=1; k<=j; k++)
            @   x += delta;
    }
```

(6)

```
i=1;   j=0;
while (i+j<=n) {
    @   if (i>j) j++;
        else i++;
}
```

◆(7)

```
x=n;   y=0;                    //n 不小于 1
while (x>=(y+1) * (y+1)) {
    @   y++;
}
```

◆(8)

```
x=91;   y=100;
while (y>0) {
    @   if (x>100) { x -= 10;   y--; }
        else x++;
}
```

9. ③   假设 n 为 2 的乘幂,并且 $n>2$,试求下列算法的时间复杂度及变量 count 的值 (以 n 的函数形式表示)。

```
int Time(int n) {
    count=0;   x=2;
    while (x<n/2) {
        x *= 2;   count++;
    }
    return count;
}
```

10. ③   求下面各函数的时间复杂度。

(1)

```
void f1(int n){
```

```
    int i=1,s=1;
    while(s<=n){
        i++;
        s=s+i;
        printf("*");
    }
}
```

(2)

```
void f2(int n) {
    int i, count=0;
    for (i=1; i*i<=n; i++)
        count++;
}
```

(3)

```
void f3(int n) {
    int i,j,k,count=0;
    for (i=n/2; i<=n; i++)
        for (j=1; j+n/2<=n; j++)
            for (k=1; k<=n; k*=2)
                count++;
}
```

(4)

```
void f4(int n) {
    int i,j,k,count=0;
    for (i=n/2; i<=n; i++)
        for (j=1; j<=n; j*=2)
            for (k=1; k<=n; k*=2)
                count++;
}
```

(5)

```
void f5(int n) {
    if (n==1) return;
    for (int i=1; i<=n; i++) {
        for (int j=1; j<=n; j++) {
            printf("*\n");
            break;
        }
    }
}
```

(6)

```
void f6(int n) {
    int k=1;
    while (k<n)
        k*=3;
}
```

(7)

```
void f7(int n) {
    int count=1;
    do {
        for (int i=0; i<n; i++)
            count++;
        n/=2;
    }while(n>0);
}
```

(8)

```
void f8(int n) {
    for (int i=1; i<=n; i++)
        for (int j=1; j<=n; j*=2)
            printf("*");
}
```

(9)

```
void f9(int n) {
    for (int i=1; i<=n/3; i++)
        for (int j=1; j<=n; j+=4)
            printf("#");
}
```

(10)

```
void f10(int n) {
    int i=1;
    while (i<n) {
        int j=n;
        while (j>0)
            j/=2;
        i*=2;
    }
}
```

11. ④ 求以下各递归函数的时间复杂度。

(1)

```
void f11(int n) {
    if (n<=1) return;
    for (int i=1; i<=3; i++)
        f11(n/3);
}
```

(2)

```
void f12(int n) {
    if (n<=1) return;
        for (int i=1; i<=3; i++)
            f12(n-1);
}
```

（3）

```
void f13(int n) {
    if (n<=1) return;
    for (int i=1; i<n; i++)
        printf(" * ");
    f13(0.8 * n);
}
```

（4）

```
int f14(int n) {
    if (n<=2) return 1;
    else return f14(floor(sqrt(n)))+1;
}
```

（5）

```
void f15(int n) {
    if (n<=2) return;
    else counter=0;
    for (int i=1; i<=8; i++)
        f15(n/2);
    int n3=n * n * n;
    for (int j=1; j<=n3; j++)
        counter++;
}
```

（6）

```
void f16(int n) {
    if (n<=1) return;
    if (n>1) {
        printf("#");
        f16(n/2);
        f16(n/2);
    }
}
```

12. ② 按增长率由小至大的顺序排列下列各函数：2^{100}，$(3/2)^n$，$(2/3)^n$，$(4/3)^n$，n^n，$n^{3/2}$，$n^{2/3}$，$\sqrt{n}$，$n!$，n，$\log_2 n$，$n/\log_n 2$，$\log_2^2 n$，$\log_2(\log_2 n)$，$n\log_2 n$，$n^{\log_2 n}$。

13. ③ 已知有实现同一功能的两个算法，其时间复杂度分别为 $O(2^n)$ 和 $O(n^{10})$，假设现实计算机可连续运算的时间为 10^7 秒（100 多天），每秒可执行基本操作（根据这些操作来估算算法时间复杂度）10^5 次。试问在此条件下，这两个算法可解问题的规模（即 n 值的范围）各为多少？哪个算法更适宜？请说明理由。

14. ③ 设有以下 3 个函数：$f(n)=21n^4+n^2+1000$，$g(n)=15n^4+500n^3$，$h(n)=5000n^{3.5}+n\log n$，请判断以下断言正确与否：

（1） $f(n)$ 是 $O(g(n))$。

（2） $h(n)$ 是 $O(f(n))$。

（3） $g(n)$ 是 $O(h(n))$。

(4) $h(n)$是$O(n^{3.5})$。

(5) $h(n)$是$O(n\log n)$。

15. ③ 试设定若干 n 值,比较两函数 n^2 和 $50n\log_2 n$ 的增长趋势,并确定 n 在什么范围内时,函数 n^2 的值大于 $50n\log_2 n$ 的值。

16. ③ 判断下列各对函数 $f(n)$ 和 $g(n)$,当 $n\to\infty$ 时,哪个函数增长更快。

(1) $f(n)=10^2+\ln(n!+10n^3)$ $g(n)=2n^4+n+7$

(2) $f(n)=(\ln(n!)+5)^2$ $g(n)=13n^{2.5}$

(3) $f(n)=n^{2.1}+\sqrt{n^4+1}$ $g(n)=(\ln(n!))^2+n$

(4) $f(n)=2(n^3)+(2^n)^2$ $g(n)=n(n^2)+n^5$

17. ③ 试用数学归纳法证明:

(1) $\sum_{i=1}^{n} i^2 = n(n+1)(2n+1)/6$ $(n\geqslant 0)$

(2) $\sum_{i=0}^{n} x^i = (x^{n+1}-1)/(x-1)$ $(x\neq 1, n\geqslant 0)$

(3) $\sum_{i=1}^{n} 2^{i-1} = 2^n - 1$ $(n\geqslant 1)$

(4) $\sum_{i=1}^{n} (2i-1) = n^2$ $(n\geqslant 1)$

六、算法设计题

◆1. ② 试写一算法,自大至小依次输出顺序读入的 3 个整数 X、Y 和 Z 的值。

◆2. ③ 函数 Cover 的原型为

```
int Cover(int S[], int T[], int sn, int tn, int si, int tj, int k);
```

其功能如下:用长度为 sn 的数组 S 第 si 下标起的 k 个元素,覆盖长度为 tn 的数组 T 下标 tj 起的元素,并将遇到的各种情况及处理方式以不同的整数值返回。请写出函数代码。提示:代码允许 S 和 T 的实参是同一个数组吗?若允许,要应对哪些情形?

3. ③ 已知 k 阶斐波那契序列的定义为

$$f_0=0, f_1=0, \cdots, f_{k-2}=0, f_{k-1}=1;$$
$$f_n=f_{n-1}+f_{n-2}+\cdots+f_{n-k}, n=k, k+1\cdots$$

试编写求 k 阶斐波那契序列的第 m 项值的函数算法,k 和 m 均以值调用的形式在函数参数表中出现。

4. ③ 假设有 A,B,C,D,E 5 个高等院校进行田径对抗赛,各院校的单项成绩均已存入计算机,并构成一张表,表中每一行的形式为

项目名称	性　别	校　　名	成　　绩	得　分

编写算法,处理上述表格,以统计各院校的男、女总分和团体总分,并输出。

◆5. ④ 试编写算法,计算 $i!\cdot 2^i (i=0,1,\cdots,n-1)$ 的值并分别存入数组 a[arrsize] 的各分量中。假设计算机中允许的整数最大值为 MAXINT,则当 $n>$ arrsize 或对某个

$k(0 \leqslant k \leqslant n-1)$ 使 $k! \cdot 52^k >$ MAXINT 时，应按出错处理。注意选择你认为较好的出错处理方法。

◆**6.** ④ 试编写算法求一元多项式 $P_n(x) = \sum_{i=0}^{n} a_i x^i$ 的值 $P_n(x_0)$，并确定算法中每一语句的执行次数和整个算法的时间复杂度。注意选择你认为较好的输入和输出方法。本题的输入为 $a_i (i=0,1,\cdots,n)$、x_0 和 n，输出为 $P_n(x_0)$。

第2章 线 性 表

一、基本内容

线性表的逻辑结构定义、抽象数据类型定义和各种存储结构的描述方法；在线性表的两类存储结构(顺序的和链式的)上实现基本操作；稀疏多项式的抽象数据类型定义、表示和加法的实现。

二、学习要点

(1) 了解线性表的逻辑结构特性是数据元素之间存在着线性关系，在计算机中表示这种关系的两类不同的存储结构是顺序存储结构和链式存储结构。用前者表示的线性表简称顺序表，用后者表示的线性表简称链表。

(2) 熟练掌握这两类存储结构的描述方法，如一维数组中一个区域$[i..j]$的上、下界和长度之间的变换公式($L=j-i+1,i=j-L+1,j=i+L-1$)，链表中指针 p 和结点 $*$ p 的对应关系 (结点 $*$ (p->next)是结点 $*$ p 的后继等)，链表中的头结点、头指针和首元结点的区别，以及循环链表、双向链表的特点等。链表是本章的重点和难点。扎实的指针操作和内存动态分配的编程技术是学好本章的基本要求。

(3) 熟练掌握线性表在顺序存储结构上实现基本操作：查找、插入和删除的算法。

(4) 熟练掌握在各种链表结构中实现线性表操作的基本方法，能在实际应用中选用适当的链表结构。了解静态链表，能够加深对链表本质的理解。

(5) 能够从时间和空间复杂度的角度综合比较线性表两种存储结构的不同特点及其适用场合。

与本章的要求相配合，在习题中安排了难度渐增的六类习题：第一类只涉及线性表在顺序结构上各种基本操作的实现；第二类涉及线性链表的各种操作；第三类涉及两个或多个线性表的各种操作；第四类对不同的存储结构做对照比较，并注重其时间复杂度的分析；第五类涉及循环链表和双向链表；第六类涉及稀疏多项式及其运算在线性表的两种存储结构上的实现。

三、可视交互学习内容与解析

1. 算法 2.3——顺序表初始化

图 2.1 是将 AnyviewC 的 4 个窗口(左中是逻辑结构可视窗)移动叠排后的截图，是执行 main 函数前三行后的状态。可依次单行或设断点执行，跟踪算法执行细节，观察数据逻辑结构和存储结构的变化，理解算法"行为"——看它是如何操作数据结构的。

2. 算法 2.4——在顺序表第 i 个位置插入元素 e

在以上对 L1 和 L2 初始化的结果状态下，继续执行以下两个 for 循环语句的结果如图 2.2 所示。

```
0036  int main() {
0037      SqList L1,L2;
0038      L1 = InitList(5, 5);   // 容量5, 扩容增量5
0039      L2 = InitList(8, 5);   // 容量8, 扩容增量5
0040
```

数据结构

```
        0 1 2 3 4
L1     [ | | | | ]

        0 1 2 3 4 5 6 7
L2     [ | | | | | | | ]
```

```
L0:Global   RA          0    0000
            DL          0    0001
            func value       0002
L1:main     RA        356    0003
            DL          1    0004
            L           0    0005
            L1       9996    0006
            L2       9987    0007
```

堆

```
9987^                 0.0000 9979
                      0.0000 9980
                      0.0000 9981
                      0.0000 9982
                      0.0000 9983
                      0.0000 9984
                      0.0000 9985
                      0.0000 9986
7^            .elem     9979 9987
              .len         0 9988
              .size        8 9989
              .inc         5 9990
9996^                 0.0000 9991
                      0.0000 9992
                      0.0000 9993
                      0.0000 9994
                      0.0000 9995
6^            .elem     9991 9996
              .len         0 9997
              .size        5 9998
              .inc         5 9999
```

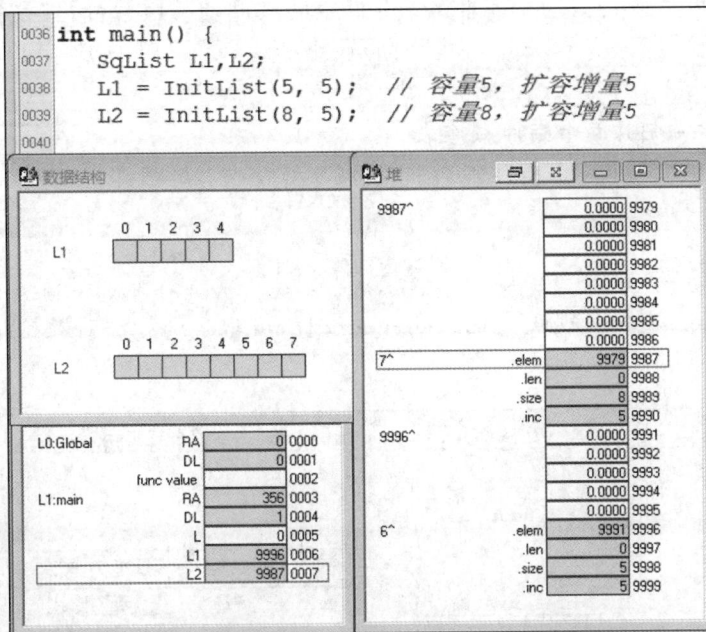

图 2.1　顺序表初始化后的结构形态、栈区和堆区内容示例

```
for(i=1; i<=12; i+=2) ListInsert(L1, L1->len+1, i);
for(i=2; i<=6;  i+=2) ListInsert(L2, L2->len+1, i);
```

数据结构

```
        0 1 2 3 4 5 6 7 8 9
L1     [1|3|5|7|9|11| | | | ]

        0 1 2 3 4 5 6 7
L2     [2|4|6| | | | | ]
```

栈

```
L0:Global   RA          0    0000
            DL          0    0001
            func value       0002
L1:main     RA       1022    0003
            DL          1    0004
            L1       9996    0005
            L2       9987    0006
            i           8    0007
```

堆

```
9996^                      1 9969
                           3 9970
                           5 9971
                           7 9972
                           9 9973
                          11 9974
                           0 9975
                           0 9976
                           0 9977
                           0 9978
9987^                      2 9979
                           4 9980
                           6 9981
                           0 9982
                           0 9983
                           0 9984
                           0 9985
                           0 9986
6^            .elem     9979 9987
              .len         3 9988
              .size        8 9989
              .inc         5 9990
                           1 9991
                           3 9992
                           5 9993
                           7 9994
                           9 9995
5^            .elem     9969 9996
              .len         6 9997
              .size       10 9998
              .inc         5 9999
```

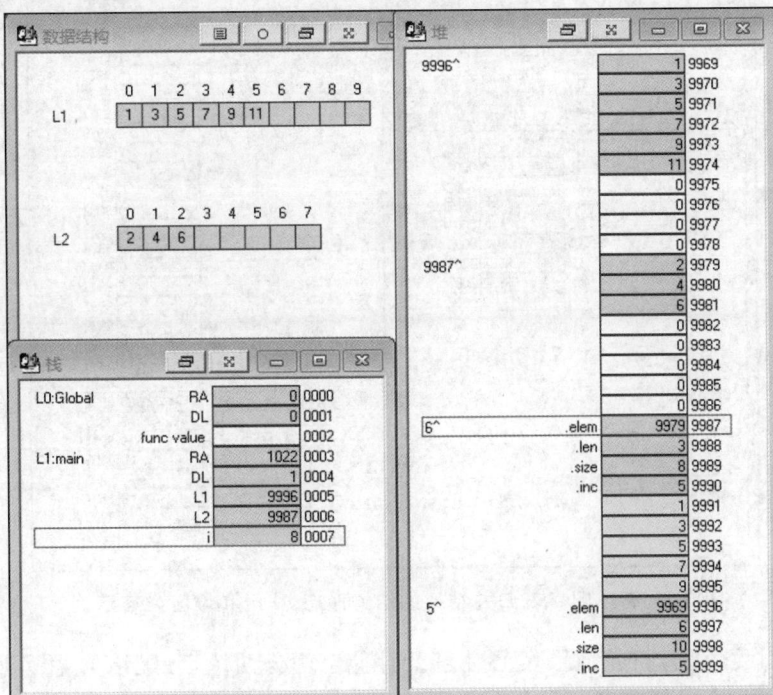

图 2.2　顺序表插入算法执行结果的结构形态、栈区和堆区内容示例

细心的读者可观察到,表 L1 在堆区的存储空间被挪动了位置,而且容量增加了 5 个单元。这可在算法 2.4(函数 ListInsert)内设断点,跟踪观察表满时的扩容细节(原来的空间被回收了,淡灰色)。

3. 算法 2.7——归并两个有序顺序表

以上两点正好建造了两个有序表,对它们调用算法 2.7 可归并得到一个新的有序表 L。执行

```
L = MergeList(L1, L2);          //调用算法 2.7
```

结果如图 2.3 所示。通过可视交互跟踪归并的过程,可观察到算法对数据结构操作的细节及引起的变化。

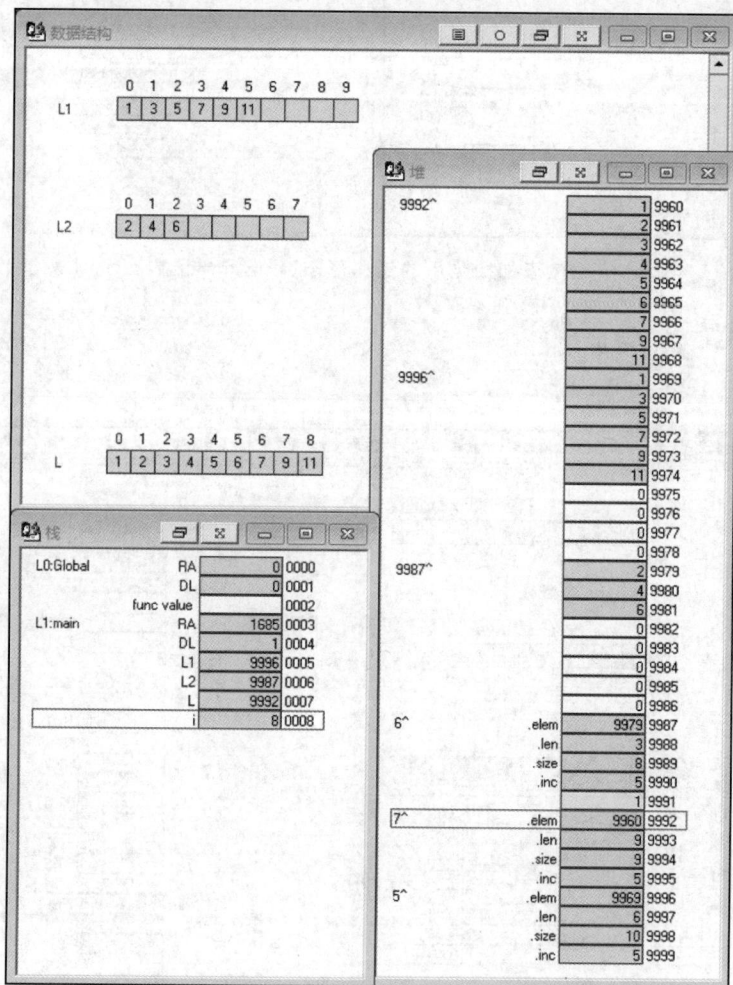

图 2.3　有序顺序表归并结果的结构形态、栈区和堆区内容示例

与图 2.2 对比可见,归并结果表 L 在堆的存储空间分两块,分配给 L(跟踪算法 2.7 的细节,实际是先分配给局部变量 Lc)的结构体的堆空间是先前回收 L1 扩容时回收的旧空间(按需分配,9991 单元未分配),元素空间则按需(L1 和 L2 的长度之和)分配在位于图上方的 9960～9968 共 9 个单元。

4. 关于顺序表的类型定义及其可视观察

新版教科书基本都将结构体的各种数据存储结构定义为结构体指针类型，须动态分配和回收在堆的存储空间。这样的好处是当数据结构不再使用时，能够彻底回收存储空间。第 1 章对教科书例 1-7 的小整数集的研究时就可观察到，一旦实施回收，就不会有遗留的单元"悬空"（即无使用却不能利用）。顺序表类似，只是结构体比小整数集多了两个域。建议在后续学习时，也留意数据存储结构的结构体指针类型的动态分配和回收。

那么采用结构体（而不是指针）类型定义数据存储结构会怎样呢？如将顺序表定义改为

```
typedef struct {
    ElemType elem[MAX_LEN];          //元素定长数组
    int len;                         //当前长度
} SqList;                            //顺序表(结构体)类型
```

这似乎很简洁，存储空间自动分配（无须动态分配）。两个表变量能够直接赋值（C 语言结构体可以整体赋值）算是一个优点，但存在一些问题。

问题 1 能否回收这种类型的顺序表变量存储空间？

答：自动分配的变量在其作用域内持续存在，空间无法手工"回收"。如果是函数的局部变量，只能在函数结束返回后，在包含它的存储空间的函数活动记录"退栈"而消失（被栈区回收）。如果是全局变量，则存续到程序运行结束。在程序运行时，可观察存储空间的占用情况。

问题 2 元素数组定多长？

答：C 语言的普通数组须在使用前确定长度，这不太方便。特别是不能预估有多少元素时，更难办。定长了浪费空间，定短了可能运行失败。

问题 3 这种顺序表作函数参数时，实参如何传递？

答：C 语言的数组和指针作参数时，均传递指针，省时省空间。而结构体参数是存储块整体传送。当 MAX_LEN 很大时，简直不可接受。尽管 len 可能很小，但也是把很多空的元素单元一并传送。如果算法 2.7 的两个参数是这种类型，那就是全表传送，至少不适用于大数据表。这很容易在 AnyviewC 上观察这一现象。因此，一般都是变通为结构体指针参数也传递地址，这样本质上就是采用结构体指针类型的顺序表。

5. 单链表的可视形态

执行以下代码段：

```
LinkList L;   ElemType e2[6];
L = InitList();                                    //初建带头结点的空单链表 L1
for (int i=1; i<=9; i+=2) ListInsert(L, 1, 'M'-i); //5 次调用算法 2.9
e6[1] = ListDelete(L, 1);                          //调用算法 2.10
e6[4] = ListDelete(L, 4);                          //调用算法 2.10
```

（1）图 2.4(a) 是初建空表 L 后的截图。堆区可见 L 的头结点、结构窗看到 L 的逻辑结构。

（2）**for** 循环在 L 的表首连续插入 5 个元素。图 2.4(b) 是结构形态的截图，堆区头结点之上是依次分配的结点，结构窗是 5 个元素的链表逻辑结构。

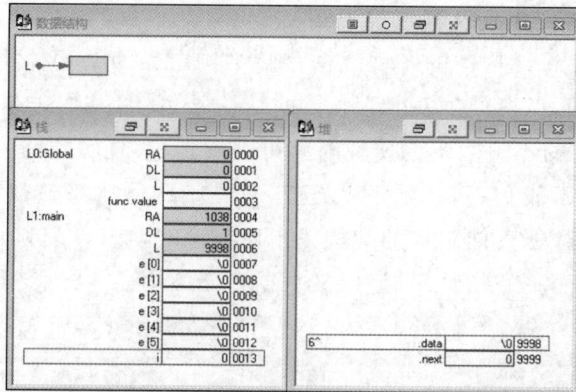

(a)

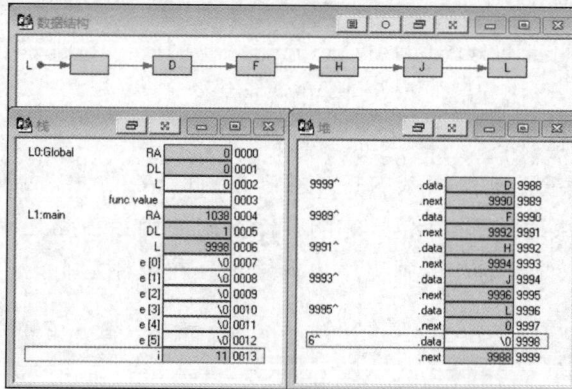

(b)

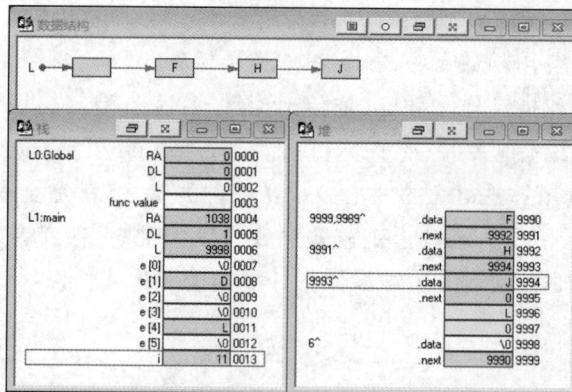

(c)

图 2.4　单链表初建、插入和删除结果的结构形态、栈区和堆区内容示例

（3）先后删除当时 L 的第 1 个元素和第 4 个元素（已不是原来的第 4 个元素）。截图见图 2.4（c），可在栈区看到存放了两个被删除元素的数组 e。

6. 单链表可视交互调试排错示例

以下是一个算法设计作业过程的版本。

```
//---无表头结点的有序链表插入 ---
void Insert(LList * L, ElemType e) {
```

```
    LList r, s, t;
    t = (LNode *)malloc(sizeof(LNode));        //分配结点(未核查成功与否,可不算错)
    t->data = e;
    if (! * L) * L = t;                        //插入空表
    else {                                     //其他情形的插入
        s = * L;
        while (s && s->data < e) {             //按序查找位置
            r = s;
            s = s->next;
        }
        r->next = t;                           //在 r 结点之后插入
    }
}
```

测试 main 函数为

```
int main() {                                   //测试
    L = NULL;
    for (int x=1; x<=9; x+=2)                  //依升序插入 1、3、5、7、9
        Insert(L, x);
    return 0;
}
```

作业者在 AnyviewC 编译后运行结果截图如图 2.5(a)所示,以为通过了。指导教师说,测试方案不完备,在表的头和尾、表长为 0、1 和 n(>2)等情况下的插入都测到了,但缺少在表中间插入。建议在 for 语句后增加一句

```
Insert(L, 4);
```

结果如图 2.5(b)所示,4 准确插入 3 之后,更后面的 5、7 和 9 等 3 个结点在链表逻辑结构消失,但在堆区这 3 个结点仍存在,且形成一个有序短链。问题是结点 4 未指向结点 5,也就是 while 循环找到位置后的实施插入未考虑在表中间插入时,须确保新结点与前后结点不断链。因此需要增加一句

```
t->next = s;          //增加此句,接上后段
```

经实际调试,确认这句还必须加在"r->next=t;"之前。正确运行结果如图 2.5(c)所示。

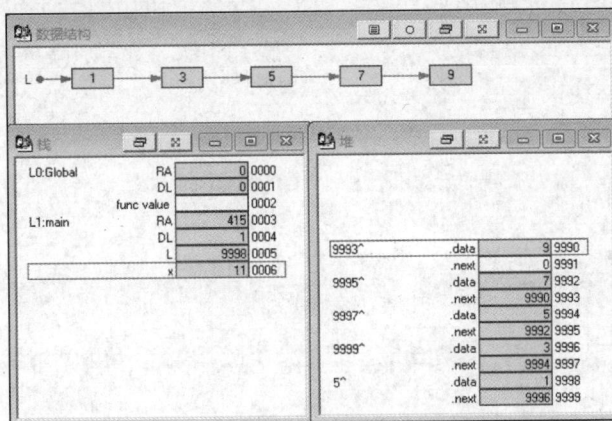

(a)

图 2.5　一个单链表可视交互调试排错示例

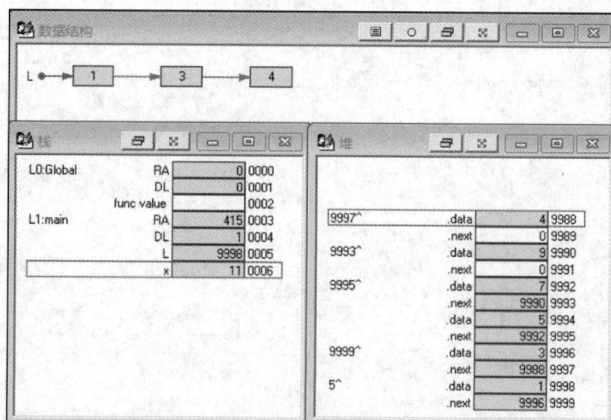

(b)

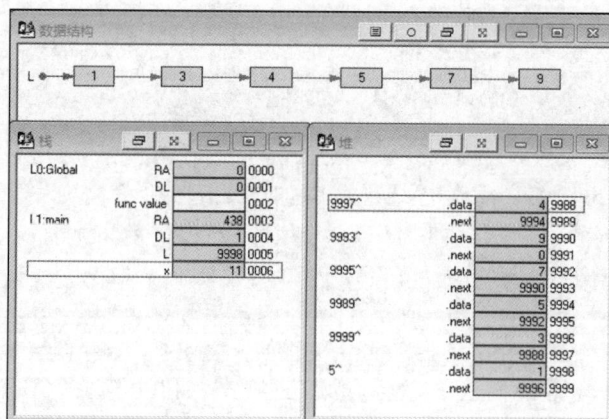

(c)

图 2.5 （续）

若对上述陈述还不理解或存疑,可在 AnyviewC 可视交互,跟踪该程序的执行细节。

7. 单循环链表可视交互调试排错示例

早年某考试命题时,一道算法设计题的多个参考答案初稿的一个版本如下:

```
void PurgeCLList(LinkList L) {          //删除非空带头结点升序单循环链表 L 的重复元素
    LinkList p = L->next;               //指针 p 从第 1 个元素结点出发
    while (p->next!=L) {                //循环直到 p 到达表尾结点(下一个是头结点)
        LinkList q = p->next;           //q 指向 p 结点的前驱
        while (q->data==p->data) {      //若紧邻的多个结点的元素相等,则只保留 p 结点
            p->next = q->next;
            free(q);
            q = p->next;                //p 和 q 配合删除一个重复结点
        }
        p = p->next;                    //p 指向下一个不同元素结点
    }
}
```

建议读者暂不往下看,先阅读分析该函数,判断是否有不完善之处,如果有,问题在哪里?

为稳妥,设计了测试用例,其截图如图 2.6(a)所示(重复元素分别出现在表头、表中和表尾部),在 AnyviewC 实测这个函数。图 2.6(b)~图 2.6(d)是函数执行过程的 3 个截图(结

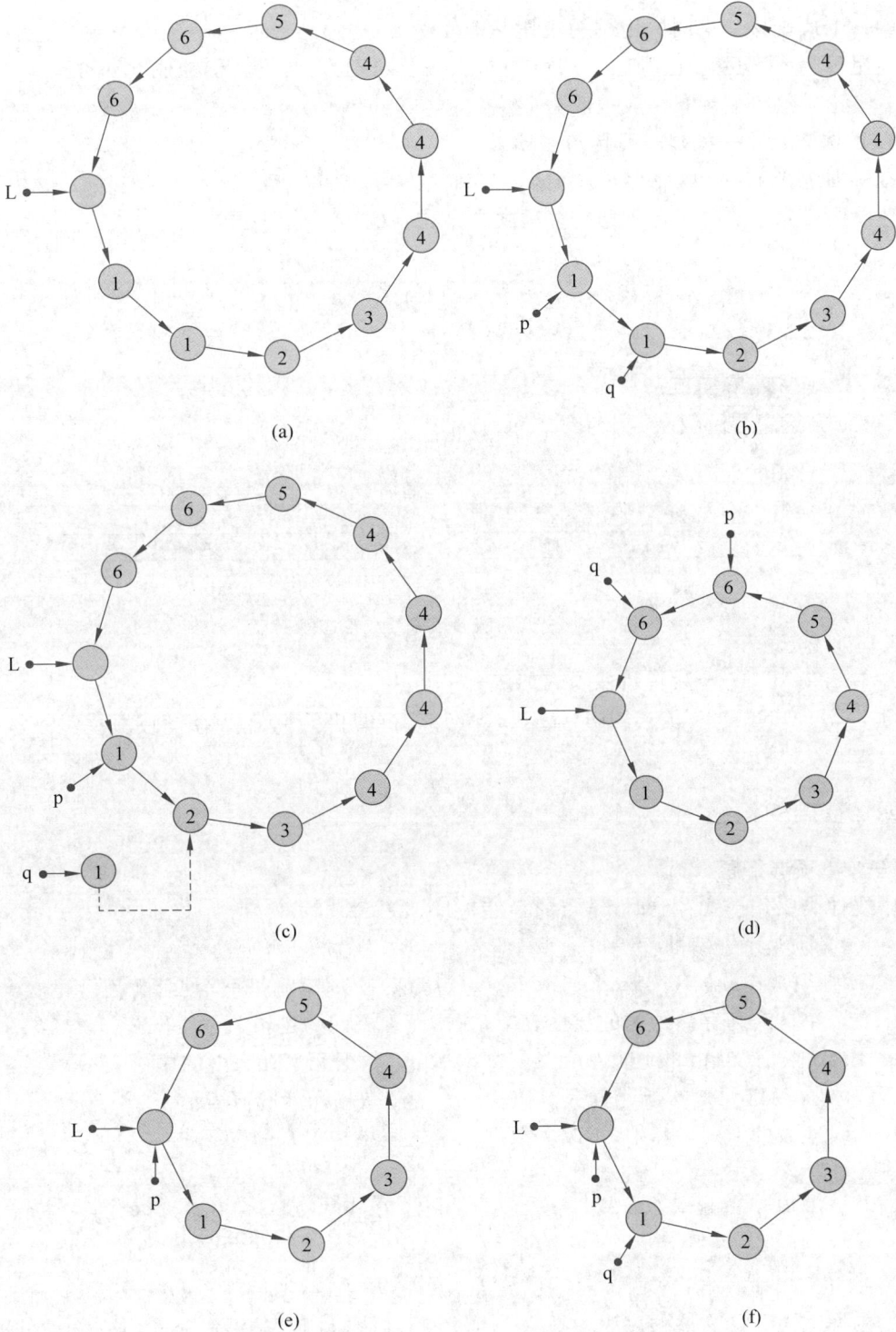

(a)

(b)

(c)

(d)

(e)

(f)

图 2.6 循环链表可视交互调试排错示例

构窗的 p 和 q 指针的变化和重复元素被删除的"动画"更直观,所以未对栈区和堆区内容截图),结果如图 2.6(e)所示,所有重复元素均仅保留一个,其余都被删除。但是,外层的 **while** 循环在 p 到达表尾后没有停下来,p 多空跑一圈后函数才结束。虽然不影响结果,但毕竟是算法的一个瑕疵。如果测试用例的表尾只有 1 个 6,这个函数也不会多跑一圈。问题就是删除表尾重复元素后,p 已指向头结点,p->next!=L 的判断也就仍然成立,只能让 p 多跑一圈。结论是这个循环条件应该改为 p!=L。

8. 算法 2.19——构建一元稀疏多项式

教科书定义了一元稀疏多项式的顺序存储结构的指针类型 Poly,并在算法 2.19 中实现了构建。图 2.7(a)是构建以下两个多项式在结构窗的形态截图。

$$P_1 = -7.5 + 41.82x - 82x^{100}$$

$$P_2 = 8x - 28.33x^{25} + 82x^{100} + 15.01x^{145} - 9.67x^{211} + 3.14x^{986}$$

P_1

term[]	0	1	2
coef	−7.5	41.82	−82
expn	0	1	100

P_2

term[]	0	1	2	3	4	5
coef	8	−28.33	82	15.01	−9.67	3.14
expn	1	25	100	145	211	986

P_3

term[]	0	1	2	3	4	5
coef	−7.5	49.82	−28.33	15.01	−9.67	3.14
expn	0	1	25	145	211	986

(a)   (b)

图 2.7　一元稀疏多项式结构形态示例

9. 算法 2.21——一元稀疏多项式加法

对图 2.7(a)的两个多项式调用算法 2.21 相加所得的和多项式 P_3 的结构形态如图 2.7(b)所示。

四、基础知识题

（一）单项选择题

1. 线性表采用链式存储时,结点的存储地址(　　)。

    A. 必须是不连续的　　　　　　　　　　B. 连续与否均可

    C. 必须是连续的　　　　　　　　　　　D. 和头结点的存储地址相连续

2. 在以单链表为存储结构的线性表中,数据元素之间的逻辑关系用(　　)。

    A. 数据元素的相邻地址表示　　　　　　B. 数据元素在表中的序号表示

    C. 指向后继元素的指针表示　　　　　　D. 数据元素的值表示

3. 在线性表的下列运算中,不改变数据元素之间结构关系的运算是(　　)。

    A. 插入　　　　　　B. 删除　　　　　　C. 排序　　　　　　D. 定位

4. 在长度为 n 的顺序表的第 $i(1 \leqslant i \leqslant n+1)$ 个位置插入一个元素,需移动元素的个数为(　　)。

    A. $n-i+1$　　　　　B. $n-i$　　　　　C. i　　　　　D. $i-1$

5. 在长度为 n 的有序顺序表中插入一个元素,若插入概率相等,则平均要移动的元素个数是(　　)。

A. $\dfrac{n-1}{2}$ B. $\dfrac{n}{2}$ C. $\dfrac{n+1}{2}$ D. n

6. 在长度为 n 的顺序表的第 i 个位置插入一个新元素的算法的平均时间复杂度为（   ）。

     A. $O(1)$ B. $O(n)$ C. $O(\log n)$ D. $O(i)$

7. 在长度为 n 的顺序表中删除第 i 个元素（$1 \leqslant i \leqslant n$）时，需移动的元素个数为（   ）。

     A. i B. $i+1$ C. $n-i$ D. $n-i+1$

8. 在长度为 n 的顺序表中删除第 i 个元素的平均时间复杂度为（   ）。

     A. $O(1)$ B. $O(n)$ C. $O(i)$ D. $O(\log n)$

9. 求单链表中当前结点的后继和前驱的时间复杂度分别是（   ）。

     A. $O(n)$ 和 $O(1)$ B. $O(1)$ 和 $O(1)$ C. $O(1)$ 和 $O(n)$ D. $O(n)$ 和 $O(n)$

10. 将长度为 n 的单链表链接在长度为 m 的单链表之后的算法的时间复杂度为（   ）。

     A. $O(1)$ B. $O(n)$ C. $O(m)$ D. $O(m+n)$

11. 在具有 n 个结点的有序链表中插入一个新结点并使链表仍然有序的时间复杂度为（   ）。

     A. $O(1)$ B. $O(n)$ C. $O(n\log n)$ D. $O(n^2)$

12. 链表不具有的特点是（   ）。

     A. 不必事先估计存储空间   B. 所需空间与表的长度成正比

     C. 可以随机访问任一结点   D. 插入和删除不需要移动元素

13. 对于一个头指针为 head 的带头结点的单链表，判定该表为空表的条件是（   ）。

     A. head==NULL   B. head->next==NULL

     C. head!=NULL   D. head->next==head

14. 某带头结点的单链表的头指针为 head，判定该链表为非空的条件是（   ）。

     A. head==NULL   B. head->next==NULL

     C. head!=NULL   D. head->next!=NULL

15. 若不带头结点的单链表的头指针为 head，则该链表为空的判定条件是（   ）。

     A. head==NULL   B. head->next==NULL

     C. head!=NULL   D. head->next!=NULL

16. 对于一个头指针为 head 的带头结点的循环链表，判定该表为空表的条件是（   ）。

     A. head==NULL   B. head->next!=head

     C. head!=NULL   D. head->next==head

17. 在单链表中，指针 p 指向元素为 x 的结点，实现"删除 x 的后继"的语句是（   ）。

     A. p=p->next;   B. p->next=p->next->next;

     C. p->next=p;   D. p=p->next->next;

18. 若要在单链表中的结点 *p 之后插入一个结点 *s，则应执行的语句是（   ）。

     A. s->next=p->next; p->next=s;

     B. p->next=s; s->next=p->next;

     C. p->next=s->next; s->next=p;

D. s->next＝p；p->next＝s->next；

19. 非空的单循环链表的头指针为 head，尾指针为 rear，则下列判等式成立的是（　　）。

　　A. rear->next＝＝head　　　　　　　　B. rear->next->next＝＝head

　　C. head->next＝＝rear　　　　　　　　D. head->next->next＝＝rear

20. 在头指针为 head 且表长大于 1 的单循环链表中，指针 p 指向表中某个结点，若 p->next->next＝head，则（　　）。

　　A. p 指向头结点　　　　　　　　　　　B. p 指向尾结点

　　C. *p 的直接后继是头结点　　　　　　D. *p 的直接后继是尾结点

21. 若要以 $O(1)$ 的时间实现两个循环链表头尾相接，则应对两个循环链表各设置一个指针，分别指向（　　）。

　　A. 各自的头结点　　　　　　　　　　　B. 各自的第一个元素结点

　　C. 各自的尾结点　　　　　　　　　　　D. 一个表的头结点，另一个表的尾结点

22. 对于只在表的首、尾两端进行插入操作的线性表，宜采用的存储结构为（　　）。

　　A. 顺序表　　　　　　　　　　　　　　B. 设头指针的单循环链表

　　C. 单链表　　　　　　　　　　　　　　D. 设尾指针的单循环链表

23. 能够以 $O(1)$ 时间把两个链表连接起来的是（　　）。

　　A. 单链表　　　　　　　　　　　　　　B. 双向链表

　　C. 单循环链表　　　　　　　　　　　　D. 双向循环链表

（二）解答题

1. ①　描述以下 3 个概念的区别：头指针，头结点，首元结点（第一个元素结点）。

2. ①　填空题。

（1）在顺序表（在本书中，顺序表即为采用顺序存储结构的线性表）中插入或删除一个元素，需要平均移动_____元素，具体移动的元素个数与_____有关。

（2）顺序表中逻辑上相邻的元素的物理位置_____紧邻。单链表中逻辑上相邻的元素的物理位置_____紧邻。

（3）在单链表中，除了首元结点外，任一结点的存储位置由_____指示。

（4）在单链表中设置头结点的作用是_____。

3. ②　在什么情况下用顺序表比链表好？

4. ①　对以下单链表分别执行下列各程序段，并画出结果示意图。

（1）Q＝P->next；

（2）L＝P->next；

（3）R->data＝P->data；

（4）R->data＝P->next->data；

（5）P->next->next->next->data＝P->data；

（6）T＝P；

```
        while(T＝NULL) { T->data＝T->data * 2； T＝T->next；}
（7）T＝P；
        while（T->next!＝NULL）{ T->data＝T->data * 2； T＝T->next；}
```

5. ①　画出执行下列各行语句后各指针及链表的示意图。

```
L = (LNode *)malloc(sizeof(LNode));    P=L;
for (i=1; i<=4; i++) {
    P->next = (LNode *)malloc(sizeof(LNode));
    P = P->next;    P->data = i * 2-1;
}
P->next=NULL;
for (i=4; i>=1; i--;) Ins_LinkList(L, i+1, i * 2);
for (i=1; i<=3; i++) Del_LinkList(L, i);
```

6. ②　已知 L 是无表头结点的单链表,且 P 结点既不是首元结点,也不是尾元结点,试从下列提供的答案中选择合适的语句序列。

a. 在 P 结点后插入 S 结点的语句序列是＿＿＿＿＿＿＿＿＿＿＿＿。

b. 在 P 结点前插入 S 结点的语句序列是＿＿＿＿＿＿＿＿＿＿＿＿。

c. 在表首插入 S 结点的语句序列是＿＿＿＿＿＿＿＿＿＿＿＿。

d. 在表尾插入 S 结点的语句序列是＿＿＿＿＿＿＿＿＿＿＿＿。

（1）P->next＝S；

（2）P->next＝P->next->next；

（3）P->next＝S->next；

（4）S->next＝P->next；

（5）S->next＝L；

（6）S->next＝NULL；

（7）Q＝P；

（8）while（P->next!＝Q）P＝P->next；

（9）while（P->next!＝NULL）P＝P->next；

（10）P＝Q；

（11）P＝L；

（12）L＝S；

（13）L＝P；

7. ②　已知 L 是带表头结点的非空单链表,且 P 结点既不是首元结点,也不是尾元结点,试从下列提供的答案中选择合适的语句序列。

a. 删除 P 结点的直接后继结点的语句序列是＿＿＿＿＿＿＿＿＿＿＿＿。

b. 删除 P 结点的直接前驱结点的语句序列是＿＿＿＿＿＿＿＿＿＿＿＿。

c. 删除 P 结点的语句序列是＿＿＿＿＿＿＿＿＿＿＿＿。

d. 删除首元结点的语句序列是＿＿＿＿＿＿＿＿＿＿＿＿。

e. 删除尾元结点的语句序列是＿＿＿＿＿＿＿＿＿＿＿＿。

（1）P＝P->next；

（2）P->next＝P；

（3）P->next＝P->next->next；

（4）P＝P->next->next；

（5）**while**（P！＝NULL）P＝P->next；

（6）**while**（Q->next！＝NULL）｛P＝Q；Q＝Q->next；｝

（7）**while**（P->next！＝Q）P＝P->next；

（8）**while**（P->next->next！＝Q）P＝P->next；

（9）**while**（P->next->next！＝NULL）P＝P->next；

（10）Q＝P；

（11）Q＝P->next；

（12）P＝L；

（13）L＝L->next；

（14）free（Q）；

8. ② 已知 P 结点是某双向链表的中间结点，试从下列提供的答案中选择合适的语句序列。

a. 在 P 结点后插入 S 结点的语句序列是＿＿＿＿＿＿＿＿＿＿＿＿＿。

b. 在 P 结点前插入 S 结点的语句序列是＿＿＿＿＿＿＿＿＿＿＿＿＿。

c. 删除 P 结点的直接后继结点的语句序列是＿＿＿＿＿＿＿＿＿＿＿＿＿。

d. 删除 P 结点的直接前驱结点的语句序列是＿＿＿＿＿＿＿＿＿＿＿＿＿。

e. 删除 P 结点的语句序列是＿＿＿＿＿＿＿＿＿＿＿＿＿。

（1）P->next＝P->next->next；

（2）P->priou＝P->priou->priou；

（3）P->next＝S；

（4）P->priou＝S；

（5）S->next＝P；

（6）S->priou＝P；

（7）S->next＝P->next；

（8）S->priou＝P->priou；

（9）P->priou->next＝P->next；

（10）P->priou->next＝P；

（11）P->next->priou＝P；

（12）P->next->priou＝S；

（13）P->priou->next＝S；

（14）P->next->priou＝P->priou；

（15）Q＝P->next；

（16）Q＝P->priou；

（17）free（P）；

（18）free（Q）；

9. ② 简述以下算法的功能。

(1)

```
Status A(LinkedList  L) {            //L 是无表头结点的单链表
    if (L && L->next) {
        Q=L;    L=L->next;    P=L;
        while (P->next) P=P->next;
        P->next=Q;   Q->next=NULL;
    }
    return OK;
}
```

(2)

```
void BB(LNode * s, LNode * q) {
    LNode * p = s;
    while (p->next != q) p = p->next;
    p->next = s;
}
void AA(LNode * pa,   LNode * pb) {
    //pa 和 pb 分别指向单循环链表中的两个结点
    BB(pa, pb);
    BB(pb, pa);
}
```

◆10. ③ 试分析下列链表操作函数能否安全完成功能,若不能,请改正。

(1)

```
void Insert_head(LNode * head, ElemType e) {        //插入元素 e
    LNode * new_node;
    if (!(new_node = (LNode *)malloc(sizeof(LNode)))) exit(OVERFLOW);
    new_node->data = data;
    new_node->next = head;
    head = new_node;
}
```

(2)

```
void Print_list(LNode * head) {        //显示链表所有元素
    LNode * curr;
    curr = head;
    while (curr->next != NULL) {
        printf("%d ", curr->data);
        curr = curr->next;
    }
}
```

(3)

```
void delete_node(LNode** head, int e) {            //删除元素 e
    LNode * curr, * prev;
    curr = * head;   prev = NULL;
    while (curr && curr->data != e) {
        prev = curr;
```

```
        curr = curr->next;
    }
    if (!curr) return;
    if (prev) prev->next = curr->next;
    else * head = curr->next;
}
```

（4）

```
void Delete_tail(LNode * head) {          //删除尾结点
    LNode * curr;
    curr = head;
    while (curr->next->next != NULL)
        curr = curr->next;
    free(curr->next);
    curr->next = NULL;
}
```

（5）

```
void Delete_all(LNode * head) {          //删除链表所有结点
    while (head != NULL) {
        free(head);
        head = head->next;
    }
}
```

五、算法设计题

本章算法设计题涉及的顺序表和线性链表的类型定义如下：

```
typedef struct {
    ElemType * elem;              //存储空间基址,须初始动态分配
    int       len;                //当前长度
    int       size;               //当前分配的存储容量
} * SqList;                       //顺序表指针类型,创建时需要动态分配
typedef struct LNode {
    ElemType data;                //数据域
    LNode    * next;              //指针域
} LNode, * LinkList;              //线性链表类型
```

1. ②   指出以下算法中的错误和低效（即费时）之处，并将它改写为一个既正确又高效的算法。

```
Status DeleteK(SqList L, int i, int k) {
    //从顺序存储结构的线性表 L 中删除第 i 个元素起的 k 个元素
    if (i<1 || k<0 || i+k>L->len) return INFEASIBLE;   //参数不合法
     else
        for (int count=1; count<k; count++) {
            for (int j=L->len; j>=i+1; j--)                //删除一个元素
                L->elem[j-1] = L->elem[j];
```

```
            L->len--;
        }
    return OK;
}
```

◆**2.** ②　设顺序表 L 中的数据元素递增有序[①]。试写一算法，将 x 插入顺序表的适当位置，以保持该表的有序性。

◆**3.** ③　设 $A=(a_1,a_2,\cdots,a_m)$ 和 $B=(b_1,b_2,\cdots,b_n)$ 均为顺序表，A' 和 B' 分别为 A 和 B 中除去最大共同前缀后的子表（例如，$A=(x,y,y,z,x,z)$，$B=(x,y,y,z,y,x,x,z)$，则两者中最大的共同前缀为 (x,y,y,z)，在两表中除去最大共同前缀后的子表分别为 $A'=(x,z)$ 和 $B'=(y,x,x,z)$）。若 $A'=B'=$ 空表，则 $A=B$；若 $A'=$ 空表，而 $B'\neq$ 空表，或者两者均不为空表，且 A' 的首元小于 B' 的首元，则 $A<B$；否则 $A>B$[②]。试写一个比较 A、B 大小的算法（请注意：在算法中，不要破坏原表 A 和 B，并且，也不一定先求得 A' 和 B' 才进行比较）。

4. ④　试写一算法，求两个等长升序顺序表的共同中位数。

5. ②　试写一算法，在带头结点的单链表结构上实现线性表操作 Locate(L,X)。

6. ③　试写一算法，查找带头结点单链表的倒数第 k 个结点。

7. ②　试写一算法在带头结点的单链表结构上实现线性表操作 Length(L)。

8. ②　已知指针 ha 和 hb 分别指向两个单链表的头结点，并且已知两个链表的长度分别为 m 和 n。试写一算法将这两个链表连接在一起（即令其中一个表的首元结点连在另一个表的最后一个结点之后），并返回连接后的链表，要求算法以尽可能短的时间完成连接运算。请分析你的算法的时间复杂度。

9. ③　已知指针 la 和 lb 分别指向两个无头结点单链表中的首元结点。下列算法是从表 la 中删除自第 i 个元素起共 len 个元素后，将它们插入表 lb 中第 j 个元素之前。试问此算法是否正确？若有错，请改正。

```
Status DeleteAndInsertSub(LinkList la, LinkList lb, int i, int j, int len){
    if (i<0 || j<0 || len<0) return INFEASIBLE;
    p = la;   k =1;
    while (k<i) { p = p->next;   k++; }
    q = p;
    while (k<=len) { q = q->next; k++; }
    s = lb;   k =1;
    while (k<j) { s = s->next;   k++; }
    s->next = p;   q->next = s->next;
    return OK;
}
```

10. ②　试写一算法，在无头结点的动态单链表上实现线性表操作 Insert(L,i,b)，并和在带头结点的动态单链表上实现相同操作的算法进行比较。

11. ②　同第 10 题要求。试写一算法，实现线性表操作 Delete(L,i)。

---

① 在本书中，凡递增有序即非递减有序，对具有此类性质的结构中的元素，不妨设为字符型或整型。

② 这里定义的比较两个线性表的大小的方法，实际上是定义了在线性表的集合上的一个全序关系，即词典次序。

◆12. ③ 已知线性表中的元素以值递增有序排列,并以单链表①作存储结构。试写一高效的算法,删除表中所有值大于 mink 且小于 maxk 的元素(若表中存在这样的元素),同时释放被删结点空间,并分析你的算法的时间复杂度(注意:mink 和 maxk 是给定的两个参变量,它们的值可以和表中的元素相同,也可以不同)。

13. ② 同第 12 题条件,试写一高效的算法,删除表中所有值相同的多余元素(使得操作后的线性表中所有元素的值均不相同),同时释放被删结点空间,并分析你的算法的时间复杂度。

14. ③ 试写一算法,确定在顺序表中未出现的最小正整数。

◆15. ③ 试写一算法,实现顺序表的就地逆置,即利用原表的存储空间将线性表$(a_1,a_2,\cdots,a_n)$逆置为$(a_n,a_{n-1},\cdots,a_1)$。

16. ④ 试写一算法,求顺序表的主元素(主元素:在数组中过半为该元素)。

◆17. ③ 试写一算法,对单链表实现就地逆置。

18. ③ 试写一算法,将带头结点的单链表的偶号结点子序列逆置并接到表尾。例如,设链表 $L=(a_1,a_2,\cdots,a_{n-1},a_n)$,则改造为

$$L=(a_1,a_3,\cdots,a_{n-3},a_{n-1},a_n,a_{n-2},\cdots,a_4,a_2),\text{若 } n \text{ 是偶数};$$
$$L=(a_1,a_3,\cdots,a_{n-2},a_n,a_{n-1},a_{n-3},\cdots,a_4,a_2),\text{若 } n \text{ 是奇数}。$$

19. ③ 设线性表 $A=(a_1,a_2,\cdots,a_m)$,$B=(b_1,b_2,\cdots,b_n)$,试写一个按下列规则合并 A,B 为线性表 C 的算法,即使得

$$C=(a_1,b_1,\cdots,a_m,b_m,b_{m+1},\cdots,b_n),\quad m \leqslant n$$

或者

$$C=(a_1,b_1,\cdots,a_n,b_n,a_{n+1},\cdots,a_m),\quad m > n$$

线性表 A、B 和 C 均以单链表作存储结构,且表 C 利用表 A 和表 B 中的结点空间构成。

注意:单链表的长度值 m 和 n 均未显式存储。

20. ③ 试写一算法,查找两个共享后段单链表的相交结点,并返回其指针。

◆21. ④ 假设有两个按元素值递增有序排列的线性表 A 和表 B,均以单链表作存储结构,请编写算法将表 A 和表 B 归并成一个按元素值递减有序(即非递增有序,允许表中含值相同的元素)排列的线性表 C,并要求利用原表(即表 A 和表 B)的结点空间构造表 C。

22. ④ 假设两个单链表 A 和表 B 分别按元素值递增和递减有序,请编写算法将表 A 和表 B 归并成一个按元素值递增有序(即非递减有序,允许表中含值相同的元素)排列的单链表 C,并要求利用原表(即表 A 和表 B)的结点空间构造表 C。

23. ④ 请编写第 22 题要求的算法时确保单链表 C 不含值相同的元素。

24. ④ 假设以两个元素依值递增有序排列的线性表 A 和 B 分别表示两个集合(即同一表中的元素值各不相同),现要求另辟空间构成一个线性表 C,其元素为 A 和 B 中元素的交集,且表 C 中的元素也依值递增有序排列。试对顺序表编写求 C 的算法。

25. ④ 要求同第 24 题。试对单链表编写求表 C 的算法。

◆26. ④ 对第 24 题的条件做以下两点修改,对顺序表重新编写求得表 C 的算法。

(1) 假设在同一表(表 A 或表 B)中可能存在值相同的元素,但要求新生成的表 C 中的

---

① 今后若不特别指明,则凡以链表作存储结构时,均带头结点。

元素值各不相同。

（2）利用表 A 空间存放表 C。

◆27. ④　对第 24 题的条件做以下两点修改，对单链表重新编写求得表 C 的算法。

（1）假设在同一表（表 A 或表 B）中可能存在值相同的元素，但要求新生成的表 C 中的元素值各不相同。

（2）利用表 A 的结点构造并返回新表 C，释放表 A 中的无用结点空间，表 B 不变。

◆28. ⑤　已知 A、B 和 C 为 3 个递增有序的线性表，现要求对表 A 进行如下操作：删除那些既在表 B 中出现又在表 C 中出现的元素。试对顺序表编写实现上述操作的算法，并分析你的算法的时间复杂度（注意：题中没有特别指明同一表中的元素值各不相同）。

◆29. ⑤　要求同 28 题。试对单链表编写算法，请释放表 A 中的无用结点空间。

30. ②　假设某个单循环链表的长度大于 1，且表中既无头结点也无头指针。已知 s 为指向链表中某个结点的指针，试编写算法在链表中删除指针 s 所指结点的前驱结点。

31. ②　已知有一个单循环链表，其每个结点中含 3 个域：prior、data 和 next，其中，data 为数据域；next 为指向后继结点的指针域；prior 也为指针域，但它的值为空（NULL）。试编写算法将此单循环链表改为双向循环链表，即使 prior 成为指向前驱结点的指针域。

◆32. ③　已知由一个线性链表表示的线性表中含 3 类字符的数据元素（如字母字符、数字字符和其他字符），试编写算法将该线性链表分割为 3 个循环链表，其中每个循环链表表示的线性表中均只含一类字符。

33. ③　某仓库用一个带头结点的有序单链表 A 存储各种货物的代码和数量，并用另一个类型相同的有序单链表 B 存储客户的订货信息（两个链表均已按代码从小到大排序）。链表的类型定义如下：

```
typedef struct Goods {
    int  code;         //代码
    int  total;        //数量
    Goods  * next;
} Goods, * GoodsList;
```

写一算法，根据订货表 B 检查库存表 A，产生一个缺货表 C，其中表 C 的结点登记缺货的货物的代码和缺货数量。

在第 34～36 题中，"异或指针双向链表"类型 XorLinkedList 和指针异或函数 XorP 定义如下：

```
typedef struct XorNode {
    char      data;
    XorNode   * LRPtr;
} XorNode, * XorPointer;
typedef struct {                  //无头结点的异或指针双向链表
    XorPointer Left, Right;       //分别指向链表的左端和右端
} XorLinkedList;
XorPointer XorP(XorPointer p, XorPointer q);
    //指针异或函数 XorP 返回指针 p 和 q 的异或（XOR）值
```

34. ④　假设在算法描述语言中引入指针的二元运算"异或"（用"⊕"表示），若 a 和 b 为指针，则 $a \oplus b$ 的运算结果仍为原指针类型，且

$$a \oplus (a \oplus b) = (a \oplus a) \oplus b = b$$
$$(a \oplus b) \oplus b = a \oplus (b \oplus b) = a$$

则可利用一个指针域来实现双向链表 L。链表 L 中的每个结点只含两个域：data 域和 LRPtr 域。其中，LRPtr 域存放该结点的左邻与右邻结点指针（不存在时为 NULL）的异或。若设指针 L->Left 指向链表中的最左结点，L->Right 指向链表中的最右结点，则可实现从左向右或从右向左遍历此双向链表的操作。试写一算法按任一方向依次输出链表中各元素的值。

35. ④ 采用第 34 题所述的存储结构，写出在第 i 个结点之前插入一个结点的算法。

36. ④ 采用第 34 题所述的存储结构，写出删除第 i 个结点的算法。

37. ④ 设以带头结点的双向循环链表表示的线性表 $L = (a_1, a_2, \cdots, a_n)$。试写一时间复杂度为 $O(n)$ 的算法，将 L 改造为 $L = (a_1, a_3, \cdots, a_n, \cdots, a_4, a_2)$。

◆38. ④ 设有一个双向循环链表，每个结点中除有 prior、data 和 next 3 个域外，还增设了一个访问频度域 freq。在链表被起用之前，频度域 freq 的值均初始化为 0，而每当对链表进行一次 Locate(L,x) 的操作后，被访问的结点（即元素值等于 x 的结点）中的频度域 freq 的值便增 1，同时调整链表中结点之间的次序，使其按访问频度非递增的次序顺序排列，以便始终保持被频繁访问的结点总是靠近表头结点。试编写符合上述要求的 Locate 操作的算法。

在第 39、40 题中，稀疏多项式采用的顺序存储结构 SqPoly 定义如下：

```
typedef struct {
    int    coef;
    int    exp;
} PolyTerm;
typedef struct {                //多项式的顺序存储结构
    PolyTerm  * data;
    int        len;
} * SqPoly;                     //多项式指针类型，初建需要动态分配
```

◆39. ③ 已知稀疏多项式 $P_n(X) = c_1 x^{e_1} + c_2 x^{e_2} + \cdots + c_m x^{e_m}$，其中 $n = e_m > e_{m-1} > \cdots > e_1 \geq 0, c_i \neq 0 (i = 1, 2, \cdots, m), m \geq 1$。试采用存储量同多项式项数 m 成正比的顺序存储结构，编写求 $P_n(x_0)$ 的算法（x_0 为给定值），并分析你的算法的时间复杂度。

40. ③ 采用第 39 题给定的条件和存储结构，编写求 $P(x) = P_{n_1}(x) - P_{n_2}(x)$ 的算法，将结果多项式存放在新辟的空间中，并分析你的算法的时间复杂度。

在第 41、42 题中，稀疏多项式采用的循环链表存储结构 LinkedPoly 定义如下：

```
typedef struct PolyNode {
    PolyTerm  data;
    PolyNode  * next;
} PolyNode, * PolyLink;
typedef  PolyLink  LinkedPoly;
```

◆41. ② 试以循环链表作稀疏多项式的存储结构，编写求其导函数的算法，要求利用原多项式中的结点空间存放其导函数（多项式），同时释放所有无用（被删）结点。

42. ③ 试编写算法，将一个用循环链表表示的稀疏多项式分解成两个多项式，使这两个多项式中各自仅含奇次项或偶次项，并要求利用原链表中的结点空间构成这两个链表。

第3章 栈和队列

一、基本内容

栈和队列的结构特性;在两种存储结构上如何实现栈和队列的基本操作,以及栈和队列在程序设计中的应用。

二、学习要点

(1)掌握栈和队列这两种抽象数据类型的特点,并能在相应的应用问题中正确选用它们。

(2)熟练掌握栈类型的两种实现方法,即两种存储结构表示时的基本操作实现算法,特别应注意栈满和栈空的条件以及它们的描述方法。

(3)熟练掌握循环队列和链队列的基本操作实现算法,特别注意队满和队空的描述方法。

**(4)理解递归算法执行过程中栈的状态变化过程。

**(5)理解递归算法到非递归算法的机械转换过程。

其中,后两点属于较高难度的学习内容,在标号左上角加上双重星号(**),以示区别。

本章的习题明显地可看出有三类:第一类涉及栈的类型特点及其应用,如解答题1~10题,算法设计题1~9题;第二类涉及递归算法执行过程中栈的状态和递归的消除,如算法设计题10~13题;第三类涉及队列的类型特点和应用,以及在不同存储结构上的实现方法,如解答题12~14题和算法设计题14~20题。

三、可视交互学习内容与解析

1.顺序栈的初建、入栈和出栈的结构形态变化

图 3.1 是 AnyviewC 的结构窗中对一个顺序栈的操作导致的结构形态变化的过程示例:图 3.1(a)初建;图 3.1(b)A 入栈;图 3.1(c)B、C 和 D 依次入栈;图 3.1(d)E 入栈,栈满;图 3.1(e)F 入栈导致扩容 5 个单元;图 3.1(f)F 和 E 出栈。

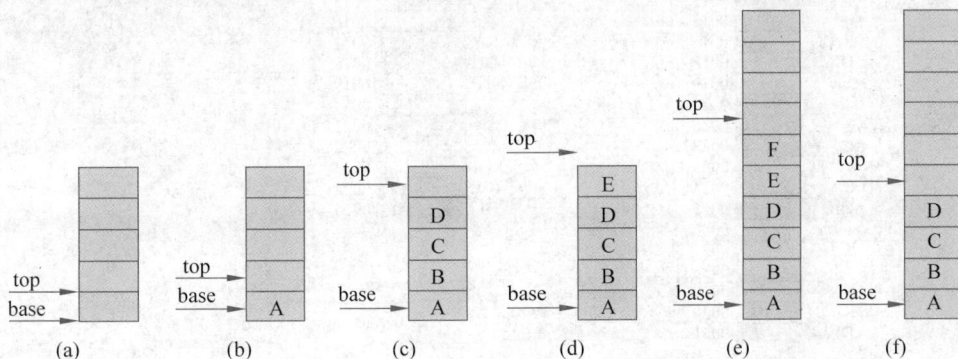

图 3.1 顺序栈操作导致的结构形态变化的过程示例

2. 算法 3.5——汉诺塔问题递归求解过程中对运行栈的可视交互观察

作为首个关于递归函数运行栈的例子,教科书用较大篇幅讲述了汉诺塔问题递归求解过程中,运行栈的作用和变化,并在图 3.7 给出了示意图。在 AnyviewC 通过可视交互观察与算法语句执行同步的栈区变化,更容易加深理解。图 3.2 是与教科书图 3.7 前半部分对应的栈区状态变化截图,并包括调用移动一个盘的函数 move 的"栈迹",栈中 RA 单元格内的值是函数(运行代码)返回地址。

(a)

L0:Global	RA	0	0000
	DL	0	0001
	Count	0	0002
L1:main	RA	698	0003
	DL	1	0004
	func value		0005
L2:hanoi	z	z	0006
	y	y	0007
	x	x	0008
	n	3	0009
	RA	681	0010
	DL	4	0011

(b)

L0:Global	RA	0	0000
	DL	0	0001
	Count	0	0002
L1:main	RA	698	0003
	DL	1	0004
	func value		0005
L2:hanoi	z	z	0006
	y	y	0007
	x	x	0008
	n	3	0009
	RA	681	0010
	DL	4	0011
	func value		0012
L3:hanoi	z	y	0013
	y	z	0014
	x	x	0015
	n	2	0016
	RA	127	0017
	DL	11	0018

(c)

L0:Global	RA	0	0000
	DL	0	0001
	Count	0	0002
L1:main	RA	698	0003
	DL	1	0004
	func value		0005
L2:hanoi	z	z	0006
	y	y	0007
	x	x	0008
	n	3	0009
	RA	681	0010
	DL	4	0011
	func value		0012
L3:hanoi	z	y	0013
	y	z	0014
	x	x	0015
	n	2	0016
	RA	127	0017
	DL	11	0018
	func value		0019
L4:hanoi	z	z	0020
	y	y	0021
	x	x	0022
	n	1	0023
	RA	127	0024
	DL	18	0025

(d)

L0:Global	RA	0	0000
	DL	0	0001
	Count	0	0002
L1:main	RA	698	0003
	DL	1	0004
	func value		0005
L2:hanoi	z	z	0006
	y	y	0007
	x	x	0008
	n	3	0009
	RA	681	0010
	DL	4	0011
	func value		0012
L3:hanoi	z	y	0013
	y	z	0014
	x	x	0015
	n	2	0016
	RA	127	0017
	DL	11	0018
	func value		0019
L4:hanoi	z	z	0020
	y	y	0021
	x	x	0022
	n	1	0023
	RA	127	0024
	DL	18	0025
	func value		0026
L5:move	z	z	0027
	n	1	0028
	x	x	0029
	RA	78	0030
	DL	25	0031

(e)

L0:Global	RA	0	0000
	DL	0	0001
	Count	0	0002
L1:main	RA	698	0003
	DL	1	0004
	func value		0005
L2:hanoi	z	z	0006
	y	y	0007
	x	x	0008
	n	3	0009
	RA	681	0010
	DL	4	0011
	func value		0012
L3:hanoi	z	y	0013
	y	z	0014
	x	x	0015
	n	2	0016
	RA	127	0017
	DL	11	0018
	func value		0019
L4:hanoi	z	z	0020
	y	y	0021
	x	x	0022
	n	1	0023
	RA	127	0024
	DL	18	0025

(f)

L0:Global	RA	0	0000
	DL	0	0001
	Count	0	0002
L1:main	RA	698	0003
	DL	1	0004
	func value		0005
L2:hanoi	z	z	0006
	y	y	0007
	x	x	0008
	n	3	0009
	RA	681	0010
	DL	4	0011
	func value		0012
L3:hanoi	z	y	0013
	y	z	0014
	x	x	0015
	n	2	0016
	RA	127	0017
	DL	11	0018

图 3.2　汉诺塔问题递归求解过程中运行栈区状态变化

(g)

L0:Global	RA	0	0000
	DL	0	0001
	Count	0	0002
L1:main	RA	698	0003
	DL	1	0004
	func value		0005
L2:hanoi	z	z	0006
	y	y	0007
	x	x	0008
	n	3	0009
	RA	681	0010
	DL	4	0011
	func value		0012
L3:hanoi	z	y	0013
	y	z	0014
	x	x	0015
	n	2	0016
	RA	127	0017
	DL	11	0018
	func value		0019
L4:move	z	y	0020
	n	2	0021
	x	x	0022
	RA	161	0023
	DL	18	0024

(h)

L0:Global	RA	0	0000
	DL	0	0001
	Count	0	0002
L1:main	RA	698	0003
	DL	1	0004
	func value		0005
L2:hanoi	z	z	0006
	y	y	0007
	x	x	0008
	n	3	0009
	RA	681	0010
	DL	4	0011
	func value		0012
L3:hanoi	z	y	0013
	y	z	0014
	x	x	0015
	n	2	0016
	RA	127	0017
	DL	11	0018

(i)

L0:Global	RA	0	0000
	DL	0	0001
	Count	0	0002
L1:main	RA	698	0003
	DL	1	0004
	func value		0005
L2:hanoi	z	z	0006
	y	y	0007
	x	x	0008
	n	3	0009
	RA	681	0010
	DL	4	0011
	func value		0012
L3:hanoi	z	y	0013
	y	z	0014
	x	x	0015
	n	2	0016
	RA	127	0017
	DL	11	0018
	func value		0019
L4:hanoi	z	z	0020
	y	y	0021
	x	x	0022
	n	1	0023
	RA	204	0024
	DL	18	0025

(j)

L0:Global	RA	0	0000
	DL	0	0001
	Count	0	0002
L1:main	RA	698	0003
	DL	1	0004
	func value		0005
L2:hanoi	z	z	0006
	y	y	0007
	x	x	0008
	n	3	0009
	RA	681	0010
	DL	4	0011
	func value		0012
L3:hanoi	z	y	0013
	y	z	0014
	x	x	0015
	n	2	0016
	RA	127	0017
	DL	11	0018
	func value		0019
L4:move	z	y	0020
	y	2	0021
	x	x	0022
	n	1	0023
	RA	204	0024
	DL	18	0025
	func value		0026
L5:move	z	y	0027
	n	1	0028
	x	z	0029
	RA	78	0030
	DL	25	0031

(k)

L0:Global	RA	0	0000
	DL	0	0001
	Count	0	0002
L1:main	RA	698	0003
	DL	1	0004
	func value		0005
L2:hanoi	z	z	0006
	y	y	0007
	x	x	0008
	n	3	0009
	RA	681	0010
	DL	4	0011
	func value		0012
L3:hanoi	z	y	0013
	y	z	0014
	x	x	0015
	n	2	0016
	RA	127	0017
	DL	11	0018
	func value		0019
L4:hanoi	z	y	0020
	y	x	0021
	x	z	0022
	n	1	0023
	RA	204	0024
	DL	18	0025

(l)

L0:Global	RA	0	0000
	DL	0	0001
	Count	0	0002
L1:main	RA	698	0003
	DL	1	0004
	func value		0005
L2:hanoi	z	z	0006
	y	y	0007
	x	x	0008
	n	3	0009
	RA	681	0010
	DL	4	0011
	func value		0012
L3:hanoi	z	y	0013
	y	z	0014
	x	x	0015
	n	2	0016
	RA	127	0017
	DL	11	0018

图 3.2 （续）

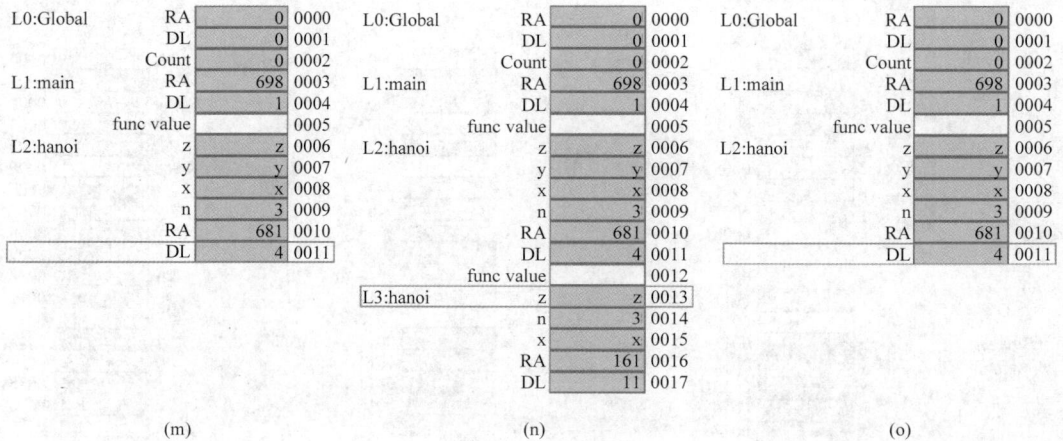

L0:Global	RA	0	0000
	DL	0	0001
	Count	0	0002
L1:main	RA	698	0003
	DL	1	0004
	func value		0005
L2:hanoi	z	z	0006
	y	y	0007
	x	x	0008
	n	3	0009
	RA	681	0010
	DL	4	0011

(m)

L0:Global	RA	0	0000
	DL	0	0001
	Count	0	0002
L1:main	RA	698	0003
	DL	1	0004
	func value		0005
L2:hanoi	z	z	0006
	y	y	0007
	x	x	0008
	n	3	0009
	RA	681	0010
	DL	4	0011
	func value		0012
L3:hanoi	z	z	0013
	n	3	0014
	x	x	0015
	RA	161	0016
	DL	11	0017

(n)

L0:Global	RA	0	0000
	DL	0	0001
	Count	0	0002
L1:main	RA	698	0003
	DL	1	0004
	func value		0005
L2:hanoi	z	z	0006
	y	y	0007
	x	x	0008
	n	3	0009
	RA	681	0010
	DL	4	0011

(o)

图 3.2 （续）

学习后续章节的众多递归算法或做算法设计题,都可以通过可视交互观察栈区,加深理解或辅助调试。

3. 循环队列的初建、入队和出队的结构形态变化

图 3.3 是 AnyviewC 的结构窗中对一个循环队列的操作导致的结构形态变化示例:图 3.3(a)初建;图 3.3(b)11、22 和 33 入队;图 3.3(c)44、55 入队,队列满;图 3.3(d)11 出队(front 增 1,不"抹去"11,可以体会内存不那么"干净");图 3.3(e)22 出队;图 3.3(f)77 入队(注意 rear 的指向);图 3.3(g)88 入队,队列又满了(22 不在对内,所占的是空单元)。

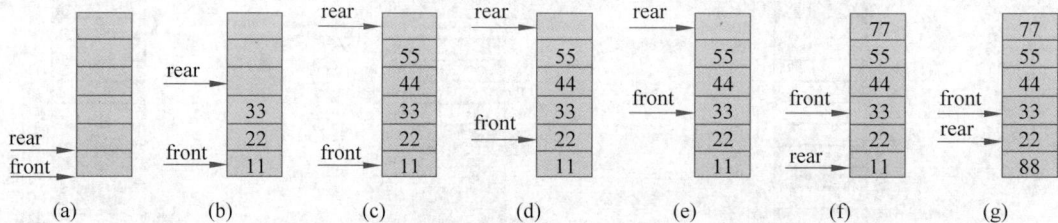

图 3.3 循环队列操作导致的结构形态变化示例

4. 算法 3.8——银行业务模拟过程的可视交互观察和理解

在教科书第 3.5 节,图 3.15 已经给出的算法 3.8 运行过程的主要数据结构的形态变化。在 AnyviewC 进行可视交互,可跟踪该算法对各数据结构操作的细节和观察结构形态变化,从而帮助理解这个多数据结构且较复杂的综合应用。图 3.4(a)是银行开门营业前各数据结构的初始状态;图 3.4(b)是模拟过程中的结构窗的截图。

读者可修改柜台数目、时间随机参数等,观察营业节奏的变化,加深对随机事件模拟方法的理解。

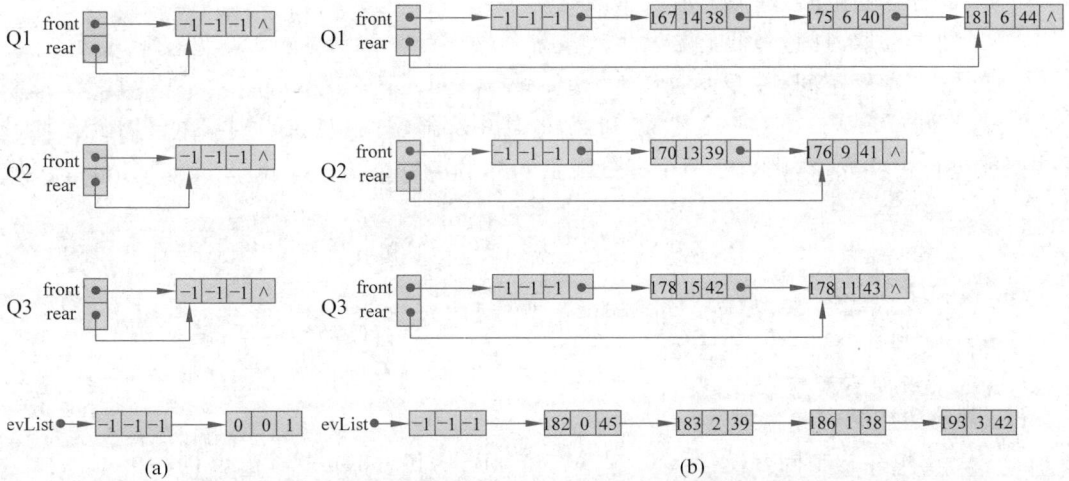

图 3.4　银行业务模拟过程中各数据结构的典型形态示例

四、基础知识题

（一）单项选择题

1. 若进栈序列为 x,y,z,则通过入、出栈操作可能得到的 x,y,z 的不同排列的个数为（　　）。

    A. 4　　　　　　　　B. 5　　　　　　　　C. 6　　　　　　　　D. 7

2. 一个栈的输入序列为 1,2,3,4,5,其合法的输出序列是（　　）。

    A. 1,4,2,5,3　　　B. 2,3,4,1,5　　　C. 3,1,2,4,5　　　D. 5,4,1,3,2

3. 若进栈序列为 1,2,3,4 且进栈和出栈可以穿插进行,则不可能出现的出栈序列是（　　）。

    A. 2,4,3,1　　　　B. 3,2,4,1　　　　C. 2,4,1,3　　　　D. 2,3,1,4

4. 栈的两种常用的存储结构分别为（　　）。

    A. 顺序存储结构和链式存储结构　　　　B. 顺序存储结构和散列存储结构

    C. 链式存储结构和索引存储结构　　　　D. 链式存储结构和散列存储结构

5. 链栈与顺序栈相比,比较明显的优点是（　　）。

    A. 插入操作更加方便　　　　　　　　　B. 删除操作更加方便

    C. 不会出现下溢的情况　　　　　　　　D. 不会出现上溢的情况

6. 导致栈上溢的操作是（　　）。

    A. 栈满时执行的出栈　　　　　　　　　B. 栈满时执行的入栈

    C. 栈空时执行的出栈　　　　　　　　　D. 栈空时执行的入栈

7. 上溢现象通常出现在（　　）。

    A. 顺序栈的入栈操作过程中　　　　　　B. 顺序栈的出栈操作过程中

    C. 链栈的入栈操作过程中　　　　　　　D. 链栈的出栈操作过程中

8. 由两个栈共享一个向量空间的好处是（　　）。

    A. 减少存取时间,降低下溢发生的概率

B. 节省存储空间,降低上溢发生的概率

C. 减少存取时间,降低上溢发生的概率

D. 节省存储空间,降低下溢发生的概率

9. 若数组 s[0..n−1]为两个栈 s1 和 s2 的共用存储空间,且仅当 s[0..n−1]全满时,各栈才不能进行进栈操作,则为这两个栈分配空间的最佳方案是:s1 和 s2 的栈顶指针的初值分别为(   )。

    A. 1 和 n+1   B. 1 和 n/2   C. −1 和 n   D. −1 和 n+1

10. 栈和队列都是(   )。

    A. 限制存取位置的线性结构   B. 顺序存储的线性结构

    C. 链式存储的线性结构   D. 限制存取位置的非线性结构

11. 队列和栈的主要区别是(   )。

    A. 逻辑结构不同   B. 所包含的运算个数不同

    C. 存储结构不同   D. 限定插入和删除的位置不同

12. 判定"带头结点的链队列为空"的条件是(   )。

    A. Q->front==NULL   B. Q->rear==NULL

    C. Q->front==Q->rear   D. Q->front!=Q->rear

13. 引起循环队列队头位置发生变化的操作是(   )。

    A. 出队   B. 入队   C. 取队头元素   D. 取队尾元素

14. 在链队列的出队操作中,需要修改尾指针的条件是队列(   )。

    A. 原来已满   B. 原来已空   C. 变为满   D. 变为空

15. 设数组 A[m]作为循环队列 Q 的存储空间,front 为队头指针,rear 为队尾指针,则判定 Q 为空队列的条件是(   )。

    A. (rear−front)%m==1   B. front==rear

    C. (rear−front)%m==m−1   D. front==(rear+1)%m

16. 设数组 data[m]作为循环队列 SQ 的存储空间,front 为队头指针,rear 为队尾指针,则执行出队操作后其头指针 front 值为(   )。

    A. front=front+1   B. front=(front+1)%(m−1)

    C. front=(front−1)%m   D. front=(front+1)%m

17. 假设以数组 A[m]存放循环队列的元素,其头、尾指针分别为 front 和 rear,则当前队列中的元素个数为(   )。

    A. (rear−front+m)%m   B. rear−front+1

    C. (front−rear+m)%m   D. (rear−front)%m

18. 已知循环队列的存储空间为数组 data[21],且当前队列的头指针和尾指针的值分别为 8 和 3,则该队列的当前长度为(   )。

    A. 5   B. 6   C. 16   D. 17

19. 如果循环队列 Q 只设尾指针 rear 和长度域 length,而且循环向量的长度为 m,那么队头的位置是(   )。

    A. Q->rear−Q->length   B. (Q->rear−Q->length)%m

    C. Q->rear+Q->length   D. (Q->rear−Q->length+m)%m

20. 若允许表达式内多种括号混合嵌套,则通常为检查表达式中括号是否正确配对的算法选用的辅助结构是（　　）。

　　A. 栈　　　　　　　　B. 线性表　　　　　　　C. 队列　　　　　　　D. 二叉排序树

21. 设栈 S 和队列 Q 的初态均为空,元素 a,b,c,d,e,f 依次进入栈 S,若每个元素出栈后立即进入队列 Q,且 6 个元素的顺序是 b,d,c,f,e,a,则栈 S 的容量至少是（　　）。

　　A. 1　　　　　　　　B. 2　　　　　　　　C. 3　　　　　　　　D. 4

22. 若元素 a,b,c,d,e 依次进入输出受限双端队列,则不可能得到的出队序列是（　　）。

　　A. b,a,c,d,e　　　B. d,b,a,c,e　　　C. d,b,c,a,e　　　D. e,c,b,a,d

23. 若以 a,b,c,d 作为输入序列,则能由输出受限的双端队列得到,但不能由输入受限的双端队列得到的输出序列是（　　）。

　　A. a,b,c,d　　　B. d,c,b,a　　　　C. b,a,d,c　　　D. d,b,a,c

（二）解答题

◆**1.** ①　若按教科书 3.1.1 节中图 3.1(b)所示铁道进行车厢调度(注意:两侧铁道均为单向行驶道),则请回答:

（1）如果进站的车厢序列为 1,2,3,可能得到的出站车厢序列是什么?

（2）如果进站的车厢序列为 1,2,3,4,5,6,能否得到 4,3,5,6,1,2 和 1,3,5,4,2,6 的出站序列,并请说明为什么不能得到或者如何得到(即写出以'S'表示进栈和以'X'表示出栈的栈操作序列)。

2. ①　简述栈和线性表的差别。

3. ②　写出下列程序段的输出结果(栈的元素类型 SElemType 为 **char**)。

```
void main(){
    Stack S=InitStack();
    char x='c', y='k';
    Push(S, x);  Push(S, 'a');  Push(S, y);
    x=Pop(S);  Push(S, 't');  Push(S, x);
    x=Pop(S);  Push(S, 's');
    while (!StackEmpty(S)) { y=Pop(S);  printf(" %c", y); };
    printf(" %c\n", x);
}
```

4. ②　简述以下算法的功能(栈的元素类型 SElemType 为 **int**)。

(1)

```
Status algo1(Stack S) {
    int  n=0, A[255];
    while (!StackEmpty(S)) { n++;   A[n]=Pop(S); }
    for (int i=1; i<=n; i++) Push(S, A[i]);
}
```

(2)

```
Status algo2(Stack S,  int e) {
    int d;
```

```
    StackT=InitStack();
    while (!StackEmpty(S)) {
        d=Pop(S);
        if (d!=e) Push(T, d);
    }
    while (!StackEmpty(T)) {
        d=Pop(T);
        Push(S, d);
    }
}
```

◆5. ④　假设以 S 和 X 分别表示入栈和出栈的操作,则初态和终态均为栈空的入栈和出栈的操作序列可以表示为仅由 S 和 X 组成的序列。称可以操作的序列为合法序列(例如,SXSX 为合法序列,SXXS 为非法序列)。试给出区分给定序列为合法序列或非法序列的一般准则,并证明:两个不同的合法(栈操作)序列(对同一输入序列)不可能得到相同的输出元素(注意:在此指的是元素实体,而不是值)序列。

◆6. ④　试证明:若借助栈由输入序列 $1,2,\cdots,n$ 得到的输出序列为 $p_1,p_2,\cdots,p_n$(它是输入序列的一个排列),则在输出序列中不可能出现这样的情形:存在着 $i<j<k$ 使 $p_j<p_k<p_i$。

◆7. ①　按照四则运算加、减、乘、除和幂运算(^)优先关系的惯例,并仿照教科书 3.2 节例 3-1 的格式,画出对下列算术表达式求值时操作数栈和运算符栈的变化过程:

$$A-B\times C/D+E\text{^}F$$

8. ③　试推导求解 n 阶梵塔问题至少要执行的 move 操作的次数。

9. ③　试将下列递推过程改写为递归过程。

```
void ditui(int n) {
    int i=n;
    while (i>1)
        printf("%d", i--);
}
```

◆10. ③　试将下列递归过程改写为非递归过程。

```
int test(int sum) {
    int x;   scanf("%d", x);
    if (x==0) sum=0;
    else { sum=test(sum);   sum+=x; }
    printf(" %d", sum);
    return sum;
}
```

11. ①　简述队列和栈这两种数据类型的相同点和差异处。

12. ②　写出以下程序段的输出结果(队列中的元素类型 QElemType 为 char)。

```
void main() {
    Queue   Q = InitQueue();
    char  x='e', y='c';
    EnQueue(Q, 'h');   EnQueue(Q, 'r');   EnQueue(Q, y);
```

```
        x=DeQueue(Q);    EnQueue(Q, x);
        x=DeQueue(Q);    EnQueue(Q, 'a');
        while (!QueueEmpty(Q)) {
            y = DeQueue(Q);
            printf(" %c", y);
        }
        printf(" %c", x);
    }
```

13. ②　简述以下算法的功能(栈和队列的元素类型均为 **int**)。

```
void algo3(Queue Q) {
    int d;
    Stack S = InitStack(S);
    while (!QueueEmpty(Q)) {
        d = DeQueue(Q);    Push(S, d);
    }
    while (!StackEmpty(S)) {
        d = Pop(S);    EnQueue(Q, d);
    }
}
```

14. ④　若以 1,2,3,4 作为双端队列的输入序列,试分别求出满足以下条件的输出序列。

(1) 能由输入受限的双端队列得到,但不能由输出受限的双端队列得到的输出序列。

(2) 能由输出受限的双端队列得到,但不能由输入受限的双端队列得到的输出序列。

(3) 既不能由输入受限的双端队列得到,也不能由输出受限的双端队列得到的输出序列。

五、算法设计题

◆**1.** ③　假设以顺序存储结构实现一个双向栈,即在一维数组的存储空间中存在着两个栈,它们的栈底分别设在数组的两个端点。试编写实现这个双向栈 tws 的 3 个操作:初始化 InitStack(tws)、入栈 Push(tws,i,x)和出栈 Pop(tws,i)的算法,其中 i 为 0 或 1,用于分别指示设在数组两端的两个栈,并讨论按过程(正/误状态变量可设为指针参数)或函数设计这些操作算法各有什么优缺点。

2. ②　假设如解答题 1 所述火车调度站的入口处有 n 节硬席或软席车厢(分别以 H 和 S 表示)等待调度,试编写算法,输出对这 n 节车厢进行调度的操作(即入栈或出栈操作)序列,以使所有的软席车厢都被调整到硬席车厢之前。

◆**3.** ③　试写一个算法,识别依次读入的一个以@为结束符的字符序列是否为形如 "序列 1&序列 2" 模式的字符序列。其中,序列 1 和序列 2 中都不含字符'&',且序列 2 是序列 1 的逆序列。例如,"a+b&b+a"是属该模式的字符序列,而 "1+3&3-1"则不是。

4. ②　试写一个判别表达式中开、闭括号是否配对出现的算法。

◆**5.** ④　假设一个算术表达式中可以包含 3 种括号:圆括号'('和')'、方括号'['和']'和花括号'{'和'}',且这 3 种括号可按任意的次序嵌套使用(如…[…{…}…]…[…]…{…}…(…)

…）。编写判别给定表达式中所含括号是否正确配对出现的算法（已知表达式已存入数据元素为字符的顺序表中）。

6. ③ 假设以二维数组 g[1..m][1..n] 表示一个图像区域，g[i,j] 表示该区域中点 (i,j) 所具颜色，其值为 $0\sim k$ 的整数。编写算法置换点 (i_0,j_0) 所在区域的颜色。约定和 (i_0,j_0) 同色的上、下、左、右的邻接点为同色区域的点。

◆7. ③ 假设表达式由单字母变量和双目四则运算符构成。试写一个算法，将一个通常书写形式且书写正确的表达式转换为逆波兰式。

8. ③ 如题 7 的假设条件，试写一个算法，对以逆波兰式表示的表达式求值。

9. ⑤ 如题 7 的假设条件，试写一个算法，判断给定的非空后缀表达式是否为正确的逆波兰式（即后缀表达式），如果是，则将它转换为波兰式（即前缀表达式）。

10. ③ 试编写如下定义的递归函数的递归算法，并根据算法画出求 $g(5,2)$ 时栈的变化过程。

$$g(m,n)=\begin{cases}0, & m=0,n\geqslant 0\\ g(m-1,2n)+n, & m>0,n\geqslant 0\end{cases}$$

11. ④ 试写出求递归函数 $F(n)$ 的递归算法，并消除递归：

$$F(n)=\begin{cases}n+1, & n=0\\ n\cdot F(n/2), & n>0\end{cases}$$

12. ④ 求解平方根 $\sqrt{A}$ 的迭代函数定义如下：

$$\text{sqrt}(A,p,e)=\begin{cases}p, & |p^2-A|<e\\ \text{sqrt}\left(A,\dfrac{1}{2}\left(p+\dfrac{A}{p}\right),e\right), & |p^2-A|\geqslant e\end{cases}$$

其中，p 是 A 的近似平方根，e 是结果允许误差。试写出相应的递归算法，并消除递归。

13. ⑤ 已知 Ackerman 函数的定义如下：

$$\text{Akm}(m,n)=\begin{cases}n+1, & m=0\\ \text{Akm}(m-1,1), & m\neq 0,n=0\\ \text{Akm}(m-1,\text{Akm}(m,n-1)), & m\neq 0,n\neq 0\end{cases}$$

（1）写出递归算法。

（2）写出非递归算法。

（3）根据非递归算法，画出求 $\text{Akm}(2,1)$ 时栈的变化过程。

◆14. ② 假设以带头结点的循环链表表示队列，并且只设一个指针指向队尾元素结点（注意不设头指针），试编写相应的队列初始化、入队列和出队列的算法。

15. ③ 如果希望循环队列中的元素都能得到利用，则需设置一个标志域 tag，并以 tag 的值为 0 或 1 来区分，尾指针和头指针值相同时的队列状态是"空"还是"满"。试编写与此结构相应的入队列和出队列的算法，并从时间和空间角度讨论设标志和不设标志这两种方法的使用范围（如当循环队列容量较小而队列中每个元素占的空间较多时，哪一种方法较好）。

◆16. ② 假设将循环队列定义为：以域变量 rear 和 length 分别指示循环队列中队尾元素的位置和内含元素的个数。试给出此循环队列的队满条件，并写出相应的入队列和出队列的算法（在出队列的算法中要返回队头元素）。

◆17. ③ 假设称正读和反读都相同的字符序列为"回文"，例如，"abba" 和 "abcba" 是回文,"abcde" 和 "ababab" 则不是回文。试写一个算法判别读入的一个以'@'为结束符的字符序列是不是"回文"。

◆**18.** ④ 试利用循环队列编写求 k 阶斐波那契序列中前 $n+1$ 项($f_0, f_1, \cdots, f_n$)的算法,要求满足:$f_n \leqslant \max$ 而 $f_{n+1} > \max$,其中 max 为某个约定的常数。(注意:本题所用循环队列的容量仅为 k,则在算法执行结束时,留在循环队列中的元素应是所求 k 阶斐波那契序列中的最后 k 项 $f_{n-k+1}, \cdots, f_n$)。

19. ③ 在顺序存储结构上实现输出受限的双端循环队列的入列和出列(只允许队头出列)算法。设每个元素表示一个待处理的作业,元素值表示作业的预计时间。入队列采取简化的短作业优先原则,若一个新提交的作业的预计执行时间小于队头和队尾作业的平均时间,则插入队头,否则插入队尾。

20. ③ 假设在如教科书 3.4.1 节中图 3.9 所示的铁道转轨网的输入端有 n 节车厢:硬座、硬卧和软卧(分别以 P、H 和 S 表示)等待调度,要求这 3 种车厢在输出端铁道上的排列次序为:硬座在前,软卧在中,硬卧在后。试利用输出受限的双端队列对这 n 节车厢进行调度,编写算法输出调度的操作序列:分别以字符'E'和'D'表示对双端队列的头端进行入队列和出队列的操作;以字符'A'表示对双端队列的尾端进行入队列的操作。

第4章 串

一、基本内容

串的数据类型定义；串的 3 种存储表示：短串顺序存储结构、长串顺序存储结构和块链存储结构；串的各种基本操作的实现及其应用；串的模式匹配算法。

二、学习要点

（1）熟悉串的 7 种基本操作的定义，并能利用这些基本操作实现串的其他各种操作的方法。

（2）熟练掌握在短串的定长顺序存储结构上实现串的各种操作的方法。

（3）掌握串的长串动态存储结构，以及在其上实现串操作的基本方法。

**（4）理解串匹配的 KMP 算法，熟悉 next 函数的定义，学会手工计算给定模式串的 next 函数值和改进的 next 函数值。

（5）了解串操作的应用方法和特点。

本章的习题正是围绕上述几点安排的。在算法设计题中，第 1~4 题要求利用已知串的基本操作来实现其他操作；第 5~7 题练习 C 语言的串操作的实现和应用；第 8~13 题专为练习短串的顺序存储结构；第 14~16 题用于练习块链存储结构；第 17~23 题则为练习长串动态存储结构；而第 24~27 题的练习将有助于掌握 KMP 算法和 next 函数的概念。

三、可视交互学习内容与解析

1. 短串 SStr 的基本操作结果的结构形态观察

通过可视交互观察，可快速理解短串的结构特点和基本操作算法。图 4.1 为依次执行若干短串基本操作的结果串的结构形态。0 号单元是串长值，用红色字体显示。

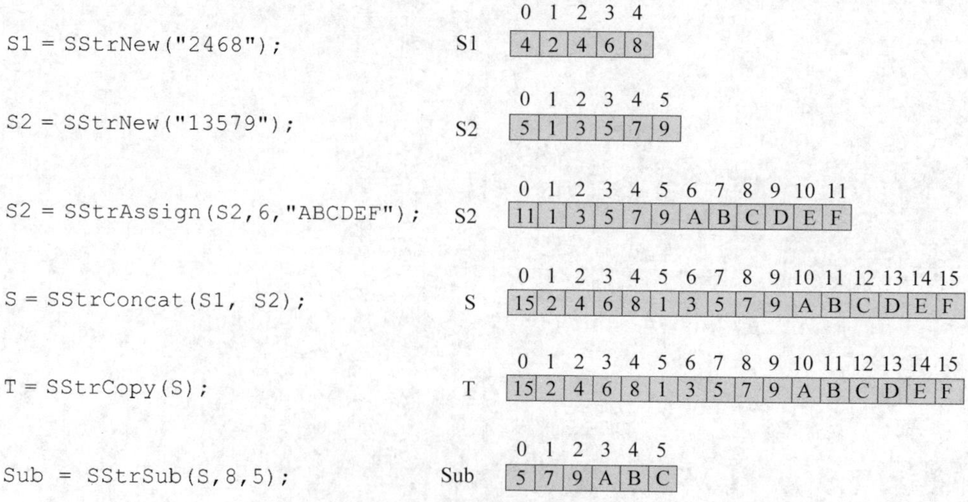

图 4.1 短串基本操作的结果串的结构形态示例

2. 书名索引表构建过程中复合数据结构的结构形态观察

教科书图 4.11 选自 AnyviewC 运行算法 4.12 过程的结构窗截图。这种较复杂的复合型数据结构,可通过可视交互跟踪观察算法对数据结构操作的细节,掌握设计和调试技巧。

四、基础知识题

（一）单项选择题

1. 串的长度是指串中所含（　　　）。

    A. 不同字母的个数　　　　　　　　　　B. 字符的个数

    C. 不同字符的个数　　　　　　　　　　D. 非空格字符的个数

2. 如下陈述中正确的是（　　　）。

    A. 串是一种特殊的线性表　　　　　　　B. 串的长度必须大于 0

    C. 串中元素只能是字母　　　　　　　　D. 空串只含空格

3. 最基本的串操作有（　　　）。

    A. 复制、连接和置换　　　　　　　　　B. 比较、连接和求子串

    C. 比较、复制和连接　　　　　　　　　D. 连接、插入和删除

4. 设有两个串 T 和 P，求 P 在 T 中首次出现的位置的串运算称作（　　　）。

    A. 连接　　　　　　B. 求子串　　　　　　C. 字符定位　　　　　　D. 子串定位

5. 为查找某一特定单词在文本中出现的位置,可应用的串运算是（　　　）。

    A. 插入　　　　　　B. 删除　　　　　　C. 串连接　　　　　　D. 子串定位

6. 串 s＝"Data Structure"中长度为 3 的子串的数目是（　　　）。

    A. 9　　　　　　　　B. 11　　　　　　　　C. 12　　　　　　　　D. 14

7. 字符串通常采用的两种存储方式是（　　　）。

    A. 散列存储和索引存储　　　　　　　　B. 索引存储和链式存储

    C. 顺序存储和链式存储　　　　　　　　D. 散列存储和顺序存储

8. 采用两类不同存储结构的字符串可分别称为（　　　）。

    A. 主串和子串　　　　　　　　　　　　B. 顺序串和链串

    C. 目标串和模式串　　　　　　　　　　D. 变量串和常量串

9. 已知函数 Sub(s,i,n)的功能是返回串 s 中从第 i 个字符起长度为 n 的子串,函数 Scopy(s,t)的功能为复制串 t 到 s。若字符串 S＝"SCIENCESTUDY",则调用函数 Scopy(P,Sub(S,1,7))后得到（　　　）。

    A. P＝"SCIENCE"　　　　　　　　　　B. P＝"STUDY"

    C. S＝"SCIENCE"　　　　　　　　　　D. S＝"STUDY"

10. 假设 S＝"I AM A STUDENT",则 StrSub(S,3,8)的结果是（　　　）。

    A. "M A S"　　　　B. "AM A STU"　　　C. "A STUDENT"　D. "STUD"

11. 执行下列程序段后,串 X 的值为（　　　）。

```
S="abcdefgh";T="xyzw";
X=StrSub(S,3,StrLen(T));
Y=StrSub(S,StrLen(T),2);
X=StrConcat(X,Y);
```

A. "defgxy"　　　　　B. "cdefxy"　　　　　C. "defgef"　　　　　D. "cdefde"

12. 如果在结点中,指针占 4 字节,每个字符占 1 字节,结点大小为 6 的块链串的存储密度为(　　)。

A. 0.2　　　　　　B. 0.4　　　　　　C. 0.6　　　　　　D. 0.8

13. 应用简单的匹配算法对主串 s="BDBABDABDAB"与子串 t="BDA"进行模式匹配,在匹配成功时,进行的字符比较总次数为(　　)。

A. 7　　　　　　　B. 9　　　　　　　C. 10　　　　　　D. 12

14. 在执行简单的串匹配算法时,最坏情况为每次匹配比较不等的字符出现的位置均为(　　)。

A. 模式串的最末字符　　　　　　　B. 主串的第一个字符

C. 模式串的第一个字符　　　　　　D. 主串的最末字符

15. 设短串 s1="Data Structures with C",s2="it",则子串定位函数 Index(s1,s2)的值为(　　)。

A. 15　　　　　　B. 16　　　　　　C. 17　　　　　　D. 18

16. 若主串的长度为 n,模式串的长度为 $\lfloor n/3 \rfloor$,则执行简单模式匹配算法时,在最坏情况下的时间复杂度是(　　)。

A. $O(\log n)$　　　　B. $O(n)$　　　　C. $O(n\log n)$　　　　D. $O(n^2)$

17. 若主串的长度为 n,模式串的长度为 m,则 KMP 算法的时间复杂度是(　　)。

A. $O(m\log n)$　　　B. $O(n+m)$　　　C. $O(nm)$　　　D. $O(m/n)$

18. 模式串"ababa"各字符的 next 函数值依次为(　　)。

A. 01123　　　　　B. 01234　　　　　C. 00123　　　　　D. 11223

19. 已知字符串 s 为"abaabaabcabaabc",模式串 t 为"abaabc",采用 KMP 算法进行匹配。第一次出现"失配"($s[i]\neq t[i]$)时,$i=j=5$,则下次开始匹配时,i 和 j 的值分别是(　　)。

A. $i=1,j=0$　　B. $i=5,j=0$　　C. $i=5,j=2$　　D. $i=6,j=2$

20. 设主串 S="abaabaabcabaabc",模式串 T="abaabc",采用 KMP 算法进行模式匹配。到匹配成功时,在匹配过程中共进行的单个字符间的比较次数是(　　)。

A. 9　　　　　　　B. 10　　　　　　C. 11　　　　　　D. 12

(二) 解答题

1. ① 简述空串和空格串(或称空格符串)的区别。

2. ② 对于教科书 4.1 节中所述串的各个基本操作,是否可由其他基本操作构造而得? 如果可以,如何构造?

◆**3.** ① 设 s="I AM A STUDENT",t="GOOD",q="WORKER"。

求下列函数结果:StrLen(s),StrLen(t),StrSub(s,8,7),StrSub(t,2,1),Index(s,"A"),Index(s,t),StrConcat(StrSub(s,6,2),StrConcat(t,StrSub(s,7,8)))。

◆**4.** ① 已知下列字符串:

```
a="THIS",  f="A SAMPLE",  c="GOOD",  d="NE",  b="",
s = StrConcat(a,StrConcat(StrSub(f,2,7),StrConcat(b,StrSub(a,3,2)))),
t = Replace(f,StrSub(f,3,6),c),
```

```
    u = StrConcat(StrSub(c,3,1),d),    g ="IS",
    v = StrConcat(s,StrConcat(b,StrConcat(t,StrConcat(b,u))))
```

试问：s,t,v,StrLen(s),Index(v,g),Index(u,g)的值各是什么？

5. ①　试问执行以下函数会产生怎样的输出结果。

```
void demonstrate() {
    SStr s,t,u,v;            //短串
    s = SStrNew("THIS IS A BOOK");
    SStrAssign(s, 3, "ESE ARE");
    t = SStrAssign(s, SStrLen(s)+1, "S");
    u = SStrNew("XYXYXYXYXYXY");
    v = SStrSub(u, 6, 3);
    for(int i=0; i<3; i++) SStrAssign(u, Index(u,v,1), "W");
    printf("t=%s, v=%s, u=%s\n", t+1, v+1, u+1);
}
```

6. ②　已知：s＝"(XYZ)＋*",t＝"(X＋Z)*Y"。试利用连接、求子串等基本运算，将 s 转换为 t。

◆7. ②　令 s＝"aaab",t＝"abcabaa",u＝"abcaabbabcabaacbacba"。试分别求出它们的 next 函数值和 nextval 函数值。

◆8. ②　已知主串 s＝"ADBADABBAABADABBADADA",模式串 pat＝"ADABBADADA",写出模式串的 nextval 函数值,并由此画出 KMP 算法匹配的全过程。

9. ③　在以链表存储串值时,存储密度是结点大小和串长的函数。假设每个字符占 1 字节,每个指针占 4 字节,每个结点的大小为 4 的整数倍。求结点大小为 $4k$,串长为 l 时的存储密度 $d(4k,l)$(用公式表示)。

五、算法设计题

在编写第 1～4 题的算法时,请采用教科书 4.2.2 节定义的短串类型 SStr 及以下 5 种基本操作:

```
SStr SStrNew(char * c);
    //由 c 串构造并返回一个短串,c 的实参可以是串变量或者串常量(如"abcd")
int SStrCmp(SStr s, SStr t);
    //比较 s 和 t。若 s>t,则返回值>0;若 s=t,则返回值=0;若 s<t,则返回值<0
int SStrLen(SStr s);
    //返回 s 中的元素个数,即该串的长度
SStr Concat(SStr s, SStr t);
    //返回由 s 和 t 连接而成的新串
SStr SStrSub(SStr s, int start, int len);
    //当 1≤start≤SStrLen(s)且 0≤len≤SStrLen(s)-start+1 时
    //返回 s 中第 start 个字符起长度为 len 的子串,否则返回空串
```

◆1. ③　编写对串求逆的递推算法。

2. ③　编写算法,求得所有包含在串 s 中而不包含在串 t 中的字符(s 中重复的字符只选一个)构成的新串 r,以及 r 中每个字符在 s 中第一次出现的位置。

◆3. ④　编写一个实现串的置换操作 SStrReplace(S,T,V)的算法。

4. ③　编写算法，从串 s 中删除所有和串 t 相同的子串。

◆5. ③　教科书 4.2.1 节介绍了 C 语言的串和库函数串复制 strcpy 和串比较 strstr 的代码实现。我们可以定义 C 串类型为：

typedef char ∗CStr;　　//C 串类型 CStr 等价 **char** ∗

试编写算法，实现 C 串库函数串连接 strcat 的功能：

CStrCStrcat(CStr S, CStr T);　　　　　//返回 S 和 T 连接的串

可弥补 C 的 strcat 的不足，若 S 的剩余空间不足以容纳 T，可扩容。所得连接串由函数值返回。

6. ③　编写算法，实现 C 串库函数的串查找 strstr 的功能：

CStrCStrstr(CStr S, CStr T);　　　　　　//返回 T 在 S 首次出现的位置指针

注意：返回子串位置指针指向 S 中该子串的首字符，可视为该字符起到 S 的结束符的 C 串。

7. ⑤　利用 C 串的基本操作以及栈和集合的基本操作，编写"由一个算术表达式的前缀式求后缀式"的递推算法（假设前缀式不含语法错误）。

在编写第 8~13 题的算法时，请采用教科书 4.2.2 节定义的短串存储表示，但不允许调用串的基本操作。

8. ③　编写算法，实现串的赋值操作：

SStr SStrAssign(SStr T, **char** ∗c, **int** pos);

9. ②　编写算法，实现串的比较操作：

int SStrCmp(SStr S, SStr T);

◆10. ④　编写算法，实现串的置换操作：

SStrReplace(SStr S, SStr T, SStr V);

用串 V 依次替换串 S 中的全部子串 T，并返回替换后的串 S。

11. ③　编写算法，求串 S 所含不同字符的总数和每种字符的个数。

12. ③　在短串存储结构上直接实现第 2 题要求的算法。

13. ③　编写算法，从串 s 中删除所有和串 t 相同的子串。

◆14. ④　假设以结点大小为 1（且设头结点）的链表结构表示串。试编写实现串的 6 种基本操作 StrAssign，StrCopy，StrCmp，StrLen，StrConcat 和 StrSub 的函数。

15. ④　假设以块链结构表示串。试编写将串 s 插入串 t 中某个字符之后的算法（若串 t 中不存在此字符，则将串 s 连接在串 t 的末尾）。

◆16. ④　假设以块链结构作串的存储结构。试编写判别给定串是否具有对称性的算法，并要求算法的时间复杂度为 $O(\mathrm{StrLen}(S))$。

在编写第 17~23 题的算法时，请采用教科书 4.2.3 节定义的长串存储表示。

◆17. ③　试写算法，实现长串的基本操作 LStrConcat(s1,s2)。

◆18. ④　试写算法，实现长串的置换操作 Replace(S,T,V)。

19. ③ 试写算法,实现长串的插入操作 LStrInsert(S,pos,T)。

20. ③ 试写算法,实现长串的删除操作 LStrDelete(S,pos,len)。

21. ② 试写算法,实现长串的求剩余容量操作 LStrAvail(S)。

22. ③ 试写算法,实现长串的增加容量操作 LStrGrow(S,inc)。

23. ④ 试写算法,实现长串的移除两端字符操作:

Status LStrTrim(LStr S,char * cs);

从 S 前后两端向内分别移除所有在 cs 中字符,一旦遇非 cs 中字符,该端就停止移除。

24. ③ 当采用教科书 4.2.2 节中定义的短串时,可如下所述改进定位函数的算法:先将模式串 t 中的第一个字符和最后一个字符与主串 s 中相应的字符比较,在两次比较都相等之后,再依次从 t 的第二个字符起逐个比较。这样做可以克服算法 Index(算法 4.8)在求模式串 "$a^k b$"(a^k 表示连续 k 个字符'a')在主串 "$a^n b$"($k \leqslant n$)中的定位函数时产生的弊病。试编写上述改进算法,并比较这两种算法在做 Index("$a^n b$","$a^k b$")运算时所需进行的字符间的比较次数。

◆25. ④ 假设以结点大小为 1(带头结点)的链表结构表示串,则在利用 next 函数值进行串匹配时,在每个结点中需设 3 个域:数据域 chdata、指针域 succ 和指针域 next。其中,chdata 域存放一个字符;succ 域存放指向同一链表中后继结点的指针;next 域在主串中存放指向同一链表中前驱结点的指针;在模式串中,存放指向当该结点的字符与主串中的字符不等时,模式串中下一个应进行比较的字符结点(即与该结点字符的 next 函数值相对应的字符结点)的指针,若该结点字符的 next 函数值为 0,则其 next 域的值应指向头结点。试按上述定义的结构改写求模式串的 next 函数值的算法。

◆26. ④ 试按第 25 题定义的结构改写串匹配的改进算法(KMP 算法)。

◆27. ⑤ 假设以短串存储结构表示串,试设计一个算法,求串 s 中出现的第一个最长重复子串及其位置,并分析你的算法的时间复杂度。

28. ⑤ 假设以短串存储结构表示串,试设计一个算法,求串 s 和串 t 的一个最长公共子串,并分析你的算法的时间复杂度。若要求第一个出现的最长公共子串(即它在串 s 和串 t 的最左边的位置上出现)和所有的最长公共子串,讨论你的算法能否实现。

第5章 数组和广义表

一、基本内容

数组的类型定义和表示方式;特殊矩阵和稀疏矩阵的压缩存储方法及运算的实现;广义表的逻辑结构和存储结构、m 元多项式的广义表表示,以及广义表操作的递归算法举例。

二、学习要点

(1)了解数组的两种存储表示方法,并掌握数组在以行为主的存储结构中的地址计算方法。

(2)掌握对特殊矩阵进行压缩存储时的下标变换公式。

(3)了解稀疏矩阵的两种压缩存储方法的特点和适用范围,领会以三元组表示稀疏矩阵时进行矩阵运算采用的处理方法。

(4)掌握广义表的结构特点及其存储表示方法,读者可根据自己的习惯,熟练掌握任意一种结构的链表,学会对非空广义表进行分解的两种分析方法:一是将一个非空广义表分解为表头和表尾两部分;二是分解为 n 个子表。

**(5)学习利用分治法的算法设计思想编制递归算法的方法。

在下列这组习题中,第一类习题对应教科书 5.1 节和 5.2 节 C 语言风格的数组存储分配和元素地址计算(各维下界为 0);第二类习题是推导特殊矩阵实现各种压缩存储时的下标变换公式;第三类习题涉及稀疏矩阵的各种压缩存储方法;第四类习题帮助读者熟悉广义表的存储结构和表头、表尾的分析方法;第五类习题则是为学习编写递归算法而安排的。

三、可视交互学习内容与解析

1. 算法 5.6——构建稀疏矩阵的十字链表存储结构

通过可视交互观察,有助于理解算法 5.6。图 5.1 是 AnyviewC 的结构窗中构建稀疏矩阵十字链表过程的结构形态演变示例。通过可视交互跟踪细节,可帮助理解每新增一个结点,是如何寻找对应行、列,实施插入。行、列链表都是无头结点的单链表,但又由非零元结点构成十字正交。这又是一种复合型结构。

2. 算法 5.7——稀疏矩阵的十字链表加法

调用算法 5.7 实现十字链表相加:$A=A+B$。图 5.2(a)是相加前的 A 和 B 的结构形态,图 5.2(b)是将 B 加到 A 后的形态,A 是和矩阵,B 未改变。了解具体细节,可跟踪算法执行过程。

3. 算法 5.10——构建广义表的可视交互跟踪观察理解

构建广义表比较复杂,即使对表示广义表逻辑结构的定义串做了简化约定(原子是单个字母),但要理解算法 5.10 及其调用的分解定义串的算法 5.11 也比较困难。可视交互跟踪边分解定义串,边对应构造原子和子表,以及递归返回时的组合表头、表尾的繁复过程,是一

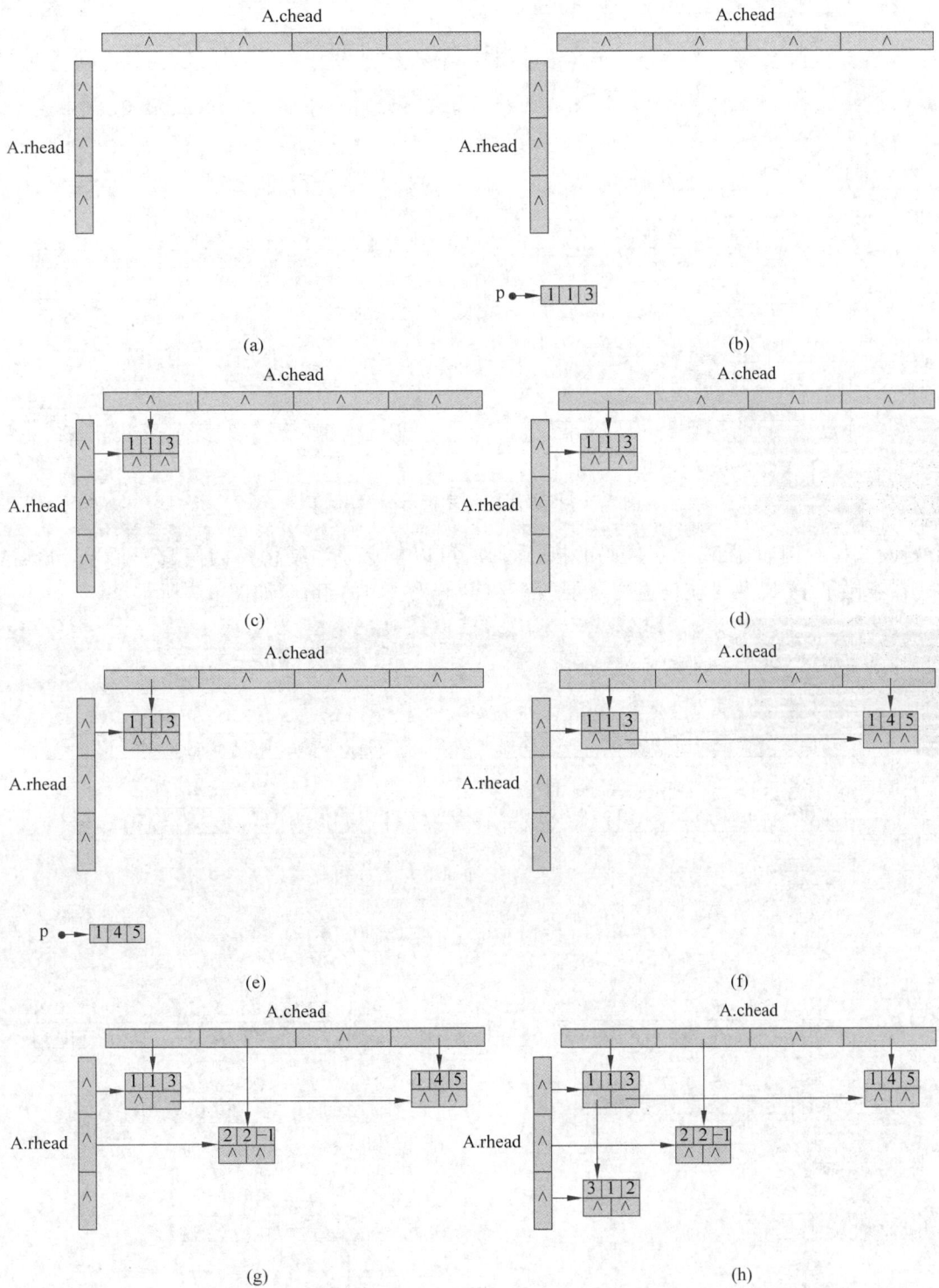

图 5.1 构建稀疏矩阵十字链表过程的结构形态演变示例

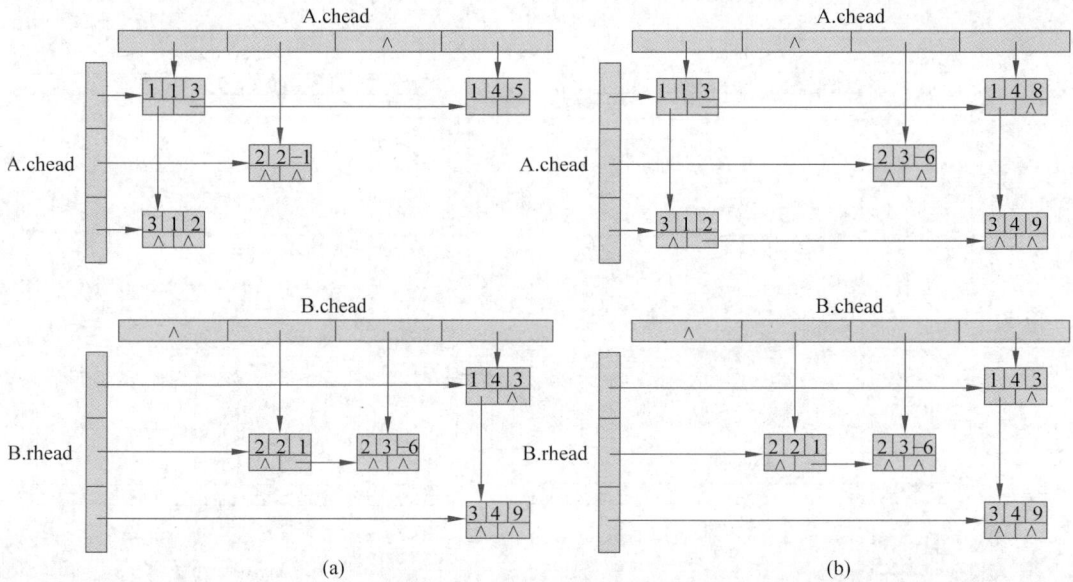

图 5.2　稀疏矩阵十字链表 $A = A + B$

个好的选择。例如,跟踪以下代码的执行过程,可以重点关注结构窗的串脱完括号,分解成表头、表尾子串,以及对应构造的各层表头和表尾及它们的组合,如图 5.3 所示。

```
SStr ss = SStrNew("(A,((B),C),D)");
GList L = NewGList(ss);
```

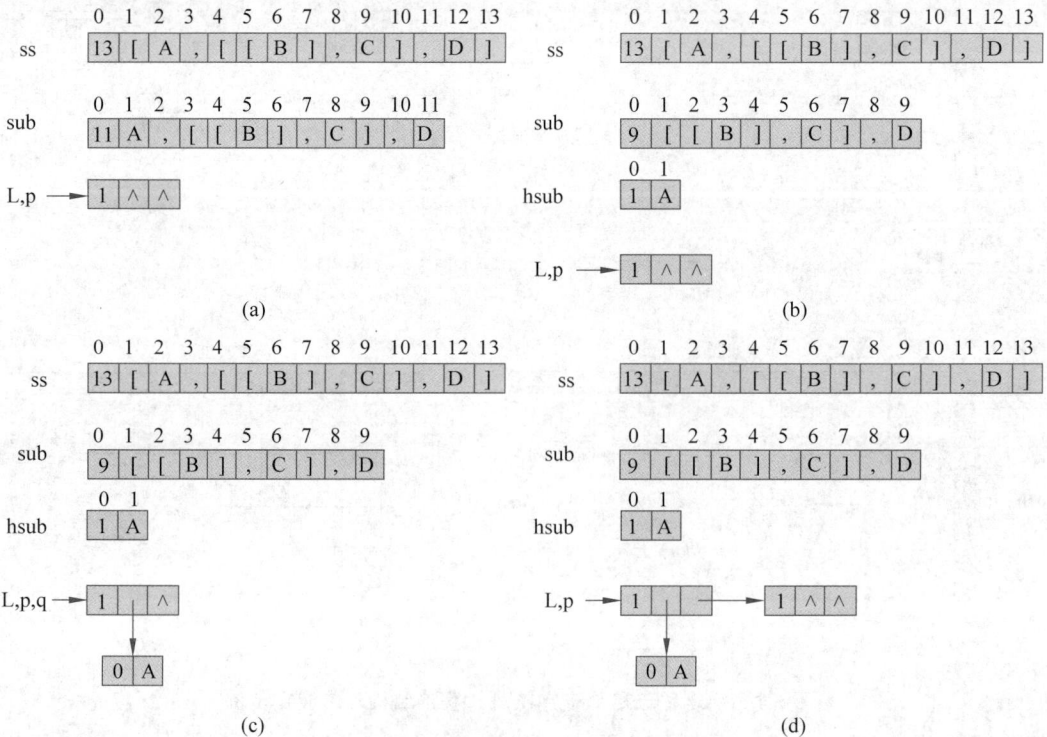

图 5.3　广义表构造过程的结构形态截图

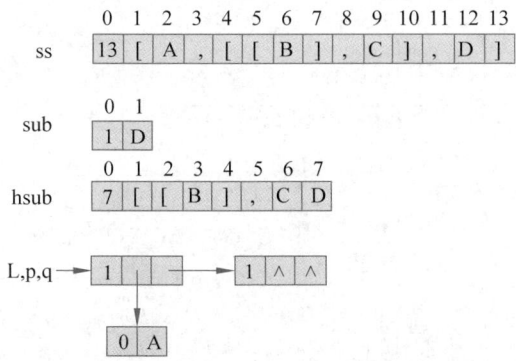

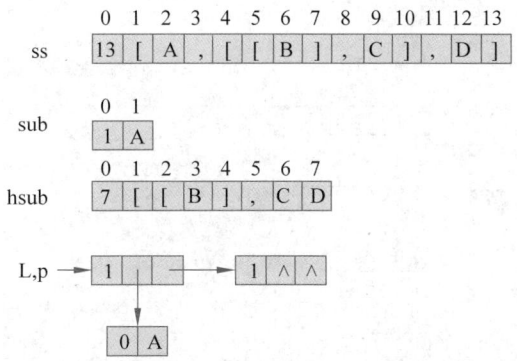

(e)   (f)

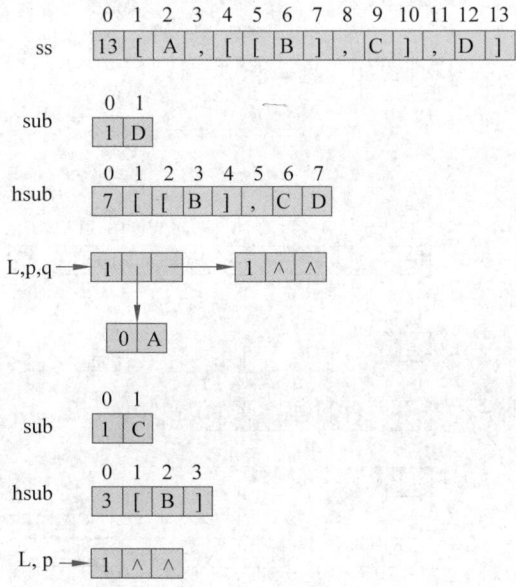

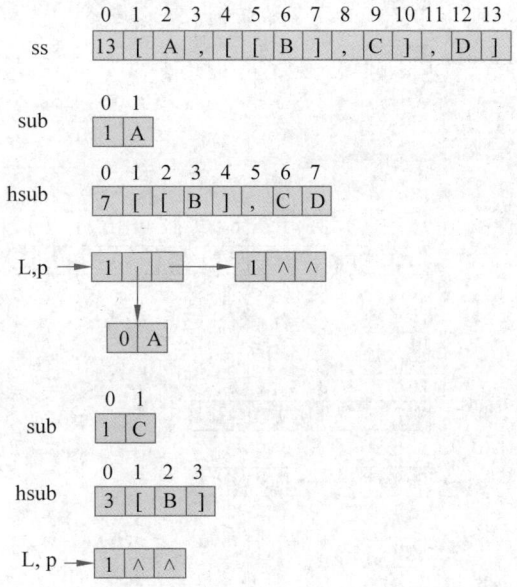

(g)   (h)

图 5.3 （续）

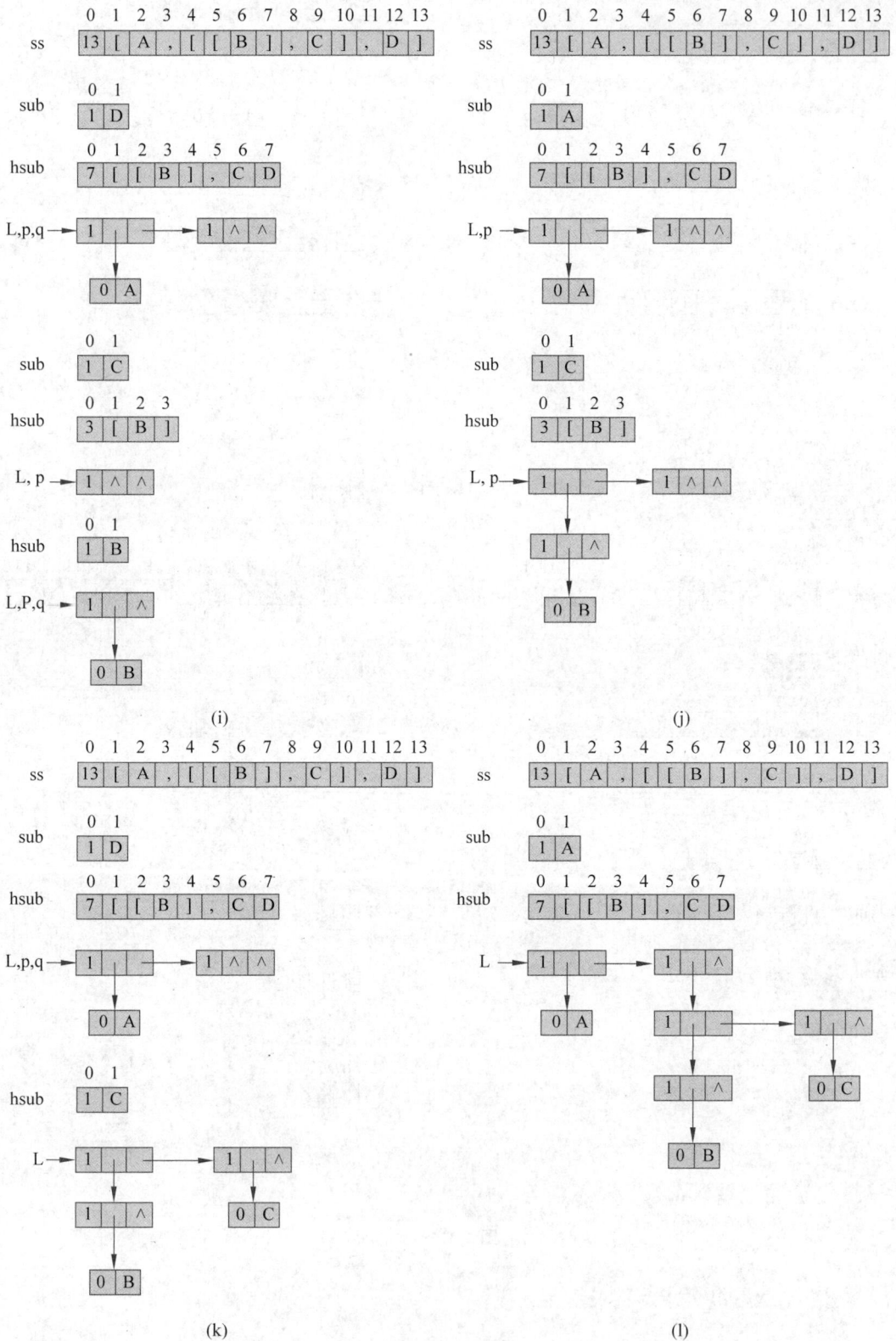

图 5.3 （续）

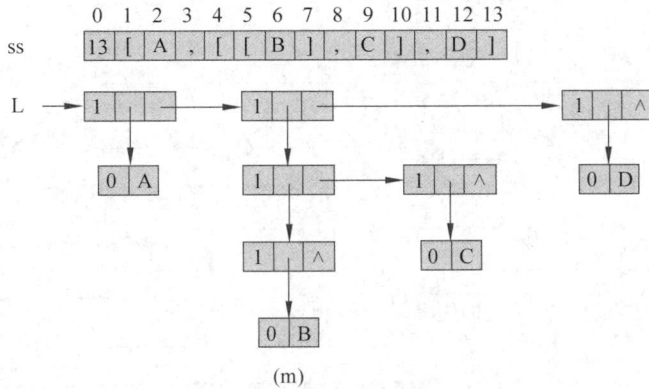

```
        0 1 2 3 4 5 6 7 8 9 10 11 12 13
ss    [13][ [ A , [ [ B ] , C ] , D ] ]
```

图 5.3 （续）

图 5.3(a)是首次进入 NewGList(ss)后,将 ss 外层括号脱去后得到子串 sub,并构造这对括号对应的一个表结点。

然后进入 **do-while** 循环,不断对 sub 调用算法 5.11(sever 函数),以 sub 中不在括号内的逗号为识别符,分离出 sub 中的表头子串 hstr,而 sub 则只保留该逗号之后的尾串。得到 sever 返回的表头子串(赋给了 hsub)后,对 hsub 递归构造表头。图 5.3(b)是循环分离和构建的本层第一个元素"A"。对其递归,生成原子结点,如图 5.3(c)所示。返回后被组装为第一个元素结点,如图 5.3(d)所示。

循环继续分离出第二个元素串 hsub="((B),C)"和仅含 D 的尾串 sub。对 hsub 递归构造对应子表,串长大于1(不是原子),也不是空表串"()",则为该元素生成一个表结点,并脱去一层括号得到下一层的子串 sub(在深一层的递归,要区别于上一层的 sub)。同样进入 **do-while** 循环,此时结构窗的截图如图 5.3(e)所示。两个 sub,上方是外层的,下方的是当前层的,其下面是脱括号刚生成的第一个元素的表结点。调用 sever 后,sub 分割为 hsub="(B)",sub="C",如图 5.3(f)所示。再对 hsub 递归(第三层)。如图 5.3(g)所示,第三层的 sub 脱括号后是"B"。进入 **do-while** 循环,sever 返回 hsub 的是"B",而 sub 被置为空串""。对 hsub 递归(第四层),长度为一,是原子,生成原子结点后即返回第三层,如图 5.3(h)所示。第三层的 sub 已为空串,遂返回到第二层,组装成两层的子表,如图 5.3(i)所示。第二层的 sub 此时为"C"(是第一层第二元素"((B),C)"的第二元素),为 C 生成表结点,如图 5.3(j)所示。对"C"递归生成 C 原子结点,返回后组装成元素结点,如图 5.3(k)所示。返回到第一层,第一、二个元素已构建的子表装成一个子表,如图 5.3(l)所示。继续构建和组装第三个元素"C",就完成了整个广义表的构建,如图 5.3(m)所示。

4. m 元多项式的广义表形态

教科书图 5.14 展现了算法 5.12 对式(5-9)的三元多项式 $P(x,y,z)$ 构建的存储结构。算法在 AnyviewC 运行构建的同一多项式的结构形态截图如图 5.4 所示(被截为两段)。

p → | 1 3 | . | ^ |

| 1 0 | ^ | → | 1 2 | . | 　　　　　　　　　　　　　　　　转下

| 1 1 | ^ | → | 1 3 | . | 　　　　　　　　　　 | 1 2 | . | ^ |

| 1 2 | ^ | . | → | 0 8 1 | . | → | 0 6 2 | ^ | 　 | 1 2 | . | . | → | 0 5 3 | ^ |

接上　| 1 1 | . | 　　　　　　　　　　　　　　　　　　 | 0 0 9 | ^ |

| 1 1 | ^ | . | → | 1 4 | . | 　　　　　　 | 1 1 | . | ^ |

| 1 2 | ^ | . | → | 0 4 1 | . | → | 0 3 6 | ^ | 　 | 1 2 | . | ^ | → | 0 0 2 | ^ |

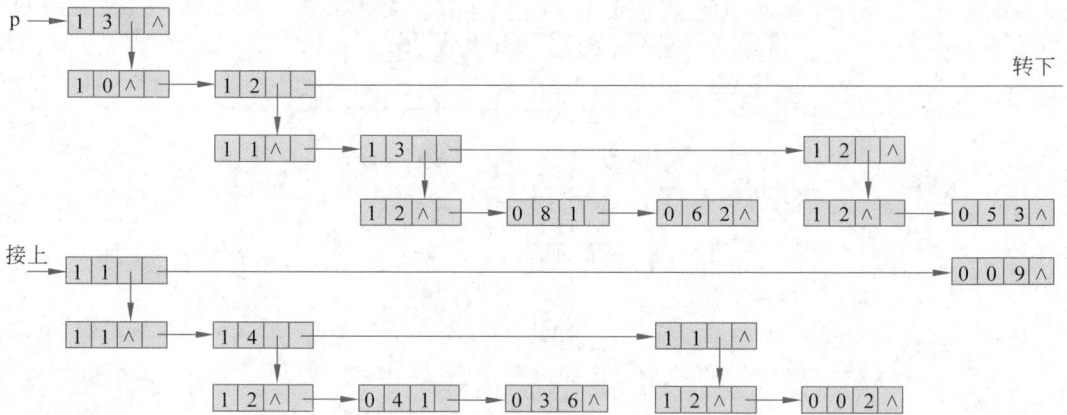

图 5.4　m 元多项式的结构形态示例

四、基础知识题

（一）单项选择题

1. 多维数组之所以有行优先顺序和列优先顺序两种存储方式是因为（　　　）。

　　A. 数组的元素处在行和列两个关系中

　　B. 数组的元素必须从左到右顺序排列

　　C. 数组的元素之间存在次序关系

　　D. 数组是多维结构,内存是一维结构

2. 已知二维数组 b 按列优先顺序存储,每个元素占 1 个存储单元,且元素 b[1][2] 和 b[4][5] 的地址分别为 234 和 273,则 b[2][3] 的地址为（　　　）。

　　A. 245　　　　　　　B. 246　　　　　　　C. 247　　　　　　　D. 248

3. 二维数组 A[8][9] 采用列优先的存储方法,若每个元素各占 2 个存储单元,而且 A[0][0] 的地址为 1000,则 A[5][7] 的地址为（　　　）。

　　A. 1122　　　　　　B. 1234　　　　　　C. 1212　　　　　　D. 1120

4. 二维数组 A 采用行优先的存储方法,其中每个元素占 1 个存储单元,若 A[1][1] 的存储地址为 325,A[3][3] 的地址为 351,则 A[5][5] 的存储地址为（　　　）。

　　A. 375　　　　　　　B. 376　　　　　　　C. 377　　　　　　　D. 378

5. 二维数组 A[8][9] 按行优先顺序存储,若数组元素 A[2][3] 的存储地址为 1087,A[4][7] 的存储地址为 1175,则数组元素 A[6][7] 的存储地址为（　　　）。

　　A. 1247　　　　　　B. 1249　　　　　　C. 1251　　　　　　D. 1253

6. 二维数组 A[20][10] 采用列优先的存储方法,若每个元素占 2 个存储单元,且第一个元素的首地址为 200,则元素 A[8][9] 的存储地址为（　　　）。

　　A. 574　　　　　　　B. 576　　　　　　　C. 578　　　　　　　D. 580

7. 假设以行优先顺序存储三维数组 R[6][9][6],其中元素 R[0][0][0] 的地址为 2100,且每个元素占 4 个存储单元,则存储地址为 2836 的元素是（　　　）。

　　A. R[3][3][3]　　　　B. R[3][3][4]　　　　C. R[4][3][5]　　　　D. R[4][3][4]

8. 若将 6×6 的上三角矩阵 **A**(下标从 1 起计)的上三角元素按行优先存储在一维数组

b 中，且 b[1]＝A$_{11}$，那么 A$_{34}$ 在 b 中的下标是（　　　）。

    A. b[10]　　　　　　B. b[11]　　　　　　C. b[12]　　　　　　D. b[13]

9. 若将 6×6 的下三角矩阵 **A**（下标从 1 起计）的下三角元素按列优先存储在一维数组 b 中，且 b[1]＝A$_{11}$，那么 A$_{43}$ 在 b 中的下标是（　　　）。

    A. b[10]　　　　　　B. b[11]　　　　　　C. b[12]　　　　　　D. b[13]

10. 一个 10 阶的三对角矩阵 **M**，其元素 $m_{i,j}$（$1 \leqslant i \leqslant 10, 1 \leqslant j \leqslant 10$）按行优先次序压缩存储在下标从 0 开始的一维数组 A 中。元素 $m_{4,5}$ 在 A 中的下标是（　　　）。

    A. 9　　　　　　　B. 10　　　　　　　C. 11　　　　　　　D. 12

11. 稀疏矩阵的两种压缩存储结构是（　　　）。

    A. 三元组表和邻接矩阵　　　　　　　B. 十字链表和邻接矩阵

    C. 三元组表和十字链表　　　　　　　D. 有序链表和二维数组

12. 对稀疏矩阵进行压缩存储是为了（　　　）。

    A. 便于进行矩阵运算　　　　　　　　B. 便于输入和输出

    C. 节省存储空间　　　　　　　　　　D. 降低运算的时间复杂度

13. 假设以带行表的三元组表表示稀疏矩阵，则和下列行表对应的稀疏矩阵是（　　　）。

1	3	4	4	6

A. $\begin{bmatrix} 0 & -8 & 0 & 6 \\ 0 & 0 & 0 & 0 \\ 7 & 0 & 0 & 0 \\ -5 & 0 & 4 & 0 \\ 0 & 3 & 0 & 0 \end{bmatrix}$
　　　　B. $\begin{bmatrix} 0 & -8 & 0 & 6 \\ 0 & 0 & 0 & 0 \\ 0 & 2 & 0 & 0 \\ -5 & 0 & 4 & 0 \\ 0 & 0 & 0 & 0 \end{bmatrix}$

C. $\begin{bmatrix} 0 & -8 & 0 & 6 \\ 7 & 0 & 0 & 0 \\ -5 & 0 & 4 & 0 \\ 0 & 0 & 0 & 0 \\ 0 & 3 & 0 & 0 \end{bmatrix}$
　　　　D. $\begin{bmatrix} 0 & -8 & 0 & 6 \\ 7 & 0 & 0 & 0 \\ 0 & 0 & 0 & 0 \\ -5 & 0 & 4 & 0 \\ 0 & 0 & 0 & 0 \end{bmatrix}$

14. 如右图所示的广义表是一种（　　　）。

    A. 线性表　　　　　　　　　　　　　B. 纯表

    C. 共享表　　　　　　　　　　　　　D. 递归表

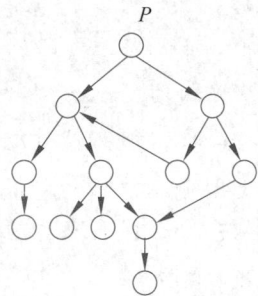

15. 广义表 $A＝(a,(b),(),(c,d,e))$ 的长度为（　　　）。

    A. 4　　　　　　　　　　　　　　　　B. 5

    C. 6　　　　　　　　　　　　　　　　D. 7

16. 一个非空广义表的表头（　　　）。

    A. 不可能是子表　　　　　　　　　　B. 只能是子表

    C. 只能是原子　　　　　　　　　　　D. 可以是子表或原子

17. 已知广义表的表头为 a，表尾为(b,c)，则此广义表为（　　　）。

A. (a,(b,c))　　　　　B. (a,b,c)　　　　　C. ((a),b,c)　　　　　D. ((a,b,c))

18. 从广义表 LS=((p,q),r,s)中分解出原子 q 的运算是（　　　）。

    A. tail(head(LS))　　　　　　　　　　B. head(tail(head(LS)))

    C. head(tail(LS))　　　　　　　　　　D. tail(tail(head(LS)))

19. 对广义表 L=((a,b),c,d)执行 tail(head(L))操作的结果是（　　　）。

    A. (c,d)　　　　　B. (d)　　　　　C. b　　　　　D. (b)

20. 对广义表 L=((a,b)(c,d),(e,f))执行 tail(tail(L))操作的结果是（　　　）。

    A. (e,f)　　　　　B. ((e,f))　　　　　C. (f)　　　　　D. ()

21. 对广义表 L=((a,b),(c,d),(e,f))执行 head(tail(head(tail(L))))操作的结果是（　　　）。

    A. d　　　　　B. e　　　　　C. (e)　　　　　D. (e,f)

22. 从广义表 L=(((a,b),c,d))中分解得到(b)的操作为（　　　）。

    A. head(head(head(L)))　　　　　　　　　　B. head(tail(head(L)))

    C. tail(head(head(L)))　　　　　　　　　　D. tail(tail(head(L)))

（二）解答题

1. ①　假设有二维数组 $A_{6\times8}$，每个元素用相邻的 6 字节存储，存储器按字节编址。已知 A 的起始存储位置（基地址）为 1000，计算：

（1）数组 A 的体积（即存储量）；

（2）数组 A 的最后一个元素 a_{57} 的第一个字节的地址；

（3）按行存储时，元素 a_{14} 的第一个字节的地址；

（4）按列存储时，元素 a_{47} 的第一个字节的地址。

◆2. ①　假设按低下标优先存储整数数组 $A_{9\times3\times5\times8}$ 时，第一个元素的字节地址是 100，每个整数占 4 字节。问下列元素的存储地址是什么？

（1）a_{0000}　　　　（2）a_{1111}　　　　（3）a_{3125}　　　　（4）a_{8247}

◆3. ①　按高下标优先存储方式（以最右的下标为主序），顺序列出数组 $A_{2\times2\times3\times3}$ 中所有元素 a_{ijkl}，为了简化表达，可以只列出(i,j,k,l)的序列。

4. ①　将教科书 5.3.1 节中的式(5-3)改写为一个等式的形式。

◆5. ③　设有上三角矩阵 $(a_{ij})_{n\times n}$，将其上三角元素逐行存于数组 B[m]中（m 充分大），使得 $B[k]=a_{ij}$ 且 $k=f_1(i)+f_2(j)+c$。试推导出函数 f_1,f_2 和常数 c（要求 f_1 和 f_2 中不含常数项）。

6. ②　设有三对角矩阵 $(a_{ij})_{n\times n}$，将其三条对角线上的元素存于数组 B[3][n]中，使得元素 $B[u][v]=a_{ij}$，试推导出从(i,j)到(u,v)的下标变换公式。

7. ③　设有三对角矩阵 $(a_{ij})_{n\times n}$，将其三条对角线上的元素逐行地存于数组 B[3n−2]中，使得 $B[k]=a_{ij}$，求：

（1）用 i,j 表示 k 的下标变换公式；

（2）用 k 表示 i,j 的下标变换公式。

8. ③　假设一个准对角矩阵

$$\begin{bmatrix} a_{11} & a_{12} & & & & & & & \\ a_{21} & a_{22} & & & & & & & \\ & & a_{33} & a_{34} & & & & & \\ & & a_{43} & a_{44} & & & & & \\ & & & & \cdots & & & & \\ & & & & & a_{i,j} & & & \\ & & & & & & \cdots & & \\ & & & & & & & a_{2m-1,2m-1} & a_{2m-1,2m} \\ & & & & & & & a_{2m,2m-1} & a_{2m,2m} \end{bmatrix}$$

按以下方式存于一维数组 B[4m]中：

0	1	2	3	4	5	6	k		$4m-2$	$4m-1$	
a_{11}	a_{12}	a_{21}	a_{22}	a_{33}	a_{34}	a_{43}	$\cdots$	a_{ij}	$\cdots$	$a_{2m-1,2m}$	$a_{2m,2m-1}$	$a_{2m,2m}$

写出由一对下标(i,j)求k的的转换公式。

9. ② 已知 **A** 为稀疏矩阵,试从空间和时间角度比较采用两种不同的存储结构(二维数组和三元组表)完成求 $\sum\limits_{i=1}^{n} a_{ij}$ 运算的优缺点。

10. ② 已知两个 4×5 的稀疏矩阵的三元组表分别如下:

A	i	j	e
0	1	1	12
1	2	2	17
2	2	5	48
3	3	4	-22
4	4	2	31

B	i	j	e
0	1	4	24
1	2	2	-17
2	3	4	9
3	4	2	15

请画出这两个稀疏矩阵之和的三元组表 **C**。

11. ② 画出以下稀疏矩阵的下列存储结构:

$$\begin{bmatrix} 0 & 0 & 0 & 0 & 0 \\ 6 & 0 & 5 & 3 & 0 \\ 0 & 0 & 0 & 0 & 8 \\ 0 & 0 & 7 & 5 & 0 \end{bmatrix}$$

(1) 三元组表;

(2) 十字链表。

◆**12.** ② 已知一个 6 行 5 列的稀疏矩阵中非零元的值分别为$-13,61,-12,27,-74,38$和-7,它们在矩阵中的列号依次为$1,4,5,1,2,4$和5。当以带行表的三元组表作存储结构时,其行位置表 rpos 中的值依次为$1,1,3,3,4$和6。请写出该稀疏矩阵(注:矩阵元素的行列下标均从 1 开始)。

◆**13.** ② 求下列广义表操作的结果：

(1) GetHead[(p,h,w)]；

(2) GetTail[(b,k,p,h)]；

(3) GetHead[((a,b),(c,d))]；

(4) GetTail[((a,b),(c,d))]；

(5) GetHead[GetTail[((a,b),(c,d))]]；

(6) GetTail[GetHead[((a,b),(c,d))]]；

(7) GetHead[GetTail[GetHead[((a,b),(c,d))]]]；

(8) GetTail[GetHead[GetTail[((a,b),(c,d))]]]。

注：[ ]用作函数的扩号，以区别于广义表的括号。

14. ② 利用广义表的 GetHead 和 GetTail 操作写出如第 13 题的函数表达式，把原子 banana 分别从下列广义表中分离出来。

(1) $L_1 =$ (apple,pear,banana,orange)；

(2) $L_2 =$ ((apple,pear),(banana,orange))；

(3) $L_3 =$ (((apple),(pear),(banana),(orange)))；

(4) $L_4 =$ (apple,(pear),((banana)),(((orange))))；

(5) $L_5 =$ ((((apple))),((pear)),(banana),orange)；

(6) $L_6 =$ ((((apple),pear),banana),orange)；

(7) $L_7 =$ (apple,(pear,(banana),orange))；

◆**15.** ② 按教科书 5.5 节中图 5.8 所示结点结构，画出下列广义表的存储结构图，并求它的深度。

(1) ((()),a,((b,c),(),d),(((e))))

(2) ((((a),b)),(((),d),(e,f)))

16. ② 某广义表的表头和表尾均为(a,(b,c))，画出该广义表的下列存储结构图示。

(1) 头尾链表；

(2) 扩展线性链表。

17. ② 画出下列广义表的共享头尾链表。

(1) A=(d,())

(2) B=(A,(e,(f)))

(3) C=(A,C)

◆**18.** ② 已知以下各图为广义表的存储结构图，其结点结构和第 15 题相同。写出各图表示的广义表。

(1)

(2)

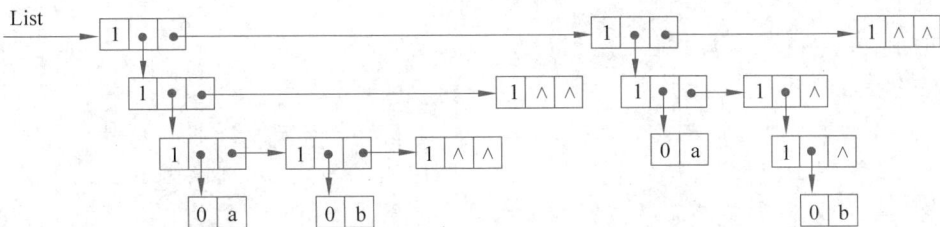

19. ③ 已知等差数列的第一项为 a_1，公差为 d，试写出该数列前 n 项的和 $S(n)(n \geqslant 0)$ 的递归定义。

20. ④ 写出求给定集合的幂集的递归定义。

21. ③ 试利用 C 语言中的增量运算"++"和减量运算"－－"写出两个非负整数 a 和 b 相加的递归定义。

◆**22.** ③ 已知顺序表 L 含 n 个整数，试分别以函数形式写出下列运算的递归算法：

(1) 求表中的最大整数；

(2) 求表中的最小整数；

(3) 求表中 n 个整数之和；

(4) 求表中 n 个整数之积；

(5) 求表中 n 个整数的平均值。

五、算法设计题

◆**1.** ⑤ 试设计一个算法，将数组 A_n 中的元素 A[0] 至 A[n-1] 循环右移 k 位，并要求只用一个元素大小的附加存储，元素移动或交换次数为 $O(n)$。

◆**2.** ④ 若矩阵 $\boldsymbol{A}_{m \times n}$ 中的某个元素 a_{ij} 是第 i 行中的最小值，同时又是第 j 列中的最大值，则称此元素为该矩阵中的一个马鞍点。假设以二维数组存储矩阵 $\boldsymbol{A}_{m \times n}$，试编写求矩阵中所有马鞍点的算法，并分析你的算法在最坏情况下的时间复杂度。

3. ⑤ 类似于以一维数组表示一元多项式，以 m 维数组：$(a_{j_1 j_2 \cdots j_m})$，$0 \leqslant j_i \leqslant n$，$i=1$，$2, \cdots, m$，表示 m 元多项式，数组元素 $a_{e_1 e_2 \cdots e_m}$ 表示多项式中 $x_1^{e_1} x_2^{e_2} \cdots x_m^{e_m}$ 的系数。例如，和二元多项式 $x^2 + 3xy + 4y^2 - x + 2$ 相应的二维数组为

xy	0	1	2
0	2	0	4
1	-1	3	0
2	1	0	0

试编写一个算法将 m 维数组表示的 m 元多项式以常规表示的形式（按降幂顺序）输出。可将其中一项 $c_k x_1^{e_1} x_2^{e_2} \cdots x_m^{e_m}$ 印成 $c_k x_1 E e_1 x_2 E e_2 \cdots x_m E e_m$（其中 m，c_k 和 $e_j (j=1,2,\cdots,m)$ 印出它们具体的值），当 c_k 或 $e_j (j=1,2,\cdots,m)$ 为 1 时，c_k 的值或 E 和 e_j 的值可省略不印。

4. ④ 假设稀疏矩阵 $\boldsymbol{A}$ 和 $\boldsymbol{B}$ 均以三元组顺序表作为存储结构。试写出矩阵相加的算法，另设三元组表 C 存放结果矩阵。

◆5. ④ 假设稀疏矩阵 A 和 B 均以三元组顺序表作存储结构。试写出满足以下条件的矩阵相加的算法：假设三元组顺序表 A 的空间足够大，将矩阵 B 加到矩阵 A 上，不增加 A、B 之外的附加空间，你的算法能否达到 $O(m+n)$ 的时间复杂度？其中，m 和 n 分别为 A、B 矩阵中非零元的数目。

6. ② 三元组顺序表的一种变形是，从三元组顺序表中去掉行下标域得到二元组顺序表，另设一个行起始向量，其每个分量是二元组顺序表的一个下标值，指示该行中第一个非零元素在二元组顺序表中的起始位置。试编写一个算法，由矩阵元素的下标值 i、j 求矩阵元素。试讨论这种方法和三元组顺序表相比有哪些优缺点。

7. ② 三元组顺序表的另一种变形是，不存矩阵元素的行、列下标，而存非零元在矩阵中以行为主序时排列的顺序号，即在 $\mathrm{LOC}(0,0)=1,l=1$ 时按教科书 5.2 节中式(5-2)计算出的值。试写一算法，由矩阵元素的下标值 i、j 求元素的值。

8. ③ 若将稀疏矩阵 A 的非零元素以行序为主序的顺序存于一维数组 V 中，并用二维数组 B 表示 A 中的相应元素是否为零元素(以 0 和 1 分别表示零元素和非零元素)。例如，

$$A=\begin{bmatrix} 15 & 0 & 0 & 22 \\ 0 & -6 & 0 & 0 \\ 91 & 0 & 0 & 0 \end{bmatrix}$$

可用 $V=(15,22,-6,9)$ 和 $B=\begin{bmatrix} 1 & 0 & 0 & 1 \\ 0 & 1 & 0 & 0 \\ 1 & 0 & 0 & 0 \end{bmatrix}$ 表示。试写一算法，在上述表示法中实现矩阵相加的运算。并分析你的算法的时间复杂度。

9. ③ 试编写一个以三元组形式输出用十字链表表示的稀疏矩阵中非零元素及其下标的算法。

10. ④ 试按教科书 5.3.2 节中定义的十字链表存储表示，编写将稀疏矩阵 B 加到稀疏矩阵 A 上的算法。

11. ④ 采用教科书 5.7 节中给出的 m 元多项式的表示方法，写一个求 m 元多项式中第一变元的偏导数的算法。

12. ④ 采用教科书 5.7 节中给出的 m 元多项式的表示方法，写一个 m 元多项式相加的算法。

13. ③ 试按表头、表尾的分析方法重写求广义表的深度的递归算法。

◆14. ③ 试按教科书 5.5 节图 5.11 所示结点结构编写复制广义表的递归算法。

15. ④ 试编写判别两个广义表是否相等的递归算法。

16. ④ 试编写递归算法，输出广义表中所有原子项及其所在层次。

17. ⑤ 试编写递归算法，逆转广义表中的数据元素。

例如，将广义表

$$(a,((b,c),()),(((d),e),f))$$

逆转为

$$((f,(e,(d))),((),(c,b)),a)$$

◆18. ⑤ 假设广义表按如下形式的字符串表示。

$$(\alpha_1,\alpha_2,\cdots,\alpha_n) \quad n \geqslant 0$$

其中,α_i 或为单字母表示的原子,或为广义表;$n=0$ 时为只含空格字符的空表()。

试按教科书5.5节图5.9所示存储结构,编写递归算法,按第17题描述的格式输出广义表字符串表示。

19. ④ 试编写算法,依次自上而下、从左至右输出广义表中各层的原子项。

例如,广义表（a,(b,(c)),(d)）中的 a 为第一层的原子项;b 和 d 为第二层的原子项;c 为第三层的原子项。

20. ④ 试编写算法,依次从左至右输出广义表中第 l 层的原子项。

21. ⑤ 试编写递归算法,删除广义表中所有值等于 x 的原子项。

◆22. ④ 教科书的算法5.10由广义表定义串构建广义表,但未考虑回收递归构建过程中产生的临时子串。试改写该算法,确保算法不再产生内存泄漏。

第6章 树和二叉树

一、基本内容

二叉树的定义、性质和存储结构；二叉树的遍历和线索化以及遍历算法的各种描述形式；树和森林的定义、存储结构与二叉树的转换、遍历；树的多种应用。本章是课程的重点内容之一。

二、学习要点

（1）熟练掌握二叉树的结构特性，了解相应的证明方法。

（2）熟悉二叉树的各种存储结构的特点及适用范围。

（3）遍历二叉树是二叉树各种操作的基础。实现二叉树遍历的具体算法与所采用的存储结构有关。不仅要熟练掌握各种遍历策略的递归和非递归算法，了解遍历过程中"栈"的作用和状态，而且能灵活运用遍历算法实现二叉树的其他操作。层次遍历是按另一种搜索策略进行的遍历。

（4）理解二叉树线索化的实质是建立节点与其在相应序列中的前驱或后继之间的直接联系，熟练掌握二叉树的线索化过程以及在中序线索化树上找给定节点的前驱和后继的方法。二叉树的线索化过程是基于对二叉树进行遍历，而线索二叉树上的线索又为相应的遍历提供了方便。

（5）熟悉树的各种存储结构及其特点，掌握树和森林与二叉树的转换方法。建立存储结构是进行其他操作的前提，因此读者应掌握一两种建立二叉树和树的存储结构的方法。

（6）学会编写实现树的各种操作的算法。

（7）了解最优树的特性，掌握建立最优树和赫夫曼编码的方法。

**（8）理解前序序列和中序序列可唯一确定一棵二叉树的道理，理解具有相同的前序序列而中序序列不同的二叉树的数目与序列 $12\cdots n$ 按不同顺序进栈和出栈所能得到的排列的数目相等的道理，掌握由前序序列和中序序列建立二叉树的存储结构的方法。

本章内容较多，又是课程的重点，因此相应的练习题也较多。其中解答题 1～33 题为基础知识和讨论题，算法设计题共有 47 题。算法设计题大体分为 4 类：1～23 题涉及二叉树的遍历以及通过遍历实现二叉树的其他操作；24～26 题涉及二叉树的线索化和在线索二叉树上找给定节点的前驱和后继；27～32 题涉及树的遍历；33～44 题涉及树及二叉树的各种构造和输出操作；45～47 题是堆的应用。

三、可视交互学习内容与解析

1. 二叉链表表示的二叉树的结构形态

教科书基于二叉链表的算法运行时，在结构窗可以观察二叉树的结构形态演变，这对理解算法和调试相关的算法设计作业程序都有很大帮助。图 6.1 展现了典型的二叉树结构形态。

图 6.1(a)所示的两棵二叉树是同一棵二叉树的两种可视风格。在结构窗上沿的按钮可点选圆形或矩形节点。

AnyviewC 对树状和广义表(层次)结构采用非水平对称的紧凑型布局,例如图 6.1(b)所示的两棵二叉树。

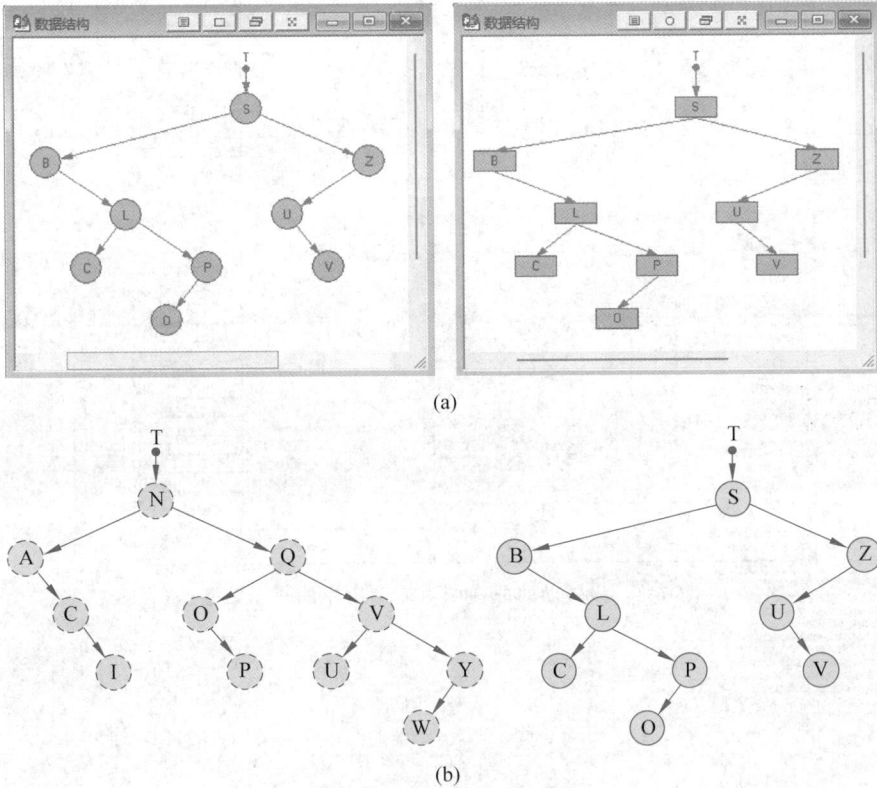

(a)

(b)

图 6.1　二叉树的结构形态

2. 算法 6.5——栈辅助的中序遍历二叉树

图 6.2 是在 AnyviewC 运行算法 6.5,指针 p 指向最左下节点 B 时的结构窗、栈区和堆区的叠排截图。在结构窗可见二叉树 T 和辅助栈 S 的结构形态,根节点 H 的存储地址被压入栈里,p 指针指向节点 B。在栈区可见函数 main 和 InOrderTraverse 的活动记录,其中有根指针 T、局部变量 p 指针和栈 S 的存储单元或区块等。在堆区可见为二叉树 5 个节点分配的存储块,每个节点的 3 个域各占一个单元。3 个窗区相互关联、相辅相成,共同支持对算法的可视交互跟踪运行和观察理解。

3. 算法 6.9——二叉树中序线索化

图 6.3(a)是初建的待线索化的二叉树 t 的二叉链表结构形态,每个节点增添了左、右标志,初始均为 0(指针)。

进入算法 6.9(函数 InOrderThreading),进行了添加头节点 * Thrt 等操作(pre 是全局指针变量,与当前指针参数前后搭配,协助对节点空指针设置为向前或向后线索),在即将调用算法 6.10(函数 InThreading)对 t 递归实施中序线索化时的结构形态截图如图 6.3(b)所示。

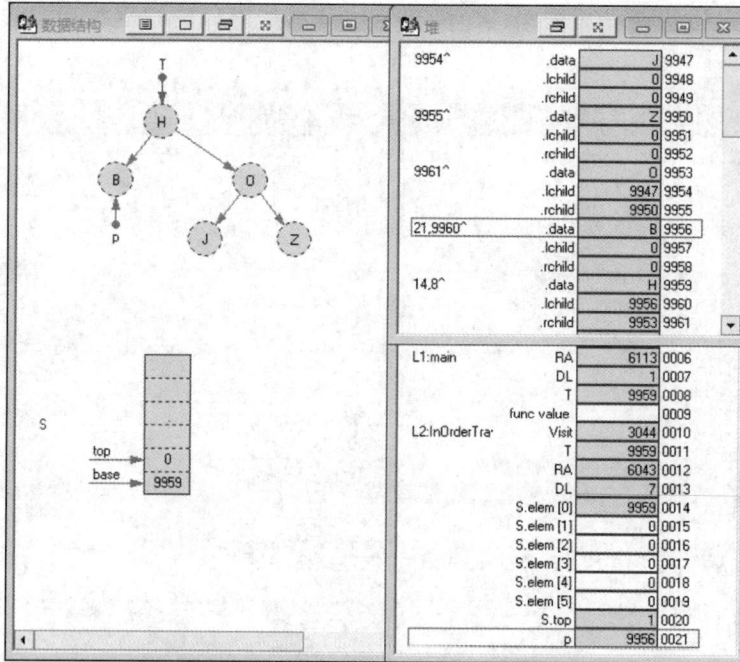

图 6.2　栈辅助的非递归中序遍历中的一个截图

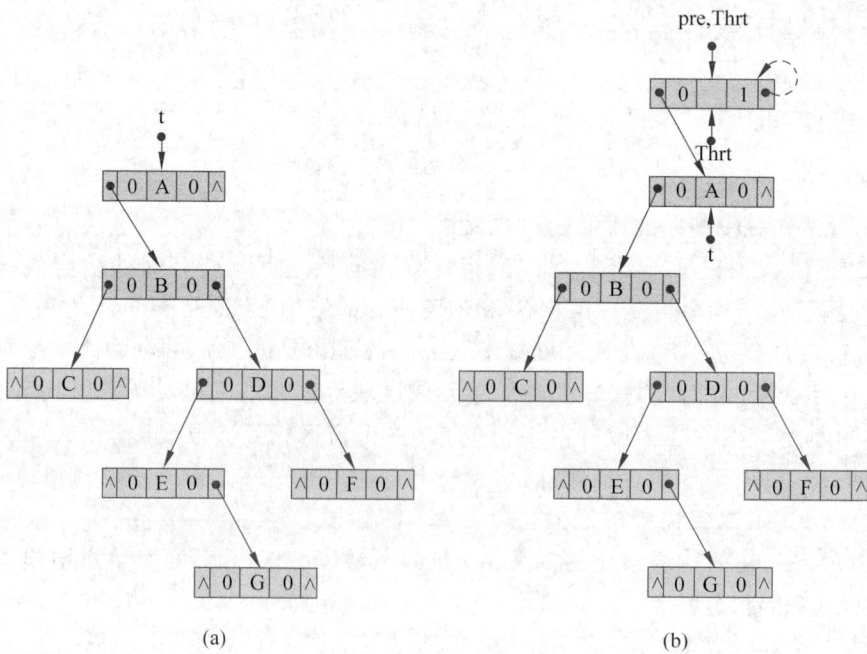

(a)

(b)

图 6.3　二叉树中序线索化

(c)

		值	地址
	pre	9908	0004
	func value		0005
L1:main	RA	6439	0006
	DL	1	0007
	pts	9948	0008
	Thrt	0	0009
	t	9943	0010
	addr(Thrt)	9	0011
	func value		0012
L2:InOrder Thp	T	9943	0013
	RA	6406	0014
	DL	7	0015
	Thrt	9908	0016
	func value		0017
L3:InThreading	P	9943	0018
	RA	1660	0019
	DL	15	0020
	func value		0021
L4:InThreading	P	9938	0022
	RA	1245	0023
	DL	20	0024
	func value		0025
L5:InThreading	P	9933	0026
	RA	1245	0027
	DL	24	0028

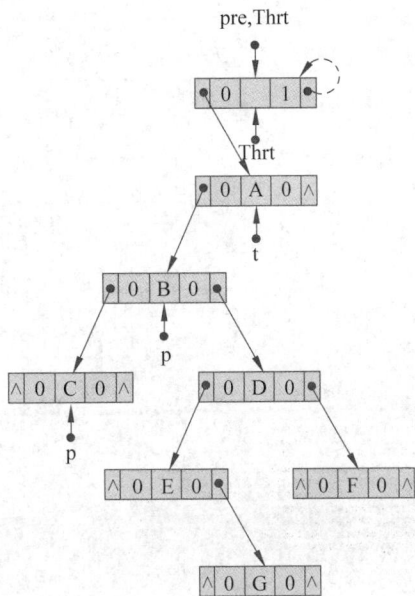

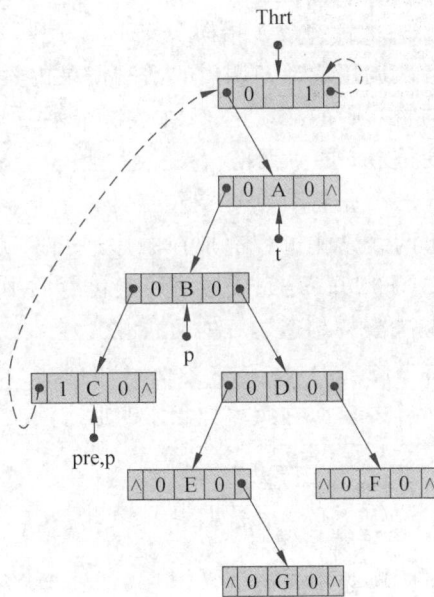

(d)

		值	地址
	pre	9908	0004
	func value		0005
L1:main	RA	6439	0006
	DL	1	0007
	pts	9948	0008
	Thrt	0	0009
	t	9943	0010
	addr(Thrt)	9	0011
	func value		0012
L2:InOrder Thp	T	9943	0013
	RA	6406	0014
	DL	7	0015
	Thrt	9908	0016
	func value		0017
L3:InThreading	P	9943	0018
	RA	1660	0019
	DL	15	0020
	func value		0021
L4:InThreading	P	9938	0022
	RA	1245	0023
	DL	20	0024
	func value		0025
L5:InThreading	P	9933	0026
	RA	1245	0027
	DL	24	0028

图 6.3 （续）

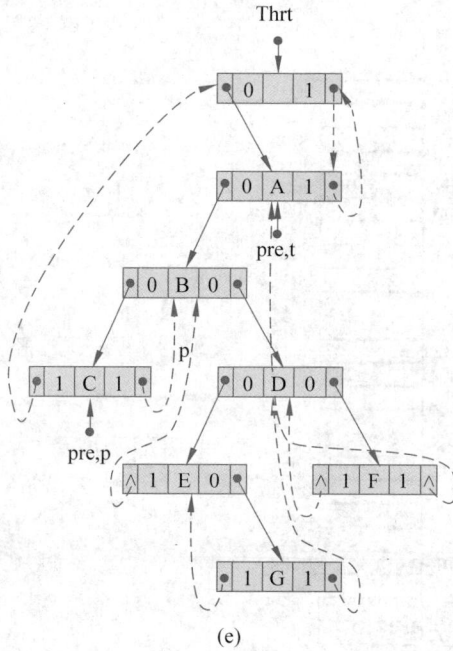

Thrt

(e)

图 6.3 （续）

调用函数 InThreading 后,经两次对左子树递归,当前的指针参数 p 指向了最左下节点 C(上一层的指针参数 p 指向节点 B)。此时的栈区和树的结构形态如图 6.3(c)所示。可将栈区中各次调用或递归调用的活动记录内容与结构窗的结构形态对比观察,且聚焦当前调用位于的"栈顶"的活动记录(在栈区最下方)。另一个观察点是位于截图中栈区最上方的全局指针变量 pre 的单元格。

图 6.3(d)是将节点 C 空左指针置为指向头节点的向前线索并置左标记为 1 后的截图。

余下的线索化过程都是在中序递归遍历过程中实施,可自行在 AnyviewC 可视交互跟踪观察。图 6.3(e)是完成中序线索化后的中序线索二叉树 Thrt 的结构形态。

4. 赫夫曼树构造过程的可视化

教科书图 6.21 来自 AnyviewC 的截图,展示了在小顶堆辅助构建赫夫曼树的过程中,小顶堆和赫夫曼子树森林复合体的形态演变,逐渐建成一棵赫夫曼树。

四、基础知识题

(一) 单项选择题

1. 下列陈述中正确的是( )。

A. 二叉树是度为 2 的有序树

B. 二叉树中节点只有一个孩子时无左右之分

C. 二叉树中必有度为 2 的节点

D. 二叉树中最多只有两棵子树,并且有左右之分

2. 若一棵二叉树有 11 个叶节点,则树中度为 2 的节点个数为( )。

A. 10   B. 11   C. 12   D. 不确定

3. 已知一棵完全二叉树有 64 个叶节点,该树可能达到的最大深度为（　　）。

    A. 6   B. 7   C. 8   D. 9

4. 若一棵完全二叉树的第 6 层只有 6 个节点,则该树的叶节点个数是（　　）。

    A. 6   B. 16   C. 19   D. 不确定的

5. 一棵含 18 个节点的二叉树的高度至少为（　　）。

    A. 3   B. 4   C. 5   D. 6

6. 二叉树中第 5 层上的节点个数最多为（　　）。

    A. 8   B. 15   C. 16   D. 32

7. 在具有 n 个叶节点的正则二叉树中,节点总数为（　　）。

    A. $2n+1$ B. $2n$ C. $2n-2$ D. $2n-1$

8. 除第一层外,满二叉树中每一层节点个数是上一层节点个数的（　　）。

    A. 1/2 倍   B. 1 倍   C. 2 倍   D. 3 倍

9. 在一棵高度为 h 的满三叉树中,节点总数为（　　）。

    A. 3^h-1 B. $(3^h-1)/2$ C. $(3^h-1)/3$ D. 3^h

10. 已知一棵完全二叉树的第 6 层(根为第一层)有 8 个叶节点,则该树的节点个数最多是（　　）。

    A. 39   B. 52   C. 111   D. 119

11. 若一棵完全二叉树有 768 个节点,其中叶节点个数是（　　）。

    A. 257   B. 258   C. 384   D. 385

12. 若一棵二叉树的先序和后序遍历序列分别是 1,2,3,4 和 4,3,2,1,则该树的中序遍历序列不会是（　　）。

    A. 1,2,3,4   B. 2,3,4,1   C. 3,2,4,1   D. 4,3,2,1

13. 设一棵非空完全二叉树 T 的所有叶节点均位于同一层,且每个非叶节点都有 2 个子节点。若 T 有 k 个叶节点,则 T 的节点总数是（　　）。

    A. $2k-1$ B. $2k$ C. k^2 D. 2^k-1

14. 对于任意一棵高度为 5 且有 10 个节点的二叉树,若采用顺序存储结构,每个节点占 1 个存储单元(仅存放节点的数据信息),则存放该二叉树需要的存储单元数量至少是（　　）。

    A. 31   B. 16   C. 15   D. 10

15. 在一棵度为 3 的树中,度为 3 的节点个数为 2,度为 2 的节点个数为 1,则度为 0 的节点个数为（　　）。

    A. 4   B. 5   C. 6   D. 7

16. 在一棵四叉树中,有 20 个四叉节点,10 个三叉节点,1 个二叉节点,10 个一叉节点,该树的叶节点个数是（　　）。

    A. 41   B. 82   C. 113   D. 122

17. 假设一棵完全二叉树按层次遍历的顺序依次存放在数组 BT[m]中,其中根节点存放在 BT[0],若 BT[i]中的节点有左孩子,则左孩子存放在（　　）。

    A. BT[i/2]   B. BT[2*i−1]

    C. BT[2*i]   D. BT[2*i+1]

18. 给定二叉树如右图所示，设 N 代表二叉树的根，L 和 R 分别代表根节点的左、右子树。若遍历所得节点序列是 f,g,e,c,d,b,a，则其遍历方式是（　　）。

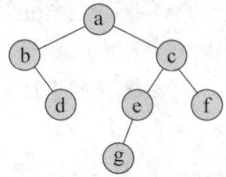

A. LRN　　　　　　　　B. NRL

C. RLN　　　　　　　　D. RNL

19. 先序序列为 a,b,c 的不同二叉树的个数是（　　）。

A. 3　　　　　　　　　　B. 4

C. 5　　　　　　　　　　D. 6

20. 右图所示的二叉树的节点的后根序列是（　　）。

A. DEBFGCA　　　　　　　B. DBEAFCG

C. DBEFCGA　　　　　　　D. ABCDEFG

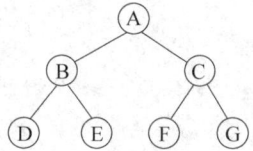

21. 右图所示二叉树的中序序列是（　　）。

A. DHEBAFIJCG

B. DHEBAFJICG

C. DBHEAFCJIG

D. DBHEAFJICG

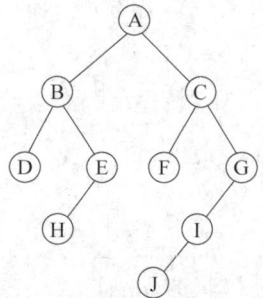

22. 已知二叉树的先序序列为 a,b,d,e,c,f,中序序列为 d,b,e,a,f,c,则后序序列为（　　）。

A. d e b f c a　　　　　　　B. d e b a f c

C. d e b c f a　　　　　　　D. d e f b c a

23. 已知一棵树的前序序列为 ABCDEF,后序序列为 CEDFBA,则对该树进行层次遍历得到的序列为（　　）。

A. ABCDEF　　　　　　　B. ABCEFD

C. ABFCDE　　　　　　　D. ABCDFE

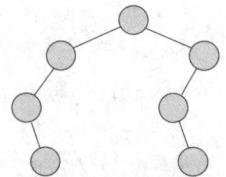

24. 若二叉树的树状如右图所示，其后序序列为 e,a,c,b,d,g,f,树中与节点 a 同层的节点是（　　）。

A. c　　　　　B. d　　　　　C. f　　　　　D. g

25. 若要一棵非空二叉树的先序序列和中序序列相同，其所有非叶节点须满足的条件是（　　）。

A. 左子树为空　　　　　　　B. 节点的度均为 1

C. 右子树为空　　　　　　　D. 节点的度均为 2

26. 在按层次遍历二叉树的算法中，需要借助的辅助数据结构是（　　）。

A. 线性表　　　B. 有序表　　　C. 栈　　　　D. 队列

27. 若一棵二叉树的先序序列是 a,e,b,d,c,后序序列是 b,c,d,e,a,则根节点的孩子节点是（　　）。

A. e　　　　　B. e 和 b　　　　　C. e 和 c　　　　　D. 无法确定

28. 若 X 是后序线索二叉树的叶节点，且 X 存在左兄弟节点 Y,则 X 的右线索指向的是（　　）。

A. X 的父节点　　　　　　　B. 以 Y 为根的子树的最左下节点

C. X 的左兄弟节点 Y 　　　　　　　　　　 D. 以 Y 为根的子树的最右下节点

29. 下列线索二叉树中,符合后序线索树的是(　　　)。

A. 　　　　　　　B. 　　　　　　　C. 　　　　　　　D.

30. 若对如右图所示的二叉树进行中序线索化,则节点 g 的左、右线索分别指向节点(　　　)。

A. d 和 c 　　　　 B. a 和 e

C. d 和 f 　　　　 D. a 和 c

31. 根据堆的定义,下面 4 个序列中,构成堆的是(　　　)。

A. (79,67,34,16,28,45,22,11)

B. (79,67,45,11,34,28,22,16)

C. (79,45,67,34,16,28,22,11)

D. (79,45,67,11,28,34,22,16)

32. 下列序列中不构成堆的是(　　　)。

A. (1,2,5,3,4,6,7,8,9,10) 　　　　　　　 B. (10,5,8,4,2,6,7,1,3)

C. (10,9,8,7,3,5,4,6,2) 　　　　　　　　 D. (1,2,3,4,10,9,8,7,6,5)

33. $n(n \geqslant 2)$ 个权值不相同的字符构成一棵赫夫曼树。关于该树的错误陈述是(　　　)。

A. 该树是一棵完全二叉树

B. 树中没有度为 1 的节点

C. 树中两个权值最小的节点一定是兄弟节点

D. 树中任一非叶节点的权值不小于下一层任一节点的权值

34. 对 n 个符号进行赫夫曼编码,若生成的赫夫曼树共有 115 个节点,则 n 的值是(　　　)。

A. 56 　　　　　　 B. 57 　　　　　　 C. 58 　　　　　　 D. 60

35. 下列选项中,两个序列均为同一棵赫夫曼树从根到两个叶节点路径上的权值序列的是(　　　)。

A. 48,20,8 和 48,20,12 　　　　　　　　 B. 48,20,5 和 48,24,15

C. 48,20,20 和 48,28,13 　　　　　　　　 D. 48,28,15 和 48,28,18

36. 如果赫夫曼树 T 有 n 个叶节点,则 T 的节点总数为(　　　)。

A. $2n-1$ 　　　　 B. $2n+1$ 　　　　 C. $2n$ 　　　　 D. $2(n-1)$

37. 下列编码中属前缀码的是(　　　)。

A. {1,01,000,001} 　　　　　　　　　　　 B. {1,01,011,010}

C. {0,10,110,11} 　　　　　　　　　　　 D. {0,1,00,11}

38. 5 个字符有如下 4 种编码方案,不是前缀码的是(　　　)。

A. 01,0000,0001,001,1 　　　　　　　　 B. 011,000,001,010,1

C. 000,001,010,011,100 　　　　　　　 D. 0,100,110,1110,1100

39. 已知字符集{a,b,c,d,e,f,g,h},若各字符的赫夫曼编码依次是 0100,10,0000,

0101,001,011,11,0001,则编码序列 0100011001001011110101 的译码结果是（　　　）。

  A. acgabfh   B. adbagbb   C. afbeagd   D. afeefgd

40. 已知字符集{a,b,c,d,e,f}，若各字符出现的次数分别为 6,3,8,2,10,4，则各字符的赫夫曼编码可能是（　　　）。

  A. 00,1011,01,1010,11,100   B. 00,100,110,000,0010,01

  C. 10,1011,11,0011,00,010   D. 0011,10,11,0010,01,000

41. 将森林转换为对应的二叉树，若在二叉树中，节点 u 是节点 v 的父节点，则在原来的森林中，u 和 v 可能具有的关系是（　　　）。

  Ⅰ. 父子关系   Ⅱ. 兄弟关系

  Ⅲ. u 的父节点与 v 的父节点是兄弟关系

  A. 只有Ⅱ   B. Ⅰ和Ⅱ   C. Ⅰ和Ⅲ   D. Ⅰ、Ⅱ和Ⅲ

42. 已知一棵有 2011 个节点的树，含 116 个叶节点，该树对应的二叉树中无右孩子的节点个数是（　　　）。

  A. 115   B. 116   C. 1895   D. 1896

43. 将森林 F 转换为对应的二叉树 T，F 中的叶子个数等于（　　　）。

  A. T 中叶子的个数   B. T 中左孩子指针为空的节点个数

  C. T 中度为 1 的节点个数   D. T 中右孩子指针为空的节点个数

44. 若森林 F 有 12 条边和 18 个节点，则 F 包含树的数目是（　　　）。

  A. 4   B. 5   C. 6   D. 7

45. 若采用孩子兄弟链表作为树的存储结构，则树的后根遍历应采用二叉树的（　　　）。

  A. 层次遍历算法   B. 前序遍历算法

  C. 中序遍历算法   D. 后序遍历算法

46. 若将一棵树 T 转换为对应的二叉树 BT，则下列对 BT 的遍历中，其遍历序列与 T 的后根遍历序列相同的是（　　　）。

  A. 先序遍历   B. 中序遍历   C. 后序遍历   D. 层次遍历

47. 已知森林 F 及其对应的二叉树 T，若 F 的先根遍历序列是 a,b,c,d,e,f，中根遍历序列是 b,a,d,f,e,c，则 T 的后根遍历序列是（　　　）。

  A. b,a,d,f,e,c B. b,d,f,e,c,a C. b,f,e,d,c,a D. f,e,d,c,b,a

（二）解答题

1. ① 已知一棵树边的集合为{<I,M>,<I,N>,<E,I>,<B,E>,<B,D>,<A,B>,<G,J>,<G,K>,<C,G>,<C,F>,<H,L>,<C,H>,<A,C>}，请画出这棵树，并回答下列问题：

（1）哪个是根节点？

（2）哪些是叶节点？

（3）哪个是节点 G 的双亲？

（4）哪些是节点 G 的祖先？

（5）哪些是节点 G 的孩子？

（6）哪些是节点 E 的子孙？

（7）哪些是节点 E 的兄弟？哪些是节点 F 的兄弟？

(8) 节点 B 和 N 的层次号分别是什么？

(9) 树的深度是多少？

(10) 以节点 C 为根的子树的深度是多少？

◆**2.** ① 一棵度为 2 的树与一棵二叉树有何区别？

◆**3.** ① 试分别画出具有 3 个节点的树和 3 个节点的二叉树的所有不同形态。

◆**4.** ③ 一棵深度为 H 的满 k 叉树有如下性质：第 H 层上的节点都是叶节点，其余各层上每个节点都有 k 棵非空子树。如果按层次顺序从 1 开始对全部节点编号，问：

(1) 各层的节点数目是多少？

(2) 编号为 p 的节点的父节点（若存在）的编号是多少？

(3) 编号为 p 的节点的第 i 个儿子节点（若存在）的编号是多少？

(4) 编号为 p 的节点有右兄弟的条件是什么？其右兄弟的编号是多少？

◆**5.** ② 已知一棵度为 k 的树中有 n_1 个度为 1 的节点，n_2 个度为 2 的节点，$\cdots$，n_k 个度为 k 的节点，问该树中有多少个叶节点？

6. ③ 已知在一棵含 n 个节点的树中，只有度为 k 的分支节点和度为 0 的叶节点。试求该树含的叶节点的数目。

◆**7.** ③ 一棵含 n 个节点的 k 叉树，可能达到的最大深度和最小深度各为多少？

8. ④ 证明：一棵满 k 叉树上的叶节点数 n_0 和非叶节点数 n_1 之间满足以下关系：

$$n_0 = (k-1)n_1 + 1$$

9. ② 试分别推导含 n 个节点和含 n_0 个叶节点的完全三叉树的深度 H。

10. ④ 对于那些所有非叶节点均有非空左右子树的二叉树：

(1) 试问：有 n 个叶节点的树中共有多少个节点？

(2) 试证明：$\sum_{i=1}^{n} 2^{-(l_i-1)} = 1$，其中 n 为叶节点的个数，l_i 为第 i 个叶节点所在的层次（设根节点所在层次为 1）。

11. ③ 在二叉树的顺序存储结构中，实际上隐含着双亲的信息，因此可和三叉链表对应。假设每个指针域占 4 字节的存储，每个信息域占 k 字节的存储。试问：对于一棵有 n 个节点的二叉树，且在顺序存储结构中最后一个节点的下标为 m，在什么条件下顺序存储结构比三叉链表更节省空间？

◆**12.** ② 对题 3 所得各种形态的二叉树，分别写出前序、中序和后序遍历的序列。

◆**13.** ② 假设 n 和 m 为二叉树中两节点，用 1、0 或 Φ（分别表示肯定、恰恰相反或者不一定）填写下表：

已知	问		
	前序遍历时 n 在 m 前？	中序遍历时 n 在 m 前？	后序遍历时 n 在 m 前？
n 在 m 左方			
n 在 m 右方			
n 是 m 祖先			
n 是 m 子孙			

注：如果(1)离 a 和 b 最近的共同祖先 p 存在,且(2)a 在 p 的左子树中,b 在 p 的右子树中,则称 a 在 b 的左方(即 b 在 a 的右方)。

14. ② 找出所有满足下列条件的二叉树:

(1)它们在先序遍历和中序遍历时,得到的节点访问序列相同;

(2)它们在后序遍历和中序遍历时,得到的节点访问序列相同;

(3)它们在先序遍历和后序遍历时,得到的节点访问序列相同。

15. ② 请对下图所示二叉树进行后序线索化,为每个空指针建立相应的前驱或后继线索。

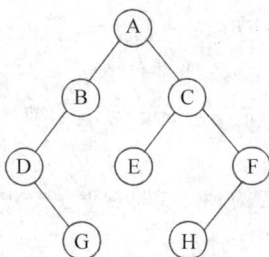

◆**16.** ② 将下列二叉链表改为先序线索链表(不画出树的形态)。

	1	2	3	4	5	6	7	8	9	10	11	12	13	14
Info	A	B	C	D	E	F	G	H	I	J	K	L	M	N
Ltag														
Lchild	2	4	6	0	7	0	10	0	12	13	0	0	0	0
Rtag														
Rchild	3	5	0	0	8	9	11	0	0	0	14	0	0	0

◆**17.** ③ 阅读下列算法,若有错,则改正。

```
BiTree InSucc(BiTree q) {
    //已知 q 是指向中序线索二叉树上某个节点的指针
    //本函数返回指向 *q 的后继的指针
    r = q->rchild;
    if (!r->rtag)
        while (!r->rtag) r = r->rchild;
    return r;
}
```

18. ⑤ 试讨论,能否在一棵中序全线索二叉树上查找给定节点 *p 在后序序列中的后继。

◆**19.** ② 分别画出和下列树对应的各二叉树:

(a)　　　　　　(b)　　　　　　(c)　　　　　　　　　(d)

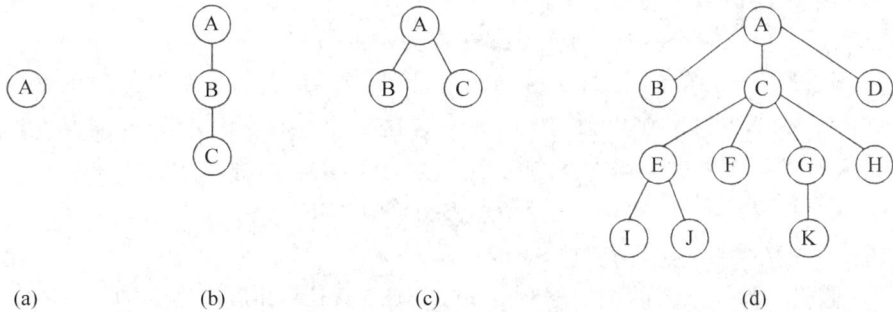

20. ③　将下列森林转换为相应的二叉树,并分别按以下说明进行线索化:

(1) 先序前驱线索化;

(2) 中序全线索化前驱线索和后继线索;

(3) 后序后继线索化。

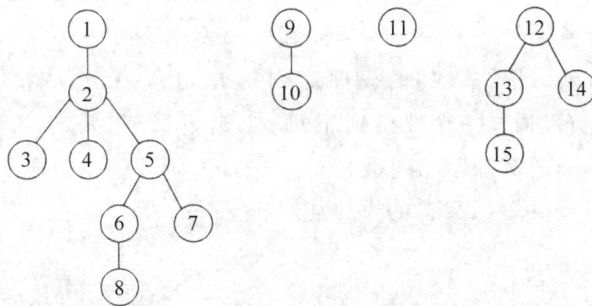

◆21. ②　画出和下列二叉树相应的森林:

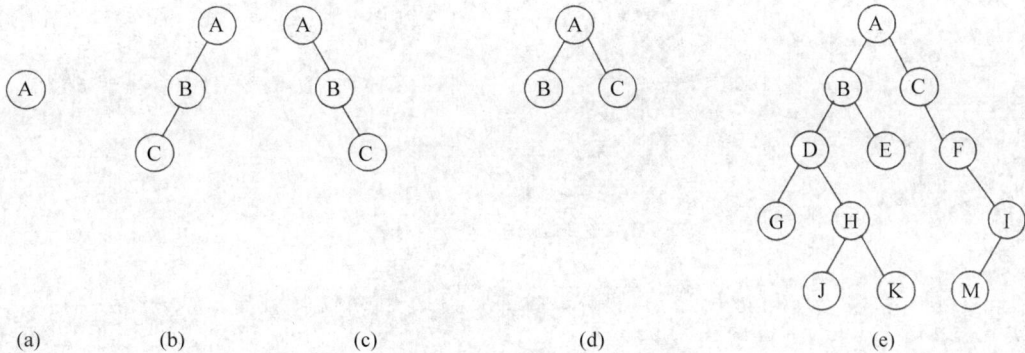

(a)　　　　　　(b)　　　　　　(c)　　　　　　(d)　　　　　　(e)

◆22. ②　对于第 19 题中给出的各树分别求出以下遍历序列:

(1) 先根序列;

(2) 后根序列。

◆23. ②　画出和下列已知序列对应的树 T:

树的先根次序访问序列为 GFKDAIEBCHJ;

树的后根次序访问序列为 DIAEKFCJHBG。

24. ③　画出和下列已知序列对应的森林 F:

森林的先序次序访问序列为 ABCDEFGHIJKL;

森林的中序次序访问序列为 CBEFDGAJIKLH。

25. ③ 证明：在非空赫夫曼树中不存在度为 1 的节点。

◆**26.** ③ 假设用于通信的电文仅由 8 个字母组成,字母在电文中出现的频率分别为 0.07,0.19,0.02,0.06,0.32,0.03,0.21,0.10。试为这 8 个字母设计赫夫曼编码。使用 0～7 的二进制表示形式是另一种编码方案。对于上述实例,比较两种方案的优缺点。

◆**27.** ③ 假设一棵二叉树的先序序列为 EBADCFHGIKJ 和中序序列为 ABCDEFGHIJK。请画出该树。

28. ③ 假设一棵二叉树的中序序列为 DCBGEAHFIJK 和后序序列为 DCEGBFHKJIA。请画出该树。

◆**29.** ③ 假设一棵二叉树的层次序列为 ABCDEFGHIJ 和中序序列为 DBGEHJACIF。请画出该树。

30. ④ 证明：树中节点 u 是节点 v 的祖先,当且仅当在先序序列中 u 在 v 之前,且在后序序列中 u 在 v 之后。

31. ④ 证明：由一棵二叉树的先序序列和中序序列可唯一确定这棵二叉树。

32. ⑤ 证明：如果一棵二叉树的先序序列是 $u_1, u_2, \cdots, u_n$,中序序列是 $u_{p_1}, u_{p_2}, \cdots,$ u_{p_n},则序列 $1, 2, \cdots, n$ 可以通过一个栈得到序列 $p_1, p_2, \cdots, p_n$；反之,若以上述中的结论作为前提,则存在一棵二叉树,若其前序序列是 $u_1, u_2, \cdots, u_n$,则其中序序列为 $u_{p_1}, u_{p_2}, \cdots, u_{p_n}$。

◆**33.** ③ 试分析下列关于二叉树的操作函数能否安全完成功能,若不能,请改正。

(1)

```
void Insert(BiTNode * T, ElemType e) {      //在二叉树 T 中插入 e 为叶子,位置随机
    if (T == NULL) {
        if (!(T = (BiTNode *)malloc(sizeof(BiTNode)))) exit(OVERFLOW);
        T->data = e;
        T->lchild = T->rchild = NULL;
    } else {
        if (random(100)%2 == 0)                //随机选择插入在左或右子树(令树较平衡)
            Insert(T->lchild, e);
        else Insert(T->rchild, e);
    }
}
```

(2)

```
Status Search(BiTNode * T, ElemType e) {      //在二叉树 T 中查找 e 是否存在
    if (T == NULL) return FALSE;
    if (T->data == e) return TRUE;
    Search(T->lchild, e);
    Search(T->rchild, e);
}
```

(3)

```
int Count_leaves(BiTNode * T) {              //求二叉树 T 的叶子个数
    if (T->lchild == NULL && T->rchild == NULL)
        return 1;
    return Count_leaves(T->lchild) + Count_leaves(T->rchild);
}
```

（4）

```
BiTNode * Free_tree(BiTNode * T) {                    //回收（删除）二叉树 T
    if (T == NULL) return NULL;
    free(T);
    Free_tree(T->lchild);
    Free_tree(T->rchild);
    return NULL;
}
```

五、算法设计题

◆**1.** ③ 假定用两个一维数组 L[n+1] 和 R[n+1] 作为有 n 个节点的二叉树的存储结构，L[i] 和 R[i] 分别指示节点 i(i=1,2,…,n) 的左孩子和右孩子，0 表示空。试写一个算法判别节点 u 是否为节点 v 的子孙。

2. ③ 同第 1 题的条件。先由 L 和 R 建立一维数组 T[n+1]，使 T 中第 i(i=1,2,…,n) 个分量指示节点 i 的双亲，然后写判别节点 u 是否为节点 v 的子孙的算法。

◆**3.** ③ 假设二叉树中左分支的标号为 0，右分支的标号为 1，并对二叉树增设一个头节点，令根节点为其右孩子，则从头节点到树中任一节点所经分支的序列为一个二进制序列，可认作是某个十进制数的二进制表示。例如，右图所示二叉树中，和节点 A 对应的二进制序列为 110，即十进制整数 6 的二进制表示。已知一棵非空二叉树以顺序存储结构表示，试写一尽可能简单的算法，求出与在树的顺序存储结构中下标值为 i 的节点对应的十进制整数。

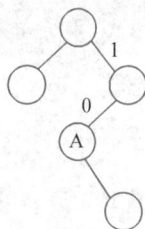

在以下 4～6 题和 9～21 题中，均以二叉链表作为二叉树的存储结构。

4. ③ 若已知两棵二叉树 B1 和 B2 皆为空，或者皆不空且 B1 的左右子树和 B2 的左右子树分别相似，则称二叉树 B1 和 B2 相似。试编写算法，判别给定两棵二叉树是否相似。

◆**5.** ③ 试利用栈的基本操作写出先序遍历的非递归形式的算法。

6. ④ 同第 5 题条件，写出后序遍历的非递归算法（提示：为分辨后序遍历时两次进栈的不同返回点，需在指针进栈时同时将一个标志进栈）。

◆**7.** ④ 假设在二叉链表的节点中增设两个域：双亲域（parent）以指示其双亲节点；标志域（mark 取值 0～2）以区分在遍历过程中到达该节点时应继续向左或向右访问该节点。试以此存储结构编写不用栈进行后序遍历的递推形式的算法。

8. ③ 若在二叉链表的节点中只增设一个双亲域以指示其双亲节点，则在遍历过程中能否不设栈？试以此存储结构编写不设栈进行中序遍历的递推形式的算法。

9. ③ 编写递归算法：在二叉树中求位于先序序列中第 k 个位置的节点的值。

◆**10.** ③ 编写递归算法：计算二叉树中叶节点的数目。

◆**11.** ③ 编写递归算法：将二叉树中所有节点的左右子树相互交换。

12. ④ 编写递归算法：求二叉树中以元素值为 x 的节点为根的子树的深度。

◆**13.** ④ 编写递归算法：对于二叉树中每一个元素值为 x 的节点，删除以它为根的子树，并释放相应的空间。

14. ③ 编写复制一棵二叉树的非递归算法。

◆15. ④ 编写按层次顺序(同一层自左至右)遍历二叉树的算法。

◆16. ⑤ 已知在二叉树中,$*$root 为根节点,c1 和 c2 为二叉树中两个节点的元素值,试编写求距离它们最近的共同祖先的算法。

◆17. ④ 编写算法判别给定二叉树是否为完全二叉树。

◆18. ⑤ 假设以三元组(F,C,L/R)的形式输入一棵二叉树的诸边(其中,F 表示双亲节点的标识,C 表示孩子节点标识,L/R 表示 C 为 F 的左孩子或右孩子),且在输入的三元组序列中,C 是按层次顺序出现的。设节点的标识是字符类型。F = '^'时 C 为根节点标识,若 C 也为'^',则表示输入结束。例如,解答题第 15 题的图所示二叉树的三元组序列输入格式为:

```
^AL
ABL
ACR
BDL
CEL
CFR
DGR
FHL
^^L
```

试编写算法,由输入的三元组序列建立二叉树的二叉链表。

◆19. ⑤ 编写一个算法,输出以二叉树表示的算术表达式,若该表达式中含括号,则在输出时应添上。

20. ④ 一棵二叉树的繁茂度定义为各层节点数的最大值与树的高度的乘积。试写一算法,求二叉树的繁茂度。

21. ⑤ 试编写算法,求给定二叉树上从根节点到叶节点的一条其路径长度等于树的深度减一的路径(即列出从根节点到该叶节点的节点序列),若这样的路径存在多条,则输出路径终点(叶节点)在"最左"的一条。

◆22. ③ 假设以顺序表 sa 表示一棵安全二叉树,sa->elem[sa->len]中存放树中各节点的数据元素。试编写算法由此顺序存储结构建立该二叉树的二叉链表。

23. ④ 为二叉链表的节点增加 DescNum 域。试写一算法,求二叉树的每个节点的子孙数目并存入其 DescNum 域。请给出算法的时间复杂度。

◆24. ③ 试写一个算法,在先序后继线索二叉树中,查找给定节点 $*$p 在先序序列中的后继(假设二叉树的根节点未知)。并讨论实现此算法对存储结构有何要求。

25. ③ 试写一个算法,在后序后继线索二叉树中,查找给定节点 $*$p 在后序序列中的后继(二叉树的根节点指针并未给出)。并讨论实现算法对存储结构有何要求。

◆26. ④ 试写一个算法,在中序全线索二叉树的节点 $*$p 之下,插入一棵以节点 $*$x 为根、只有左子树的中序全线索二叉树,使 $*$x 为根的二叉树成为 $*$p 的左子树。若 $*$p 原来有左子树,则令它为 $*$x 的右子树。完成插入之后的二叉树应保持全线索化特性。

27. ③ 编写算法完成下列操作:无重复地输出以孩子兄弟链表存储的树 T 中所有的边。输出的形式为$(k_1, k_2), \cdots, (k_i, k_j), \cdots$,其中,$k_i$ 和 k_j 为树节点中的节点标识。

◆28. ③　试编写算法,对一棵以孩子-兄弟链表表示的树统计叶子的个数。

29. ③　试编写算法,求一棵以孩子-兄弟链表表示的树的度。

◆30. ④　对以孩子-兄弟链表表示的树编写计算树的深度的算法。

31. ③　对以孩子链表表示的树编写计算树的深度的算法。

32. ④　对以双亲表表示的树编写计算树的深度的算法。

◆33. ④　已知一棵二叉树的前序序列和中序序列分别存于两个一维数组中,试编写算法建立该二叉树的二叉链表。

◆34. ④　假设有 n 个节点的树 T 采用了双亲表示法,写出由此建立树的孩子-兄弟链表的算法。

35. ④　假设以二元组(F,C)的形式输入一棵树的诸边(其中,F 表示双亲节点的标识,C 表示孩子节点标识),且在输入的二元组序列中,C 是按层次顺序出现的。F='^'时 C 为根节点标识,若 C 也为'^',则表示输入结束。例如,如下所示树的输入序列为:

```
^ A
AB
AC
AD
CE
CF
^^
```

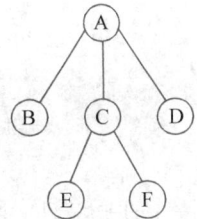

试编写算法,由输入的二元组序列建立树的孩子-兄弟链表。

36. ③　已知一棵树的由根至叶节点按层次输入的节点序列及每个节点的度(每层中自左至右输入),试写出构造此树的孩子-兄弟链表的算法。

◆37. ④　假设以二叉链表存储的二叉树中,每个节点所含数据元素均为单字母,试编写算法,按树状打印二叉树的算法。例如,左下所示二叉树印为右下形状。

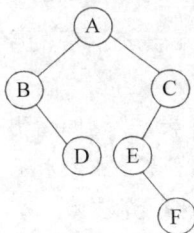

38. ⑤　如果用大写字母标识二叉树节点,则一棵二叉树可以用符合下面语法图的字符序列表示。试写一个递归算法,由这种形式的字符序列,建立相应的二叉树的二叉链表存储结构。

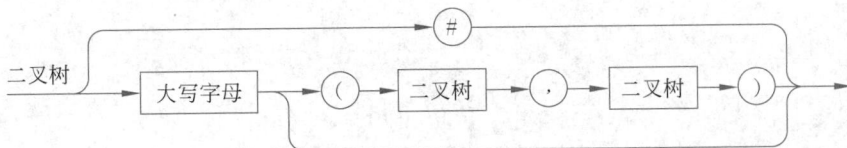

例如,第 37 题所示二叉树的输入形式为 A(B(♯,D),C(E(♯,F),♯))。

◆39. ⑤　假设树上每个节点所含的数据元素为一个字母,并且以孩子-兄弟链表为树的存储结构,试写一个按凹入表方式打印一棵树的算法。例如,左下所示树印为右下形状。

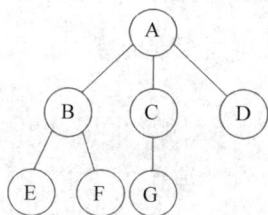

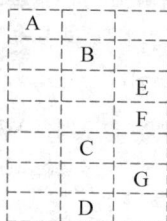

40. ⑤ 以孩子链表为树的存储结构,重做第 39 题。

41. ⑤ 若用大写字母标识树的节点,则可用带标号的广义表形式表示一棵树,其语法图如下所示。

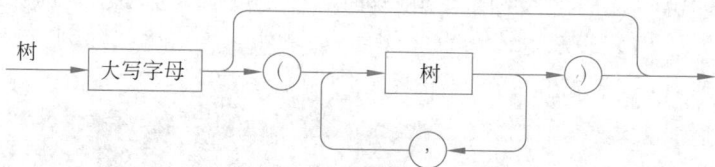

例如,第 39 题中的树可用下列形式的广义表表示:

$$A(B(E,F),C(G),D)$$

试写一递归算法,由这种广义表表示的字符序列构造树的孩子-兄弟链表(提示:按照森林和树相互递归的定义写两个互相递归调用的算法,语法图中一对圆括号内的部分可看作森林的语法图。)。

42. ⑤ 试写一递归算法,以第 41 题给定的树的广义表表示法的字符序列形式输出以孩子-兄弟链表表示的树。

43. ⑤ 试写一递归算法,由第 41 题定义的广义表表示法的字符序列,构造树的孩子链表。

44. ⑤ 试写一递归算法,以第 41 题给定的树的广义表表示法的字符序列形式输出以孩子链表表示的树。

◆45. ④ 试写一算法,用最小堆辅助合并 k 个升序链表,并返回合并后的头节点指针。

◆46. ④ 数据流第 k 大元素问题。设计数据结构支持动态插入和查找第 k 大元素。

◆47. ④ 扩展赫夫曼树的存储结构和构造算法(教科书算法 6.15)。编写算法,构造 k 叉最优树。

第7章 图

一、基本内容

图的定义和术语；图的4种存储结构；数组表示法、邻接表、十字链表和邻接多重表；图的两种遍历策略：深度优先搜索和广度优先搜索；图的连通性；连通分量和最小生成树；拓扑排序和关键路径；两类求最短路径问题的解法。

二、学习要点

(1) 熟悉图的各种存储结构及其构造算法，了解实际问题的求解效率与采用何种存储结构和算法有密切联系。

(2) 熟练掌握图的两种搜索路径的遍历：遍历的逻辑定义、深度优先搜索的两种形式（递归和非递归）和广度优先搜索的算法。在学习中应注意图的遍历算法与树的遍历算法之间的相似处和差异。树的先根遍历是一种深度优先搜索策略，树的层次遍历是一种广度优先搜索策略。

**(3) 应用图的遍历算法求解各种简单路径问题。

(4) 理解教科书中讨论的各种图的算法。

在本章习题中编排了两类习题：一类是设计求解路径问题的算法；另一类涉及教科书中讨论的各种算法，目的是帮助理解和掌握各类图的解法，以便今后能视情况正确使用。

三、可视交互学习内容与解析

本章图的算法比较多且大多比较"大"而"复杂"，课堂教学通常没有充足时间详细讲解。可尝试在 AnyviewC 可视交互跟踪观察算法行为导致的相关结构形态的即时变化，帮助理解算法。下面内容和解析主要是为读者提示可视交互跟踪算法行为过程的要点，便于对图的算法进行可视交互学习。

1. 邻接矩阵表示的图的结构形态

图7.1是邻接矩阵表示的有向图、有向网、无向图和无向网的结构形态示例。左边为逻辑结构图示，右边为邻接矩阵。从栈区每个图或网的变量单元格内的地址，可在堆区找到分配给每个图或网的结构体存储块，进而查到其顶点动态数组和邻接矩阵存储块。了解了结构窗、栈区和堆区之间的这种关系，就可以熟练进行对教科书中的各算法的可视交互跟踪观察。

2. 邻接表表示的图的结构形态

图7.2是邻接表表示的有向图、有向网、无向图和无向网的结构形态示例。左边为逻辑结构图示，右边为邻接表。类型邻接矩阵表示，同样可在堆区看到其分配到的存储块。邻接链表的结点有5个域：前两个分别是相邻顶点序号和权值（带权图），最后一个是链域，另两个域与应用相关。

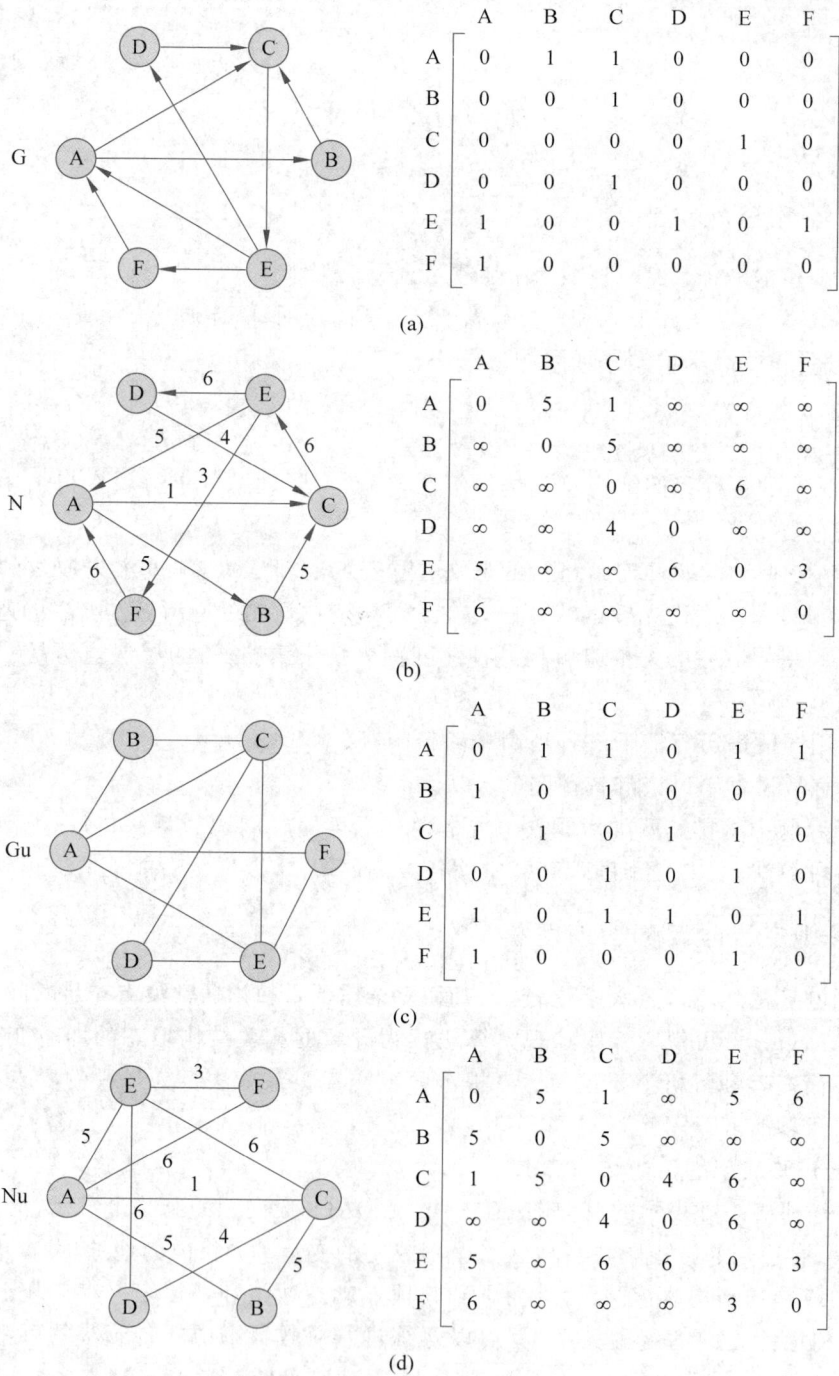

	A	B	C	D	E	F
A	0	1	1	0	0	0
B	0	0	1	0	0	0
C	0	0	0	0	1	0
D	0	0	1	0	0	0
E	1	0	0	1	0	1
F	1	0	0	0	0	0

(a)

	A	B	C	D	E	F
A	0	5	1	∞	∞	∞
B	∞	0	5	∞	∞	∞
C	∞	∞	0	∞	6	∞
D	∞	∞	4	0	∞	∞
E	5	∞	∞	6	0	3
F	6	∞	∞	∞	∞	0

(b)

	A	B	C	D	E	F
A	0	1	1	0	1	1
B	1	0	1	0	0	0
C	1	1	0	1	1	0
D	0	0	1	0	1	0
E	1	0	1	1	0	1
F	1	0	0	0	1	0

(c)

	A	B	C	D	E	F
A	0	5	1	∞	5	6
B	5	0	5	∞	∞	∞
C	1	5	0	4	6	∞
D	∞	∞	4	0	6	∞
E	5	∞	6	6	0	3
F	6	∞	∞	∞	3	0

(d)

图 7.1　邻接矩阵表示的图的结构形态示例

3. 图算法中的辅助结构的内容状态查看

在图算法中使用了下列各种辅助数据结构。

（1）图的广度优先搜索遍历使用队列。图 7.3(a)是要遍历的有向图在结构窗的结构形态。图 7.3(b)是初建带头结点的空链队列时的状态,头结点的 data 值为 0。图 7.3(c)是顶

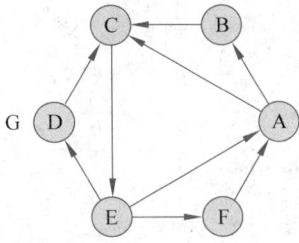
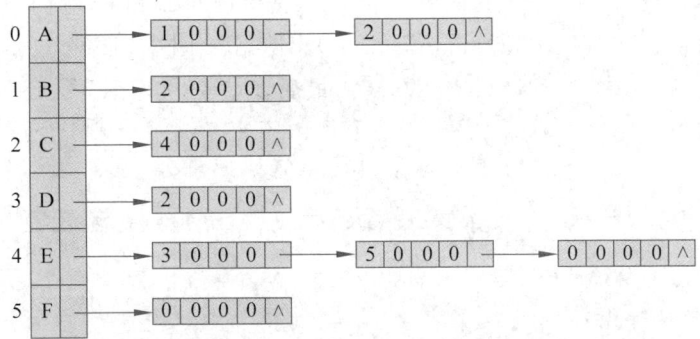

(a)

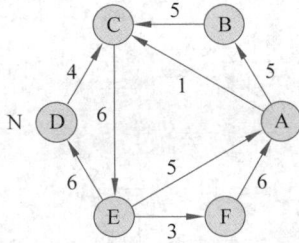
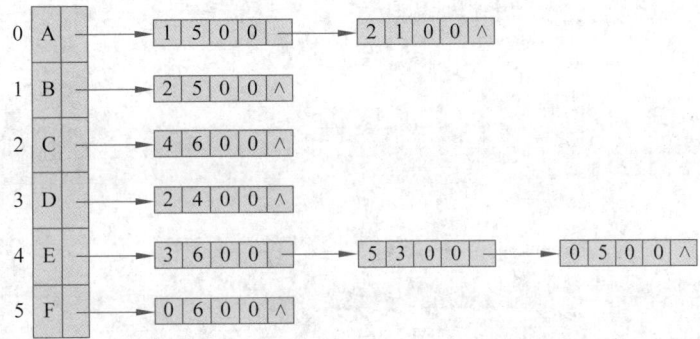

(b)

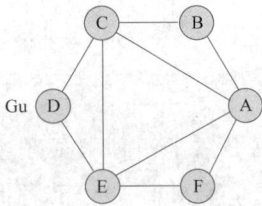
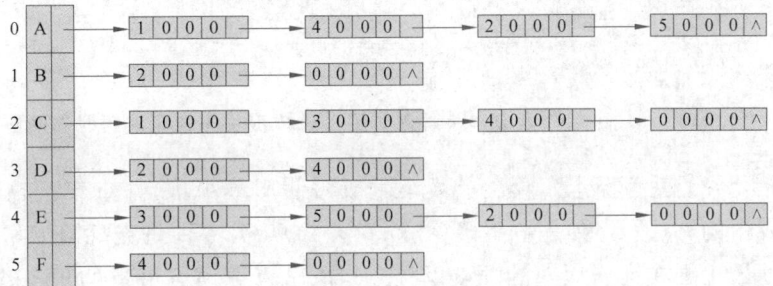

(c)

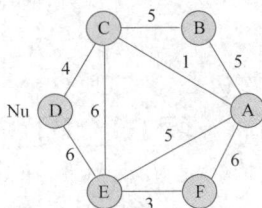
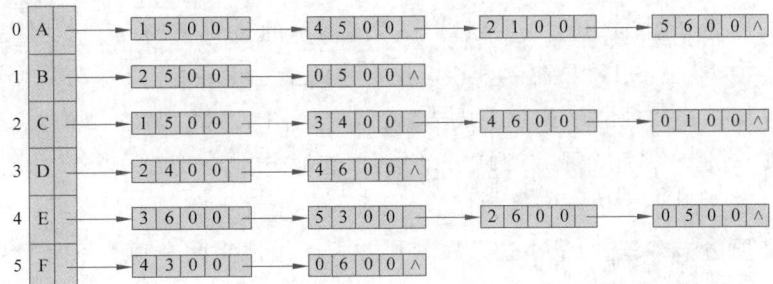

(d)

图 7.2　邻接表表示的图的结构形态示例

点 A 被访问后,其序号 0 入队后的状态。在可视交互过程中,可跟踪算法 7.6 中调用图基本操作时栈区和堆区更多细节。0 出队后依次访问 B 和 C,它们的序号 1 和 2 也入队,如图 7.2(d)所示。1 出队,无顶点可访问;2(C)出队,访问 E,E 序号 4 入队(图 7.2(e))。4(E)出队,访问 D 和 F,3 和 5 入队(图 7.2(f))。最后,3、5 依次出队,再无顶点被访问,队列空(图 7.2(g)),结束遍历。

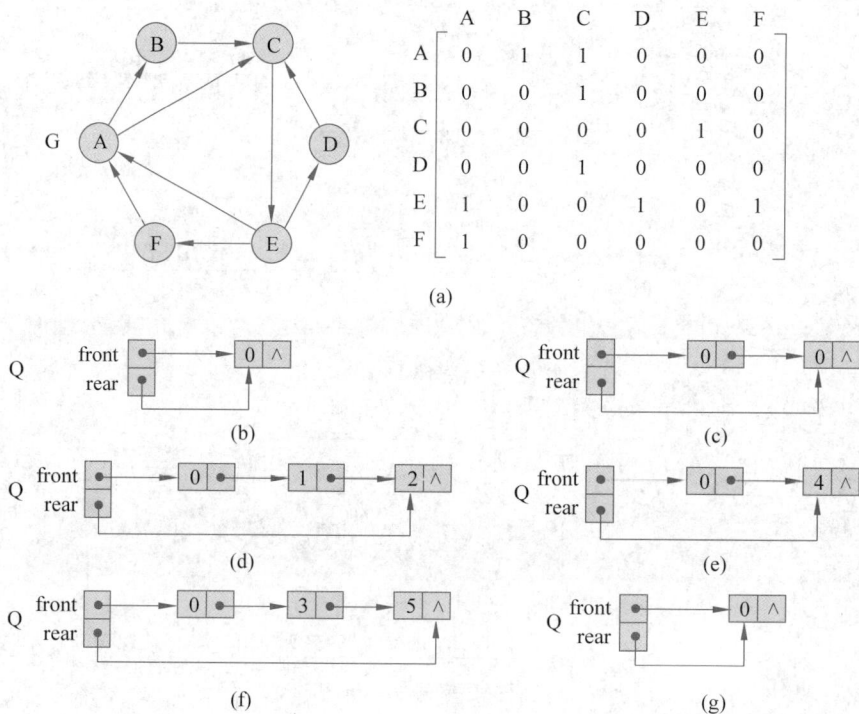

图 7.3　算法 7.6 对有向图 G 作广度优先搜索遍历时辅助链队列 Q 的演变

（2）克鲁斯卡尔算法求最小生成树使用最小堆、并查集。教科书介绍了两种求最小生成树的算法：一种是普里姆算法（算法 7.9）；另一种是克鲁斯卡尔算法（算法 7.10）。前者借助最小堆在尚未入选的顶点里找离当前已入选顶点最近的顶点,后者借助最小堆找当前尚未入选的边中权值最小的边,且还用并查集对该边的两个顶点在检查是否同属一个已入选的连通分量（防止构成回路）。图 7.4 展示的是对无向网 Nu（见图 7.4(a)）求最小生成树过程中,最小堆 H,并查集 S 和正在构建的最小生成树 T（算法 7.10 返回的是一个同为邻接表存储结构的独立的最小生成树）的演变。图 7.4(b) 是在结构窗三者的初态,T 的顶点全是孤立的,S 中每个顶点自成一个集合（连通分量）,H 的每个元素是 Nu 的一条边（3 个域依次是该边的两个顶点序号和权值）构成的最小堆。图 7.4(c)～图 7.4(f) 依次是从堆 H 删除的堆顶边（未入选的最小边）,在 S 作并查操作证实两个顶点不"同集"后,加入当前最小生成树 T。图 7.4(g) 是堆顶删除的边,未通过在 S 的并查,被放弃,T 不变。图 7.4(h) 是第 5 条边加入 T 后的状态,算法也因此找够了边,完成了最小生成树 T 的构建。读者可仿照对普里姆算法进行可视交互跟踪观察。

（3）求最短路径使用最小堆 H、全局数组变量 Dist[]。最小堆 H 的元素是 Dist[] 的下标值,对应图的顶点序号。最小优先函数定义如下,判断 Dist[x]是否小于或等于 Dist[y]不是直接比较 x 和 y 的大小。

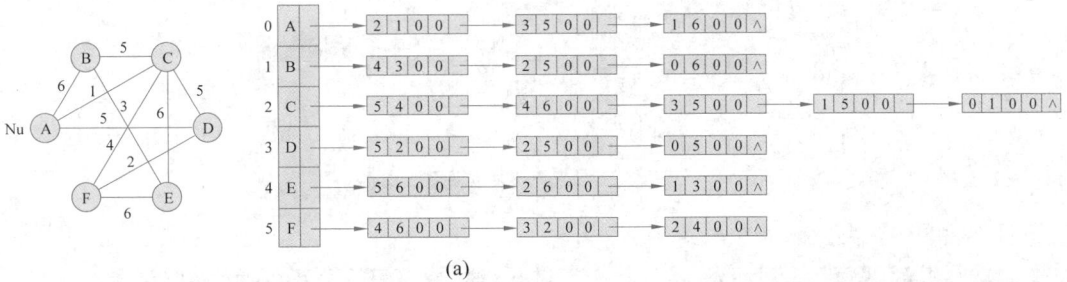

(a)

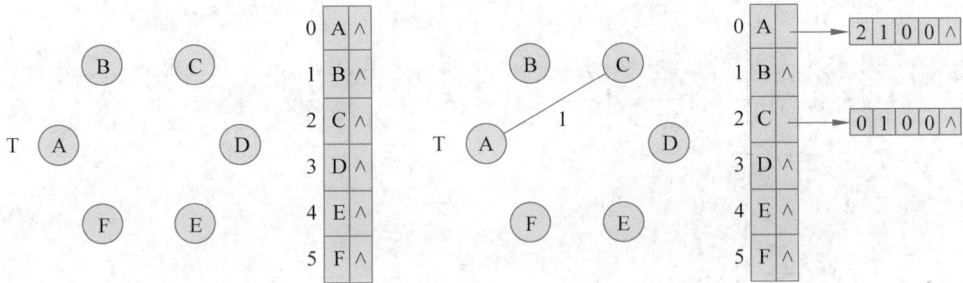

(b)   (c)

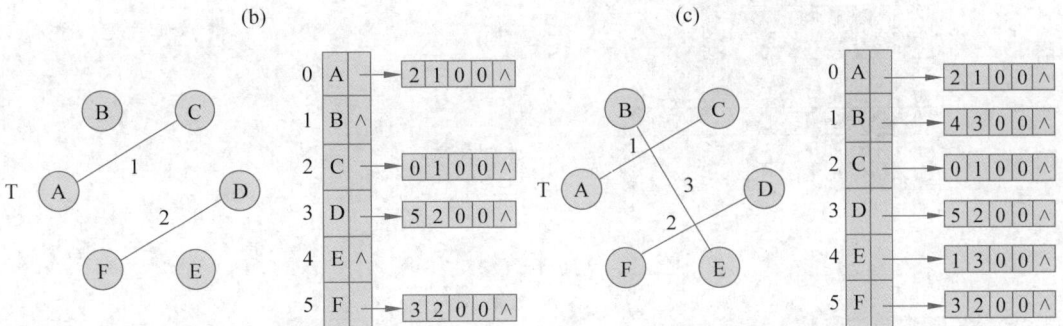

(d)   (e)

图 7.4　克鲁斯卡尔算法求最小生成树过程的结构形态演变

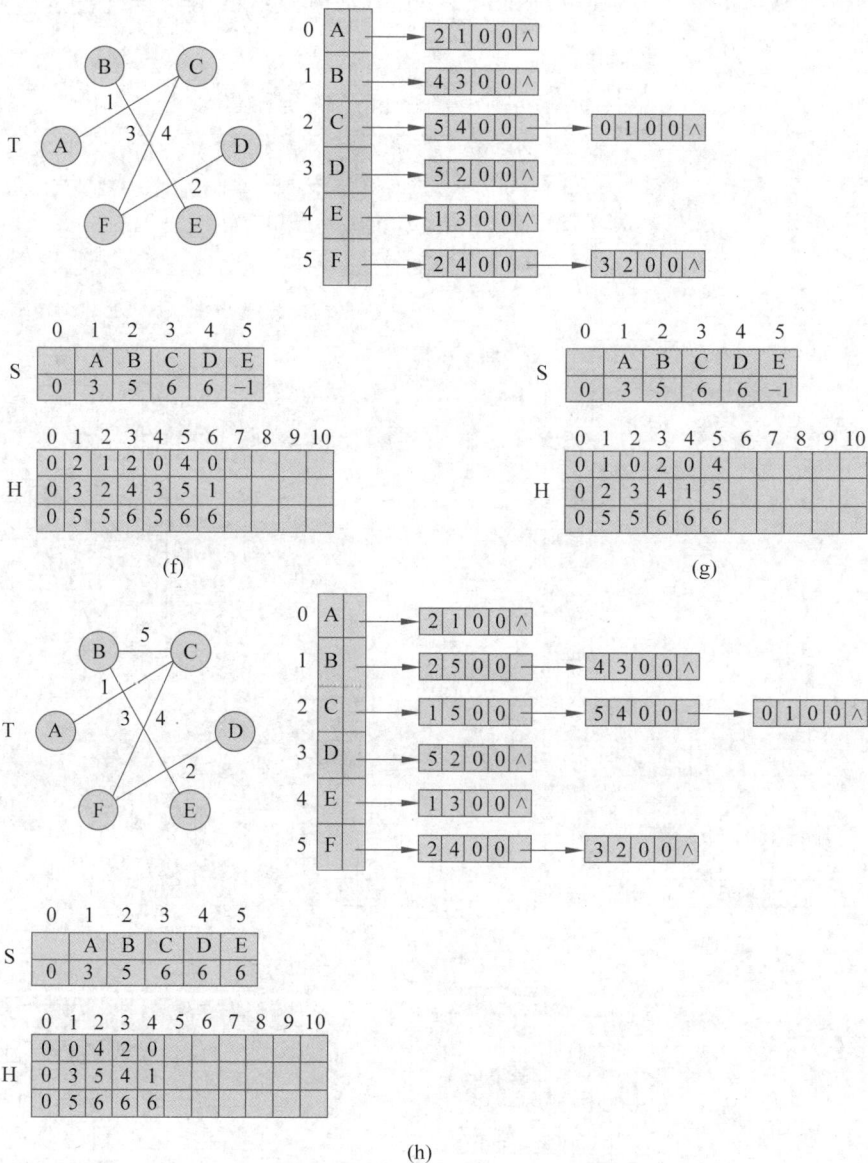

(f)   (g)

(h)

图 7.4 （续）

```
Status lessPrior(HElemType x, HElemType y)
    { return Dist[x].lowcost <= Dist[y].lowcost; }
```

　　这是应用堆的技巧：Dist[j]可以随时变化，但需要同步对 hpos[j]调堆。若 j 是从堆顶（当时 Dist[j].lowcost 最小）删除（移到堆的删除段）才入选的，故不会被再次选中。

　　图 7.5 是对图 G(见图 7.5(a))求顶点 A 到其余顶点的最短路径时，在栈区的辅助数组 Dist 和结构窗的最小堆 H 的演变过程。图 7.5(b)是进入算法时 H 和 Dist 的初态。图 7.5(c)～图 7.5(g)依次是算法中的主功能 for 结构的每次循环的结果：取(删除)堆顶元素 k，k 号顶点为已求得 A 到它的最短路径 Dist[k]的顶点，并因而刷新 Dist(A 到其他顶点的当前路径)。

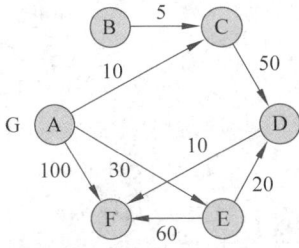

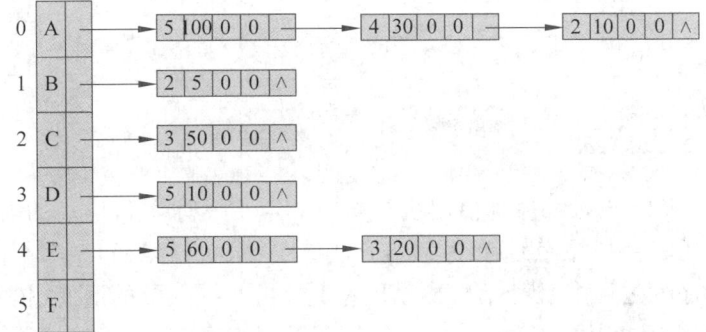

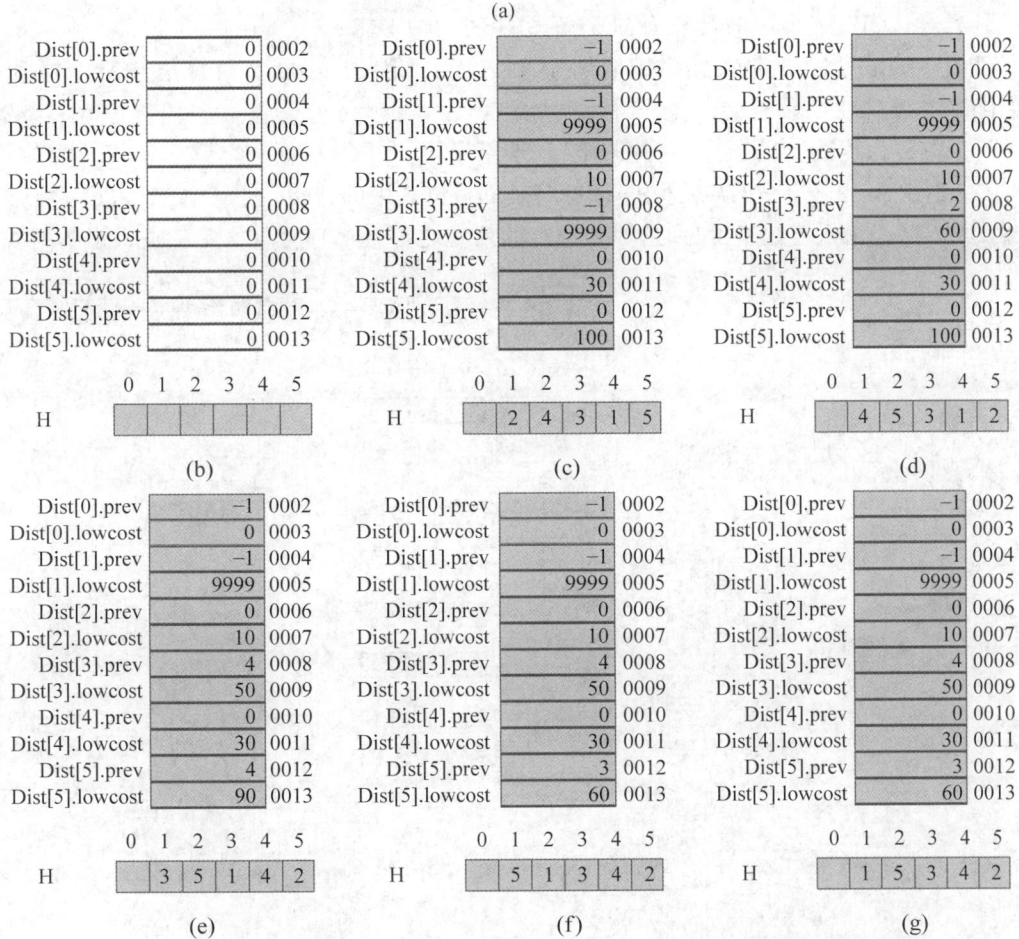

图 7.5　算法 7.12 求最短路径的辅助结构数组 Dist[] 和最小堆 H 的演变过程

算法结束时,全局数组 Dist 含源点 A 到各顶点的最短路径信息,如图 7.5(g)所示。A 与 B 的 Dist[0].prev 和 Dist[1].prev 都为 −1,表示 A 是源点,不求最短路径;B 不存在 A 到它的最短路径。下列代码调用算法 7.12 中的函数 OutputPath(G,i),可显示从源点 A 到序号为 i 的顶点(G->vexs[k].data)的最短路径(如果存在)。

```
for (int i=0; i<G->n; i++)
    if (Dist[i].prev>=0) { Outputpath(G, Dist, i);   printf("\n"); }
```

显示结果：

```
A C
A E D
A E
A E D F
```

（4）求拓扑序列使用栈。算法 7.14 是为求关键路径的需要由算法 7.13 改进而得，用栈求得一个拓扑序列后，返回给算法 7.15（求关键路径）。图 7.6 给出了求有向无环网 G 的拓扑序列过程中，栈 S、队列 Q 和入度数组 indegree 的演变（拓扑序列存在栈 S 并作为函数值返回）。其中：

图 7.6(a) 邻接表表示的带权有向无环图 G 的结构形态；

图 7.6(b) 顺序栈 S、带头结点链队列 Q 和入度数组 indegree（标注了各单元对应顶点）初始化；

图 7.6(c) 入度为 0 的顶点 A（序号 0）入队；

图 7.6(d) A（序号 0）出队并入栈，依次将其邻接链表中的邻接顶点 D、C、B 入度减 1，入度变为 0 则入队。由入度数组可见，这 3 个顶点的入度均变为 0，序号 3、2、1 都进入了队列 Q。

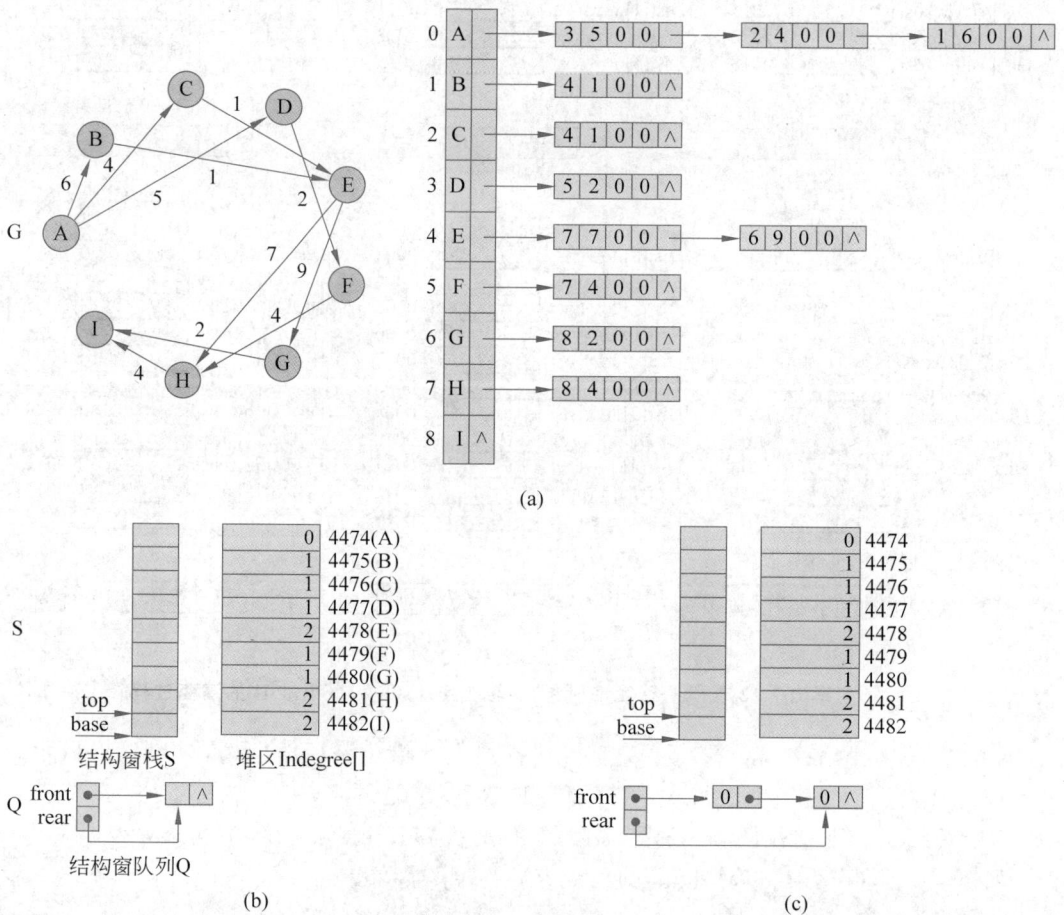

(a)

(b)

(c)

图 7.6　算法 7.14 求拓扑序列过程相关结构形态演变（部分）示例

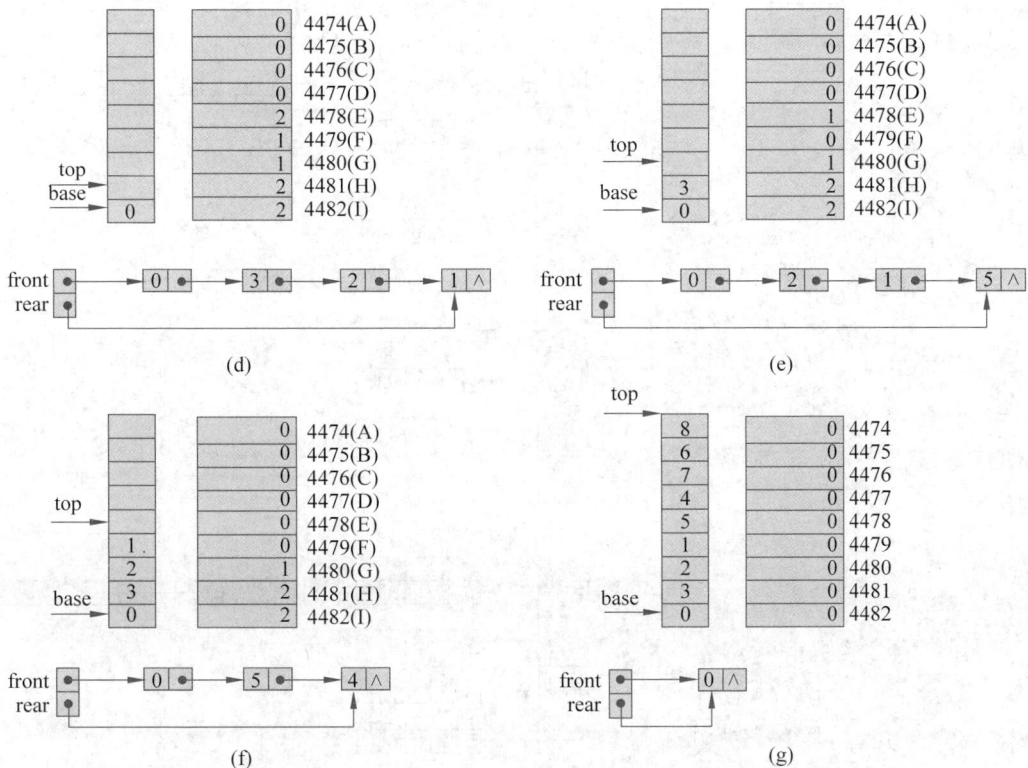

图 7.6（续）

（d）

栈右侧列表：
```
0  4474(A)
0  4475(B)
0  4476(C)
0  4477(D)
2  4478(E)
1  4479(F)
1  4480(G)
2  4481(H)
0  2  4482(I)
```
top / base
队列：front rear → 0 → 3 → 2 → 1 ∧

（e）

```
0  4474(A)
0  4475(B)
0  4476(C)
0  4477(D)
1  4478(E)
0  4479(F)
1  4480(G)
2  4481(H)
3  0  4482(I)
```
top / base
队列：front rear → 0 → 2 → 1 → 5 ∧

（f）

```
0  4474(A)
0  4475(B)
0  4476(C)
0  4477(D)
0  4478(E)
0  4479(F)
1. 1  4480(G)
2  2  4481(H)
3  2  4482(I)
0
```
top / base
队列：front rear → 0 → 5 → 4 ∧

（g）

```
8  0  4474
6  0  4475
7  0  4476
4  0  4477
5  0  4478
1  0  4479
2  0  4480
3  0  4481
0  0  4482
```
top / base
队列：front rear → 0 ∧

图 7.6（e）D(序号 3)出队并入栈,将其邻接链表中的邻接顶点 F(序号 5)入度减 1 后,入度变为 0 而入队;

图 7.6（f）C(序号 2)出队并入栈,将其邻接链表中的邻接顶点 E(序号 4)入度由 2 减 1 后变为 1。接着 B(序号 1)出队并入栈,将其邻接链表中的邻接顶点 E(序号 4)入度减 1 后变为 0 而入队;

图 7.6（g）是继续对其他顶点处理后得到的栈 S 中的 G 的一个拓扑序列。若邻接表中的邻接链表的结点排列不同,算法求出的拓扑序列也会不同。

算法 7.14 是被算法 7.15 求关键路径调用的,除了要返回所求的拓扑序列,同时还要求顶点(事件)的最早发生时间 ve[ ](指针参数),读者可在可视交互跟踪算法执行过程时,观察在堆区的 ve[ ]的变化。

(5) 求关键路径时对关键活动(带权弧)打标记。求关键路径算法的技术关键,除了借助求拓扑序列(见(4))之外,就是如何保存所取得的关键活动和关键路径。算法 7.15 用对带权弧打标志的方法将关键活动的信息保留在图中,以满足该图的后序应用需求。需要时,可调用算法 7.16 基于这些关键活动标志输出图中全部关键路径。

图的邻接表存储结构中,每个顶点由 firstArc 指针指向的链表称为该顶点的邻接链表。该顶点引出多少条弧,链表就有多少个结点,因此称这些结点为弧结点,表示一条弧。弧结点内设一标志位 flag,可满足各关于弧(边)的应用的需求。在求关键路径时用来作为关键活动的标志。

图 7.7（a）是教科书图 7.30 的 AOE 网 G 的邻接表结构形态,其中弧结点的 5 个域依次

为 adjvex、weight、flag、info 和 nextArc。flag 位于结点矩形的中间格,初值全为 0。

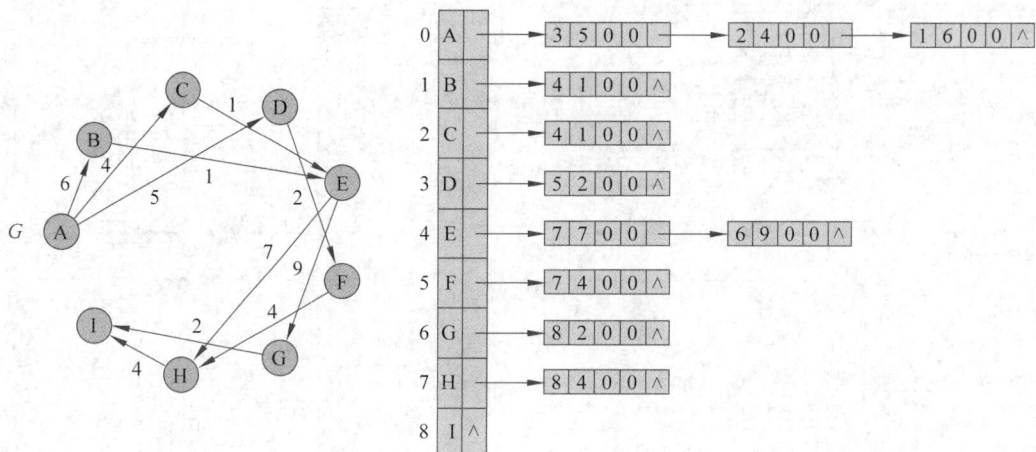

(a)

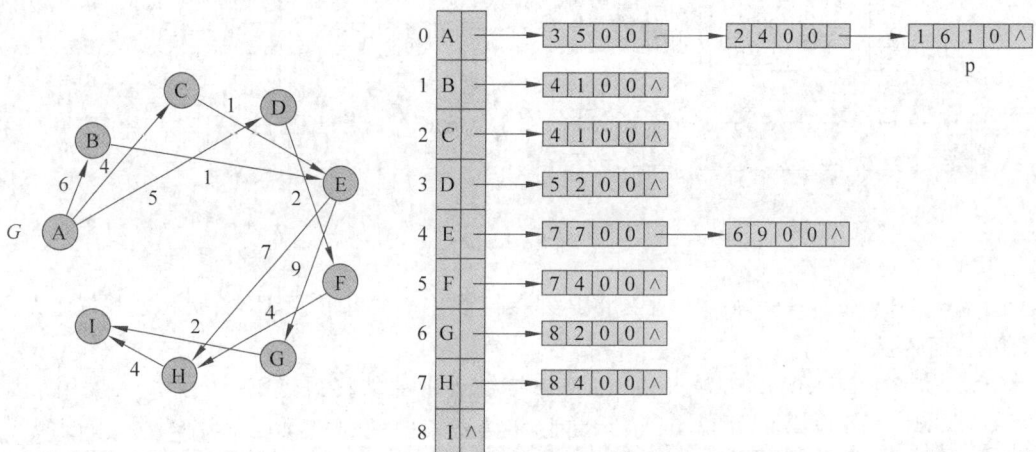

(b)

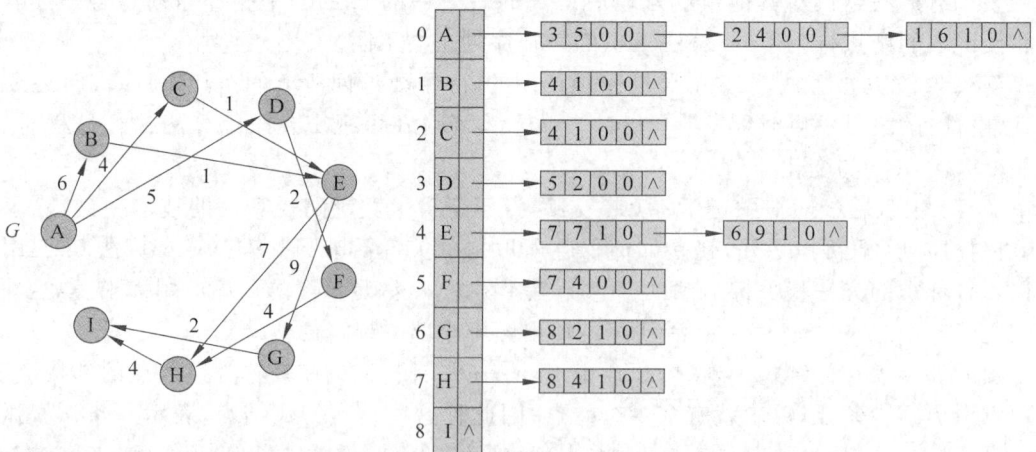

(c)

图 7.7　求关键路径算法对关键活动打标志示例

首个确定为关键活动的带权弧 A-6->B,对应弧结点是 A 的邻接链表的最后一个结点（辅助指针 p 在其下方）的 flag 域置位 1,标志为关键活动,如图 7.7(b)所示。

其他关键活动依次是 B-1->E,E-7->H,E-9->G,G-2->I,H-4->I。图 7.7(c)是全部关键活动都打上标志的结构形态。

调用算法 7.16,即可依据这些标志,显示全部两条关键路径:

A-6->B-1->E-7->H-4->I

A-6->B-1->E-9->G-2->I

在 AnyviewC 做算法设计题,可仿照以上介绍的对算法跟踪观察的方式,对自己的代码进行可视交互调试排错、提交测评,及时获得反馈。

四、基础知识题

（一）单项选择题

1. n 个顶点的有向完全图中含有向边的数目为（   ）。

  A. $n-1$ B. n C. $n(n-1)/2$ D. $n(n-1)$

2. 若 $<v_i,v_j>$ 是有向图的一条边,则称（   ）。

  A. v_i 邻接到 v_j B. v_j 邻接到 v_i

  C. v_i 和 v_j 相互邻接   D. v_i 与 v_j 不相互邻接

3. 有向图的一个顶点的度是该顶点的（   ）。

  A. 入度   B. 出度

  C. 入度与出度之和   D. 入度与出度的均值

4. 无向图中一个顶点的度是指图中（   ）。

  A. 通过该顶点的简单路径数   B. 与该顶点相邻接的顶点数

  C. 通过该顶点的回路数   D. 与该顶点连通的顶点数

5. 设 $G_1=(V_1,E_1)$ 和 $G_2=(V_2,E_2)$ 为两个图,如果 $V_1\subseteq V_2$,$E_1\subseteq E_2$,则称（   ）。

  A. G_1 是 G_2 的子图   B. G_2 是 G_1 的子图

  C. G_1 是 G_2 的连通分量   D. G_2 是 G_1 的连通分量

6. 如果某图的邻接矩阵是对角线元素均为零的上三角矩阵,则此图是（   ）。

  A. 有向完全图   B. 连通图   C. 强连通图   D. 有向无环图

7. 连通图是指图中任意两个顶点之间（   ）。

  A. 都连通的无向图   B. 都不连通的无向图

  C. 都连通的有向图   D. 都不连通的有向图

8. n 个顶点的强连通图中至少有（   ）。

  A. $n-1$ 条有向边   B. n 条有向边

  C. $n(n-1)/2$ 条有向边   D. $n(n-1)$ 条有向边

9. 一个含 n 个顶点和 n 条弧的强连通图是（   ）。

  A. 无回路的   B. 树状的   C. 环状的   D. 重连通的

10. 对于含 n 个顶点和 e 条边的图,采用邻接矩阵表示的空间复杂度为（   ）。

  A. $O(n)$ B. $O(e)$ C. $O(e^2)$ D. $O(n^2)$

11. 在含 n 个顶点和 e 条边的无向图的邻接矩阵中,零元素的个数为（   ）。

A. e B. $2e$ C. n^2-e D. n^2-2e

12. 在一个有 n 个顶点的无向图的邻接矩阵中,非零元素的个数最多是(　　　)。

    A. n B. $n(n-1)$ C. $n(n+1)$ D. n^2

13. 若用邻接矩阵表示一个有向图,则其中每一列包含的 1 的个数为(　　　)。

    A. 图中每个顶点的入度   B. 图中每个顶点的出度

    C. 图中弧的条数   D. 图中连通分量的数目

14. 图的邻接矩阵表示法适用于表示(　　　)。

    A. 无向图   B. 有向图   C. 稠密图   D. 稀疏图

15. 邻接矩阵表示比邻接表更易于(　　　)。

    A. 深度优先遍历   B. 求一个顶点的度

    C. 广度优先遍历   D. 判定两个顶点是否相邻

16. 判断无向图某个顶点是不是孤立点(即不与图中任何其他顶点有边连接)最合适的存储结构是(　　　)。

    A. 邻接矩阵   B. 邻接表   C. 十字链表   D. 邻接多重表

17. 若用邻接矩阵表示带权有向图,则顶点 i 的入度等于矩阵中(　　　)。

    A. 第 i 行非∞元素之和   B. 第 i 列非∞元素之和

    C. 第 i 行非∞元素个数   D. 第 i 列非∞元素个数

18. 一个含 n 个顶点和 e 条弧的有向图以邻接矩阵表示法为存储结构,则计算该有向图中某个顶点出度的时间复杂度为(　　　)。

    A. $O(n)$ B. $O(e)$ C. $O(n+e)$ D. $O(n^2)$

19. 假设一个有 n 个顶点和 e 条弧的有向图用邻接表表示,则删除与某个顶点 v_i 相关的所有弧的时间复杂度是(　　　)。

    A. $O(n)$ B. $O(e)$ C. $O(n+e)$ D. $O(n\times e)$

20. 对于无向图的存储结构,邻接多重表比邻接表更易于进行(　　　)。

    A. 对边的操作   B. 图的深度优先遍历

    C. 对顶点的操作   D. 图的广度优先遍历

21. 已知一个有向图如右所示,非深度优先遍历序列是(　　　)。

    A. a,d,b,e,f,c

    B. a,d,c,e,f,b

    C. a,d,c,b,f,e

    D. a,d,e,f,b,c

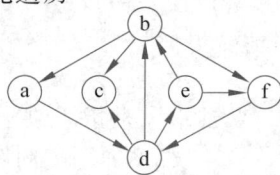

22. 已知一个图如右所示,广度优先遍历序列是(　　　)。

    A. a,c,e,f,b,d   B. a,c,b,d,f,e

    C. a,c,b,d,e,f   D. a,c,d,b,f,e

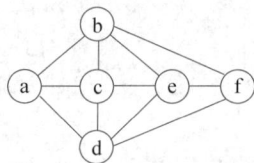

23. 如果求一个连通图中以某个顶点为根且高度最小的生成树,应采用(　　　)。

    A. 深度优先搜索算法   B. 广度优先算法

    C. 求最小生成树的 Prim 算法   D. 拓扑排序算法

24. 在一个带权连通图 G 中, 权值最小的边一定包含在 G 的（   ）。

    A. 最小生成树中   B. 深度优先生成树中

    C. 广度优先生成树中   D. 深度优先生成森林中

25. 右图所示带权无向图的最小生成树的权为（   ）。

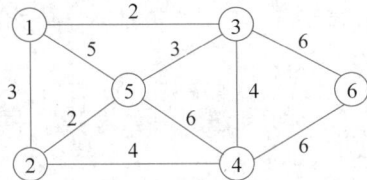

    A. 14   B. 15

    C. 17   D. 18

26. 含 n 个顶点的连通图所包含的关节点个数最大是（   ）。

    A. $n/2$ B. $n-2$

    C. $n-1$ D. n

27. 对于如右所示的带权有向图, 从顶点 1 到顶点 5 的最短路径为（   ）。

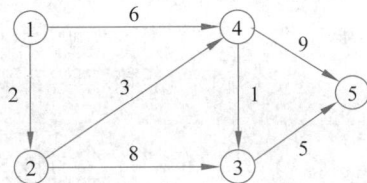

    A. 1, 4, 5   B. 1, 2, 3, 5

    C. 1, 4, 3, 5   D. 1, 2, 4, 3, 5

28. 对右图所示的有向图进行拓扑排序, 可得到的拓扑序列的个数是（   ）。

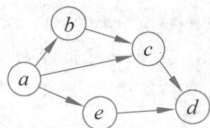

    A. 1   B. 2

    C. 3   D. 4

（二）解答题

◆**1.** ① 已知如右图所示的有向图, 请给出该图的

    (1) 每个顶点的入/出度;

    (2) 邻接矩阵;

    (3) 邻接表;

    (4) 逆邻接表;

    (5) 强连通分量。

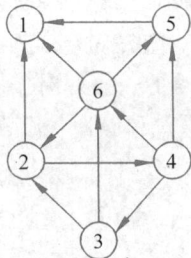

2. ② 已知有向图的邻接矩阵为 $A_{n \times n}$, 试问每一个 $A_{n \times n}^{(k)} (k=1, 2, \cdots, n)$ 各具何种实际含义?

◆**3.** ② 画出右图所示的无向图的邻接多重表, 使得其中每个无向边结点中第一个顶点号小于第二个顶点号, 且每个顶点的各邻接边的链接顺序, 为它所邻接到的顶点序号由小到大的顺序。列出深度优先和广度优先搜索遍历该图所得顶点序列和边的序列。

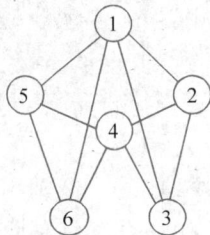

◆**4.** ② 试对教科书 7.1 节中图 7.3(a) 所示的无向图, 画出其广度优先生成森林。

5. ② 已知以二维数组表示的图的邻接矩阵如下图所示。试分别画出自顶点 1 出发进行遍历所得的深度优先生成树和广度优先生成树。

	1	2	3	4	5	6	7	8	9	10
1	0	0	0	0	0	0	1	0	1	0
2	0	0	1	0	0	0	1	0	0	0
3	0	0	0	1	0	0	0	1	0	0
4	0	0	0	0	1	0	0	0	1	0
5	0	0	0	0	0	1	0	0	0	1
6	1	1	0	0	0	0	0	0	0	0
7	0	0	0	0	0	0	0	0	0	1
8	1	0	0	1	0	0	0	0	1	0
9	0	0	0	0	1	0	1	0	0	1
10	1	0	0	0	0	0	1	0	0	0

6. ⑤ 试证明教科书 7.4.2 节中求强连通分量的算法的正确性。

◆**7.** ② 请对右图所示的无向带权图,

（1）写出它的邻接矩阵,并按普里姆算法求其最小生成树;

（2）写出它的邻接表,并按克鲁斯卡尔算法求其最小生成树。

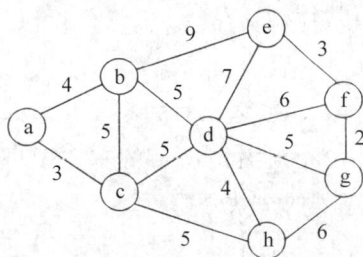

◆**8.** ② 试对教科书 7.3 节中图 7.13(a) 所示无向图执行求关节点的算法,分别求出每个顶点的 visited[i] 和 low[i] 值,i=1,2,…,vexnum。

9. ② 试列出右侧图中全部可能的拓扑有序序列,并指出应用 7.6.2 节中算法 TopologicalSort 求得的是哪一个序列（注意:应先确定其存储结构）。

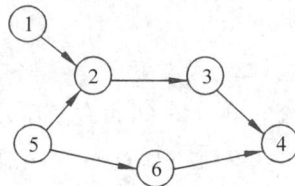

◆**10.** ② 对于右侧图所示的 AOE 网络,计算各活动弧的 $e(a_i)$ 和 $l(a_i)$ 函数值、各事件(顶点)的 $ve(v_i)$ 和 $vl(v_i)$ 函数值;列出各条关键路径。

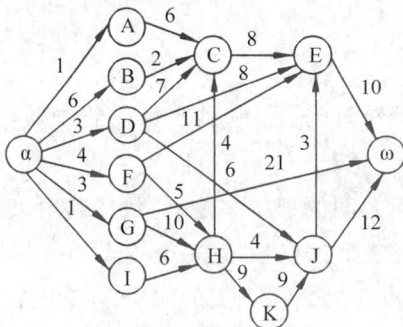

◆**11.** ② 试利用 Dijkstra 算法求右侧图中从顶点 a 到其他各顶点间的最短路径,写出执行算法过程中各步的状态。

12. ④ 试证明求最短路径的 Dijkstra 算法的正确性。

13. ② 试利用 Floyd 算法求下页右侧图所示有向图中各对顶点之间的最短路径。

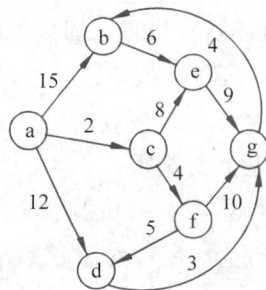

五、算法设计题

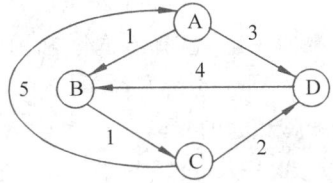

◆**1.** ③ 改写教科书算法 7.3，建立带权无向图的邻接表。

◆**2.** ③ 试在邻接矩阵存储结构上实现有向图的基本操作：$InsertVex(G,v)$，$InsertArc(G,v,w)$，$DeleteVex(G,v)$ 和 $DeleteArc(G,v,w)$。

3. ③ 试对邻接表存储结构重做题 2。

4. ③ 试对十字链表存储结构重做题 2。

5. ③ 试对邻接多重表存储结构重做题 2。

6. ③ 编写算法，由依次输入的顶点数目、边的数目、各顶点的信息和各条边的信息建立无向图的邻接多重表。

7. ② 编写算法，对邻接矩阵表示的有向图 G 求第 i 个顶点的出度。

◆**8.** ③ 编写算法，对邻接矩阵表示的有向图 G 求第 i 个顶点的入度。

9. ② 试对邻接表存储结构重做题 7。

10. ③ 试对邻接表存储结构重做题 8。

11. ③ 下面的算法段可以测定图 $G=(V,E)$ 是否可传递：

```
trans=TRUE；
for (V 中的每个 x)
for (N(x) 中的每个 y)
    for (N(y) 中不等于 x 的每个 z)
        if (z 不在 N(x) 中) trans=FALSE；
```

其中，$N(x)$ 表示 x 的邻接顶点集合。试以邻接矩阵存储结构实现判定一个图的可传递性的算法，并通过 $n=|V|$，$m=|E|$ 和 $d=$ 结点度数的均值，估计执行时间。

12. ③ 试对邻接表存储结构重做题 11。

◆**13.** ③ 试基于图的深度优先搜索策略写一算法，判别以邻接表方式存储的有向图中是否存在由顶点 v_i 到顶点 v_j 的路径 $(i \neq j)$。注意：算法中涉及的图的基本操作必须在此存储结构上实现。

◆**14.** ③ 同题 13 要求。试基于图的广度优先搜索策略写一算法。

◆**15.** ③ 试利用栈的基本操作编写，按深度优先搜索策略遍历一个强连通图的非递归形式的算法。算法中不规定具体的存储结构，而将图 Graph 看成一种抽象的数据类型。

◆**16.** ⑤ 假设对有向图中 n 个顶点进行自然编号，并以 3 个数组 s[1..max]，fst[1..n] 和 lst[1..n] 表示。其中，数组 s 存放每个顶点的后继顶点的信息，第 i 个顶点的后继顶点存放在 s 中下标从 fst[i] 起到 lst[i] 的分量中 $(i=1,2,\cdots,n)$。若 fst[i]>lst[i]，则第 i 个顶点无后继顶点。试编写判别该有向图中是否存在回路的算法。

17. ⑤ 试证明，对有向图中顶点适当地编号，可使其邻接矩阵为下三角形且主对角线为全零的充要条件是：该有向图不含回路。然后写一算法对无环有向图的顶点重新编号，使其邻接矩阵变为下三角形，并输出新旧编号对照表。

◆**18.** ④ 采用邻接表存储结构，编写一个判别无向图中任意给定的两个顶点之间是否存在一条长度为 k 的简单路径：一条路径为简单路径指的是其顶点序列中不含重现的顶点。

◆19. ⑤ 已知有向图和图中两个顶点 u 和 v,试编写算法求有向图中从 u 到 v 的所有简单路径,并以右图为例手工执行你的算法,画出相应的搜索过程图。

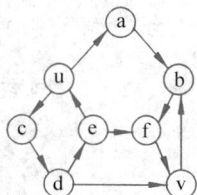

20. ⑤ 试写一个算法,在以邻接矩阵方式存储的有向图 G 中求顶点 i 到顶点 j 的不含回路的、长度为 k 的路径数。

21. ⑤ 试写一个求有向图 G 中所有简单回路的算法。

22. ③ 试完成求有向图的强连通分量的算法,并分析算法的时间复杂度。

23. ② 试修改普里姆算法,使之能在邻接表存储结构上实现求图的最小生成森林,并分析其时间复杂度(森林的存储结构为孩子-兄弟链表)。

◆24. ⑤ 已知无向图的边集存放在某个类型为 EdgeSetType 的数据结构 EdgeSet 中(没有端点相重的环边),并在此结构上已定义两种基本运算:

(1) 函数 GetMinEdge(EdgeSet, * u, * v):若 EdgeSet 非空,则必存在最小边,* u 和 * v 分别含最小边上两个顶点,并返回 TRUE;否则返回 FALSE;

(2) 过程 DelMinEdge(EdgeSet, u, v):从 EdgeSet 中删除依附于顶点 u 和 v 的最小边。

试在上述结构上实现求最小生成树(邻接表表示)的克鲁斯卡尔算法。

25. ③ 试编写一个算法,给有向无环图 G 中每个顶点赋以一个整数序号,并满足以下条件:若从顶点 i 至顶点 j 有一条弧,则应使 $i<j$。

26. ④ 若在 DAG 图中存在一个顶点 r,在 r 和图中所有其他顶点之间均存在由 r 出发的有向路径,则称该 DAG 图有根。试编写求 DAG 图的根的算法。

◆27. ④ 在图的邻接表存储结构中,为每个顶点增加一个 MPL 域。试写一算法,求有向无环图 G 的每个顶点出发的最长路径的长度,并存入其 MPL 域。请给出算法的时间复杂度。

28. ⑤ 试设计一个求有向无环图中最长路径的算法,并估计其时间复杂度。

◆29. ③ 一个四则运算算术表达式以有向无环图的邻接表方式存储,每个操作数原子都由单个字母表示。写一个算法输出其逆波兰表达式。

30. ③ 把存储结构改为二叉链表,重做题 29。

31. ③ 若题 29 的运算符和操作数原子分别由字符和整数表示,请设计邻接表的结点类型,并且写一个表达式求值的算法。

32. ④ 试编写利用深度优先遍历有向网实现求关键路径的算法。

◆33. ④ 以邻接矩阵作存储结构实现求从源点到其余各顶点的最短路径的 Dijkstra 算法。

◆34. ④ 编写算法,判断以邻接矩阵方式存储的无向图是否为二分图。

第 8 章 动态存储管理

一、基本内容

系统程序设计中采用的几种动态存储管理的策略和方法;使用可利用空间表进行动态存储管理的分配策略;操作系统中用以进行动态存储管理的边界标志法和伙伴系统,无用单元收集时的标志算法。

二、学习要点

了解上述策略和算法,深刻理解各种概念,如最佳适配和首次适配的区别、边界标志的特点、伙伴的含义、标志有用单元的目的以及存储紧缩需进行什么操作等。动态存储管理涉及的表示结构主要是各种链表和广义表。

三、可视交互学习内容与解析

动态存储管理是在堆区分配、回收和管理内存块,相关数据结构可观察堆区的演变。

算法 8.5 所涉数据结构是广义表,可参阅第 5 章的相关内容。

四、基础知识题

（一）单项选择题

1. 动态存储管理的目的是（　　）。

　　A. 提高 CPU 利用率　　　　　　　　　　B. 增加磁盘空间利用率

　　C. 优化文件读写速度　　　　　　　　　　D. 在程序运行时按需分配和释放内存

2. 动态内存分配的主要目的是（　　）。

　　A. 提高程序运行速度　　　　　　　　　　B. 解决编译时无法确定内存大小的问题

　　C. 减少内存碎片　　　　　　　　　　　　D. 自动管理内存释放

3. 在 C 语言中,用于在堆上动态分配内存的函数是（　　）。

　　A. calloc　　　　　　B. free　　　　　　C. malloc　　　　　　D. realloc

4. malloc 函数分配内存失败时,返回值为（　　）。

　　A. 0　　　　　　　　　　　　　　　　　　B. 1

　　C. 指向分配内存的指针　　　　　　　　　　D. NULL

5. 使用 malloc 分配的内存,释放应该使用的函数是（　　）。

　　A. calloc　　　　　　B. free　　　　　　C. realloc　　　　　　D. delete

6. 以下会导致内存泄漏的情况是（　　）。

　　A. 动态分配的内存使用后被正确释放　　　B. 动态分配的内存未被使用

　　C. 动态分配的内存使用完后未释放　　　　D. 程序运行过程中内存不足

7. realloc 函数的作用是（　　）。

A. 分配指定大小的内存　　　　　　B. 释放已分配的内存

C. 复制内存内容　　　　　　　　　D. 调整已分配内存的大小

8. 以下代码会导致的问题是（　　　　）。

```
char * func() {
    char arr[10] = "hello";
    ...
    return arr;
}
```

A. 返回局部变量地址,造成野指针　　B. 内存泄漏

C. 越界访问　　　　　　　　　　　D. 编译错误

9. 在动态存储管理中,对 NULL 指针进行解引用操作会导致（　　　　）。

A. 程序正常运行　　　　　　　　　B. 程序崩溃

C. 分配更多内存　　　　　　　　　D. 释放内存

10. 在动态内存管理中容易产生外部碎片的分配算法是（　　　　）。

A. 首次适配算法　　　　　　　　　B. 最佳适配算法

C. 最差适配算法　　　　　　　　　D. 伙伴系统算法

11. 动态内存分配中,内存碎片的主要成因是（　　　　）。

A. 使用 malloc 而非 calloc　　　　B. 内存对齐要求

C. 未初始化内存　　　　　　　　　D. 频繁分配和释放不同大小的内存块

12. 优先选择最小的可用块的内存分配策略是（　　　　）。

A. 首次适配(first fit)　　　　　　B. 最差适配(worst fit)

C. 最佳适配(best fit)　　　　　　D. 循环首次适配(next fit)

13. 在可变分区存储管理中,可以有效减少外部碎片的技术是（　　　　）。

A. 紧凑技术　　　　　　　　　　　B. 分页技术

C. 分段技术　　　　　　　　　　　D. 虚拟存储技术

14. 伙伴系统的基本思想是（　　　　）。

A. 将内存块按大小分类,相同大小的块组成链表

B. 将内存块按地址顺序排列,依次分配

C. 将内存块按使用频率排序,优先分配使用频率高的块

D. 将内存块固定大小,分配时选择最接近需求的块

（二）解答题

◆**1.** ② 假设利用边界标识法首次适配策略分配,已知在某个时刻的可利用空间表的状态如下图所示：

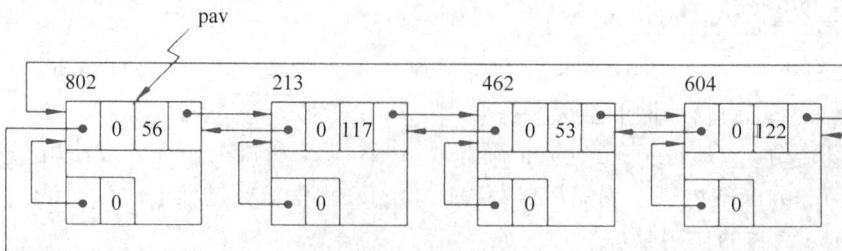

（1）画出当系统回收一个起始地址为 559、大小为 45 的空闲块之后的链表状态；

（2）画出系统继而在接受存储块大小为 100 的请求之后，又回收一块起始地址为 515、大小为 44 的空闲块之后的链表状态。

注意：存储块头部中大小域的值和申请分配的存储量均包括头和尾的存储空间。

2. ②　组织成循环链表的可利用空间表可附加什么条件时，首次适配策略就转变为最佳适配策略？

◆**3.** ③　设两个大小分别为 100 和 200 的空闲块依次顺序链接成可利用空间表。设分配一块时，该块的剩余部分在可利用空间表中保持原链接状态，试分别给出满足下列条件的申请序列：

（1）最佳适配策略能够满足全部申请而首次适配策略不能；

（2）首次适配策略能够满足全部申请而最佳适配策略不能。

4. ③　回答关于边界标识法的内存块结构设计及分配/回收流程的下列问题。

（1）边界标识法的内存块头部和尾部需包含哪些关键字段？请说明其作用。

（2）描述边界标识法分配内存时的查找策略（如首次适配、最佳适配）及回收时的合并逻辑。

5. ①　在变长块的动态存储管理方法中，边界标志法的算法效率为什么比以教科书 8.2 节中图 8.4 所示的结点结构组织的可利用空间表的算法效率高？

6. ③　考虑边界标志法的两种策略（最佳适配和首次适配）：

（1）数据结构的主要区别是什么？

（2）分配算法的主要区别是什么？

（3）回收算法的主要区别是什么？

7. ①　二进制地址为 011011110000，大小为 $(4)_{10}$ 的块的伙伴的二进制地址是什么？若块大小为 $(16)_{10}$ 时又如何？

8. ③　考虑伙伴系统的内存分配与合并策略，回答下列问题。

（1）伙伴系统的内存块大小有何特点？如何确定请求内存的分配块大小？

（2）回收时如何判断伙伴块是否可合并？合并后的块如何处理？

◆**9.** ③　已知一个大小为 512 字的内存，假设先后有 6 个用户提出大小分别为 23,45,52,100,11 和 19 的分配请求，此后大小为 45,52 和 11 的占用块顺序被释放。假设以伙伴系统实现动态存储管理，完成以下任务。

（1）画出可利用空间表的初始状态。

（2）画出 6 个用户进入之后的链表状态以及每个用户所得存储块的起始地址。

（3）画出在回收 3 个用户释放的存储块之后的链表状态。

10. ③　试求一个满足以下条件的空间申请序列 $a_1, a_2, \cdots, a_n$：从可用空间为 2^5 的伙伴管理系统的初始状态开始，$a_1, a_2, \cdots, a_{n-1}$ 均能满足，而 a_n 不能满足，并使 $\sum_{i=1}^{n} a_i$ 最小。

11. ④　设有 5 个广义表：$L = (L_1, L_2)$，$L_1 = (L_2, L_3, L_4)$，$L_2 = (L_3)$，$L_3 = ()$，$L_4 = (L_2)$。若利用访问计数器实现存储管理，则需对每个表或子表添加一个表头结点，并在其中设一计数域。

（1）试画出表 L 的带计数器的存储结构。

(2) 从表 L 中删除子表 L_1 时,链表中哪些结点可以释放?各子表的计数域怎样改变?

(3) 若 $L_2 = (L_3, L_4)$,将会出现什么现象?

12. ③ 考虑内存碎片化问题及解决方法对比:

(1) 动态内存管理中,内部碎片和外部碎片的定义及成因分别是什么?

(2) 列举两种减少内存碎片的技术,并说明其原理。

13. ③ 无用单元收集(垃圾回收)的标记-清除算法步骤:

(1) 标记-清除算法分为哪两个阶段?每阶段的具体操作是什么?

(2) 该算法可能产生什么问题?如何解决?

14. ③ 考虑实际应用中动态内存管理技术的选型依据:

(1) 在实时系统中,适合哪种内存管理技术?说明理由。

(2) 若需支持高频分配/释放且内存利用率优先,应选择哪种技术?为什么?

15. ② 假设利用"堆"结构进行动态存储管理。执行存储紧缩过程之前,存储器的格局如下表示。请用表格方式给出存储器紧缩过程执行之后的存储器格局。

首　地　址	块　大　小	标　志　域	指　针　域	
0	5	1		10
5	5	0		
10	5	1	15	40
15	10	1		
25	5	0		
30	10	0		
40	5	1	45	65
45	10	1		
55	5	0		
60	5	0		
65	5	1	85	
70	5	0		
75	10	0		
85	5	1	90	
90	10	1		

五、算法设计题

1. ③ 考虑空间释放遵从"最后分配者最先释放"规则的动态存储管理问题,并设每个空间申请中都指定所申请的空闲块大小。

(1) 设计一个适当的数据结构实现动态存储管理。

(2) 写一个大小为 n 的空间申请分配存储块的算法。

2. ③　同第 1 题条件，写一个回收释放块的算法。

◆3. ③　试完成边界标志法和依首次适配策略进行分配相应的回收释放块的算法。

◆4. ⑤　试完成伙伴管理系统的存储回收算法。

5. ③　设被管理空间的上下界地址分别由变量 highbound 和 lowbound 给出，形成一个由同样大小的块组成的"堆"。试写一个算法，将所有 tag 域的值为 0 的块按始址递增顺序链接成一个可利用空间表（设块大小域为 cellsize）。

6. ④　试完成教科书中 8.6 节所述的存储紧缩算法。

第9章 查　找

一、基本内容

讨论查找表(包括静态查找表和动态查找表)的各种实现方法：顺序表、有序表、树表和散列表；关于衡量查找表的主要操作——查找的查找效率的平均查找长度的讨论。

二、学习要点

(1) 熟练掌握顺序表和有序表的查找方法。

(2) 熟悉静态查找树的构造方法和查找算法,理解静态查找树和折半查找的关系。

(3) 熟练掌握二叉排序树的构造和查找方法。

(4) 掌握二叉平衡树和红黑树的维护平衡方法。

(5) 理解 B 树、B^+ 树、跳跃表和键树的特点以及它们的构建过程。

(6) 熟练掌握散列表的构造方法,深刻理解散列表与其他结构的表的实质性的差别。

(7) 掌握描述查找过程的判定树的构造方法,以及按定义计算各种查找方法在等概率情况下查找成功时的平均查找长度。

在本章的基础知识题和算法设计题中,均依次编排了 3 类习题：①静态查找表的查找；②各种树表的查找、插入和删除；③散列表的构造、查找和维护。

三、可视交互学习内容与解析

1. AVL 树的结构形态

AVL 树即二叉排序树。如图 9.1 所示,节点应选择矩形,除顶点值外,高度值也一并呈现。学习插入和删除算法时,可视交互跟踪观察算法过程的结构变化,可提速增效。

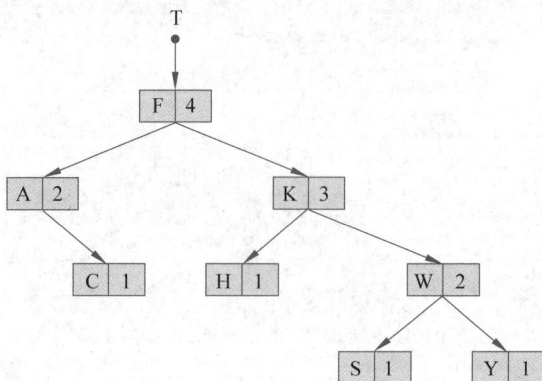

图 9.1　AVL 树的结构形态

2. 红黑树的结构形态

AnyviewC 上的红黑树的形态是"名副其实"的,确实用红、黑两色呈现两种节点,红黑分明,更易理解。图 9.2 是 0、1、2、3 和多个节点的红黑树结构形态。

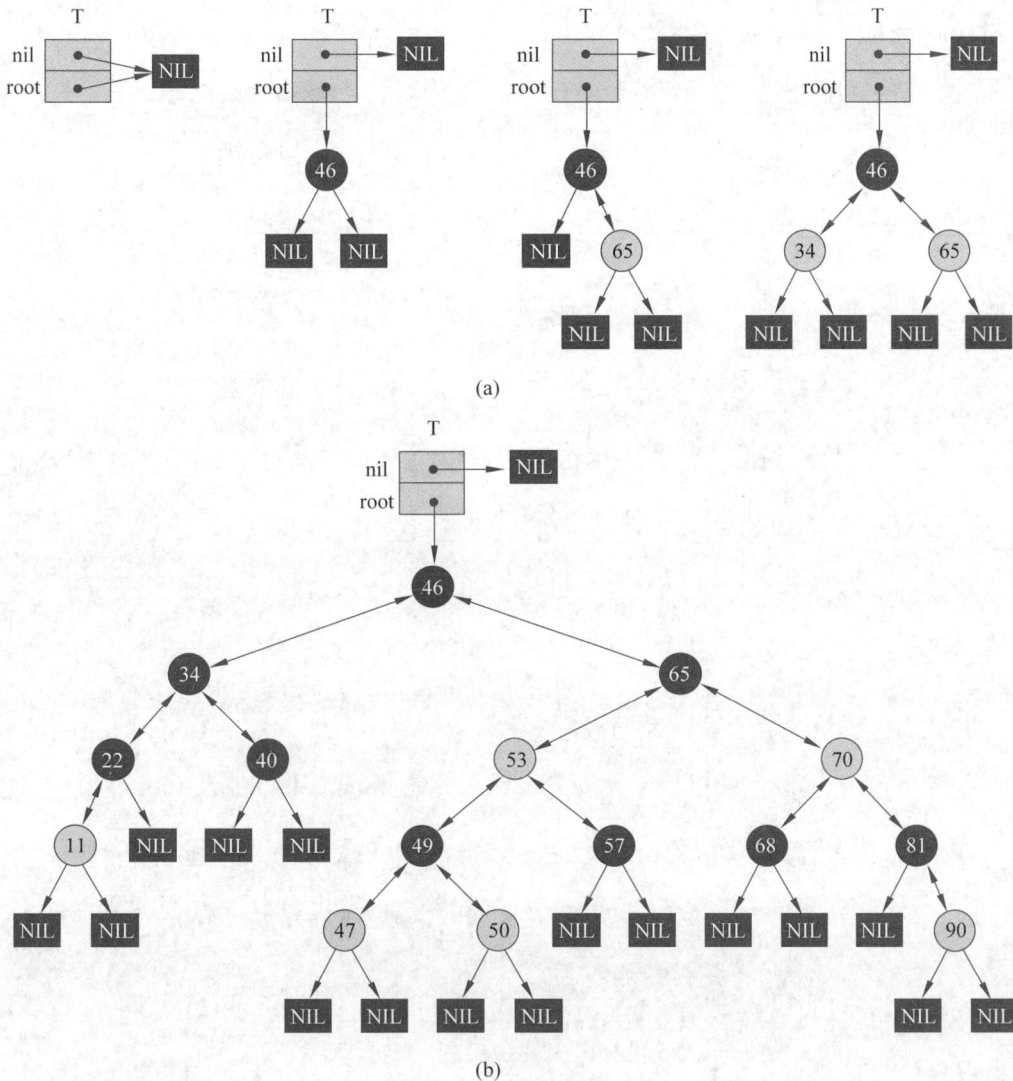

(a)

(b)

图 9.2　红黑树的结构形态

3. B 树的结构形态

B 树是比较复杂的树状结构,插入算法可能要处理节点分裂,删除算法则可能要处理节点合并。可视交互跟踪观察树状演变,学习和做题可提速增效。图 9.3 是 4 阶 B 树的结构形态。

4. 双链键树的结构形态

AnyviewC 显示的双链键树结构形态与教科书图 9.32 极为相似。图 9.4 是从空树开始依次插入 cai、cao、liu、和 li 后的双链键树的结构形态变化。

图 9.5 是一棵较大的双链键树。

5. 拉链散列表的结构形态

图 9.6 是从空表开始插入 1、2、3 个元素的拉链散列表的结构形态变化。

(a)

(b)

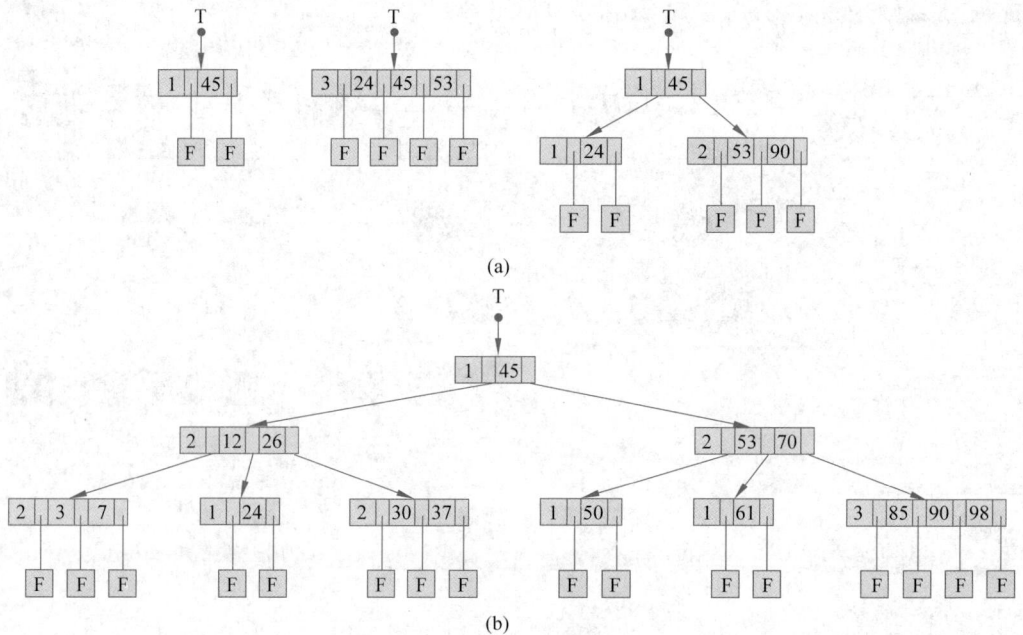

图 9.3 B 树的结构形态

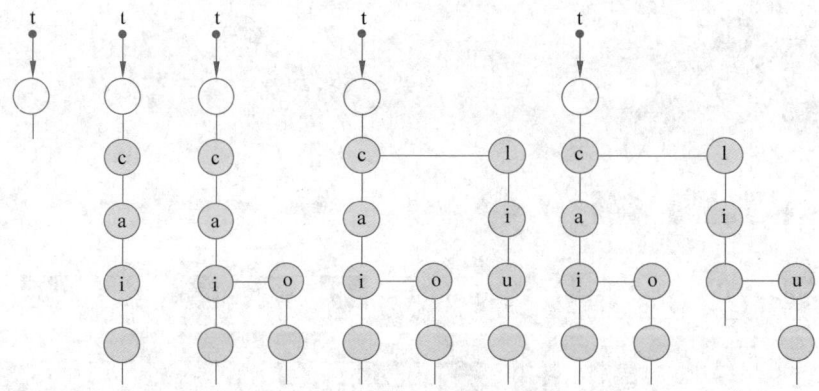

图 9.4 双链键树插入示例

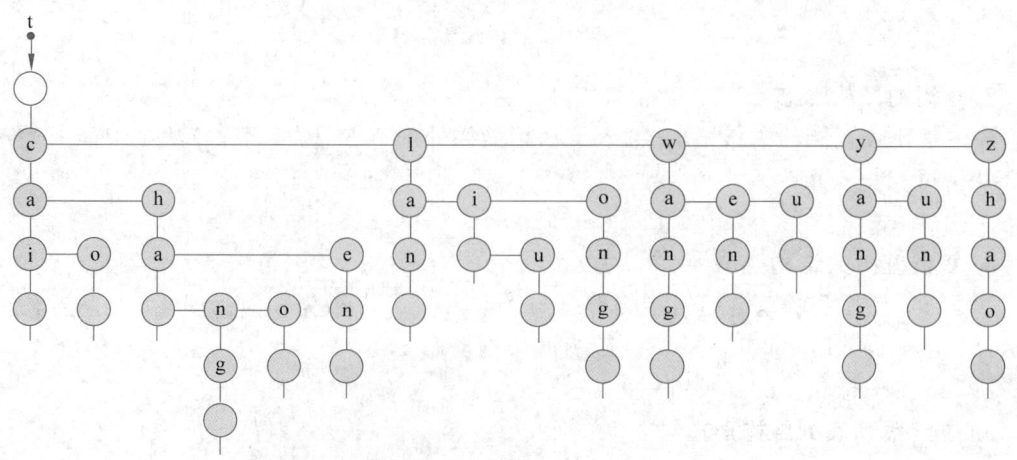

图 9.5 双链键树示例

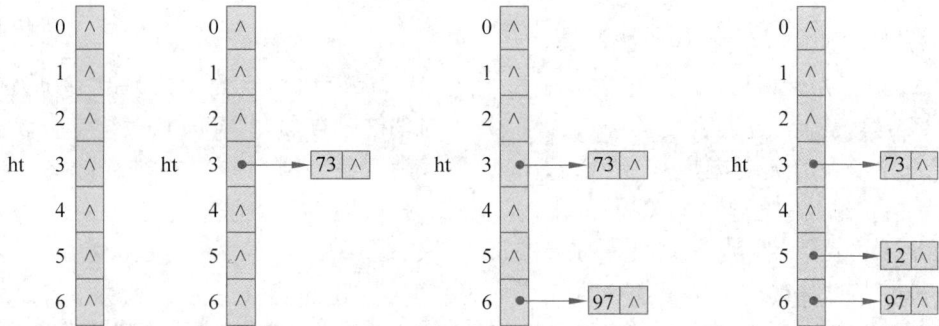

图 9.6　从空的拉链散列表开始,依次插入 3 个元素

图 9.7(a)发生了冲突(有拉链表长度大于 1)。图 9.5(b)是扩容之后的拉链散列表。

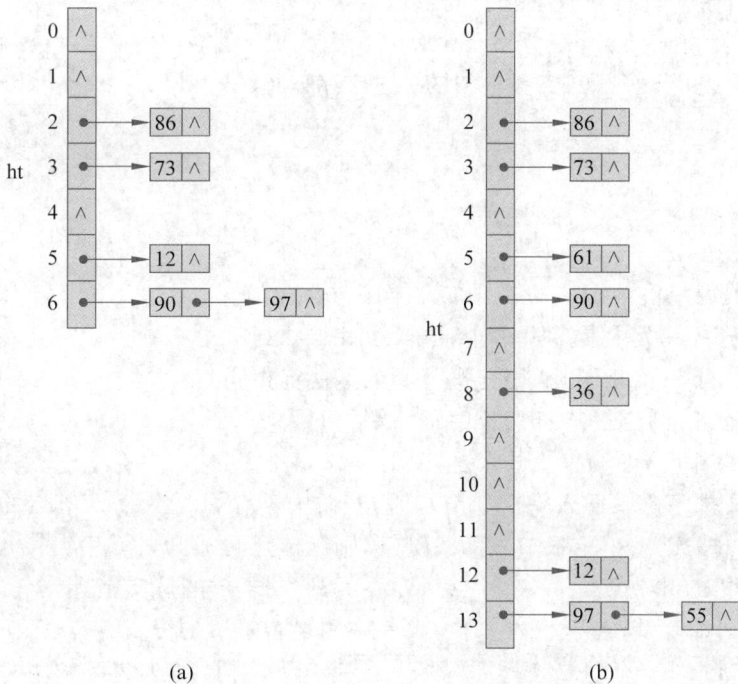

图 9.7　发生冲突和扩容的拉链散列表示例

四、基础知识题

（一）单项选择题

1. 对表长为 n 的顺序表进行顺序查找,在查找概率相等的情况下,查找成功的平均查找长度为(　　)。

    A. $\dfrac{n-1}{2}$ B. $\dfrac{n}{2}$ C. $\dfrac{n+1}{2}$ D. n

2. 在关键字序列(12,23,34,45,56,67,78,89,91)中折半查找关键字为 45、89 和 12 的结点时,所需进行的比较次数分别为(　　)。

A. 4,4,3　　　　　B. 4,3,3　　　　　C. 3,4,4　　　　　D. 3,3,4

3. 若要进行折半查找,线性表必须(　　　)。

　　A. 顺序存储,且元素按关键字有序　　　　　B. 顺序存储,且元素按关键字分块有序

　　C. 链式存储,且元素按关键字有序　　　　　D. 链式存储,且元素按关键字分段有序

4. 若有序表的关键字序列为(b,c,d,e,f,g,q,r,s,t),则在二分查找关键字 b 的过程中,先后进行比较的关键字依次为(　　　)。

　　A. f,c,b　　　　　B. f,d,b　　　　　C. g,c,b　　　　　D. g,d,b

5. 设顺序存储的线性表共有 123 个元素,按分块查找的要求等分成 3 块。若对索引表采用顺序查找来确定块,并在确定的块中进行顺序查找,则在查找概率相等的情况下,分块查找成功时的平均查找长度为(　　　)。

　　A. 21　　　　　B. 23　　　　　C. 41　　　　　D. 62

6. 适合对查找表进行高效率查找的组织结构是(　　　)。

　　A. 有序表　　　　　B. 分块有序表　　　　　C. 二叉排序树　　　　　D. 线性链表

7. 不可能生成右图所示二叉排序树的关键字序列是(　　　)。

　　A. 4,5,3,1,2

　　B. 4,2,5,3,1

　　C. 4,5,2,1,3

　　D. 4,2,3,1,5

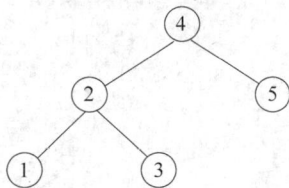

8. 由同一关键字集合构造的各棵二叉排序树(　　　)。

　　A. 其形态不一定相同,但平均查找长度相同

　　B. 其形态不一定相同,平均查找长度也不一定相同

　　C. 其形态相同,但平均查找长度不一定相同

　　D. 其形态相同,平均查找长度也相同

9. 当在二叉排序树中插入一个新节点时,若树中不存在与待插入节点的关键字相同的节点,且新节点的关键字小于根节点的关键字,则新节点将成为(　　　)。

　　A. 左子树的叶节点　　　　　　　　B. 左子树的分支节点

　　C. 右子树的叶节点　　　　　　　　D. 右子树的分支节点

10. 已知含 10 个节点的二叉排序树是一棵完全二叉树,则该二叉排序树在等概率情况下查找成功的平均查找长度等于(　　　)。

　　A. 1.0　　　　　B. 2.9　　　　　C. 3.4　　　　　D. 5.5

11. 在任意一棵非空二叉排序树 T_1 中,删除节点 v 之后形成二叉排序树 T_2,再将 v 插入 T_2 形成二叉排序树 T_3。下列关于 T_1 与 T_3 的陈述中,正确的是(　　　)。

　　Ⅰ. 若 v 是 T_1 的叶节点,则 T_1 和 T_3 不同

　　Ⅱ. 若 v 是 T_1 的叶节点,则 T_1 和 T_3 相同

　　Ⅲ. 若 v 不是 T_1 的叶节点,则 T_1 和 T_3 不同

　　Ⅳ. 若 v 不是 T_1 的叶节点,则 T_1 和 T_3 相同

　　A. Ⅰ和Ⅲ　　　　　B. Ⅰ和Ⅳ　　　　　C. Ⅱ和Ⅲ　　　　　D. Ⅱ和Ⅳ

12. 下列关键字序列中,不可能构成任何二叉排序树中一条查找路径的是(　　　)。

　　A. 95,22,91,24,94,71　　　　　　B. 92,20,91,34,88,35

C. 21,89,77,29,36,38　　　　　　　　　　　D. 12,25,71,68,33,34

13. 若平衡二叉树的高度为 6,且所有非叶节点的平衡因子均为 1,则该平衡二叉树的节点总数是(　　　)。

　　　A. 12　　　　　　　　B. 20　　　　　　　　C. 32　　　　　　　　D. 33

14. 若将关键字 1,2,3,4,5,6,7 依次插入初始为空的平衡二叉树 T,则 T 中平衡因子为 0 的分支节点的个数为(　　　)。

　　　A. 0　　　　　　　　B. 1　　　　　　　　C. 2　　　　　　　　D. 3

15. AVL 树是一种平衡的二叉排序树,树中任一节点的(　　　)。

　　　A. 左右子树的高度均相同

　　　B. 左右子树高度差的绝对值不超过 1

　　　C. 左子树的高度均大于右子树的高度

　　　D. 左子树的高度均小于右子树的高度

16. 一棵平衡二叉树中关键字均不相同,对其进行中序遍历可得到一个降序序列。下列关于该树的陈述中,正确的是(　　　)。

　　　A. 根节点的度为 2　　　　　　　　　　　B. 树中最小元素是叶节点

　　　C. 最后插入的元素不一定是叶节点　　　　D. 树中最大元素的左子树为空

17. 在下列各棵二叉树中,二叉排序树是(　　　)。

A.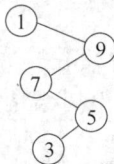　　　B.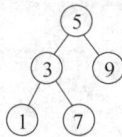　　　C.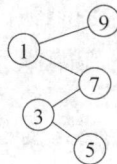　　　D.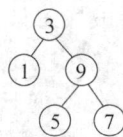

18. 下列二叉树中,满足 AVL 树的平衡定义的是(　　　)。

A.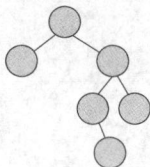　　　B.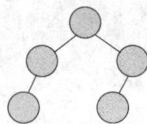　　　C.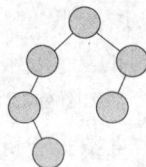　　　D.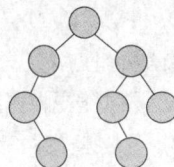

19. 下列二叉树中,非平衡二叉树是(　　　)。

A.　　　B.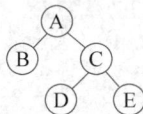　　　C.　　　D.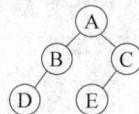

20. 在如右图所示的 AVL 树中插入关键字 62 后,关键字 58 的左右孩子分别是(　　　)。

　　　A. 21,62

　　　C. 36,73

　　　　　　　　B. 36,62

　　　　　　　　D. 36,94

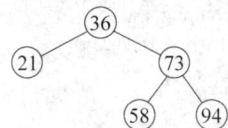

21. 深度为 5 的平衡二叉树的节点个数至少是(　　　)。

　　A. 12　　　　　　　B. 13　　　　　　　C. 15　　　　　　　D. 16

22. 从空树开始,依次插入元素 55,22,63,47,98,13,71,90,34 和 85 后构成了一棵二叉排序树。在该树查找 71 要进行比较次数为(　　　)。

　　A. 3　　　　　　　　B. 4　　　　　　　　C. 5　　　　　　　　D. 6

23. 由 250 个关键字逐个插入生成的二叉排序树的最低深度为(　　　)。

　　A. 8　　　　　　　　B. 9　　　　　　　　C. 10　　　　　　　D. 11

24. 已知二叉排序树如右图所示,元素之间应满足的大小关系是(　　　)。

　　A. $x_1 > x_2 > x_5$　　　　　　　　　　B. $x_1 > x_4 > x_5$

　　C. $x_3 > x_5 > x_4$　　　　　　　　　　D. $x_4 > x_3 > x_5$

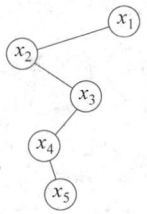

25. 二叉排序树的核心性质是(　　　)。

　　A. 所有节点的值按中序遍历为升序排列

　　B. 每个节点的左子树所有节点值小于或等于根节点值,右子树所有节点值大于或等于根节点值

　　C. 左右子树均为完全二叉树

　　D. 节点值必须唯一

26. 在最坏情况下,二叉排序树的查找时间复杂度是(　　　)。

　　A. $O(1)$　　　　　B. $O(\log n)$　　　　　C. $O(n)$　　　　　D. $O(n^2)$

27. 会破坏二叉排序树的性质的操作是(　　　)。

　　A. 按中序遍历顺序插入节点　　　　　B. 节点值重复时直接覆盖

　　C. 使用递归实现查找　　　　　　　　D. 删除节点时未调整树结构

28. 二叉排序树(BST)与平衡二叉树(如 AVL 树)的主要区别是(　　　)。

　　A. BST 支持动态插入/删除,AVL 树仅支持静态数据

　　B. BST 无须平衡操作,AVL 树通过旋转维持平衡

　　C. BST 的查找效率更高

　　D. AVL 树的空间复杂度更低

29. 最适合使用二叉排序树的场景是(　　　)。

　　A. 数据已排序且只需一次构建后查找

　　B. 需要频繁插入/删除且数据分布随机

　　C. 需要高效支持范围查找(如查找某个区间的值)

　　D. 内存受限且需最小化树的高度

30. AVL 树在插入或删除节点后,保持平衡的方法是(　　　)。

　　A. 通过重新排序所有节点　　　　　B. 通过旋转操作调整子树结构

　　C. 通过动态调整节点值的大小　　　D. 通过重建整棵树

31. AVL 树的每个节点额外存储的平衡因子(balance factor)可能是(　　　)。

　　A. $-2,-1,0,1,2$　　　　　　　　　B. $0,1$

　　C. $-1,0,1$　　　　　　　　　　　　D. 任意整数

32. 以下情况中会触发 AVL 树的最复杂旋转(双旋)的是(　　　)。

　　A. 插入节点后仅父节点失衡

B. 插入节点导致祖父节点失衡且父子节点旋转方向相反

C. 删除叶节点

D. 插入节点后所有祖先节点均失衡

33. 与普通二叉搜索树相比,AVL 树的主要优势是(　　　　)。

  A. 实现更简单

  B. 内存占用更少

  C. 查找、插入、删除操作的时间复杂度更稳定($O(\log n)$)

  D. 支持范围查找更高效

34. AVL 树在以下场景中表现最优的是(　　　　)。

  A. 频繁插入/删除且数据分布随机

  B. 数据静态且只需一次构建后查找

  C. 需要频繁修改但内存受限

  D. 需要支持动态集合的快速查找与顺序统计

35. 对于红黑树的基本性质,错误的选项是(　　　　)。

  A. 每个节点要么是红色,要么是黑色

  B. 根节点必须是黑色

  C. 红色节点的子节点必须都是黑色(不能有连续的红色节点)

  D. 从任意节点到其每个叶节点的所有路径必须包含相同数量的红色节点

36. 插入新节点后,红黑树可能违反的性质是(　　　　)。

  A. 根节点必须是黑色   B. 红色节点的子节点必须为黑色

  C. 黑高一致性   D. 所有选项均可能

37. 与 AVL 树相比,红黑树通常更适合的场景是(　　　　)。

  A. 需要严格平衡且频繁查找   B. 需要频繁插入/删除且允许适度不平衡

  C. 内存受限环境   D. 需要范围查找优化

38. 当插入节点后违反红黑树性质时,不会直接使用的操作是(　　　　)。

  A. 左旋(left rotation)   B. 变色(recoloring)

  C. 右旋(right rotation)   D. 子树合并(subtree merging)

39. 红黑树的查找效率与下列选项中的数据结构相当的是(　　　　)。

  A. 普通二叉搜索树   B. 平衡二叉搜索树(如 AVL 树)

  C. 散列表   D. 链表

40. 下列二叉树中,红黑树是(　　　　)。

A. 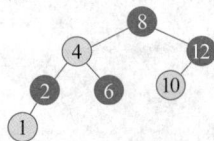   B. 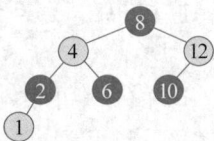   C. 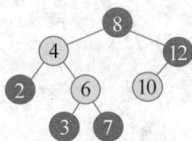   D.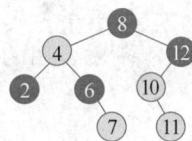

41. 在 B 树的定义中,必须满足的条件是(　　　　)。

  A. 每个节点最多只能有一个子节点   B. 根节点必须至少有两个子节点

  C. 每个节点的关键字数量必须相同   D. 所有叶节点必须位于同一层

42. 在 B 树中,删除一个关键字后可能引发的操作是(　　)。

　　A. 只需直接删除,无须调整

　　B. 重新构建整棵树

　　C. 合并相邻节点或向兄弟节点借关键字

　　D. 仅调整父节点的关键字

43. 若在 9 阶 B 树中插入关键字引起节点分裂,则该节点在插入前含的关键字个数为(　　)。

　　A. 4　　　　　　　　B. 5　　　　　　　　C. 8　　　　　　　　D. 9

44. 在一棵高度为 2 的 6 阶 B 树中,含关键字的个数至少是(　　)。

　　A. 4　　　　　　　　B. 5　　　　　　　　C. 6　　　　　　　　D. 7

45. 在一棵具有 15 个关键字的 5 阶 B 树中,含关键字的节点个数最多是(　　)。

　　A. 3　　　　　　　　B. 4　　　　　　　　C. 5　　　　　　　　D. 6

46. 在一棵高度为 3 的 3 阶 B^+ 树中,关键字个数最多是(　　)。

　　A. 17　　　　　　　B. 18　　　　　　　C. 26　　　　　　　D. 27

47. m 阶 B 树的高度为 h 时,最多能存储的关键字数量约为(　　)。

　　A. $2^h - 1$　　　　　　　　　　　B. $m^h - 1$

　　C. $m^{h+1} - 1$　　　　　　　　　D. m^h

48. B 树常用于的场景是(　　)。

　　A. 内存中的高速缓存　　　　　　　B. 磁盘或其他辅助存储的数据库索引

　　C. 实时系统中的高频修改操作　　　D. 小规模数据的快速查找

49. B^+ 树与 B 树的差异之一是(　　)。

　　A. 支持顺序查找　　　　　　　　　B. 叶节点可以只有一个关键字

　　C. 根节点至少有两个分支　　　　　D. 叶节点可以不含关键字

50. B^+ 树与 B 树的核心区别在于(　　)。

　　A. B^+ 树的非叶节点不存储数据,仅存储索引

　　B. B^+ 树的所有关键字必须唯一

　　C. B^+ 树的高度比 B 树更高

　　D. B^+ 树的叶节点不存储关键字

51. 连接 B^+ 树的叶节点的结构是(　　)。

　　A. 链表　　　　　　B. 顺序表　　　　　　C. 二叉树　　　　　　D. 散列表

52. 在 B^+ 树中,内部节点的关键字数量与子节点数量的关系是(　　)。

　　A. 关键字数量=子节点数量　　　　　B. 关键字数量=子节点数量+1

　　C. 关键字数量=子节点数量-1　　　　D. 无固定关系

53. B^+ 树适合用的场景是(　　)。

　　A. 需要频繁修改数据的缓存系统　　　B. 内存中的快速查找表

　　C. 磁盘数据库的索引结构　　　　　　D. 小规模数据的精确匹配

54. 跳跃表优化查找效率的方式是(　　)。

　　A. 将数据分块存储,减少比较次数

　　B. 在有序链表的基础上增加多级索引层

C. 使用散列函数将数据分散到多个桶

D. 动态调整节点高度以保持平衡

55. 跳跃表的查找操作平均时间复杂度是(　　)。

　A. $O(1)$　　　　　B. $O(\log n)$　　　　　C. $O(n)$　　　　　D. $O(n\log n)$

56. 插入新节点时,跳跃表需要随机决定节点的属性是(　　)。

　A. 节点的值大小　　　　　　　　　B. 节点所在的层级(层数)

　C. 节点的前驱和后继指针　　　　　D. 节点的颜色(如红黑树中的颜色)

57. 与平衡树(如红黑树)相比,跳跃表的主要优势是(　　)。

　A. 支持范围查找　　　　　　　　　B. 查找速度更快

　C. 占用内存更少　　　　　　　　　D. 实现更简单,无须复杂的旋转操作

58. 跳跃表的每一层都是一个(　　)。

　A. 完全独立的有序链表

　B. 有序链表的子集(高层索引跳过低层节点)

　C. 散列表的变种

　D. 二叉搜索树的变形

59. Trie 树的核心用途是(　　)。

　A. 高效存储和检索字符串集合的前缀

　B. 实现图的深度优先搜索

　C. 快速查找数值型数据的最大值/最小值

　D. 解决散列冲突

60. 在标准 Trie 树中,每个节点的子节点数量取决于(　　)。

　A. 字符集大小(如 26 个字母或 Unicode 字符范围)

　B. 树的高度

　C. 插入字符串的数量

　D. 字符串的平均长度

61. Trie 树相比散列表在字符串检索中的优势是(　　)。

　A. 支持前缀匹配　　　　　　　　　B. 查找时间复杂度严格 $O(1)$

　C. 内存占用更少　　　　　　　　　D. 无须处理散列冲突

62. 以下操作中不是 Trie 树的典型应用的是(　　)。

　A. 拼写检查　　　　　　　　　　　B. IP 路由表(最长前缀匹配)

　C. 数据库索引　　　　　　　　　　D. 单词频率统计

63. 压缩 Trie 树(Radix Tree)的主要优化是(　　)。

　A. 合并单分支路径的节点　　　　　B. 使用散列函数减少比较次数

　C. 动态调整字符集大小　　　　　　D. 支持模糊匹配

64. 散列表的核心设计目标是(　　)。

　A. 实现数据的有序存储

　B. 最小化内存占用

　C. 支持动态范围查找

　D. 在平均情况下实现 $O(1)$ 时间复杂度的查找

65. 当两个不同的键通过散列函数映像到同一地址时,会发生(　　)。

    A. 散列表自动扩容　　　　　　　　　B. 数据丢失

    C. 散列冲突　　　　　　　　　　　　D. 查找时间复杂度退化为 $O(n)$

66. 要求散列表有固定大小的数组的冲突解决方法是(　　)。

    A. 链地址法(separate chaining)　　　B. 开放定址法(open addressing)

    C. 再散列法(double hashing)　　　　D. 公共溢出区法

67. 在散列函数 $H(k)=k \% p$ 中,p 应为(　　)。

    A. 奇数　　　　　　B. 偶数　　　　　　C. 充分大的数　　　D. 素数

68. 对于散列函数 $H(key)=key \% 13$,被称为同义词的关键字是(　　)。

    A. 35 和 41　　　　B. 23 和 39　　　　C. 15 和 44　　　　D. 25 和 51

69. 如果用散列函数 h 将 n 个关键字散列到长度为 m 的表中,其中 $n \leqslant m$,则涉及某个特定关键字 X 的期望冲突数为(　　)。

    A. 小于 1　　　　　B. 小于 n　　　　C. 小于 m　　　　D. 小于 $n/2$

70. 散列表的负载因子(load factor)定义为(　　)。

    A. 已填充桶数/总桶数　　　　　　　B. 散列函数计算次数/操作次数

    C. 冲突次数/总插入次数　　　　　　D. 数组大小/键-值对数量

71. 最适合使用散列表的场景是(　　)。

    A. 需要频繁按顺序遍历所有元素　　　B. 需要维护数据的有序性

    C. 需要支持范围查找　　　　　　　　D. 需要快速判断元素是否存在

72. 布隆过滤器的主要作用是(　　)。

    A. 对集合中的元素进行排序　　　　　B. 精确判断一个元素是否存在于集合中

    C. 高效计算集合的交集和并集　　　　D. 快速判断一个元素可能存在于集合中

73. 布隆过滤器可能出现的错误是(　　)。

    A. 假阳性(false positive):实际不存在但判断为存在

    B. 假阴性(false negative):实际存在但判断为不存在

    C. 散列冲突导致数据丢失

    D. 内存溢出

74. 与布隆过滤器的空间效率无关的是(　　)。

    A. 预期插入元素的数量　　　　　　　B. 允许的误判率

    C. 使用的散列函数数量　　　　　　　D. 元素的存储时间

75. 布隆过滤器不适合的场景是(　　)。

    A. 缓存穿透防护(快速过滤无效请求)

    B. 垃圾邮件检测(判断邮件域名是否在黑名单中)

    C. 精确统计用户是否访问过某网页

    D. 分布式系统中的成员资格检查

(二) 解答题

◆1. ②　若对大小均为 n 的有序顺序表和无序顺序表分别进行顺序查找,试在下列 3 种情况下分别讨论二者在等概率时的平均查找长度是否相同?

(1) 查找不成功,即表中没有关键字等于给定值 K 的记录。

(2) 查找成功,且表中只有一个关键字等于给定值 K 的记录。

(3) 查找成功,且表中有若干关键字等于给定值 K 的记录,一次查找要求找出所有记录。此时的平均查找长度应考虑找到所有记录时所用的比较次数。

2. ② 试分别画出在线性表(a,b,c,d,e,f,g)中进行折半查找,以查关键字等于 e,f 和 g 的过程。

◆**3.** ② 画出对长度为 10 的有序表进行折半查找的判定树,并求其等概率时查找成功的平均查找长度。

4. ③ 假设按下述递归方法进行顺序表的查找:若表长小于或等于 10,则进行顺序查找;否则进行折半查找。试画出对表长 $n=50$ 的顺序表进行上述查找时,描述该查找的判定树,并求出在等概率情况下查找成功的平均查找长度。

5. ③ 下列算法为斐波那契查找的算法:

```
int fibonacci_search(int arr[], int n, int key) {   //斐波那契查找
    int * fib = generate_fibonacci(n);            //生成斐波那契数列,直到 fib[k]>=n
    int k = 0;                                    //用数列避免低效的重复调用函数
    while (fib[k] < n) k++;                        //确定初始 k 值
    int offset = -1;                              //当前搜索范围的起始位置
    while (k > 0) {                               //每次确定 i 值是关键的一步
        int i = (offset+fib[k-1])>(n-1) ? (n-1) : (offset+fib[k-1]);
        if (arr[i] < key) {
            k -= 2;                               //搜索右半部分
            offset = i;
        } else if (arr[i] > key) {
            k -= 1;                               //搜索左半部分
        } else {                                  //arr[i] == key
            free(fib);
            return i;                             //找到目标
        }
    }
    free(fib);
    return -1;                                     //未找到目标
}
```

其中,先计算斐波那契序列并存入数组 fib(参见教科书 9.1.2 节注)。试画出对长度为 20 的有序表进行斐波那契查找的判定树,并求在等概率时查找成功的平均查找长度。

6. ⑤ 假设在某程序中有如下一个 **if** 嵌套的语句:

```
if (C₁)
    if (C₂)
        if (C₃)
            ...
                if (Cₙ)
                    S;
```

其中,C_i 为布尔表达式。显然,只有当所有的 C_i 都为 TRUE 时,语句 S 才能执行。假设:$t(i)$ 为判别 C_i 是否为 TRUE 所需时间,$p(i)$ 为 C_i 是 TRUE 的概率,试讨论这 n 个布尔表达式 $C_i(i=1,2,\cdots,n)$ 应如何排列才能使该程序最有效地执行?

7. ③　已知一个有序表的表长为 $8N$，并且表中没有关键字相同的记录。假设按如下所述方法查找一个关键字等于给定值 K 的记录：先在第 $8,16,24,\cdots,8K,\cdots,8N$ 个记录中进行顺序查找，或者查找成功，或者由此确定出一个继续进行折半查找的范围。画出描述上述查找过程的判定树，并求等概率查找时查找成功的平均查找长度。

◆**8.** ③　已知含 12 个关键字的有序表及其相应权值如下：

关键字	A	B	C	D	E	F	G	H	I	J	K	L
权值	8	2	3	4	9	3	2	6	7	1	1	1

（1）试按次优查找树的构造算法并加适当调整画出由这 12 个关键字构造所得的次优查找树，并计算它的 PH 值。

（2）画出对以上有序表进行折半查找的判定树，并计算它的 PH 值。

9. ③　已知如下所示长度为 12 的表：

（Jan,Feb,Mar,Apr,May,June,July,Aug,Sep,Oct,Nov,Dec）

（1）试按表中元素的顺序依次插入一棵初始为空的二叉排序树，画出插入完成之后的二叉排序树，并求其在等概率的情况下查找成功的平均查找长度。

（2）若对表中元素先进行排序构成有序表，求在等概率的情况下对此有序表进行折半查找时查找成功的平均查找长度。

（3）按表中元素顺序构造一棵平衡二叉排序树，并求其在等概率的情况下查找成功的平均查找长度。

10. ③　可以生成如右侧二叉排序树的关键字的初始排列有几种？请写出其中的任意 5 个。

◆**11.** ③　试推导含 12 个节点的平衡二叉树的最大深度，并画出一棵这样的树。

◆**12.** ③　将关键字 63,56,47,28,35,19 依次插入一棵初始为空的红黑树，试画出该过程中树的形态变化。

13. ③　对第 12 题结果的红黑树依次删除关键字 63,56,47,28,35,19,请画出该树的形态变化过程。

◆**14.** ③　先画出关键字集合 $\{1,2,3,\cdots,15\}$ 的一棵高度为 4 的完全二叉排序树，然后以 3 种方式对各节点着红或黑色，使所得的红黑树是黑高度分别为 2、3 和 4(注：要画出通常被省略的叶节点)。

15. ③　在一棵黑高度为 k 的红黑树中，内部节点最多和最少可能有多少个？

16. ②　在 B 树定义中，教科书 9.2.4 节特性(3)的意图是什么？试思考：若把 $\lceil m/2 \rceil$ 改为 $\lceil 2m/3 \rceil$ 或 $\lceil m/3 \rceil$ 是否可行？所得到的树状结构和 B 树有何区别？

◆**17.** ②　含 9 个叶节点的 3 阶 B 树中至少有多少个非叶节点？含 10 个叶节点的 3 阶 B 树中至多有多少个非叶节点？

◆**18.** ②　试从空树开始，画出按以下次序向 2-3 树即 3 阶 B 树中插入关键字的建树过程：20,30,50,52,60,68,70。如果此后删除 50 和 68，画出每一步执行后 2-3 树的状态。

19. ③　试证明：高度为 h 的 2-3 树中叶节点的数目在 $2^{h-1} \sim 3^{h-1}$ 之间。

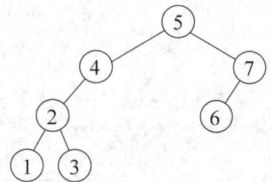

20. ② 在含 n 个关键字的 m 阶 B 树中进行查找时,最多访问多少个节点?

21. ③ B^+ 树和 B 树的主要差异是什么?

22. ③ 跳跃表的层数如何影响其查找效率?请结合具体例子说明。

23. ③ 跳跃表的插入操作中,如何确定新节点的层数?这一设计如何平衡性能与空间?

24. ③ 对比跳跃表与红黑树的优缺点,说明跳跃表的应用场景。

25. ① 试画一个对应于关键字集{program,programmer,programming,processor,or}的 Trie 树,对每个关键字从右向左取样,每次一个字母。

◆**26.** ③ 选取散列函数 $H(k)=(3k)\%\ 11$。用开放定址法处理冲突,$d_i=i((7k)\%\ 10+1)$ $(i=1,2,3,\cdots)$。试在 $0\sim10$ 的散列地址空间中对关键字序列(22,41,53,46,30,13,01,67)构造散列表,并求等概率情况下查找成功时的平均查找长度。

27. ③ 试为下列关键字建立一个装填因子不小于 0.75 的散列表,并计算所构造的散列表的平均查找长度。

(ZHAO,QIAN,SUN,LI,ZHOU,WU,ZHENG,WANG,CHANG,CHAO,YANG,JIN)

28. ③ 在地址空间为 $0\sim16$ 的散列区中,对以下关键字序列构造两个散列表:

(Jan,Feb,Mar,Apr,May,June,July,Aug,Sep,Oct,Nov,Dec)

(1) 用线性探测开放定址法处理冲突。

(2) 用链地址法处理。

并分别求这两个散列表在等概率情况下查找成功和不成功时的平均查找长度。

设散列函数为 $H(x)=\lfloor i/2 \rfloor$,其中 i 为关键字中第一个字母在字母表中的序号。

◆**29.** ④ 已知一个含 1000 个记录的表,关键字为中国人姓氏的拼音,请给出此表的一个散列表设计方案,要求它在等概率情况下查找成功的平均查找长度不超过 3。

◆**30.** ② 设有一个关键字取值范围为正整数的散列表,空表项的值为 -1,用开放定址法解决冲突。现有两种删除策略:一是将待删表项的关键字置为 -1;二是将探测序列上的关键字顺序递补,即用探测序列上下一个关键字覆盖待删关键字,并将原序列上之后一个关键字置为 -1。这两种方法是否可行?为什么?给出一种可行的方法,并叙述它对查找和插入算法所产生的影响。

◆**31.** ⑤ 某校学生学号由 8 位十进制数字组成:$c_1c_2c_3c_4c_5c_6c_7c_8$。c_1c_2 为入学时年份的后两位;c_3c_4 为系别,即 $00\sim24$ 分别代表该校的 25 个系;c_5 为 0 或 1,0 表示本科生,1 表示研究生;$c_6c_7c_8$ 为对某级某系某类学生的顺序编号,即对于本科生,它不超过 199,对于研究生,它不超过 049,共有 4 个年级,四年级学生 1996 年入学。

(1) 当在校生人数达极限情况时,将他们的学号散列到 $0\sim24999$ 的地址空间,问装载因子是多少?

(2) 求一个无冲突的散列函数 H_1,它将在校生学号散列到 $0\sim24999$ 的地址空间。其簇聚性如何?

(3) 设在校生总数为 15000 人,散列地址空间为 $0\sim19999$,是否能找到一个(2)中要求的 H_1?若不能,试设计一个散列函数 H_2 及其解决冲突的方法,使得多数学号只经一次散列得到(可设各系各年级本科生平均人数为 130,研究生平均人数为 20)。

（4）用算法描述语言表达 H_2，并写出相应的查找函数。

32. ③ 某电商平台需防止恶意用户频繁查找不存在的商品 ID(缓存穿透)，请设计基于布隆过滤器的解决方案，并回答以下问题。

（1）如何初始化布隆过滤器？

（2）当新商品上架时，如何更新布隆过滤器？

（3）若误判一个不存在的商品为"可能存在"，可能引发什么问题？如何解决？

33. ③ 对比布隆过滤器与散列表在以下维度的差异，并说明各自的适用场景。

（1）空间效率；

（2）查找时间复杂度；

（3）支持的操作；

（4）误判率与准确性。

五、算法设计题

◆**1.** ③ 假设顺序表按关键字自大至小有序，试改写教科书 9.1.1 节中的顺序查找算法，将监视哨设在高下标端。然后画出描述此查找过程的判定树，分别求出等概率情况下查找成功和不成功时的平均查找长度。

2. ② 试将折半查找的算法改写成递归算法。

3. ② 试改写教科书 9.1.2 节中折半查找的算法，当 r[i].key≤K＜r[i＋1].key(i＝1，2，…，n−1) 时，返回 i；当 K＜r[1].key 时，返回 0；当 K≥r[n].key 时，返回 n。

◆**4.** ④ 试编写利用折半查找确定记录所在块的分块查找算法。并讨论在块中进行顺序查找时使用"监视哨"的优缺点，以及必要时如何在分块查找的算法中实现设置"监视哨"的技巧。

◆**5.** ⑤ 已知一非空有序表，表中记录按关键字递增排列，以不带头结点的单循环链表作存储结构，外设两个指针 h 和 t，其中 h 始终指向关键字最小的结点，t 则在表中浮动，其初始位置和 h 相同，在每次查找之后指向刚查到的结点。查找算法的策略是：将给定值 K 和 t->key 进行比较，若相等，则查找成功；否则从 h 所指结点或 t 所指结点的后继结点起进行查找。

（1）按上述查找过程编写查找算法；

（2）画出描述此查找过程的判定树，并分析在等概率查找时查找成功的平均查找长度（假设表长为 n，待查关键字 K 等于每个节点关键字的概率为 $1/n$，每次查找都是成功的，因此在查找时，t 指向每个节点的概率也为 $1/n$）。

6. ④ 将第 5 题的存储结构改为双向循环链表，且只外设一个指针 sp，其初始位置指向关键字最小的结点，在每次查找之后指向刚查到的结点。查找算法的策略是：将给定值 K 和 sp->key 进行比较，若相等，则查找成功；否则从 * sp 的前驱或后继结点起进行不同方向查找。编写查找算法并分析等概率查找时查找成功的平均查找长度。

◆**7.** ④ 试写一个判别给定二叉树是否为二叉排序树的算法，设此二叉树以二叉链表作存储结构。且树中节点的关键字均不同。

8. ③ 已知一棵二叉排序树上所有关键字中的最小值为 −max，最大值为 max，又 −max＜x＜max。编写递归算法，求该二叉排序树上的小于 x 且最靠近 x 的值 a 和大于 x

且最靠近 x 的值 b。

◆9. ③　编写递归算法,从大到小输出给定二叉排序树中所有关键字不小于 x 的数据元素。

10. ⑤　试写一时间复杂度为 $O(\log_2 n + m)$ 的算法,删除二叉排序树中所有关键字不小于 x 的节点,并释放节点空间。其中,n 为树中所含节点数,m 为被删除的节点数。

◆11. ④　假设二叉排序树以中序后继线索链表作存储结构,编写输出该二叉排序树中所有大于 a 且小于 b 的关键字的算法。

12. ③　同第 11 题的结构,编写在二叉排序树中插入一个关键字的算法。

13. ④　同第 11 题的结构,编写从二叉排序树中删除一个关键字的算法。

◆14. ⑤　试写一个算法,将两棵二叉排序树合并为一棵二叉排序树。

15. ⑤　试写一个算法,将一棵二叉排序树分裂为两棵二叉排序树,使得其中一棵树的所有节点的关键字都小于或等于 x,另一棵树的任一节点的关键字均大于 x。

◆16. ③　在平衡二叉排序树的每个节点中增设一个 lsize 域,其值为它的左子树中的节点数加 1。试写一时间复杂度为 $O(\log n)$ 的算法,确定树中第 k 小的节点的位置。

◆17. ④　编写一个算法,验证给定二叉排序树是否满足红黑树性质。

18. ③　编写一个算法,实现红黑树中查找键值在 [low,high] 区间的所有节点。

◆19. ④　编写一个算法,对 B 树进行范围查找,查找所有在 [low,high] 区间的键值。

20. ④　编写一个算法,显示一棵 B 树。一种方法是:将 B 树逆时针转 90°,从左向右、从上而下显示。例如,把教科书图 9.25(a) 的 B 树

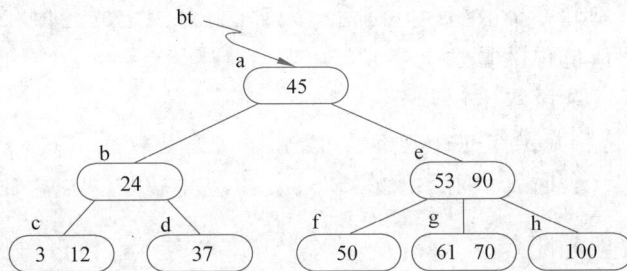

显示为以下格式:

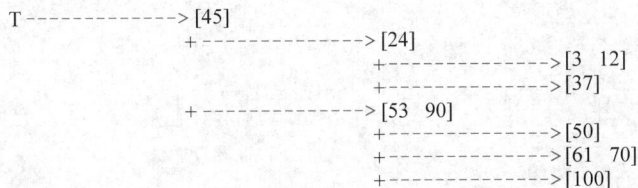

```
T------------->[45]
              +-------------->[24]
                             +-------------->[3  12]
                             +-------------->[37]
              +-------------->[53  90]
                             +-------------->[50]
                             +-------------->[61  70]
                             +-------------->[100]
```

21. ③　编写一个算法,对跳跃表进行范围为[a,b]的查找。函数原型为

```
int RangeQuery(SkipList * L, int a, int b, SLNode **start, SLNode **end);
```

返回找到范围内的元素个数,并由 start 和 end 两个双重指针参数分别代回找到的元素中的首个和最后一个节点指针。

22. ③　编写一个算法,归并两个跳跃表为新的跳跃表,并保持有序性,复用原节点。

23. ③ 编写一个算法,逆转跳跃表中的元素顺序。

24. ④ 设计一个方案及算法,类似教科书图9.28的形式显示一个跳跃表的层次结构。显示形式如下所示(表中用32767代替最大关键字∞)

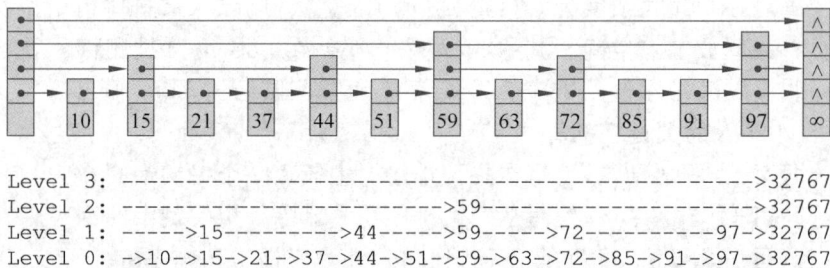

```
Level 3: ------------------------------------------------------->32767
Level 2: --------------------------------->59-------------------->32767
Level 1: ----->15--------->44----->59----->72--------->97->32767
Level 0: ->10->15->21->37->44->51->59->63->72->85->91->97->32767
```

◆25. ③ 假设Trie树上叶节点的最大层次为h,同义词放在同一叶节点中,试写在Trie树中插入一个关键字的算法。

◆26. ④ 同第25题的假设,试写在Trie树中删除一个关键字的算法。

27. ④ 已知某散列表的装载因子小于1,散列函数$H(key)$为关键字(标识符)的第一个字母在字母表中的序号,处理冲突的方法为线性探测开放定址法。试编写一个按第一个字母的顺序输出散列表中所有关键字的算法。

28. ③ 假设散列表长为m,散列函数为$H(x)$,用链地址法处理冲突。试编写输入一组关键字并建造散列表的算法。

29. ④ 假设有一个1000×1000的稀疏矩阵,其中1%的元素为非零元素,现要求用散列表作存储结构。试设计一个散列表并编写相应算法,对给定的行值和列值确定矩阵元素在散列表上的位置。请将你的算法与在稀疏矩阵的三元组表存储结构上存取元素的算法(不必写出)进行时间复杂度的比较。

30. ④ 实现支持删除操作的计数布隆过滤器。(关键点提示:每个位用计数器代替,删除时递减,编写初始化、插入和删除函数)

第10章 内部排序

一、基本内容

讨论比较各种典型的内部排序方法,如插入排序、交换排序、选择排序、归并排序和基数排序等各类方法的基本思想、算法特点、排序过程以及它们的时间复杂度分析。在每类排序方法中,从简单方法入手,重点讨论性能先进的高效方法(如插入排序类中的希尔排序、交换排序类中的快速排序、选择排序类中的堆排序等)。

二、学习要点

(1) 深刻理解排序的定义和各种排序方法的特点,并能加以灵活应用。

(2) 了解各种方法的排序过程及其依据的原则。基于"关键字间的比较"进行排序的方法可以按排序过程所依据的不同原则分为插入排序、交换排序、选择排序、归并排序和计数排序 5 类。

(3) 掌握各种排序方法的时间复杂度的分析方法。能从"关键字间的比较次数"分析排序算法的平均情况和最坏情况的时间性能。按平均时间复杂度划分,内部排序可分为 3 类: $O(n^2)$ 的简单排序方法, $O(n \cdot \log n)$ 的高效排序方法和 $O(d \cdot n)$ 的基数排序方法。

(4) 理解排序方法"稳定"或"不稳定"的含义,弄清楚在什么情况下要求应用的排序方法必须是稳定的。

(5) 了解表排序和地址排序的过程及其适用场合。

(6) 希尔排序、快速排序、堆排序和归并排序等高效方法是本章的学习重点和难点。在本章习题中,基础知识题有 45 道单项选择题和 24 道解答题,通过手工执行和比较分析算法,帮助了解排序过程及其特点。算法设计题有 26 题,通过设计或改进排序算法,培养灵活应用已有排序方法的能力,或开拓思路编制新的排序算法。其中第 1~3 题涉及插入排序,第 4~10 题涉及起泡排序(也称冒泡排序)和快速排序,第 11 和 13 题涉及选择和堆排序,第 14~18 题涉及归并排序,第 21~23 题涉及计数和基数排序。

三、可视交互学习内容与解析

AnyviewC 目前对内部排序过程动态可视效果较好的是对整数一维数组排序。在第二篇实习题的"做题示例:6.6 题 内部排序算法比较"有详细的展示。

在 AnyviewC 提供的教科书算法目录的排序算法也提供数组版本的源代码,编译即可运行。需如图 10.1(a)所示,在"视图"菜单点击要打开演示窗的一维数组,即可呈现,如图 10.1(b)所示。横轴是数组下标,纵轴是元素值(可选圆点、矩形条等不同表达方式)。图 10.1(c)是排序结果。

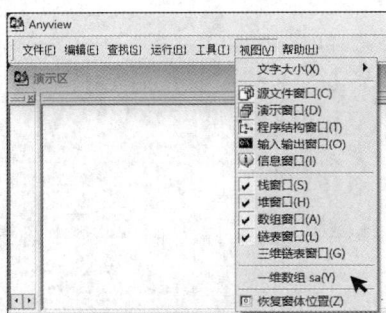

(a)

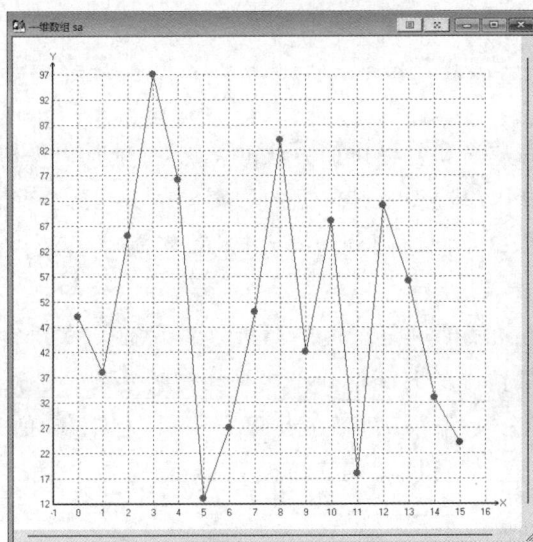

(b)

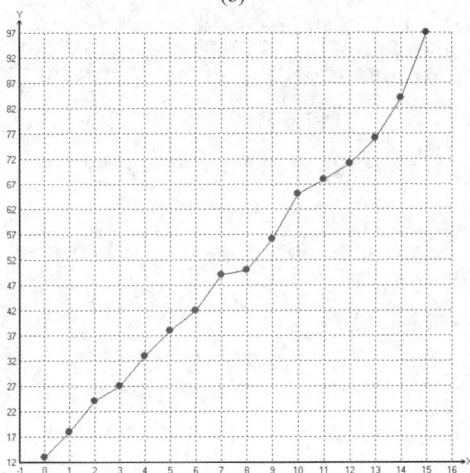

(c)

图 10.1　点击打开一维数组演示窗

四、基础知识题

（一）单项选择题

1. 若用冒泡排序对关键字序列{18,16,14,12,10,8}进行从小到大的排序,所需进行的关键字比较次数是(　　)。

    A. 10   B. 15   C. 21   D. 34

2. 如果在排序过程中,每次均将一个待排序的记录按关键字大小加入前面已经有序的子表中的适当位置,则该排序方法称为(　　)。

    A. 插入排序   B. 归并排序   C. 冒泡排序   D. 堆排序

3. 堆排序在最坏情况下的时间复杂度是(　　)。

    A. $O(\log_2 n)$ B. $O(\log_2 n^2)$ C. $O(n\log_2 n)$ D. $O(n^2)$

4. 在待排序关键字序列基本有序的前提下,效率最高的排序方法是(　　)。

    A. 直接插入排序   B. 快速排序

    C. 直接选择排序   D. 归并排序

5. 在对 n 个关键字进行直接选择排序的过程中,每趟都要从无序区选出最小关键字元素,则在进行第 i 趟排序之前,无序区中关键字元素的个数为(　　)。

    A. i B. $i+1$ C. $n-i$ D. $n-i+1$

6. 对大部分元素已有序的数组进行排序时,直接插入排序比简单选择排序效率更高,其原因是(　　)。

    Ⅰ. 直接插入排序过程中元素之间的比较次数更少

    Ⅱ. 直接插入排序过程中所需要的辅助空间更少

    Ⅲ. 直接插入排序过程中元素的移动次数更少

    A. 仅Ⅰ   B. 仅Ⅱ   C. 仅Ⅰ、Ⅱ   D. Ⅰ、Ⅱ和Ⅲ

7. 对一待排序列分别进行折半插入排序和直接插入排序,两者之间可能的不同之处是(　　)。

    A. 排序的总趟数   B. 元素的移动次数

    C. 使用辅助空间的数量   D. 元素之间的比较次数

8. 快速排序在最坏情况下的时间复杂度是(　　)。

    A. $O(n^2\log_2 n)$ B. $O(n^2)$ C. $O(n\log_2 n)$ D. $O(\log_2 n)$

9. 在最好和最坏情况下的时间复杂度均为 $O(n\log n)$ 且稳定的排序方法是(　　)。

    A. 快速排序   B. 堆排序   C. 归并排序   D. 基数排序

10. 在下列排序方法中,平均时间性能为 $O(n\log n)$ 且空间性能最好的是(　　)。

    A. 快速排序   B. 堆排序   C. 归并排序   D. 基数排序

11. 下列排序方法中,最好与最坏时间复杂度不相同的排序方法是(　　)。

    A. 冒泡排序   B. 堆排序   C. 归并排序   D. 直接选择排序

12. 下列排序算法中,其时间复杂度和记录的初始排列无关的是(　　)。

    A. 插入排序   B. 堆排序   C. 快速排序   D. 冒泡排序

13. 在排序过程中需要移动元素次数最少的是(　　)。

    A. 快速排序   B. 插入排序   C. 选择排序   D. 堆排序

14. 不属于原地排序算法的是（　　）。

    A. 插入排序　　　　B. 堆排序　　　　C. 快速排序　　　　D. 冒泡排序

15. 用希尔排序方法对一个关键字序列进行排序时，若第 1 趟排序结果为 9,1,4,13,7,8,20,23,15,则该趟排序采用的增量（间隔）可能是（　　）。

    A. 2　　　　　　B. 3　　　　　　C. 4　　　　　　D. 5

16. 希尔排序的组内排序采用的是（　　）。

    A. 直接插入排序　B. 折半插入排序　C. 快速排序　　　　D. 归并排序

17. 希尔排序的增量序列必须是（　　）。

    A. 递增的　　　　B. 随机的　　　　C. 递减的　　　　D. 等差的

18. 对初始数据序列(8,3,9,11,2,1,4,7,5,10,6)进行希尔排序。若第一趟排序结果为(1,3,7,5,2,6,4,9,11,10,8),第二趟排序结果为(1,2,6,4,3,7,5,8,11,10,9),则两趟排序采用的增量（间隔）依次是（　　）。

    A. 3,1　　　　　B. 3,2　　　　　C. 5,2　　　　　D. 5,3

19. 为实现快速排序算法,待排序序列宜采用的存储方式是（　　）。

    A. 顺序存储　　　B. 散列存储　　　C. 链式存储　　　D. 索引存储

20. 采用递归方式对顺序表进行快速排序。下列关于递归次数的叙述中,正确的是（　　）。

    A. 递归次数与初始数据的排列次序无关

    B. 每次划分后,先处理较长的分区可以减少递归次数

    C. 每次划分后,先处理较短的分区可以减少递归次数

    D. 递归次数与每次划分后得到的分区的处理顺序无关

21. 下列选项中,不可能是快速排序第 2 趟排序结果的是（　　）。

    A. 2,3,5,4,6,7,9　　　　　　　　B. 2,4,3,5,7,6,9

    C. 3,2,5,4,7,6,9　　　　　　　　D. 4,2,3,5,7,6,9

22. 已知小根堆为 8,15,10,21,34,16,12,删除关键字 8 之后需重建堆,在此过程中,关键字之间的比较次数是（　　）。

    A. 1　　　　　　B. 2　　　　　　C. 3　　　　　　D. 4

23. 已知序列 25,13,10,12,9 是大根堆,在序列尾部插入新元素 18,将其再调整为大根堆,调整过程中元素之间进行的比较次数是（　　）。

    A. 1　　　　　　B. 2　　　　　　C. 4　　　　　　D. 5

24. 用某种排序方法对关键字序列(36,95,32,58,26,38,79,46,31)进行排序时,序列的变化情况如下,则所采用的排序方法是（　　）。

31,26,32,36,58,38,79,46,95

26,31,32,36,46,38,58,79,95

26,31,32,36,38,46,58,79,95

    A. 选择排序　　　B. 希尔排序　　　C. 归并排序　　　D. 快速排序

25. 对关键字序列(56,23,78,92,88,67,19,34)进行增量为 3 的一趟希尔排序的结果为（　　）。

    A. (19,23,56,34,78,67,88,92)　　　B. (23,56,78,66,88,92,19,34)

C. (19,23,34,56,67,78,88,92)   D. (19,23,67,56,34,78,92,88)

26. 对 n 个关键字的序列进行快速排序,平均情况下的空间复杂度为（   ）。

   A. $O(1)$ B. $O(\log n)$ C. $O(n)$ D. $O(n\log n)$

27. 若数据元素序列(11,12,13,7,8,9,23,4,5)是采用下列排序方法之一得到的第 2 趟排序后的结果,则该排序算法只能是（   ）。

   A. 冒泡排序   B. 插入排序   C. 选择排序   D. 2-路归并排序

28. 对一组数据(2,12,16,88,5,10)进行排序,若前 3 趟排序结果如下:

   第 1 趟排序结果为(2,12,16,5,10,88)。

   第 2 趟排序结果为(2,12,5,10,16,88)。

   第 3 趟排序结果为(2,5,10,12,16,88)。

   则采用的排序方法可能是（   ）。

   A. 冒泡排序   B. 希尔排序   C. 归并排序   D. 基数排序

29. 对关键字序列(5,1,4,3,7,2,8,6)进行快速排序时,以第 1 个元素 5 为枢轴的一次划分的结果为（   ）。

   A. (1,2,3,4,5,6,7,8)   B. (1,4,3,2,5,7,8,6)

   C. (2,1,4,3,5,7,8,6)   D. (8,7,6,5,4,3,2,1)

30. 已知关键字序列 5,8,12,19,28,20,15,22 是小根堆,插入关键字 3,调整后得到的小根堆是（   ）。

   A. 3,5,12,8,28,20,15,22,19   B. 3,5,12,19,20,15,22,8,28

   C. 3,8,12,5,20,15,22,28,19   D. 3,12,5,8,28,20,15,22,19

31. 在将关键字序列(6,1,5,9,8,4,7)建成大根堆时,正确的序列变化过程是（   ）。

   A. 6,1,7,9,8,4,5⇒6,9,7,1,8,4,5⇒9,6,7,1,8,4,5⇒9,8,7,1,6,4,5

   B. 6,9,5,1,8,4,7⇒6,9,7,1,8,4,5⇒9,6,7,1,8,4,5⇒9,8,7,1,6,4,5

   C. 6,9,5,1,8,4,7⇒9,6,5,1,8,4,7⇒9,6,7,1,8,4,5⇒9,8,7,1,6,4,5

   D. 6,1,7,9,8,4,5⇒7,1,6,9,8,4,5⇒7,9,6,1,8,4,5⇒9,7,6,1,8,4,5⇒9,8,6,1,7,4,5

32. 已知一组关键字为{25,48,36,72,79,82,23,40,16,35},其中每相邻两个为有序子序列。对这些子序列进行一趟两两归并的结果是（   ）。

   A. {25,36,48,72,23,40,79,82,16,35}

   B. {25,36,48,72,16,23,40,79,82,35}

   C. {25,36,48,72,16,23,35,40,79,82}

   D. {16,23,25,35,36,40,48,72,79,82}

33. 对记录序列(314,298,508,123,486,145)依次按个位和十位进行两趟基数排序之后所得结果为（   ）。

   A. 123,145,298,314,486,508   B. 508,314,123,145,486,298

   C. 486,314,123,145,508,298   D. 298,123,508,486,145,314

34. 基数排序适用的数据类型是（   ）。

   A. 浮点数   B. 整数或字符串

   C. 链表   D. 任意数据类型

35. 基数排序的时间复杂度为（　　　）。

    A. $O(d(n+k))$　　　B. $O(n\log n)$　　　C. $O(n^2)$　　　D. $O(k\log n)$

36. 基数排序通常采用的子过程是（　　　）。

    A. 快速排序　　　B. 计数排序　　　C. 堆排序　　　D. 冒泡排序

37. 基数排序的空间复杂度为（　　　）。

    A. $O(n+k)$　　　B. $O(n)$　　　C. $O(k)$　　　D. $O(1)$

38. 给定一个含 100 000 个像素颜色值的数组,数组中的每个值是[0,255]中的整数。更适合对该数组排序的算法是（　　　）。

    A. 快速排序　　　B. 堆排序　　　C. 归并排序　　　D. 计数排序

39. 对给定的关键字序列 110,119,007,911,114,120,122 进行基数排序,则第 2 趟分配收集后得到的关键字序列是（　　　）。

    A. 007,110,119,114,911,120,122　　　C. 007,110,911,114,119,120,122

    B. 007,110,119,114,911,122,120　　　D. 110,120,911,122,114,007,119

40. 下列排序方法中,若将顺序存储更换为链式存储,则算法的时间效率会降低的是（　　　）。

    Ⅰ. 插入排序　　　Ⅱ. 选择排序　　　Ⅲ. 起泡排序

    Ⅳ. 希尔排序　　　Ⅴ. 堆排序

    A. 仅Ⅰ、Ⅱ　　　B. 仅Ⅱ、Ⅲ　　　C. 仅Ⅲ、Ⅳ　　　D. 仅Ⅳ、Ⅴ

41. 在内部排序时,若选择了归并排序而没有选择插入排序,则可能的理由是（　　　）。

    Ⅰ. 归并排序的程序代码更短　　　Ⅱ. 归并排序的占用空间更少

    Ⅲ. 归并排序的运行效率更高

    A. 仅Ⅱ　　　B. 仅Ⅲ　　　C. 仅Ⅰ、Ⅱ　　　D. 仅Ⅰ、Ⅲ

42. 排序过程中,对尚未确定最终位置的所有元素进行一遍处理称为一"趟"。下列序列中,不可能是快速排序第二趟结果的是（　　　）。

    A. 5,2,16,12,28,60,32,72　　　B. 2,16,5,28,12,60,32,72

    C. 2,12,16,5,28,32,72,60　　　D. 5,2,12,28,16,32,72,60

43. 选择一个排序算法时,除算法的时空效率外,下列因素中,还需要考虑的是（　　　）。

    Ⅰ. 数据的规模　　　Ⅱ. 数据的存储方式

    Ⅲ. 算法的稳定性　　　Ⅳ. 数据的初始状态

    A. 仅Ⅲ　　　B. 仅Ⅰ、Ⅱ　　　C. 仅Ⅱ、Ⅲ、Ⅳ　　　D. Ⅰ、Ⅱ、Ⅲ、Ⅳ

44. 在内部排序过程中,对尚未确定最终位置的所有元素进行一遍处理称为一趟排序。下列排序方法中,每趟排序结束时都至少能够确定一个元素最终位置的方法是（　　　）。

    Ⅰ. 简单选择排序　　　Ⅱ. 希尔排序　　　Ⅲ. 快速排序

    Ⅳ. 堆排序　　　Ⅴ. 2-路归并排序

    A. 仅Ⅰ、Ⅲ、Ⅳ　　　B. 仅Ⅰ、Ⅲ、Ⅴ　　　C. 仅Ⅱ、Ⅲ、Ⅳ　　　D. 仅Ⅲ、Ⅳ、Ⅴ

45. 对 15TB 的数据文件进行排序,应使用的方法是（　　　）。

    A. 希尔排序　　　B. 堆排序　　　C. 快速排序　　　D. 归并排序

（二）解答题

◆1. ① 以关键字序列 (503,087,512,061,908,170,897,275,653,426) 为例,手工执行

以下排序算法,写出每趟排序结束时的关键字状态:

(1) 直接插入排序;

(2) 希尔排序(增量 d[1]=5);

(3) 快速排序;

(4) 堆排序;

(5) 归并排序;

(6) 基数排序。

2. ① 若对下列关键字序列按教科书 10.3 节和 10.5 节中所列算法进行快速排序和归并排序,分别写出三次调用函数 Partition 和函数 Merge 后的结果。

(Tim,Kay,Eva,Roy,Dot,Jon,Kim,Ann,Tom,Jim,Guy,Amy)

3. ② 试问在题 1 所列各种排序方法中,哪些是稳定的? 哪些是不稳定的? 并为每种不稳定的排序方法举出一个不稳定的实例。

◆**4.** ④ 试问:对初始状态如下(长度为 n)的各序列进行直接插入排序时,至多需进行多少次关键字间的比较(要求排序后的序列按关键字自小至大顺序有序)?

(1) 关键字(自小至大)顺序有序 ($key_1 < key_2 < \cdots < key_n$)

(2) 关键字(自大至小)逆序有序 ($key_1 > key_2 > \cdots > key_n$)

(3) 序号为奇数的关键字顺序有序,序号为偶数的关键字顺序有序

($key_1 < key_3 < \cdots, key_2 < key_4 \cdots$)

(4) 前半个序列中的关键字顺序有序,后半个序列中的关键字逆序有序

($key_1 < key_2 < \cdots < key_{n/2}, key_{n/2+1} > key_{n/2+2} > \cdots > key_n$)

5. ⑤ 假设把 n 个元素的序列 $\{a_1, a_2, \cdots, a_n\}$ 中满足条件 $a_k < \max_{0 \le t \le k}\{a_t\}$ 的元素 a_k 称为逆序元素。若在一个无序序列有一对元素 $a_i > a_j (i<j)$,试问当将 a_i 和 a_j 相互交换之后(即序列由 $\{\cdots a_i \cdots a_j \cdots\}$ 变为 $\{\cdots a_j \cdots a_i \cdots\}$),该序列中逆序元素的个数会有什么变化? 为什么?

◆**6.** ④ 奇偶交换排序如下所述:第一趟对所有奇数 i,将 $a[i]$ 和 $a[i+1]$ 进行比较,若 $a[i]>a[i+1]$,则将两者交换;第二趟对所有的偶数 i,将 $a[i]$ 和 $a[i+1]$ 进行比较,若 $a[i]>a[i+1]$,则将两者交换;第三趟对奇数 i;第四趟对偶数 i;……;以此类推直至整个序列有序为止。

(1) 试问这种排序方法的结束条件是什么?

(2) 分析当初始序列为正序或逆序两种情况下,奇偶交换排序过程中所需进行的关键字比较的次数。

◆**7.** ② 不难看出,对长度为 n 的记录序列进行快速排序时,所需进行的比较次数依赖于这 n 个元素的初始排列。

(1) $n=7$ 时在最好情况下需进行多少次比较? 请说明理由。

(2) 对 $n=7$ 给出一个最好情况的初始排列实例。

8. ④ 试证明:当输入序列已经呈现为有序状态时,快速排序的时间复杂度为 $O(n^2)$。

9. ④ 若将快速排序的一次划分改写为如下形式,重写快速排序的算法,并讨论对长度为 N 的记录序列进行快速排序时,在最好的情况下所需进行的关键字间比较的次数(包括三者求中)。

```
int Partition(SqList L, int low, int high, bool * ci, bool * cj) {
    RcdType * r = L->elem;                      //为了简化代码
    int i=low, j=high, m=(low+high)/2;
    KeyType x = Midkey(r, low, m, high);        //r 中三元素取 key 中值给 x
    * ci = * cj = FALSE;
    while (i<j) {
        while (i<j && r[i].key <= x) {
            i++;
            if (r[i].key < r[i-1].key)
                { swap(r, i, i-1);    * ci=TRUE; }
        }
        while (j>i && r[j].key > x) {
            j--;
            if (r[j].key > r[j+1].key)
                { swap(r, j, j+1);    * cj=TRUE; }
        }
        if (i < j) {
            swap(r, i, j);
            if (i>low && r[i].key < r[i-1].key) * ci=TRUE;
            if (j<high && r[j].key > r[j+1].key) * cj=TRUE;
        }
    }
    return i;                    //返回枢轴位置
}
```

◆10. ④ 阅读下列排序算法,并与已学算法相比较,讨论算法中基本操作的执行次数。

```
void sort(RcdType r, int n) {
    int i=1, min, max;
    while (i < n-i+1) {
        min = max = i;
        for (int j=i+1; j<=n-i+1; ++j) {
            if (r[j].key < r[min].key)  min = j;
            else if (r[j].key > r[max].key)  max = j;
        }
        if (min != i)  swap(r, min, i);
        if (max != n-i+1) {
            if (max == i) swap(r, min, n-i+1);
            else swap(r, max, n-i+1);
        }
        i++;
    }
}
```

11. ② 试问:按锦标赛排序的思想,决出 8 名运动员之间的名次排列,至少需编排多少场次的比赛(应考虑最坏的情况)?

12. ① 判别以下序列是否为堆(小顶堆或大顶堆)。如果不是,则把它调整为堆(要求记录交换次数最少)。

(1) (100,86,48,73,35,39,42,57,66,21);

（2）(12,70,33,65,24,56,48,92,86,33)；

（3）(103,97,56,38,66,23,42,12,30,52,06,20)；

（4）(05,56,20,23,40,38,29,61,35,76,28,100)。

13. ② 一个长度为 n 的序列,若去掉其中少数 $k(k \ll n)$ 个记录后,序列是按关键字有序的,则称为近似有序序列。试对这种序列讨论各种简单排序方法的时间复杂度。

◆14. ④ 假设序列由 n 个关键字不同的记录构成,要求不经排序而从中选出关键字从大到小顺序的前 $k(k \ll n)$ 个记录,试问如何进行才能使所做的关键字间比较次数达到最小?

◆15. ④ 对一个由 n 个关键字不同的记录构成的序列,能否用比 $2n-3$ 少的次数选出这 n 个记录中关键字取最大值和关键字取最小值的记录? 若能,说明如何实现? 在最坏情况下至少进行多少次比较?

◆16. ② 已知一个含 n 记录的序列,其关键字均为 $0 \sim n^2$ 的整数。若利用堆排序等方法进行排序,则时间复杂度为 $O(n \log n)$。如果将每个关键字 K_i 认作 $K_i = K_i^1 n + K_i^2$,其中, K_i^1 和 K_i^2 都是范围 $[0,n)$ 中的整数,则利用基数排序只需用 $O(n)$ 的时间。推广之,若整数关键字的范围为 $[0,n^k)$,则可得到只需时间 $O(kn)$ 的排序方法,试讨论如何实现。

17. ③ 已知一个单链表由 3000 个元素组成,每个元素是一整数,其值为 $1 \sim 1\,000\,000$。试考察在第 10 章给出的几种排序方法中,哪些方法可用于解决这个链表的排序问题? 哪些不能? 简述理由。

18. ② 在进行多关键字排序的两种方法中,试思考在什么条件下 MSD 法比 LSD 法效率更高?

◆19. ④ 假设某大旅店共有 5000 个床位,每天需根据住宿旅客的文件制造一份花名册,该名册要求按省(市)的次序排列,每省(市)按县(区)排列,又同一县(区)的旅客按姓氏排列。请为旅店的管理人员设计一个制作这份花名册的方法。

20. ③ 已知待排序的 3 个整数 a,b 和 c $(a \neq b \neq c \neq a)$ 可能出现的 6 种排列情况的概率不等,且如下表所示:

$a<b<c$	$b<a<c$	$a<c<b$	$c<a<b$	$b<c<a$	$c<b<a$
0.13	0.24	0.08	0.19	0.20	0.16

试为该序列设计一个最佳排序方案,使排序过程中所需进行的关键字间的比较次数的期望值达到最小。

21. ③ 分别利用折半插入排序法和 2-路归并排序法对含 4 个记录的序列进行排序,画出描述该排序过程的判定树,并比较它们所需进行的关键字间的比较次数的最大值。

22. ⑤ 归并插入排序是对关键字进行比较次数最少的一种内部排序方法,它可按如下步骤进行(假设待排序元素存放在数组 $x[1..n]$ 中)。

(1) 另开辟两个大小为 $\lceil n/2 \rceil$ 的数组 small 和 large。从 $i=1$ 到 $n-1$,对每个奇数的 i,比较 $x[i]$ 和 $x[i+1]$,将其中较小者和较大者分别依次存入数组 small 和 large 中(当 n 为奇数时,$small[\lceil n/2 \rceil] = x[n]$)。

(2) 对数组 $large[1..\lfloor n/2 \rfloor]$ 中元素进行归并插入排序,同时相应调整 small 数组中的元素,使得在这一步结束时达到 large$[i]$<large$[i+1]$,$i=1,2,\cdots,\lfloor n/2\rfloor-1$,small$[i]$<large$[i]$,$i=1,2,\cdots,\lfloor n/2\rfloor$。

（3）将 small$[1]$传送至 $x[1]$ 中,将 large$[1]$~large$[\lfloor n/2\rfloor]$ 依次传送到 $x[2]$~$x[\lfloor n/2\rfloor+1]$ 中。

（4）定义一组整数 int$[i]=(2^{i+1}+(-1)^i)/3$,$i=1,2,\cdots,t-1$,直至 int$[t]>\lfloor n/2\rfloor+1$,利用折半插入依次将 small$[$int$[i+1]]$~small$[$int$[i]+1]$ 插入 x 数组中。例如,若 $n=21$,则得到一组整数 int$[1]=1$,int$[2]=3$,int$[3]=5$,int$[4]=11$,由此 small 数组中元素应按如下次序:small$[3]$,small$[2]$,small$[5]$,small$[4]$,small$[11]$,small$[10]$,$\cdots$,small$[6]$,插入 x 数组中。

试以 $n=5$ 和 $n=11$ 手工执行归并插入排序,并计算排序过程中所作关键字比较的次数。

23. ③ 设有 6 个有序表 A、B、C、D、E、F,分别含 12、34、43、55、67 和 198 个数据元素,各表中元素按升序排列。要求通过 5 次两两合并,将 6 个表最终合并成一个升序表,并在最坏情况下比较的总次数达到最小。请回答下列问题:

（1）给出完整的合并过程,并求出最坏情况下比较的总次数。

（2）根据合并过程,描述 $N(N\geqslant2)$ 个不等长升序表的合并策略,并说明理由。

24. ④ 给定两个各包含 n 个元素的数组 A 和 B,对于某个数 K,给出一个时间复杂度为 $O(n\log n)$ 的算法,判断是否存在 $a\in A$ 且 $b\in B$ 使得 $a+b=K$。

五、算法设计题

1. ② 试以 L->r$[k+1]$ 作为监视哨改写教科书 10.2.1 节中给出的直接插入排序算法。其中,L->r$[1..k]$ 为待排序记录,且 L->r$[k+1]$ 在 L 的容量之内。

2. ③ 试编写教科书 10.2.2 节中所述 2-路插入排序的算法。

◆**3.** ④ 数组 A 中前半段 A$[0..m-1]$ 和后半段 A$[m..m+n-1]$ 分别是升序的,$n\leqslant m$。写一算法,合并这两个已排序的子数组:使用插入排序的方式,并用折半查找定位插入位置,从而减少关键字比较次数。要求空间复杂度为 $O(1)$。提示:为了关键字比较的总次数尽可能低,需对折半查找做改进。

4. ② 如下所述改写教科书 10.3 节中所述起泡排序算法:将 1.4.3 节所给出的算法中用于起控制作用的布尔变量 change 改为一个整型变量,指示每趟排序中进行交换的最后一个记录的位置,并以它作为下一趟起泡排序循环终止的控制值。

5. ② 编写一个双向起泡的排序算法,即相邻两遍向相反方向起泡。

6. ④ 修改第 5 题中要求的算法,请考虑如何避免将算法写成两个并在一起的相似的单向起泡的算法段。

7. ④ 按解答题 6 所述编写奇偶交换排序的算法。

◆**8.** ④ 按下述原则编写快速排序的非递归算法:

（1）一趟排序之后,先对长度较短的子序列进行排序,且将另一子序列的上、下界入栈保存。

（2）若待排记录数≤3,则不再进行分割,而是直接进行比较排序。

9. ④ 编写算法,对 n 个关键字取整数值的记录序列进行整理,以使所有关键字为负

值的记录排在关键字为非负值的记录之前,要求:

(1) 采用顺序存储结构,至多使用一个记录的辅助存储空间;

(2) 算法的时间复杂度为 $O(n)$;

(3) 讨论算法中记录的最大移动次数。

◆10. ⑤ 荷兰国旗问题:设有一个仅由红、白、蓝 3 种颜色的条块组成的条块序列。请编写一个时间复杂度为 $O(n)$ 的算法,使得这些条块按红、白、蓝的顺序排好,即排成荷兰国旗图案。

11. ③ 试以单链表为存储结构实现简单选择排序的算法。

◆12. ③ 已知 $(k_1, k_2, \cdots, k_p)$ 是堆,则可以写一个时间复杂度为 $O(\log n)$ 的算法将 $(k_1, k_2, \cdots, k_p, k_{p+1})$ 调整为堆。试编写"从 $p=1$ 起,逐个插入建堆"的算法,并讨论由此方法建堆的时间复杂度。

13. ③ 假设定义堆为满足如下性质的完全三叉树:

(1) 空树为堆;

(2) 根节点的值不小于所有子树根的值,且所有子树均为堆。编写利用上述定义的堆进行排序的算法,并分析推导算法的时间复杂度。

14. ④ 采用单链表存储结构,实现递归的归并排序。

15. ④ 采用单链表存储结构,实现非递归归并排序。

◆16. ③ 2-路归并排序的另一策略是,先对待排序序列扫描一遍,找出并划分为若干最大有序子列,将这些子列作为初始归并段。试写一个算法在链表结构上实现这一策略。

17. ⑤ 已知两个有序序列 $(a_1, a_2, \cdots, a_m)$ 和 $(a_{m+1}, a_{m+2}, \cdots, a_n)$,并且其中一个序列的记录个数少于 s,且 $s = \lfloor \sqrt{n} \rfloor$。试写一个算法,用 $O(n)$ 时间和 $O(1)$ 附加空间完成这两个有序序列的归并。

18. ⑤ 假设两个序列都各有至少 s 个记录,重做第 17 题。

◆19. ④ 假设有 1000 个关键字为小于 10 000 的整数的记录序列,请设计一种排序方法,要求以尽可能少的比较次数和移动次数实现排序,并按你的设计编出算法。

◆20. ④ 序列的"中值记录"指的是:如果将此序列排序后,它是第 $\frac{n}{2}$ 个记录。试写一个求中值记录的算法。

◆21. ③ 已知记录序列 a[1..n] 中的关键字各不相同,可按如下所述实现计数排序:另设数组 c[1..n],对每个记录 a[i],统计序列中关键字比它小的记录个数存于 c[i],则 c[i]=0 的记录必为关键字最小的记录;然后依 c[i] 值的大小对 a 中记录进行重新排列,试编写算法实现上述排序方法。

22. ③ 假设含 n 个记录的序列中,其所有关键字为值介于 v 和 w 之间的整数,且其中很多关键字的值是相同的。则可按如下方法进行排序:另设数组 number[v..w] 且令 number[i] 统计关键字取整数 i 的记录数,之后按 number 重排序列以达到有序。试编写算法实现上述排序方法,并讨论此种方法的优缺点。

23. ③ 试编写算法,借助"计数"实现基数排序。

24. ③ 序列 b 的每个元素是一个记录,每个记录占的存储量比其关键字占的存储量大得多,因而记录的移动操作是极为费时的。试写一个算法,将序列 b 的排序结果放入序列

a 中,且每个记录只复制一次而无其他移动。你的算法可以调用第 10 章中给出的任何排序算法。思考:当记录存于链表中时,若希望利用快速排序算法对关键字排序,从而最后实现链表的排序,如何模仿上述方法实现?

25. ④ 已知由 $n(n \geqslant 2)$ 个正整数构成的集合 $A = \{a_k \mid 0 \leqslant k < n\}$,将其划分为两个不相交的子集 A_1 和 A_2,元素个数分别是 n_1 和 n_2,A_1 和 A_2 中元素之和分别为 S_1 和 S_2。设计一个尽可能高效的划分算法,满足 $|n_1 - n_2|$ 最小且 $|S_1 - S_2|$ 最大。要求:

(1) 给出算法的基本设计思想。

(2) 根据设计思想,采用 C 语言描述算法,关键之处给出注释。

(3) 说明所设计算法的平均时间复杂度和空间复杂度。

26. ④ 已知两个有序数组 A 和 B,A 的大小是 $m+n$ 但只包含 m 个元素,B 的大小是 n 且包含 n 个元素。将两个数组中的元素合并到第一个大小为 $m+n$ 的数组中并对其排序。

第11章 外部排序

一、基本内容

实现外部排序的基本方法;为减少平衡归并排序中所需进行的外存读写次数可采取的措施:利用败者树实现多路归并,通过置换-选择排序产生初始归并段,并对所得长度不等的归并段构造最佳归并树。

二、学习要点

(1) 熟悉外部排序的两个阶段和第二阶段——归并的过程。

**(2) 掌握外部排序过程中所需进行外存读写次数的计算方法。

(3) 了解败者树的建立过程。

**(4) 掌握实现多路归并的算法。

(5) 熟悉置换-选择排序的过程,理解它能得到平均长度为工作区两倍的初始归并段的原因。

(6) 熟悉最佳归并树的构造方法。掌握按最佳归并树的归并方案进行平衡归并时,外存读写次数的计算方法。

三、可视交互学习与解析

本章的数据结构主要是败者树和最佳归并树,分别对应堆和最优树(赫夫曼树)的类似结构形态。

四、基础知识题

(一) 单项选择题

1. 为了提高外部排序的效率,在进行 k-路归并时应采用(　　)。

A. B 树　　　　　　　B. 胜者树　　　　　　　C. 败者树　　　　　　　D. 键树

2. 在下列 4 棵归并树中,最佳归并树是(　　)。

A.

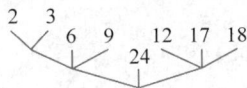

B.

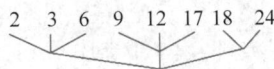

C.

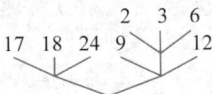

D.

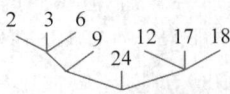

3. 设外存上有 120 个初始归并段,进行 12-路归并时,为实现最佳归并,需要补充的虚段个数是(　　)。

A. 1　　　　　　　　　B. 2　　　　　　　　　C. 3　　　　　　　　　D. 4

4. 外部排序与内部排序最主要的区别在于(　　　　)。

　　A. 算法的时间复杂度不同　　　　　　　B. 算法实现的复杂性差异

　　C. 使用的排序算法类型不同　　　　　　D. 是否涉及内存与外存的数据交换

5. 置换选择排序的作用是(　　　　)。

　　A. 减少归并趟数　　　　　　　　　　　B. 生成长度更长的初始归并段

　　C. 优化多路归并的效率　　　　　　　　D. 直接完成最终排序

6. 若有 12 个初始归并段,采用 5-路平衡归并,则归并趟数为(　　　　)。

　　A. 2　　　　　　　　　B. 3　　　　　　　　　C. 4　　　　　　　　　D. 5

7. 关于败者树的描述,错误的是(　　　　)。

　　A. 是一棵完全二叉树　　　　　　　　　B. 用于减少多路归并的比较次数

　　C. 叶节点存放待比较元素　　　　　　　D. 每次调整需比较所有归并路元素

8. 外部排序的时间主要消耗在(　　　　)。

　　A. 生成初始归并段　　　　　　　　　　B. 归并段的排序操作

　　C. 内存与外存的数据交换　　　　　　　D. 败者树的构建过程

9. 最佳归并树用于优化(　　　　)。

　　A. 初始归并段的生成　　　　　　　　　B. 归并过程中的比较次数

　　C. 减少归并段的读写次数　　　　　　　D. 归并段的长度差异

10. 多路归并的主要目的是(　　　　)。

　　A. 减少内存占用　　　　　　　　　　　B. 降低时间复杂度

　　C. 减少归并趟数　　　　　　　　　　　D. 简化算法实现

11. 外部排序中缓冲区的用途是(　　　　)。

　　A. 存储最终排序结果　　　　　　　　　B. 减少归并时的 I/O 操作

　　C. 加快内部排序速度　　　　　　　　　D. 存储败者树结构

12. 关于置换选择排序,正确的是(　　　　)。

　　A. 生成的归并段数量与内存容量无关

　　B. 归并段长度一定等于内存容量

　　C. 适用于任意规模的内部排序

　　D. 可能生成比内存容量更长的归并段

13. 外部排序的两个阶段是(　　　　)。

　　A. 分块排序与多路归并　　　　　　　　B. 建立索引与快速排序

　　C. 散列映像与桶排序　　　　　　　　　D. 冒泡排序与二分归并

（二）解答题

◆**1.** ① 假设某文件经内部排序得到 100 个初始归并段,试问:

（1）若要使多路归并三趟完成排序,则应取归并的路数至少为多少?

（2）假若操作系统要求一个程序同时可用的输入输出文件的总数不超过 13,则按多路归并至少需几趟可完成排序? 如果限定这个趟数,则可取的最低路数是多少?

◆**2.** ② 假设一次 I/O 的物理块大小为 150,每次可对 750 个记录进行内部排序,那么,对含 150 000 个记录的磁盘文件进行 4-路平衡归并排序时,需进行多少次 I/O?

3. ① “败者树”中的“败者”指的是什么? 若利用败者树求 k 个数中的最大值,在某次

比较中得到 $a>b$,那么谁是败者? 败者树与堆有何区别?

4. ②　手工执行算法 k-merge,追踪败者树变化过程。假设初始归并段为
$(10,15,16,20,31,39,+\infty)$;
$(9,18,20,25,36,48,+\infty)$;
$(20,22,40,50,67,79,+\infty)$;
$(6,15,25,34,42,46,+\infty)$;
$(12,37,48,55,+\infty)$;
$(84,95,+\infty)$

5. ②　为什么置换-选择排序能得到平均长度为 $2w$ 的初始归并段? 能否依置换-插入或置换-交换等策略建立类似的排序方法?

6. ②　设内存有大小为 6 个记录的区域可供内部排序之用,文件的关键字序列为(51, 49,39,46,38,29,14,61,15,30,1,48,52,3,63,27,4,13,89,24,46,58,33,76)。试列出:

(1) 用教科书第 10 章中的内部排序方法求出初始归并段。

(2) 用置换-选择排序得出初始归并段,并写出 FI、W 和 FO 的变化过程。

(3) 用上面给出的数据手工执行算法 repl-selection。

7. ①　试问输入文件在哪种状态下经由置换-选择排序得到的初始归并段长度最长? 其最长的长度是多少?

8. ①　试问输入文件在哪种状态下经由置换-选择排序得到的初始归并段长度最短? 其最短的长度是多少?

9. ①　假若一个经由置换-选择排序得到的输出文件再次进行置换-选择排序,试问该文件将产生什么变化?

10. ②　在输入文件为逆序的情况下,由算法设计题 1 所描述的自然选择排序得到的初始归并段的平均长度为多少?

◆**11.** ②　已知某文件经过置换选择排序之后,得到长度分别为 47,9,39,18,4,12,23 和 7 的 8 个初始归并段。试为 3-路平衡归并设计一个读写外存次数最少的归并方案,并求出读写外存的次数。

12. ②　已知有 31 个长度不等的初始归并段,其中 8 段长度为 2,8 段长度为 3,7 段长度为 5,5 段长度为 12,3 段长度为 20(单位均为物理块)。请为此设计一个 5-路最佳归并方案,并计算总的(归并所需的)读写外存的次数。

五、算法设计题

1. ④　假设在进行置换-选择排序时,可另开辟一个和工作区的容量相同的辅助存储区(称为储备库)。当输入的记录关键字小于刚输出的 MINIMAX 记录时,不将它存入工作区,而暂存在储备库中,接着输入下一记录,以此类推,直至储备库满时不再进行输入,而只从工作区中选择记录输出直至工作区空为止,至此得到一个初始归并段。之后,再将储备库中记录传送至工作区,重新开始选择排序。这种方法称为自然选择排序。一般情况下可求得比置换-选择排序更长的归并段。

(1) 试对教科书 11.4 节中文件例子进行自然选择排序,求初始归并段。

(2) 编写自然选择排序的算法。

2. ④　扩展第 6 章算法设计题 47 的构造 k 叉最优树算法,编写构造 k 路最佳归并树的算法。

第 12 章　文件和索引结构

一、基本内容

各类文件(顺序文件、索引顺序文件、直接存取文件、多重表文件和倒排文件)的构造方法及文件操作在其上的实现。

二、学习要点

熟悉各类文件的特点、构造方法以及如何实现检索、插入和删除等操作。读者可结合第 9 和 10 解答题的要求综合本章内容,设想构造各种组织方式的文件。

三、可视交互学习与解析

本章的数据结构主要是 B^+ 树和索引表,分别对应 B 树和书目索引表的类似形态。

四、基础知识题

(一) 单项选择题

1. 对存储在磁盘上的顺序文件的记录进行直接存取是根据(　　)。

    A. 逻辑记录号　　　　　　　　　　B. 逻辑记录的结构

    C. 逻辑记录的内容　　　　　　　　D. 逻辑关键字

2. 主关键字能唯一标识(　　)。

    A. 一个记录　　　　　　　　　　　B. 一组记录

    C. 一个类型　　　　　　　　　　　D. 一个文件

3. 索引的主要作用是(　　)。

    A. 提高数据插入速度　　　　　　　B. 提高数据删除速度

    C. 提高数据查找速度　　　　　　　D. 提高数据更新速度

4. 稠密索引是在索引表中(　　)。

    A. 为每个记录建立一个索引项　　　B. 为每个页块建立一个索引项

    C. 为每组记录建立一个索引项　　　D. 为每个字段建立一个索引项

5. 稀疏索引是指在文件的索引表中(　　)。

    A. 为每个字段设一个索引项　　　　B. 为每个记录设一个索引项

    C. 为每组字段设一个索引项　　　　D. 为每组记录设一个索引项

6. 组成索引文件的两部分是(　　)。

    A. 索引表和数据文件　　　　　　　B. 索引项和数据记录

    C. 索引头和数据体　　　　　　　　D. 索引指针和数据内容

7. 索引非顺序文件的特点是(　　)。

    A. 主文件无序,索引表有序　　　　B. 主文件有序,索引表无序

C. 主文件有序，索引表有序   D. 主文件无序，索引表无序

8. 在下列各种文件中，不能进行顺序查找的文件是（   ）。

     A. 顺序文件   B. 索引文件

     C. 散列文件   D. 多重表文件

9. 对大型顺序文件进行少量修改时，高效的方法是（   ）。

     A. 复制整个文件   B. 使用附加文件记录修改

     C. 建立散列索引   D. 转换为链式存储

10. 采用 ISAM 或 VSAM 组织的文件是（   ）。

     A. 索引非顺序文件   B. 顺序文件

     C. 索引顺序文件   D. 散列文件

11. 在 ISAM 文件组织中，索引结构最适合存储于（   ）。

     A. 磁带   B. 磁盘   C. 光盘   D. 内存

12. ISAM 文件的周期性整理是为了空出（   ）。

     A. 磁道索引   B. 柱面索引   C. 柱面基本区   D. 柱面溢出区

13. 设置溢出区的文件是（   ）。

     A. 索引非顺序文件   B. ISAM 文件

     C. VSAM 文件   D. 顺序文件

14. 在 VSAM 文件的控制区间中，记录的存储方式为（   ）。

     A. 无序顺序   B. 有序顺序   C. 无序链接   D. 有序链接

15. ISAM 文件和 VSAM 文件的区别之一是（   ）。

     A. 前者是索引顺序文件，后者是索引非顺序文件

     B. 前者只能进行顺序存取，后者只能进行随机存取

     C. 前者的存储介质是磁盘，后者的存储介质不是磁盘

     D. 前者建立静态索引结构，后者建立动态索引结构

16. 关于索引顺序文件（如 VSAM），错误的是（   ）。

     A. 支持快速顺序访问   B. 索引与数据分离存储

     C. 适合磁带存储   D. 支持动态插入

17. B$^+$ 树索引的叶节点存储的是（   ）。

     A. 键值和记录指针   B. 键值和内存地址

     C. 键值和子节点指针   D. 键值和散列值

18. 若在文件中查找年龄在 60 岁以上的男性及年龄在 55 岁以上的女性的所有记录，则查找条件为（   ）。

     A. （性别＝"男"）OR（年龄＞60）OR（性别＝"女"）OR（年龄＞55）

     B. （性别＝"男"）OR（年龄＞60）AND（性别＝"女"）OR（年龄＞55）

     C. （性别＝"男"）AND（年龄＞60）OR（性别＝"女"）AND（年龄＞55）

     D. （性别＝"男"）AND（年龄＞60）AND（性别＝"女"）AND（年龄＞55）

19. 散列文件的基本存储单位是（   ）。

     A. 物理记录   B. 页块   C. 逻辑记录   D. 桶

20. 散列文件的关键在于（   ）。

A. 散列函数不产生冲突   B. 文件大小控制

C. 记录数量限制   D. 冲突处理机制

21. 倒排文件的主要优点是（   ）。

A. 便于进行插入和删除运算   B. 便于进行文件的恢复

C. 便于进行多关键字查找   D. 节省存储空间

22. 倒排索引主要用于（   ）。

A. 主关键字查找   B. 次关键字查找

C. 范围查找   D. 散列查找

（二）解答题

1. ① 试比较顺序文件、索引文件和索引顺序文件各有什么特点。

2. ① 已知下列 ISAM 文件：

T_1	win	$T_{2,1}$	xyl	$T_{5,3}$	zan	$T_{3,1}$	zom	$T_{5,2}$	道索引

T_2	R(was)	R(wen)	R(wil)	R(win)	基本区
T_3	R(yes)	R(you)	R(yum)	R(zan)	

T_4	R(xyl)	∧	R(zom)	∧	R(xan)	$T_{4,1}$	溢出区
T_5	R(wou)	$T_{4,3}$	R(ziu)	$T_{4,2}$	R(xer)	$T_{5,1}$	

试叙述在文件中查找记录 R(xan) 和 R(xzi) 的过程。

3. ① 试画出在教科书 12.2.2 节中图 12.10(a) 所示文件的状态下，插入 R_{89}、R_{91}，删除 R_{99}、R_{92} 之后的文件状态。

4. ② 直接存取文件为什么不用教科书 9.3.3 节中给出的链地址法存储结构而要按桶散列？桶的大小 m 是如何确定的？

◆5. ② 假设物理块（桶）大小为 100，若要求对含 30 000 个记录的直接存取文件进行一次按关键字查找时，读外存次数的平均值不超过 2，则问该直接存取文件应设多大？

6. ① 试叙述在教科书 12.5.1 节中图 12.15(a) 所示文件中查找"计算机"专业选修"丙"课程的学生名单的过程。一般来说，查找条件为两个关键字条件的"与"时，按哪个次关键字的链查找较好？

7. ① 简单比较文件的多重表和倒排表组织方式各有什么优缺点。

8. ③ 请为图书馆中如下所示的部分目录建立一个倒排文件。要求该文件允许用户按书名查找、按作者查找或按分类查找。现有的外存为磁盘，主文件按索引顺序组织，每个柱面有 6 道，设柱面溢出区，溢出区占 2 道。

作 者	书 名	分类号	书 号	出版社	藏书量	版本
甲	数学分析	A	002	ABC	5	2
甲	高等代数	A	015	ABC	3	1
乙	普通物理	B	030	ABC	5	2

作者	书　名	分类号	书号	出版社	藏书量	版本
乙	理论物理	B	042	ABC	2	1
甲	微分方程	A	027	ABC	2	1
乙	数学分析	A	004	ABC	3	1
丙	微分方程	A	023	ABC	2	1
乙	普通化学	C	044	RST	3	1
戊	分析化学	C	057	RST	2	1
戊	普通物理	B	036	RST	4	1

若相继插入下列记录，文件将发生什么变化？

①	甲	数学分析	A	003	ABC	10	3
②	戊	普通化学	C	049	RST	10	3
③	丁	理论物理	B	040	RST	10	2
④	丙	高等代数	A	013	RST	10	2

◆9. ①　试综述文件有哪几种常用的组织方式。它们各有什么特点？

◆10. ③　假设某个有 3000 张床位的旅店需为投宿的旅客建立一个便于管理的文件，每个记录是一名旅客的身份和投宿情况，其中旅客的身份证号码（15 位十进制数字）可作为主关键字。为了来访客人查找方便，还需建立姓名、投宿日期、从哪儿来等次关键字项索引。请为此文件确定一种组织方式（如主文件如何组织、各次关键字项索引如何建立等）。

11. ③　为大数据文件构建一棵 B$^+$ 树，怎样才能在构建过程中避免节点分裂？

五、算法设计题

1. ③　设主文件中每个记录含账号和余额两个域，事务文件含账号、存取标记和数额 3 个域。试写一个批量处理算法，产生更新后的新主文件，如教科书的图 12.4 所示。各文件均按账号由小到大的顺序排序；你的算法中必须包括检查输入数据错误的能力：将错误记录输出而又不影响后面其他记录的处理。

◆2. ④　编写算法，对 B$^+$ 树进行范围查找，查找并显示所有在 [low, high] 区间的键值。

3. ②　编写算法，在 B$^+$ 树内部节点 *p 内折半查找并返回关键字 key 对应的子树指针（注意：教科书约定每个节点的最小关键字在父节点作为索引）。

4. ②　假定 B$^+$ 树内部节点的索引取自其子节点的最大关键字。试重写题 3 要求的算法。

◆5. ④　改写教科书算法 12.3，将 B$^+$ 树的递归插入算法非递归化。

6. ④　改写教科书算法 12.4，将 B$^+$ 树的递归删除算法非递归化。

◆7. ⑤　编写算法，由一个长度为 n 的数组存储的关键字有序序列，构建一棵 m 阶 B$^+$

树,并且在构建过程中不发生节点分裂。

8. ⑤ 设计一个 B$^+$ 树文件存储方案,以及编写两个算法,分别将 B$^+$ 树结构持久化到磁盘和支持快速重建 B$^+$ 树。

9. ④ 设计一个基于散列的文件索引系统,支持文件快速定位。

10. ③ 为教科书 12.5.3 节的全文检索的散列倒排索引结构,编写删除关键字及其索引链表的算法。

第二篇 实　习　题

一、概述

上机实习是对学生的一种全面综合训练,是与课堂听讲、自学和练习相辅相成的必不可少的一个教学环节。通常,实习题中的问题比平时的习题复杂得多,也更接近实际,较大的题目也称课程设计。实习着眼于原理与应用的结合点,使读者学会如何把书上学到的知识用于解决实际问题,培养软件工作所需要的动手能力;另一方面,能使书上的知识变"活",起到深化理解和灵活掌握教学内容的目的。平时的练习较偏重于如何编写功能单一的"小"算法,而实习题是软件设计的综合训练,包括问题分析、总体结构设计、用户界面设计、程序设计基本技能和技巧,多人合作,以至一整套软件工作规范的训练和科学作风的培养。此外,还有很重要的一点是:机器是比任何教师都严厉的检查者。

为了达到上述目的,除实习 0 作为预备练习之外,本书安排了 6 个主实习单元,其他各单元的训练重点在于基本的数据结构,而不强调面面俱到。各实习单元与教科书的各章只具有粗略的对应关系,一个实习题常常涉及几部分教学内容。在每个实习单元中安排有难度不等的 4~9 个实习题,每个题目的题号之后标有难度系数,对于特别推荐题也做了标记。与习题的情况类似,在一个单元之内比较题目难度才有意义。此外,难度系数是根据题目的基本要求而给出的。

每个实习题采取了统一的格式,由问题描述、基本要求、测试数据、实现提示和选做内容5 部分组成。问题描述旨在为读者建立问题提出的背景环境,指明问题"是什么"。基本要求则对问题进一步求精,画出问题的边界,指出具体的参量或前提条件,并规定该题的最低限度要求。测试数据部分旨在为检查学生上机作业提供方便,在完成实习题时应自己设计完整和严格的测试方案,当数据输入量较大时,提倡以文件形式向程序提供输入数据。在实现提示部分,对实现中的难点及其解法思路等问题做了简要提示。选做部分向那些尚有余力的读者提出了更严峻的挑战,同时也能开拓其他读者的思路,在完成基本要求时力求避免就事论事的不良思想方法,尽可能寻求具有普遍意义的解法,使得程序结构合理,容易修改扩充。

不难发现,这里与传统的做法不同,题目设计得非常详细。会不会限制读者的想象力,影响创造力的培养呢?回答是:软件发展的一条历史经验就是要限制程序设计者在某些方面的创造性,从而使其创造能力集中地用到特别需要创造性的环节之上。实习题目本身就给出了问题说明和问题分解求精的范例,使读者在无形中学会模仿,它起到把读者的思路引上正轨的作用,避免坏结构程序和坏习惯,同时也传授了系统划分方法和程序设计的一些具体技术,保证实现预定的训练意图,使某些难点和重点不会被绕过去,而且也便于教学检查。题目的设计策略是:一方面使其难度和工作量都较大;另一方面给读者提供的辅助和可以模仿的成分也较多。当然还应指出的是,提示的实现方法未必是最好的,读者不应拘泥于此,而应努力开发更好的方法和结构。

在每个实习单元中,每人可以从中选做一个实习题。类似于习题,本题集也为每个实习题注了一个难度从①~⑤的难度系数,同样,它也只是一个相对的量,只对同一单元内的实习题起到区别难度的作用,读者无须对不同单元内的实习题进行难度比较,事实上,如果你对实习①中难度为③的题尚感困惑,在经过几个练习之后,你会对实习⑥中难度为③的题感到轻而易举。经验表明,如果某题的难度略高于自己过去所对付过的最难题目的难度,则选择此题能够带来最大的收益。切忌过分追求难题。较大的题目,或是其他题目加上某些选做款项适合于多人合作。

本书的一个特点是为实习制定了严格的规范(见下一节)。一种普遍存在的错误观念是,调试程序全凭运气。学生花两个小时的上机时间只找出一个错误,甚至一无所获的情况是常见的。其原因在于,很多人只认识到找错误,而没有认识到努力预先避免错误的重要性,也不知道应该如何努力。实际上,结构不好、思路和概念不清的程序可能是根本无法调试正确的。严格按照实习步骤规范进行实习不但能有效地避免上述种种问题,更重要的是有利于培养软件工作者不可缺少的科学工作方法和作风。

在每个实习单元提供了一个完整的实习报告示例或做题示例,在起到实习报告规格范例作用的同时,还隐含地提供了很多有益的东西,例如,基于数据类型的系统划分方法;递归算法设计方法和技巧;对于有天然递归属性的问题如何构造非递归算法;以及所提倡的程序设计风格;等等。但从另一方面看,计算机学科在不断发展,可以使用的语言工具越来越丰富,在本书中的实习示例还只是应用面向过程的语言进行设计和编写程序,同样的实习题,读者也可以用面向对象的语言来实现。希望书中的实习报告示例能起到一个抛砖引玉的作用,以迎来读者更多更优良的设计范例。

二、实习步骤

随着计算机性能的提高,它所面临的软件开发的复杂度也日趋增加。然而,编制一个10 000 行程序的难度绝不仅仅是一个 5000 行程序的两倍,因此软件开发需要系统的方法。一种常用的软件开发方法,是将软件开发过程划分为分析、设计、实现和维护 4 个阶段。虽然数据结构课程中的实习题的复杂度远不如(从实际问题中提出来的)一个"真正的"软件,但为了培养一个软件工作者所应具备的科学工作的方法和作风,我们制定了如下所述完成实习的 5 个步骤。

1. 问题分析和任务定义

通常,实习题目的陈述比较简洁,或者说是有模棱两可的含义。因此,在进行设计之前,应该充分地分析和理解问题,明确问题要求做什么? 限制条件是什么? 注意:本步骤强调的是做什么,而不是怎么做。对问题的描述应避开算法和所涉及的数据类型,而是对所需完成的任务做出明确的回答。例如,输入数据的类型、值的范围以及输入的形式。输出数据的类型、值的范围及输出的形式。若是会话式的输入,则结束标志是什么? 是否接受非法的输入? 对非法输入的回答方式是什么? 等等。这一步还应该为调试程序准备好测试数据,包括合法的输入数据和非法形式的输入数据。

2. 数据类型和系统设计

在设计这一步骤中需分逻辑设计和详细设计两步实现。逻辑设计指的是,对问题描述中涉及的操作对象定义相应的数据类型,并按照以数据结构为中心的原则划分模块,定义主程序模块和各抽象数据类型;详细设计则为定义相应的存储结构并写出各函数的伪码算法。在这个过程中,要综合考虑系统功能,使得系统结构清晰、合理、简单和易于调试,抽象数据类型的实现尽可能做到数据封装,基本操作的规格说明尽可能明确具体。作为逻辑设计的结果,应写出每个抽象数据类型的定义(包括数据结构的描述和每个基本操作的规格说明),各主要模块的算法,并画出模块之间的调用关系图。详细设计的结果是对数据结构和基本操作的规格说明做出进一步的求精,写出数据存储结构的类型定义,按照算法书写规范用 C 语言写出函数形式的算法框架。在求精的过程中,应尽量避免陷入语言细节,不必过早表述辅助数据结构和局部变量。

3. 编码实现和静态检查

编码是把详细设计的结果进一步求精为程序设计语言程序。程序的每行不要超过 60 个字符。每个函数体,即不计首部和规格说明部分,一般不要超过 40 行,最长不得超过 60 行,否则应该分割成较小的函数。要控制 if 语句连续嵌套的深度。其他要求参见第一篇的算法书写规范。如何编写程序才能较快地完成调试是特别要注意的问题。对于编程很熟练的读者,如果基于详细设计的伪码算法就能直接在键盘上输入程序,则可以不必用笔在纸上写出编码,而将这一步的工作放在上机准备之后进行,即在上机调试之前直接用键盘输入。

然而,不管你是否写出编码的程序,在上机之前,认真的静态检查是必不可少的。多数初学者在编好程序后处于以下两种状态之一:一种是对自己的"精心作品"的正确性确信不疑;另一种是认为上机前的任务已经完成,纠查错误是上机的工作。这两种态度是极为有害的。事实上,非训练有素的程序设计者编写的程序长度超过 50 行时,极少不含除语法错误以外的错误。上机动态调试决不能代替静态检查,否则调试效率将是极低的。

静态检查主要有两种方法:一是用一组测试数据手工执行程序(通常应先分模块检查);二是通过阅读或给别人讲解自己的程序而深入全面地理解程序逻辑,在这个过程中再加入一些注解和断言。如果程序中逻辑概念清楚,后者将比前者有效。

4. 上机准备和上机调试

上机准备包括以下 4 方面。

(1) 高级语言文本(体现于编译程序用户手册)的扩充和限制。例如,常用的 Borland C (C++)和 Microsoft C(C++)与标准 C(C++)的差别,以及相互之间的差别。

(2) 推荐使用教科书配套的 AnyviewC 做算法设计题作业,该系统提供了可视交互调试和测评功能。

(3) 熟悉机器的操作系统和语言集成环境的用户手册,尤其是最常用的命令操作,以便顺利进行上机的基本活动。

(4) 掌握调试工具,考虑调试方案,设计测试数据并手工得出正确结果。"磨刀不误砍柴工。"计算机各专业的学生应该能够熟练运用高级语言的程序调试器 DEBUG 调试程序。

上机调试程序时要带一本高级语言教材或手册。调试最好分模块进行,自底向上,即先调试低层函数。必要时可以另写一个调用驱动程序。这种表面上麻烦的工作实际上可以大大降低调试所面临的复杂性,提高调试工作效率。

在调试过程中可以不断借助 DEBUG 的各种功能,提高调试效率。调试中遇到的各种异常现象往往是预料不到的,此时不应"冥思苦想",而应动手确定疑点,通过修改程序来证实它或绕过它。调试正确后,认真整理源程序及其注释,打印出带完整注释的且格式良好的源程序清单和结果。

5. 总结和整理实习报告

可参照下面介绍的实习报告规范。

三、实习报告规范

实习报告的开头应给出题目、班级、姓名、学号和完成日期,并包括以下 7 个内容。

1. 需求分析

以无歧义的陈述说明程序设计的任务,强调的是程序要做什么?明确规定:

(1)输入的形式和输入值的范围;

(2)输出的形式;

(3)程序所能达到的功能;

(4)测试数据:包括正确的输入及其输出结果和含错误的输入及其输出结果。

2. 概要设计

说明本程序中用到的所有抽象数据类型的定义、主程序的流程以及各程序模块之间的层次(调用)关系。

3. 详细设计

实现概要设计中定义的所有数据类型,对每个操作只需要写出伪码算法;对主程序和其他模块也都需要写出伪码算法(伪码算法达到的详细程度建议:按照伪码算法可以在计算机键盘直接输入高级程序设计语言程序);画出函数的调用关系图。

4. 调试分析

内容包括:

(1)调试过程中遇到的问题是如何解决的以及对设计与实现的回顾讨论和分析;

(2)算法的时空分析(包括基本操作和其他算法的时间复杂度和空间复杂度的分析)和改进设想;

(3)经验和体会等。

5. 用户使用说明

说明如何使用你编写的程序,详细列出每一步的操作步骤。

6. 测试结果

列出你的测试结果,包括输入和输出。这里的测试数据应该完整和严格,最好多于需求分析中所列。

7. 附录

带注释的源程序。如果提交源程序软盘,可以只列出程序文件名的清单。

在以下各实习单元中都提供了实习报告实例。值得注意的是,实习报告的各种文档资料,如上述中的前三部分要在程序开发的过程中逐渐充实形成,而不是最后补写(当然,也可以应该最后用实验报告纸誊清或打印)。

实习 0　抽象数据类型

　　本实习单元的主要目的在于帮助读者熟悉抽象数据类型的表示和实现方法。抽象数据类型需借助固有数据类型来表示和实现，即利用高级程序设计语言中已存在的数据类型来说明新的结构，用已经实现的操作来组合新的操作，具体实现细节则依赖于所用语言的功能。通过本次实习还可以帮助读者复习高级语言的使用方法。

0.1③　复数四则运算

【问题描述】

设计一个可进行复数运算的演示程序。

【基本要求】

实现下列 6 种基本运算。

（1）由输入的实部和虚部生成一个复数。

（2）两个复数求和。

（3）两个复数求差。

（4）两个复数求积。

（5）从已知复数中分离出实部。

（6）从已知复数中分离出虚部。

运算结果以相应的复数或实数的表示形式显示。

【测试数据】

对下列各对数据实现求和。

（1）0，0；0，0；应输出"0"。

（2）3.1，0；4.22，8.9；应输出"7.32＋i8.9"。

（3）−1.33，2.34；0.1，−6.5；应输出"−1.23−i4.16"。

（4）0，9.7；−2.1，−9.7；应输出"−2.1"。

（5）7.7，−8；−7.7，0；应输出"−i8"。

【实现提示】

　　定义复数为由两个相互之间存在次序关系的实数构成的抽象数据类型，则可以利用实数的操作来实现复数的操作。

【选做内容】

实现复数的其他运算，如两个复数相除、求共轭等。

0.2③　有理数四则运算

【问题描述】

设计一个可进行有理数运算的演示程序。

【基本要求】

实现两个有理数相加、相减、相乘以及求分子或求分母的运算。

【测试数据】

由读者指定。

【选做内容】

实现两个有理数相除的运算。

0.3④ 海龟作图

【问题描述】

设计并实现海龟抽象数据类型 Turtle,并以此为基础设计一个演示海龟作图的程序。

【基本要求】

(1) 设置海龟类型的基本操作为:

```
void StartTurtleGraphics()
    //显示作图窗口,并在窗口内写出本人的姓名、上机号和实习题号
void StartTurtle()
    //令海龟处于作图的初始状态。即显示作图窗口,并将海龟定位在窗口正中
    //置画笔状态为落笔、龟头朝向为 0 度(正东方向)
void PenUp()
    //改变画笔状态为抬笔。从此时起,海龟移动将不在屏幕上作图
void PenDown()
    //改变画笔状态为落笔。从此时起,海龟移动将在屏幕上作图
int TurtleHeading()
    //返回海龟头当前朝向的角度
aPoint * TurtlePos()
    //返回海龟的当前位置
void Move(int steps)
    //依照海龟头的当前朝向,向前移动海龟 steps 步
void Turn(int degrees)
    //改变海龟头的当前朝向,逆时针旋转 degrees 度
void MoveTTo(aPoint newPos)
    //将海龟移动到新的位置 newPos。如果是落笔状态,则同时作图
void TurnTTo(float angle)
    //改变海龟头的当前朝向为:从正东方向起的 angle 度
void SetTurtleColor(int color)
    //设置海龟画笔的颜色为 color
```

(2) 利用上述定义的海龟实现作图命令,画出任意长度的线段、任意大小的矩形和圆。

【测试数据】

由读者自行指定线段(的长度)、矩形(的长度和宽度)及圆(的半径)等参数。

【实现提示】

海龟的相关类型说明为:

```
#define  UP      0
#define  DOWN    1
typedef  int   penState;              //取值 UP 或 DOWN
typedef  struct { float v, h; } aPoint;     //位置
```

```
typedef   struct {
    int           heading;        //龟头(画笔)方向,简称龟头朝向
    penState      pen;            //画笔状态:UP 抬笔,DOWN 落笔
    int           color;          //画笔当前颜色
    aPoint        Pos;            //海龟当前位置
} * newTurtle;                    //新海龟指针类型(须动态分配和回收)
```

【选做内容】

（1）扩充海龟抽象数据类型,增添 SizeFactor 域,作为海龟的尺寸因子(移动单位),其值可改变。

（2）程序中可定义多个海龟变量,以实现多个海龟同时画不同的图形。

扩充后的海龟抽象数据类型的基本操作可定义为:

```
newTurtleStartTurtle(aPoint startPos)
    //初始化并返回一个新海龟,定位在 startPos,并置画笔状态为落笔、龟头朝向为 0
    //以及步进的尺寸因子为 1
void PenUp(newTurtle raphael)
    //改变画笔状态为抬笔。从此时起,海龟移动时将不在屏幕上作图
void PenDown(newTurtle raphael)
    //改变画笔状态为落笔。从此时起,海龟移动时将在屏幕上作图
float TurtleHeading (newTurtle raphael)
    //返回海龟头朝向的当前角度
aPoint TurtlePos(newTurtle raphael)
    //返回海龟的当前位置
void Move(newTurtle raphael, float steps)
    //依照海龟头的当前朝向和尺寸因子,向前移动 steps 步
void Turn(newTurtle raphael, float size)
    //改变海龟头的当前朝向,逆时针旋转 size 度
void ScaleTurtle(newTurtle raphael, float scaleFactor)
    //改变海龟移动的步进尺寸 SizeFactor,扩大 scaleFactor 倍
void MoveTTo(newTurtle raphael, aPoint newPos)
    //将海龟移动到新位置 newPos。newPos 是屏幕窗口中的一个"点"
void TurnTTo(newTurtle raphael, float angle)
    //改变海龟头的当前朝向为从正东方向起的 angle 度
void SetTurtleColor(newTurtle raphael, int color)
    //设置海龟画笔的当前颜色为 color
```

其中,角度、尺寸因子等定义为实型,可提高作图精度。

（3）在海龟单元的基础上,实现一个用鼠标进行海龟作图的界面。界面中应提供基本线型、基本图形、抬笔落笔、选择颜色等作图操作的选单或图标。

实习 1　线性表及其应用

本实习单元的主要目的在于帮助学生熟练掌握线性表的基本操作在两种存储结构上的实现,其中以各种链表的操作和应用作为重点内容。

1.1②　运动会分数统计

【问题描述】

参加运动会的 n 个学校编号为 $1\sim n$。比赛分成 m 个男子项目和 w 个女子项目,项目编号分别为 $1\sim m$ 和 $m+1\sim m+w$。由于各项目参加人数差别较大,有些项目取前五名,得分顺序为 $7,5,3,2,1$;还有些项目只取前三名,得分顺序为 $5,3,2$。写一个统计程序,产生各种成绩单和得分报表。

【基本要求】

产生各学校的成绩单,内容包括各校所取得的每项成绩的项目号、名次(成绩)、姓名和得分;产生团体总分报表,内容包括校号、男子团体总分、女子团体总分和团体总分。

【测试数据】

对于 $n=4,m=3,w=2$,编号为奇数的项目取前五名,编号为偶数的项目取前三名,设计一组实例数据。

【实现提示】

可以假设 $n\leqslant20,m\leqslant30,w\leqslant20$,姓名长度不超过 20 个字符。每个项目结束时,将其编号、类型符(区分取前五名还是前三名)输入,并按名次顺序输入运动员姓名、校名(和成绩)。

【选做内容】

允许用户指定某项目采取其他名次取法。

◆1.2③　约瑟夫环

【问题描述】

约瑟夫(Joseph)问题的一种描述是:编号为 $1,2,\cdots,n$ 的 n 个人按顺时针方向围坐一圈,每人持有一个密码(正整数)。一开始任选一个正整数作为报数上限值 m,从第一个人开始按顺时针方向自 1 开始顺序报数,报到 m 时停止报数。报 m 的人出列,将他的密码作为新的 m 值,从他在顺时针方向上的下一个人开始重新从 1 报数,如此下去,直至所有人全部出列为止。试设计一个程序求出出列顺序。

【基本要求】

利用单循环链表存储结构模拟此过程,按照出列的顺序打印出各人的编号。

【测试数据】

m 的初值为 20;$n=7,7$ 个人的密码依次为 $3,1,7,2,4,8,4,m$ 值为 6(正确的出列顺序应为 $6,1,4,7,2,3,5$)。

【实现提示】

程序运行后,首先要求用户指定初始报数上限值,然后读取各人的密码。可设 $n \leqslant 30$。此题所用的循环链表中不需要"头结点",请注意空表和非空表的界限。

【选做内容】

向上述程序中添加在顺序结构上实现的部分。

1.3③ 集合的并、交和差运算

【问题描述】

编制一个能演示执行集合的并、交和差运算的程序。

【基本要求】

(1) 集合的元素限定为小写字母字符['a'..'z']。

(2) 演示程序以用户和计算机的对话方式执行。

【测试数据】

(1) Set1＝"magazine",Set2＝"paper",Set1∪Set2＝"aegimnprz",Set1∩Set2＝"ae",Set1－Set2＝"gimnz"。

(2) Set1＝"012oper4a6tion89",Set2＝"error data",Set1∪Set2＝"adeinoprt",Set1∩Set2＝"aeort",Set1－Set2＝"inp"。

【实现提示】

以有序链表表示集合。

【选做内容】

(1) 集合的元素判定和子集判定运算。

(2) 求集合的补集。

(3) 集合的混合运算表达式求值。

(4) 集合的元素类型推广到其他类型,甚至任意类型。

◆1.4⑤ 长整数四则运算

【问题描述】

设计一个实现任意长的整数进行加法运算的演示程序。

【基本要求】

利用双向循环链表实现长整数的存储,每个结点含一个整型变量。整型变量的范围是 $-(2^{15}-1) \sim (2^{15}-1)$。输入和输出形式:按中国对于长整数的表示习惯,每四位一组,组间用逗号隔开。

【测试数据】

(1) 0;0;应输出"0"。

(2) －2345,6789;－7654,3211;应输出"－1,0000,0000"。

(3) －9999,9999;1,0000,0000,0000;应输出"9999,0000,0001"。

(4) 1,0001,0001;－1,0001,0001;应输出"0"。

(5) 1,0001,0001;－1,0001,0000;应输出"1"。

(6) －9999,9999,9999;－9999,9999,9999;应输出"－1,9999,9999,9998"。

（7）1,0000,9999,9999；1；应输出"1,0001,0000,0000"。

【实现提示】

（1）每个结点中可以存放的最大整数为 $2^{15}-1=32\,767$，才能保证两数相加不会溢出。但若这样存放，即相当于按 32 768 进制数存放，在十进制数与 32 768 进制数之间的转换十分不方便。故可以在每个结点中仅存十进制数的 4 位，即不超过 9999 的非负整数，整个链表表示为万进制数。

（2）可以利用头结点数据域的符号代表长整数的符号。相加过程中不要破坏两个操作数链表。不能给长整数位数规定上限。

【选做内容】

（1）实现长整数的四则运算。

（2）实现长整数的乘方和阶乘运算。

（3）整型变量范围是 $-(2^n-1)\sim(2^n-1)$，其中，n 是由程序读入的参量。输入数据的分组方法可以另行规定。

1.5④ 一元稀疏多项式计算器

【问题描述】

设计一个一元稀疏多项式简单计算器。

【基本要求】

一元稀疏多项式简单计算器的基本功能是：

（1）输入并建立多项式；

（2）输出多项式，输出形式为整数序列：$n,c_1,e_1,c_2,e_2,\cdots,c_n,e_n$，其中 n 是多项式的项数，c_i 和 e_i 分别是第 i 项的系数和指数，序列按指数降序排列；

（3）多项式 a 和 b 相加，建立多项式 $a+b$；

（4）多项式 a 和 b 相减，建立多项式 $a-b$。

【测试数据】

（1）$(2x+5x^8-3.1x^{11})+(7-5x^8+11x^9)=(-3.1x^{11}+11x^9+2x+7)$

（2）$(6x^{-3}-x+4.4x^2-1.2x^9)-(-6x^{-3}+5.4x^2-x^2+7.8x^{15})$
$=(-7.8x^{15}-1.2x^9+12x^{-3}-x)$

（3）$(1+x+x^2+x^3+x^4+x^5)+(-x^3-x^4)=(1+x+x^2+x^5)$

（4）$(x+x^3)+(-x-x^3)=0$

（5）$(x+x^{100})+(x^{100}+x^{200})=(x+2x^{100}+x^{200})$

（6）$(x+x^2+x^3)+0=x+x^2+x^3$

（7）互换上述测试数据中的前后两个多项式。

【实现提示】

用带表头结点的单链表存储多项式。

【选做内容】

（1）计算多项式在 x 处的值。

（2）求多项式 a 的导函数 a'。

（3）多项式 a 和 b 相乘，建立乘积多项式 ab。

（4）多项式的输出形式为类数学表达式。例如，多项式 $-3x^8+6x^3-18$ 的输出形式为 $-3\text{x}^8+6\text{x}^3-18$，$x^{15}+(-8)x^7-14$ 的输出形式为 $\text{x}^{15}-8\text{x}^7-14$。注意，系数值为 1 的非零次项的输出形式中略去系数 1，如项 $1x^8$ 的输出形式为 x^8，项 $-1x^3$ 的输出形式为 $-\text{x}^3$。

（5）计算器的仿真界面。

◆1.6④　池塘夜降彩色雨

【问题描述】

设计一个程序，演示美丽的"池塘夜雨"景色：色彩缤纷的雨点飘飘洒洒地从天而降，滴滴入水有声，溅起圈圈微澜。

【基本要求】

（1）雨点的空中出现位置、降落过程的可见程度、入水位置、颜色、最大水圈等，都是随机确定的。

（2）多个雨点按照各自的随机参数和存在状态，同时演示在屏幕上。

【测试数据】

适当调整控制雨点密度、最大水圈和状态变化的时间间隔等参数。

【实现提示】

（1）每个雨点的存在周期可分为 3 个阶段：从天而降、入水有声和圈圈微澜，需要一个记录存储其相关参数、当前状态和下一状态的更新时刻。

（2）在图形状态编程。雨点下降的可见程度应是断断续续、依稀可见；圈圈水波应是由里至外逐渐扩大和消失。

（3）每个雨点发生时，生成其记录，并预置下一个雨点的发生时间。

（4）用一个适当的结构管理当前存在的雨点，使系统能利用它按时更新每个雨点的状态，一旦有雨点的水圈全部消失，就从结构中删除。

【选做内容】

（1）增加"电闪雷鸣"景象。

（2）增加风的效果，展现"风雨飘摇"的情景。

（3）增加雨点密度的变化：时而"和风细雨"，时而"暴风骤雨"。

（4）将"池塘"改为"荷塘"，雨点滴在荷叶上的效果是溅起四散的水珠，响声也不同。

实习报告示例：1.3 题　集合的并、交和差运算

实 习 报 告

题目：编制一个演示集合的并、交和差运算的程序

班级：计算机 95(1)　姓名：丁一　学号：954211　完成日期：1997.9.14

一、需求分析

1. 本演示程序中，集合的元素限定为小写字母字符['a'..'z']，集合的大小 $n<27$。集合输

入的形式为一个以"回车符"为结束标志的字符串,串中字符顺序不限,且允许出现重复字符或非法字符,程序应能自动滤去。输出的运算结果字符串中将不含重复字符或非法字符。

2. 演示程序以用户和计算机的对话方式执行,即在计算机终端上显示"提示信息"之后,由用户在键盘上输入演示程序中规定的运算命令;相应的输入数据(滤去输入中的非法字符)和运算结果显示在其后。

3. 程序执行的命令包括:

①构造集合 1;②构造集合 2;③求并集;④求交集;⑤求差集;⑥结束。

"构造集合 1"和"构造集合 2"时,需以字符串的形式输入集合元素。

4. 测试数据。

(1) Set1="magazine",Set2="paper",Set1$\bigcup$Set2="aegimnprz",Set1$\bigcap$Set2="ae",Set1-Set2="gimnz"。

(2) Set1="012oper4a6tion89",Set2="error data",Set1$\bigcup$Set2="adeinoprt",Set1$\bigcap$Set2="aeort",Set1-Set2="inp"。

二、概要设计

为实现上述程序功能,应以有序链表表示集合。为此,需要两个抽象数据类型:有序表和集合。

1. 有序表的抽象数据类型定义为:

```
ADT OrderedList {
    数据对象: D={aᵢ | aᵢ∈CharSet,  i=1,2,…,n,  n≥0}
    数据关系: R1={<aᵢ₋₁,aᵢ> | aᵢ₋₁,aᵢ∈D,  aᵢ₋₁<aᵢ,  i=2,…,n}
    基本操作:
    InitList()
      操作结果: 构造并返回一个空的有序表 L。
    DestroyList(L)
      初始条件: 有序表 L 已存在。
      操作结果: 销毁有序表 L。
    ListLength(L)
      初始条件: 有序表 L 已存在。
      操作结果: 返回有序表 L 的长度。
    ListEmpty(L)
      初始条件: 有序表 L 已存在。
      操作结果: 若有序表 L 为空表,则返回 True,否则返回 False。
    GetElem(L, pos)
      初始条件: 有序表 L 已存在。
      操作结果: 若 1≤pos≤Length(L),则返回表中第 pos 个数据元素。
    LocateElem(L, e, * q)
      初始条件: 有序表 L 已存在。
      操作结果: 若有序表 L 中存在元素 e,则 q 指示 L 中第一个值为 e 的元素的位置,并返回
                函数值 TRUE;否则 q 指示第一个大于 e 的元素的前驱的位置,并返回函数值
                FALSE。
    Append(L, e)
      初始条件: 有序表 L 已存在。
      操作结果: 在有序表 L 的末尾插入元素 e。
```

```
        InsertAfter(L, q, e)
            初始条件：有序表 L 已存在，q 指示 L 中一个元素。
            操作结果：在有序表 L 中 q 指示的元素之后插入元素 e。
        ListTraverse(q, visit())
            初始条件：有序表 L 已存在，q 指示 L 中一个元素。
            操作结果：依次对 L 中 q 指示的元素开始的每个元素调用函数 visit()。
}ADT OrderedList
```

2. 集合的抽象数据类型定义为：

```
ADT Set {
    数据对象：D={aᵢ|aᵢ 为小写英文字母且互不相同，i=1,2,…,n, 0≤n≤26}
    数据关系：R1={}
    基本操作：
        CreateSet(Str)
            初始条件：Str 为字符串。
            操作结果：生成并返回一个由 Str 中小写字母构成的集合 T。
        DestroySet(T)
            初始条件：集合 T 已存在。
            操作结果：销毁集合 T 的结构。
        Union(S1, S2)
            初始条件：集合 S1 和 S2 存在。
            操作结果：生成并返回一个由 S1 和 S2 的并集构成的集合 T。
        Intersection(S1, S2)
            初始条件：集合 S1 和 S2 存在。
            操作结果：生成并返回一个由 S1 和 S2 的交集构成的集合 T。
        Difference(T, S1, S2)
            初始条件：集合 S1 和 S2 存在。
            操作结果：生成并返回一个由 S1 和 S2 的差集构成的集合 T。
        PrintSet(T)
            初始条件：集合 T 已存在。
            操作结果：按字母次序顺序显示集合 T 的全部元素。
}ADT Set
```

3. 本程序包含 4 个模块

(1) 主程序模块：

```
void main() {
    初始化；
    do {
        接收命令；
        处理命令；
    } while ("命令"="退出");
}
```

(2) 集合单元模块：实现集合的抽象数据类型。

(3) 有序表单元模块：实现有序表的抽象数据类型。

(4) 结点结构单元模块：定义有序表的结点结构。

各模块之间的调用关系如下：

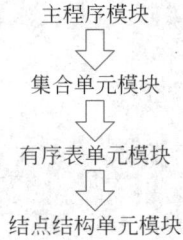

主程序模块

⇓

集合单元模块

⇓

有序表单元模块

⇓

结点结构单元模块

三、详细设计

1. 元素类型、结点类型和指针类型：

```
typedef char ElemType;                  //元素类型
typedef struct NodeType {
  ElemType   data;
  NodeType  * next;
} NodeType, * LinkType;                  //结点类型，指针类型

LinkType MakeNode(ElemType e){    //分配 p 结点,数据元素为 e,后继为"空",并返回 p
  LinkType p;
  if (!(p = (LinkType)malloc(sizeof(NodeType)))) exit(OVERFLOW);
  p->data = e;   p->next = NULL; return p;
}
LinkType FreeNode(LinkType p){    //释放 p 所指结点
  while (p) { LinkType q = p;   p = p->next;   free(q); }
  return NULL;
}
LinkType Copy(LinkType p){              //复制生成和 p 结点有同值元素的新结点并返回指针
  LinkType s;
  if (!(s = (LinkType)malloc(sizeof(NodeType)))) exit(OVERFLOW);
  s->data = p->data;   s-> next = NULL; return s;
}
ElemType Elem(LinkType p){              //若 p 不空,则返回 p 结点的数据元素,否则返回'#'
  return p ? p->data : '#';
}
void WriteElem(ElemType e) {            //显示数据元素 e
  printf(" %c", e);
}
LinkType SuccNode(LinkType p){         //若 p 不空,则返回 p 结点的后继指针,否则为 NULL
  return p ? p->next : NULL;
}
```

2. 根据有序表的基本操作的特点,有序表采用有序链表实现。链表设头、尾两个指针和表长数据域,并附设头结点,头结点的数据域没有实际意义。

```
typedef  struct {
  LinkType head, tail;                  //分别指向线性链表的头结点和尾结点
  int       size;                        //指示链表当前的长度
} * OrderedList;                         //有序链表指针类型
```

有序链表的基本操作设置如下：

```
bool InitList(OrderedList L);
    //构造一个带头结点的空的有序链表 L ,并返回 TRUE;
    //若分配空间失败,则令 L→head 为 NULL,并返回 FALSE
void DestroyList(OrderedList L);
    //销毁有序链表 L
bool ListEmpty(OrderedList L);
    //若 L 不存在或为"空表",则返回 TRUE, 否则返回 FALSE
int ListLength(OrderedList L);
    //返回链表的长度
LinkType GetElemPos(OrderedList L, int pos);
    //若 L 存在且 0<pos<L→size+1, 则返回指向第 pos 个元素的指针
    //否则返回 NULL
bool LocateElem(OrderedList L, ElemType e, LinkType * q);
    //若有序链表 L 存在且表中存在元素 e,则 * q 指示 L 中第一个值为 e 的结点的位置
    //并返回 TRUE;否则 * q 指示第一个大于 e 的元素的前驱的位置,并返回 FALSE
void Append(OrderedList L, LinkType s);
    //在已存在的有序链表 L 的末尾插入指针 s 所指结点
void InsertAfter(OrderList L, LinkType q, LinkType s);
    //在已存在的有序链表 L 中 q 所指示的结点之后插入指针 s 所指结点
void ListTraverse(LinkType p, status (* visit)(LinkType q));
    //从 p(p!=NULL)指示的结点开始,依次对每个结点调用函数 visit
```

其中部分操作的算法如下：

```
OrderedList InitList(){
    OrderedList L;
    if (!(L = (OrderedList)malloc(sizeof(* L)))) exit(OVERFLOW);
    L->head = L->tail = MakeNode(' ');     //头结点的虚设元素为空格符' '
    L->size = 0; return L;
}
OrderedList DestroyList(OrderedList L){
    if (!L) return NULL;
    LinkType q, p = L->head;
    while (p) { q = p;    p = SuccNode(p);   FreeNode(q); }
    free(L);
    return NULL;
}
LinkType GetElemPos(OrderedList L, int pos) {
    if (!L->head || pos<1 || pos>L->size) return NULL;
    else if (pos == L->size) return L->tail;
    else {
        LinkType p = L->head->next;   int  k = 1;
        while (p && k<pos) { p = SuccNode(p);    k++; }
        return p;
    }
}
Status LocateElem(OrderedList L, ElemType e, LinkType * p) {
    if (L->head) {
        LinkType pre = L->head;    * p = pre->next;
```

```
                          //pre 指向 * p 的前驱, p 指向第一个元素结点
        while (* p && (* p)->data < e) { pre = * p;    * p = SuccNode(* p); }
        if (* p && (* p)->data == e) return TRUE;
        else { * p = pre;    return FALSE; }
    }
    else return FALSE;
}
void Append(OrderedList L, LinkType s) {
    if (L->head && s) {
        if (L->tail != L->head) L->tail->next = s;
        else L->head->next = s;
        L->tail = s;    L->size++;
    }
}
void InsertAfter(OrderedList L, LinkType q, LinkType s) {
    if (L->head && q && s) {
        s->next = q->next;    q->next = s;
        if (L->tail == q) L->tail = s;
        L->size++;
    }
}
void ListTraverse(LinkType p, Status (* visit)(LinkType)) {
    while (p) { visit(p);    p = SuccNode(p); }
}
```

3. 集合 Set 利用有序链表类型 OrderedList 来实现,定义为有序集 OrderedSet:

```
typedef OrderedList OrderedSet;
//---集合类型的基本操作的 C 伪码描述如下:
OrderedSet CreateSet(char * s) {
    //生成由串 s 中小写字母构成的集合 T,IsLower 是小写字母判别函数
    OrderedSet T;    LinkType p, q;
    if (T = InitList()) //构造空集 T
        for (int i = 0; i<strlen(s); i++)
            if (islower(s[i]) && !LocateElem(T, s[i], &p))
                    //过滤重复元素并按字母次序大小插入
                if (q = MakeNode(s[i])) InsertAfter(T, p, q);
    return T;
}
OrderedSetDestroySet(OrderedSet T) {    //销毁集合 T 的结构
    return DestroyList(T);
}
OrderedSet Union(OrderedSet S1, OrderedSet S2) {
    //求已建成的集合 S1 和 S2 的并集 T,即 S1->head!=NULL 且 S2->head!=NULL
    OrderedSet T;
    if (T = InitList()) {
        LinkType p1 = GetElemPos(S1, 1), p2 = GetElemPos(S2, 1);
        while (p1 && p2) {
            ElemType c1 = Elem(p1), c2 = Elem(p2);
            if (c1<=c2) {
```

```
            Append(T, Copy(p1));    p1 = SuccNode(p1);
            if (c1==c2) p2 = SuccNode(p2);
        }
        else { Append(T, Copy(p2));    p2 = SuccNode(p2); }
    }
    while (p1) { Append(T, Copy(p1));    p1 = SuccNode(p1); }
    while (p2) { Append(T, Copy(p2));    p2 = SuccNode(p2); }
  }
  return T;
}
OrderedSet Intersection(OrderedSet S1, OrderedSet S2){
  //求集合 S1 和 S2 的交集 T
  OrderedSet T;
  if (T = InitList()) {
      LinkType p1 = GetElemPos(S1, 1),  p2 = GetElemPos(S2, 1);
      while (p1 && p2) {
          ElemType c1 = Elem(p1), c2 = Elem(p2);
          if (c1<c2) p1 = SuccNode(p1);
          else if (c1>c2) p2 = SuccNode(p2);
          else {   //c1 == c2
              Append(T, Copy(p1));
              p1 = SuccNode(p1);    p2 = SuccNode(p2);
          }
      }
  }
  return T;
}
OrderedSet  Difference(OrderedSet S1, OrderedSet S2){
  //求集合 S1 和 S2 的差集 T
  OrderedSet T;
  if (T = InitList()) {
    LinkType p1 = GetElemPos(S1, 1), p2 = GetElemPos(S2, 1);
    while (p1 && p2) {
        ElemType c1 = Elem(p1), c2 = Elem(p2);
        if (c1<c2) { Append(T, Copy(p1));    p1 = SuccNode(p1); }
        else if (c1>c2) p2 = SuccNode(p2);
        else   //c1 == c2
          { p1 = SuccNode(p1);    p2 = SuccNode(p2); }
    }
    while (p1) { Append(T, Copy(p1));    p1 = SuccNode(p1); }
  }
  return T;
}
void WriteSetElem(LinkType p) {       //显示集合的一个元素
  printf("%c", ',');   WriteElem(Elem(p));
}
void PrintSet(OrderedSet T) {          //显示集合的全部元素
  LinkType p = GetElemPos(T, 1);
  printf("%c", '[');
  if (p) { WriteElem(Elem(p));    p = SuccNode(p); }
  ListTraverse(p, WriteSetElem);
  printf(" %c\n", ']');
}
```

4. 主要功能函数测试。

以下是对求集合的并、交和差集的测试 main 函数：

```
int main() {                  //主函数
char * v1 = "abcdeg";         //集合测试用例1
char * v2 = "bdf";            //集合测试用例2
    OrderedSet Set1, Set2, SetU, SetI, SetD;
    Set1 = CreateSet(v1);      PrintSet(Set1);      //构造并显示有序集 Set1
    Set2 = CreateSet(v2);      PrintSet(Set2);      //构造并显示有序集 Set2
    SetU = Union(Set1, Set2);  PrintSet(SetU);      //求集合 Set1 和 Set2 的并集 SetU
    SetI = Intersection(Set1, Set2);  PrintSet(SetI); //求集合 Set1 和 Set2 的交集 SetI
    SetD = Difference(Set1, Set2);  PrintSet(SetD); //求集合 Set1 和 Set2 的差集 SetD
    return 0;
}
```

在 AnyviewC 的可视交互调试功能的支持下，较顺利修正代码错误，通过测试。

以下是其中调用求并集函数：

```
SetU = Union(Set1, Set2);  PrintSet(SetU);          //求集 Set1 和 Set2 的并集 SetU
```

运行过程的部分截图。

（1）调用前：

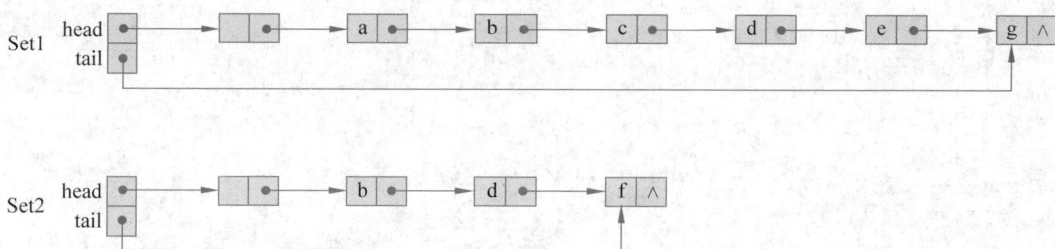

（2）进入 Union 函数，初建空集 T：

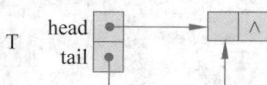

（3）p1 和 p2 分别指向两个集合的首元素结点：

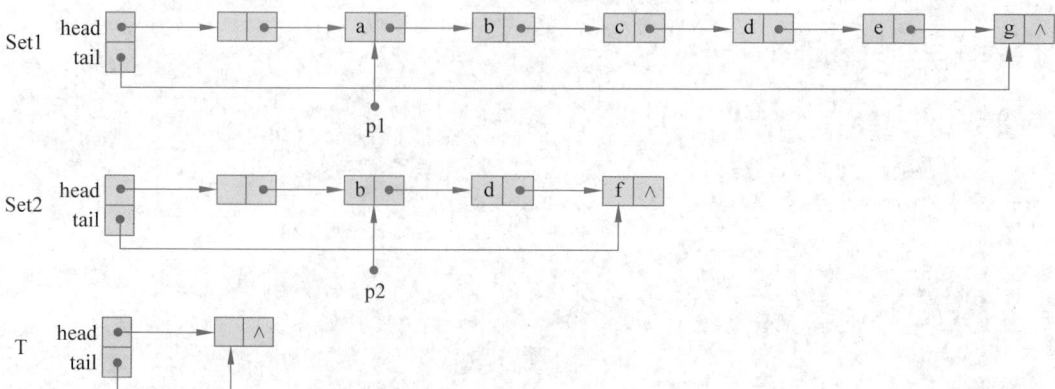

（4）Set1 的元素 a 加入集合 T 后：

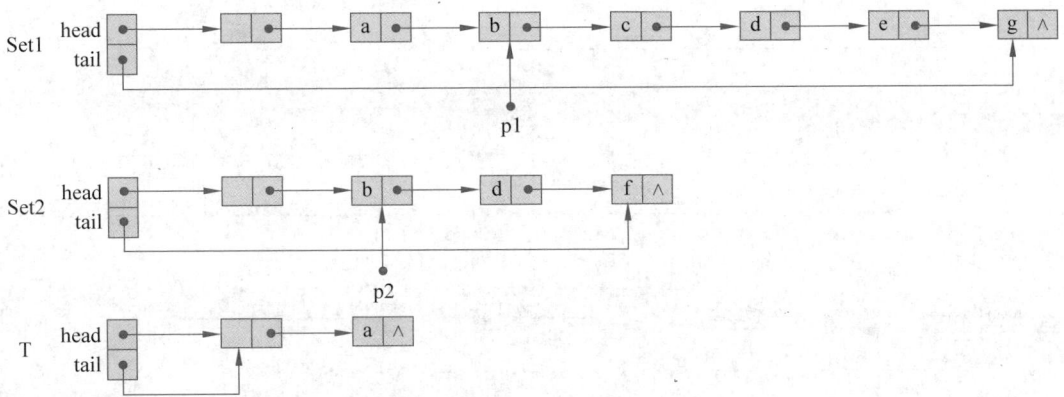

（5）Set2 的元素 b 加入集合 T 后：

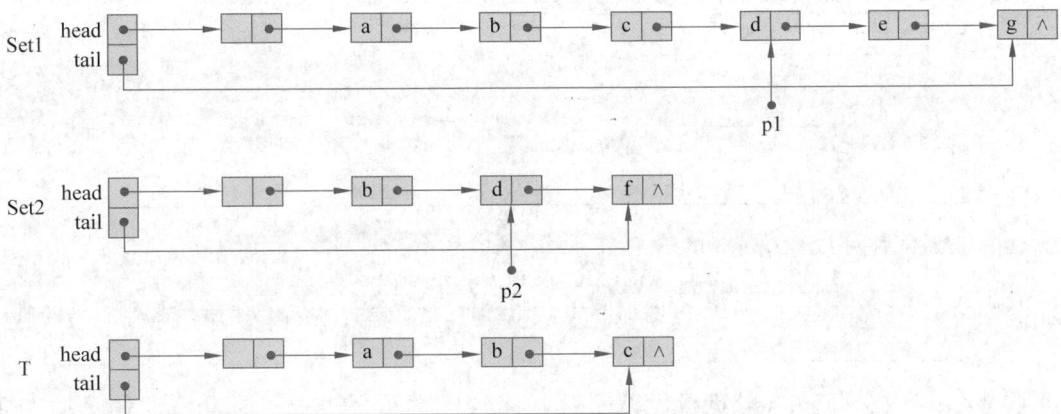

（6）Set1 的元素 c 和 Set2 的元素 d 加入集合 T 后：

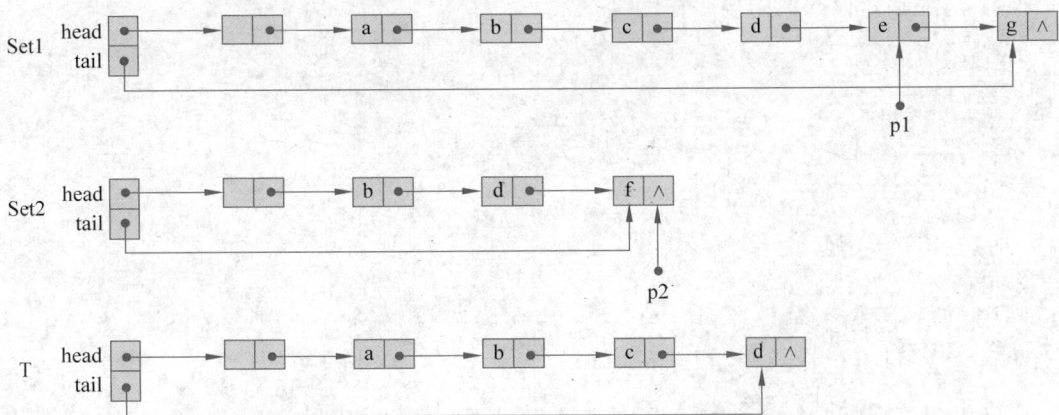

（7）Set1 的元素 e 和 Set2 的元素 f 加入集合 T 后：

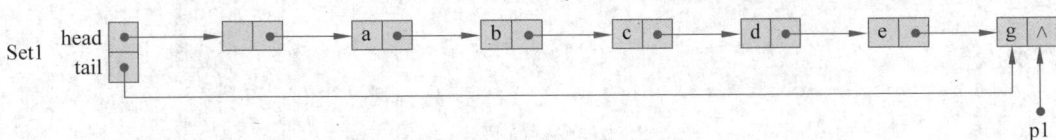

Set2

T

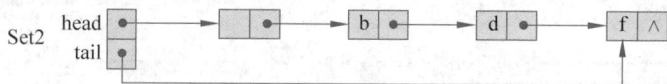

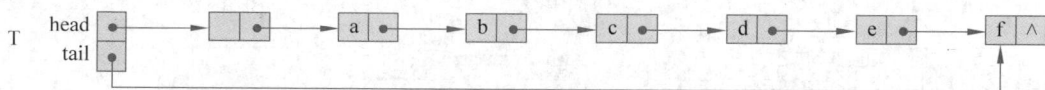

（8）由第 2 个 while 语句将 Set1 剩余元素 g 加入 T：

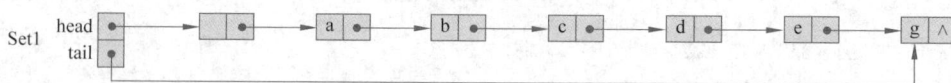

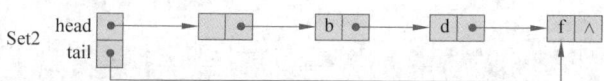

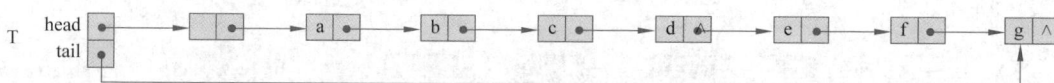

Set1

Set2

T

（9）Union 返回 T 给 main 的 SetU：

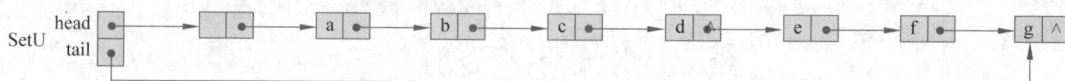

SetU

调试心得：在 AnyviewC 运行代码过程中，相关数据结构与执行语句实时同步动态展现在可视窗口上，有效帮助发现代码漏洞，有利于较快找到错误原因。

5. 主函数和其他函数的伪码算法：

```
int main() {                                    //主函数
  Initialization();                             //初始化
  do {
    ReadCommand(cmd);                           //读入一个操作命令符
    Interpret(cmd);                             //解释执行操作命令符
  } while (cmd != 'q' && cmd != 'Q');
  return 0;
}
void Initialization() {                         //系统初始化
  clrscr();                                     //清屏
  在屏幕上方显示操作命令清单:MakeSet1--1  MakeSet2--2  Union--u
  Intersaction--i  Difference--d  Quit--q;
  在屏幕下方显示操作命令提示框;
  CreateSet(Set1, "");     PrintSet(Set1);      //构造并显示空集 Set1
  CreateSet(Set2, "");     PrintSet(Set1);      //构造并显示空集 Set2
}
void ReadCommand(char cmd) {
  //读入操作命令符
```

```
        显示输入操作命令符的提示信息;
        do { cmd = getche(); }
        while (cmd ∉ ['1', '2', 'u', 'U', 'i', 'I', 'd', 'D', 'q', 'Q']);
}
void Interpret(char cmd) {                              //解释执行操作命令 cmd
    switch (cmd) {
      case '1': 显示以串的形式输入集合元素的提示信息;
                scanf(v);                                //读入集合元素到串变量 v
                CreateSet(Set1, v);  PrintSet(Set1); //构造并显示有序集 Set1
                break;
      case '2': 显示以串的形式输入集合元素的提示信息;
                scanf(v);                                //读入集合元素到串变量 v
                CreateSet(Set2, v);  PrintSet(Set2); //构造并显示有序集 Set2
                break;
      case 'u', 'U': Union(Set3, Set1, Set2);       //求 Set1 和 Set2 的并集 Set3
                PrintSet(Set3);                          //显示并集 Set3
                DestroyList(Set3);                       //销毁并集 Set3
                break;
      case 'i','I': Intersaction(Set3, Set1, Set2);  //求 Set1 和 Set2 的交集 Set3
                PrintSet(Set3);
                DestroyList(Set3);
                break;
      case 'd','D': Difference(Set3, Set1, Set2);    //求 Set1 和 Set2 的差集 Set3
                PrintSet(Set3);
                DestroyList(Set3);
    }
}
```

6. 函数的调用关系图反映了演示程序的层次结构:

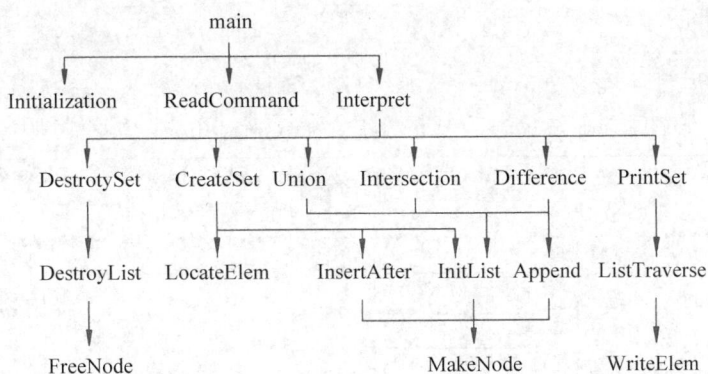

四、调试分析

1. 由于对集合的 3 种运算的算法推敲不足,在有序链表类型的早期版本未设置尾指针和 Append 操作,导致算法低效。

2. 刚开始时曾忽略了返回函数中构造的结点或集合,但在 AnyviewC 上单步跟踪可视运行,及时找到原因,在有关函数末补加了 **return** 语句。

3. 本程序的模块划分比较合理,且尽可能将指针的操作封装在结点和链表的两个模块中，致使集合模块的调试比较顺利。反之，如此划分的模块并非完全合理，因为在实现集合操作的编码中仍然需要判别指针是否为空。按理，两个链表的并、交和差的操作也应封装在链表的模块中，而在集合的模块中，只要进行相应的应用即可。

4. 算法的时空分析。

（1）由于有序表采用带头结点的有序单链表，并增设尾指针和表的长度两个标识，各种操作的算法时间复杂度比较合理。InitList，ListEmpty，Listlength，Append 和 InsertAfter 以及确定链表中第一个结点和之后一个结点的位置都是 $O(1)$ 的，DestroyList，LocateElem 和 TraverseList 及确定链表中间结点的位置等则是 $O(n)$ 的，n 为链表长度。

（2）基于有序链表实现的有序集的各种运算和操作的时间复杂度分析如下：

构造有序集算法 CreateSet 读入 n 个元素，逐个用 LocateElem 判定不在当前集合中及确定插入位置后，才用 InsertAfter 插入有序集中，所以时间复杂度是 $O(n^2)$。

求并集算法 Union 利用集合的"有序性"将两个集合的 $m+n$ 个元素不重复地依次利用 Append 插入当前并集的末尾，故可在 $O(m+n)$ 时间内完成。

可对求交集算法 Intersection 和求差集算法 Difference 做类似地分析，它们也是 $O(m+n)$ 的。

销毁集合算法 DestroySet 和显示集合算法 PrintSet 都是对每个元素调用一个 $O(1)$ 的函数，因此都是 $O(n)$ 的。

除了构造有序集算法 CreateSet 用一个串变量读入 n 个元素，需要 $O(n)$ 的辅助空间外，其余算法使用的辅助空间与元素个数无关，即是 $O(1)$ 的。

5. 本实习作业采用数据抽象的程序设计方法，将程序划分为 4 个层次结构：元素结点、有序链表、有序集和主控模块，使得设计时思路清晰，实现时调试顺利，各模块具有较好的可重用性，确实得到了一次良好的程序设计训练。

五、用户手册

1. 本程序的运行环境为 AnyviewC，源文件为 SetDemos.c。

2. 进入演示程序后即显示文本方式的用户界面（注：可设计所使用平台风格的界面）：

3. 进入"构造集合 1（MakeSet1）"和"构造集合 2（MakeSet2）"的命令后，即提示输入集合元素串，结束符为"回车符"。

4. 接收其他命令后即执行相应运算和显示相应结果。

六、测试结果

```
执行命令'1'：输入 magazine 后,构造集合 Set1:［a, e, g, i, m, n, z］
执行命令'2'：输入 paper 后,构造集合 Set2:［a, e, p, r］
执行命令'u'：构造集合 Set1 和 Set2 的并集:［a, e, g, i, m, n, p, r, z］
执行命令'i'：构造集合 Set1 和 Set2 的交集:［a, e］
执行命令'd'：构造集合 Set1 和 Set2 的差集:［g, i, m, n, z］
执行命令'1'：输入 012oper4a6tion89 后,构造集合 Set1:［a, e, i, n, o, p, r, t］
执行命令'2'：输入 errordata 后,构造集合 Set2:［a, d, e, o, r, t］
执行命令'u'：构造集合 Set1 和 Set2 的并集:［a, d, e, i, n, o, p, r, t］
执行命令'i'：构造集合 Set1 和 Set2 的交集:［a, e, o, r, t］
执行命令'd'：构造集合 Set1 和 Set2 的差集:［i, n, p］
```

七、附录

源程序文件名清单：

```
Node.H          //元素结点实现单元
OrdList.H       //有序链表实现单元
OrderSet.H      //有序集实现单元
SetDemos.C      //主程序
```

实习2 栈和队列及其应用

仅仅认识到栈和队列是两种特殊的线性表是远远不够的,本实习单元的目的在于使读者深入了解栈和队列的特性,以便在实际问题背景下灵活运用它们;同时还将巩固对这两种结构的构造方法的理解。

编程技术训练要点:栈的"任务书"观点及其典型用法(见本实习2.2);问题求解的状态表示及其递归算法(见本实习2.3、实习2.4和实习2.9);利用栈实现表达式求值的技术(见本实习2.5);事件驱动的模拟方法(见本实习2.6、实习2.8);以及动态数据结构的实现(见本实习2.6、实习2.7和实习2.8)。

◆2.1③ 停车场管理

【问题描述】

设停车场是一个可停放 n 辆汽车的狭长通道,且只有一个大门可供汽车进出。汽车在停车场内按车辆到达时间的先后顺序,依次由北向南排列(大门在最南端,最先到达的第一辆车停放在车场的最北端);若车场内已停满 n 辆汽车,则后来的汽车只能在门外的便道上等候,一旦有车开走,则排在便道上的第一辆车即可开入;当停车场内某辆车要离开时,在它之后进入的车辆必须先退出车场为它让路,待该辆车开出大门外,其他车辆再按原次序进入车场,每辆停放在车场的车在它离开停车场时必须按它停留的时间缴纳费用。试为停车场编制按上述要求进行管理的模拟程序。

【基本要求】

以栈模拟停车场,以队列模拟车场外的便道,按照从终端读入的输入数据序列进行模拟管理。每组输入数据包括3个数据项:汽车"到达"或"离去"信息、汽车牌照号码以及到达或离去的时刻。对每组输入数据进行操作后的输出信息为:若车辆到达,则输出汽车在停车场内或便道上的停车位置;若车辆离去,则输出汽车在停车场内停留的时间和应缴纳的费用(在便道上停留的时间不收费)。栈以顺序结构实现,队列以链表结构实现。

【测试数据】

设 $n=2$,输入数据为('A',1,5),('A',2,10),('D',1,15),('A',3,20),('A',4,25),('A',5,30),('D',2,35),('D',4,40),('E',0,0)。其中,'A'表示到达(Arrival),'D'表示离去(Departure),'E'表示输入结束(End)。

【实现提示】

需另设一个栈,临时停放为给要离去的汽车让路而从停车场退出来的汽车,也用顺序存储结构实现。输入数据按到达或离去的时刻有序。栈中每个元素表示一辆汽车,包含两个数据项:汽车的牌照号码和进入停车场的时刻。

【选做内容】

(1) 两个栈共享空间,思考应开辟数组的空间是多少?

(2) 汽车可有不同种类,则它们的占地面积不同,收费标准也不同,如1辆客车和1.5辆小汽车的占地面积相同,1辆十轮卡车占地面积相当于3辆小汽车的占地面积。

(3) 汽车可以直接从便道上开走,此时排在它前面的汽车要先开走让路,然后依次排到队尾。

(4) 停放在便道上的汽车也收费,收费标准比停放在停车场的车低,请思考如何修改结构以满足这种要求。

◆2.2③ 魔王语言解释

【问题描述】

有一个魔王总是使用自己的一种非常精练而抽象的语言讲话,没有人能听得懂,但他的语言是可以逐步解释成人能听懂的语言,因为他的语言是由以下两种形式的规则由人的语言逐步抽象上去的。

(1) $\alpha \rightarrow \beta_1 \beta_2 \cdots \beta_m$。

(2) $(\theta\delta_1\delta_2\cdots\delta_n) \rightarrow \theta\delta_n\theta\delta_{n-1}\cdots\theta\delta_1\theta$。

在这两种形式中,从左到右均表示解释。试写一个魔王语言的解释系统,把它的话解释成人能听得懂的话。

【基本要求】

用下述两条具体规则和上述规则形式(2)实现。设大写字母表示魔王语言的词汇;小写字母表示人的语言词汇;希腊字母表示可以用大写字母或小写字母代换的变量。魔王语言可含人的词汇。

(1) B→tAdA。

(2) A→sae。

【测试数据】

B(ehnxgz)B 解释成 tsaedsaeezegexenehetsaedsae。

若将小写字母与汉字建立下表所示的对应关系,则魔王说的话是:"天上一只鹅地上一只鹅鹅追鹅赶鹅下鹅蛋鹅恨鹅天上一只鹅地上一只鹅"。

t	d	s	a	e	z	g	x	n	h
天	地	上	一只	鹅	追	赶	下	蛋	恨

【实现提示】

将魔王的语言自右至左进栈,总是处理栈顶字符。若是开括号,则逐一出栈,将字母顺序入队列,直至闭括号出栈,并按规则要求逐一出队列再处理后入栈。其他情形较简单,请读者思考应如何处理。应首先实现栈和队列的基本操作。

【选做内容】

(1) 由于问题的特殊性,可以实现栈和队列的顺序存储空间共享。

(2) 代换变量的数目不限,则在程序开始运行时读入一组第一种形式的规则,而不是把规则固定在程序中(第二种形式的规则只能固定在程序中)。

◆2.3④ 车厢调度

【问题描述】

假设停在铁路调度站(如教科书中图 3.1(b)所示)入口处的车厢序列的编号依次为 1,

$2,3,\cdots,n$。设计一个程序,求出所有可能由此输出的长度为 n 的车厢序列。

【基本要求】

在教科书 3.1.2 节中提供的栈的顺序存储结构 SqStack 之上实现栈的基本操作,即实现栈类型。程序对栈的任何存取(即更改、读取和状态判别等操作)必须借助基本操作进行。

【测试数据】

分别取 $n=1,2,3$ 和 4。

【实现提示】

一般地说,在操作过程的任何状态下都有两种可能的操作:入和出。每个状态下处理问题的方法都是相同的,这说明问题本身具有天然的递归特性,可以考虑用递归算法实现。输入序列可以仅由一对整型变量表示,即给出序列头/尾编号。输出序列用栈实现是方便的(思考:为什么不应该用队列实现),只要再定义一个栈打印操作 print(s),自底至顶顺序地打印出栈元素的值。

【选做内容】

(1) 利用第 3 章的算法设计题 1 双向栈存储结构实现调度站和输出序列这两个栈的空间共享。请思考:对于车厢序列长度 n,两栈共享空间长度 m 取多少最合适。

(2) 对于每个输出序列打印出操作序列或/和状态变化过程。

2.4④ 马踏棋盘

【问题描述】

设计一个国际象棋的马踏遍棋盘的演示程序。

【基本要求】

将马随机放在国际象棋的 8×8 棋盘 Board[8][8]的某个方格中,马按走棋规则进行移动。要求每个方格只进入一次,走遍棋盘上全部 64 个方格。编制非递归程序,求出马的行走路线,并按求出的行走路线,将数字 $1,2,\cdots,64$ 依次填入一个 8×8 的方阵并输出。

【测试数据】

由读者指定。可自行指定一个马的初始位置 (i,j),$0 \leqslant i,j \leqslant 7$。

【实现提示】

下图显示了马位于方格(2,3)时,8 个可能的移动位置。

	0	1	2	3	4	5	6	7
			8		1			
0		7				2		
1				H				
2		6				3		
3			5		4			
4								
5								
6								
7								

一般来说,当马位于位置 (i,j) 时,可以走到下列 8 个位置之一:

$$(i-2,j+1),(i-1,j+2),(i+1,j+2),(i+2,j+1),$$
$$(i+2,j-1),(i+1,j-2),(i-1,j-2),(i-2,j-1)$$

但是,如果(i,j)靠近棋盘的边缘,上述有些位置可能超出棋盘范围,成为不允许的位置。8个可能位置可以用两个一维数组 HTry1[0..7]和 HTry2[0..7]来表示:

	0	1	2	3	4	5	6	7
HTry1	−2	−1	1	2	2	1	−1	−2

	0	1	2	3	4	5	6	7
HTry2	1	2	2	1	−1	−2	−2	−1

位于(i,j)的马可以走到的新位置是在棋盘范围内的$(i+\text{HTry1}[h],j+\text{HTry2}[h])$,其中,$h=0,1,\cdots,7$。

每次在多个可走位置中选择其中一个进行试探,其余未曾试探过的可走位置必须用适当结构妥善管理,以备试探失败时的"回溯"(悔棋)使用。

【选做内容】

(1) 求出从某一起点出发的多条以至全部行走路线。

(2) 探讨每次选择位置的"最佳策略",以减少回溯的次数。

(3) 演示寻找行走路线的回溯过程。

◆2.5⑤ 算术表达式求值演示

【问题描述】

表达式计算是实现程序设计语言的基本问题之一,也是栈的应用的一个典型例子。设计一个程序,演示用算符优先法对算术表达式求值的过程。

【基本要求】

以字符序列的形式从终端输入语法正确的、不含变量的整数表达式。利用教科书表3.1给出的算符优先关系,实现对算术四则混合运算表达式的求值,并仿照教科书的例3-1演示在求值中运算符栈、运算数栈、输入字符和主要操作的变化过程。

【测试数据】

教科书例3-1的算术表达式 3 * (7−2),以及下列表达式:

8; 1+2+3+4; 88−1 * 5; 1024/4 * 8; (20+2) * (6/2);

3−3−3; 8/(9−9); 2 * (6+2 * (3+6 * (6+6))); (((6+6) * 6+3) * 2+6) * 2;

【实现提示】

(1) 设置运算符栈和运算数栈辅助分析算符优先关系。

(2) 在读入表达式的字符序列的同时,完成运算符和运算数(整数)的识别处理,以及相应的运算。

(3) 在识别出运算数的同时,要将其字符序列形式转换成整数形式。

(4) 在程序的适当位置输出运算符栈、运算数栈、输入字符和主要操作的内容。

【选做内容】

(1) 扩充运算符集,如增加乘方、单目减、赋值等运算。

(2) 运算量可以是变量。

(3) 运算量可以是实数类型。

(4) 计算器的功能和仿真界面。

◆2.6④ 银行业务模拟

【问题描述】

客户业务分为两种：第一种是申请从银行得到一笔资金，即取款或借款；第二种是向银行投入一笔资金，即存款或还款。银行有两个服务窗口，相应地有两个队列。客户到达银行后先排第一个队列。处理每个客户业务时，如果属于第一种，且申请额超出银行现存资金总额而得不到满足，则立刻排入第二个队列等候，直至满足时才离开银行；否则业务处理完后立刻离开银行。每接待完一个第二种业务的客户，则顺序检查和处理（如果可能）第二个队列中的客户，对能满足的申请者予以满足，不能满足者重新排到第二个队列的队尾。注意，在此检查过程中，一旦银行资金总额少于或等于刚才第一个队列中最后一个客户（第二种业务）被接待之前的数额，或者本次已将第二个队列检查或处理了一遍，就停止检查（因为此时已不可能还有能满足者）转而继续接待第一个队列的客户。任何时刻都只开一个窗口。假设检查不需要时间。营业时间结束时所有客户立即离开银行。

写一个上述银行业务的事件驱动模拟系统，通过模拟方法求出客户在银行内逗留的平均时间。

【基本要求】

利用动态存储结构实现模拟。

【测试数据】

一天营业开始时银行拥有的款额为 10 000（元），营业时间为 600（分钟）。其他模拟参量自定，注意测定两种极端的情况：一个是两个到达事件之间的间隔时间很短，而客户的交易时间很长；另一个恰好相反，设置两个到达事件的间隔时间很长，而客户的交易时间很短。

【实现提示】

事件有两类：到达银行和离开银行。初始时银行现存资金总额为 total。开始营业后的第一个事件是客户到达，营业时间从 0～closetime。到达事件发生时随机地设置此客户的交易时间和距下一到达事件之间的时间间隔。每个客户要办理的款额也是随机确定的，用负值和正值分别表示第一类和第二类业务。变量 total、closetime 以及上述两个随机量的上下界均交互地从终端读入，作为模拟参数。

两个队列和一个事件表均要用动态存储结构实现。注意弄清应该在什么条件下设置离开事件，以及第二个队列用怎样的存储结构实现时可以获得较高的效率。注意：事件表是按时间顺序有序的。

【选做内容】

自己实现动态数据类型。例如，对于客户结点，定义 pool 为：

```
CustNode pool[MAX];
//结构类型 CustNode 含 4 个域: arrtime, durtime, amount, next
```

或者定义 4 个同样长的，以上述域名为名字的数组。初始时，将所有分量的 next 域链接起来，形成一个静态链栈，设置一个栈顶元素下标指示量 top，top＝0 表示栈空。动态存储分配函数可以取名为 myMalloc，其作用是出栈，将栈顶元素的下标返回。若返回的值为 0，则表示无空间可分配。归还函数可取名为 myFree，其作用是把该分量入栈。用

FORTRAN 和 BASIC 等语言实现时只能如此地自行组织。

2.7④　航空客运订票系统

【问题描述】

航空客运订票的业务活动包括查找航线、客票预订和办理退票等。试设计一个航空客运订票系统，以使上述业务可以借助计算机来完成。

【基本要求】

（1）每条航线所涉及的信息：终点站名、航班号、飞机号、飞行周日（星期几）、乘员定额、余票量、已订票的客户名单（包括姓名、订票量、舱位等级 1,2 或 3）以及等候替补的客户名单（包括姓名、所需票量）。

（2）作为示意系统，全部数据可以只放在内存中。

（3）系统能实现的操作和功能如下：

① 查找航线：根据旅客提出的终点站名输出下列信息：航班号、飞机号、星期几飞行，最近一天航班的日期和余票额。

② 承办订票业务：根据客户提出的要求（航班号、订票数额）查找该航班票额情况，若尚有余票，则为客户办理订票手续，输出座位号；若已满员或余票额少于订票额，则需重新询问客户要求。若需要，可登记排队候补。

③ 承办退票业务：根据客户提供的情况（日期、航班），为客户办理退票手续，然后查找该航班是否有人排队候补，询问排在第一的客户，若所退票额能满足他的要求，则为他办理订票手续，否则依次询问其他排队候补的客户。

【测试数据】

由读者自行指定。

【实现提示】

两个客户名单可分别由线性表和队列实现。为查找方便，已订票客户的线性表应按客户姓名有序，并且为插入和删除方便，应以链表作存储结构。由于预约人数无法预计，队列也应以链表作存储结构。整个系统需汇总各条航线的情况登录在一张线性表上，由于航线基本不变，可采用顺序存储结构，并按航班号有序或按终点站名有序。每条航线是这张表上的一个记录，包含上述 8 个域。其中，已订票的客户名单域为指向乘员名单链表的头指针，等候替补的客户名单域为分别指向队头和队尾的指针。

【选做内容】

当客户订票要求不能满足时，系统可向客户提供到达同一目的地的其他航线情况。读者还可充分发挥自己的想象力，增加系统的功能和其他服务项目。

2.8⑤　电梯模拟

【问题描述】

设计一个电梯模拟系统。这是一个离散的模拟程序，因为电梯系统是乘客和电梯等"活动体"构成的集合，虽然它们彼此交互作用，但它们的行为是基本独立的。在离散的模拟中，以模拟时钟决定每个活动体的动作发生的时刻和顺序，系统在某个模拟瞬间处理有待完成的各种事情，然后把模拟时钟推进到某个动作预定要发生的下一个时刻。

【基本要求】

（1）模拟某校五层教学楼的电梯系统。该楼有一个自动电梯，能在每层停留。五个楼层由下至上依次称为地下层、第一层、第二层、第三层和第四层，其中第一层是大楼的进出层，即是电梯的"本垒层"，电梯"空闲"时，将来到该层候命。

（2）乘客可随机地进出于任何层。对每个人来说，他有一个能容忍的最长等待时间，一旦等候电梯时间过长，他将放弃。

（3）模拟时钟从 0 开始，时间单位为 0.1 秒。人和电梯的各种动作均要耗费一定的时间单位（简记为 t），例如：

有人进出时，电梯每隔 40t 测试一次，若无人进出，则关门；

关门和开门各需要 20t；

每个人进出电梯均需要 25t；

如果电梯在某层静止时间超过 300t，则驶回一层候命。

（4）按时序显示系统状态的变化过程：发生的全部人和电梯的动作序列。

【测试数据】

模拟时钟 Time 的初值为 0，终值可在 500～10 000 范围内逐步增加。

【实现提示】

（1）楼层由下至上依次编号为 0，1，2，3，4。每层有要求 Up（上）和 Down（下）的两个按钮，对应 10 个变量 CallUp[0..4] 和 CallDown[0..4]。电梯内 5 个目标层按钮对应变量 CallCar[0..4]。有人按某个按钮时，相应的变量就置为 1，一旦要求满足后，电梯就把该变量清 0。

（2）电梯处于三种状态之一：GoingUp（上行）、GoingDown（下行）和 Idle（停候）。如果电梯处于 Idle 状态且不在一层，则关门并驶回一层。在一层停候时，电梯是闭门候命。一旦收到往另一层的命令，就转入 GoingUp 或 GoingDown 状态，执行相应的操作。

（3）用变量 Time 表示模拟时钟，初值为 0，时间单位（t）为 0.1 秒。其他重要的变量：

Floor——电梯的当前位置（楼层）。

D1——值为 0，除非人们正在进入和离开电梯。

D2——值为 0，如果电梯已经在某层停候 300t 以上。

D3——值为 0，除非电梯门正开着又无人进出电梯。

State——电梯的当前状态（GoingUp，GoingDown，Idle）。

系统初始时，Floor=1，D1=D2=D3=0，State=Idle。

（4）每个人从进入系统到离开称为该人在系统中的存在周期。在此周期内，他有 6 种可能发生的动作。

M1.［进入系统，为下一个人的出现做准备］产生以下数值：

InFloor——该人进入哪层楼。

OutFloor——他要去哪层楼。

GiveupTime——他能容忍的等候时间。

InterTime——下一个人出现的时间间隔，据此系统预置下一个人进入系统的时刻。

M2.［按按钮并等候］此时应对以下不同情况做不同的处理：

① Floor＝InFloor 且电梯的下一个活动是 E6（电梯在本层，但正在关门）。

② Floor＝InFloor 且 D3≠0（电梯在本层，正有人进出）。

③ 其他情况，可能 D2＝0 或电梯处于活动 E1（在一层停候）。

M3.［进入排队］在等候队列 Queue［InFloor］末尾插入该人，并预置在 GiveupTime 个 t 之后，他若仍在队列中将实施动作 M4。

M4.［放弃］如果 Floor≠InFloor 或 D1＝0，则从 Queue［InFloor］和系统删除该人。如果 Floor＝InFloor 且 D1≠0，他就继续等候（他知道马上就可进入电梯）。

M5.［进入电梯］从 Queue［InFloor］删除该人，并把他插入 Elevator（电梯）栈中。置 CallCar［OutFloor］为 1。

M6.［离去］从 Elevator 和系统删除该人。

（5）电梯的活动有 9 种：

E1.［在一层停候］若有人按一个按钮，则调用 Controller 将电梯转入活动 E3 或 E6。

E2.［要改变状态？］如果电梯处于 GoingUp（或 GoingDown）状态，但该方向的楼层却无人等待，则要看反方向楼层是否有人等候，而决定置 State 为 GoingDown（或 GoingUp）还是 Idle。

E3.［开门］置 D1 和 D2 为非 0 值，预置 300 个 t 后启动活动 E9 和 76 个 t 后启动 E5，然后预置 20 个 t 后转到 E4。

E4.［让人出入］如果 Elevator 不空且有人的 OutFloor＝Floor，则按进入的倒序每隔 25 个 t 让这类人立即转到他们的动作 M6。Elevator 中不再有要离开的人时，如果 Queue［Floor］不空，则以 25 个 t 的速度让他们依次转到 M5。Queue［Floor］空时，置 D1 为 0，D3≠0，而且等候某个其他活动的到来。

E5.［关门］每隔 40 个 t 检查 D1，直到 D1＝0（若 D1≠0，则仍有人出入）。置 D3 为 0 并预置电梯在 20 个 t 后启动活动 E6（在关门期间，若有人到来，则如 M2 所述，门再次打开）。

E6.［准备移动］置 CallCar［Floor］为 0，而且若 State≠GoingDown，则置 CallUp［Floor］为 0；若 State≠GoingUp，则置 CallDown［Floor］为 0。调用 Controller 函数。

如果 State＝Idle，则即使已经执行了 Controller，也转到 E1。否则，如果 D2≠0，则取消电梯活动 E9。最后，如果 State＝GoingUp，则预置 15 个 t 后（电梯加速）转到 E7；如果 State＝GoingDown，则预置 15 个 t 后（电梯加速）转到 E8。

E7.［上升一层］置 Floor 加 1 并等候 51 个 t。如果现在 CallCar［Floor］＝1 或 CallUp［Floor］＝1，或者如果（（Floor＝1 或 CallDown［Floor］＝1）且 CallUp［j］＝CallDown［j］＝CallCar［j］＝0 对于所有 j＞Floor），则预置 14 个 t 后（减速）转到 E2；否则重复 E7。

E8.［下降一层］除了方向相反之外，与 E7 类似，但那里的 51 和 14 个 t，此时分别改为 61 和 23 个 t（电梯下降比上升慢）。

E9.［置不活动指示器］置 D2 为 0 并调用 Controller 函数（E9 是由 E3 预置的，但几乎总是被 E6 取消了）。

（6）当电梯须对下一个方向做出判定时，便在若干临界时刻调用 Controller 函数。该函数有以下要点：

C1.［需要判断？］若 State≠Idle，则返回。

C2.［应该开门？］如果电梯处于 E1 且 CallUp［1］，CallDown［1］或 CallCar［1］非 0，则预

置 20 个 t 后启动 E3,并返回。

C3.[有按钮按下?]找最小的 $j \neq$ Floor,使得 CallUp[j],CallDown[j]或 CallCar[j]非 0,并转到 C4。但如果不存在这样的 j,那么,如果 Controller 正为 E6 所调用,则置 j 为 1,否则返回。

C4.[置 State]如果 Floor$>j$,则置 State 为 GoingDown;如果 Floor$<j$,则置 State 为 GoingUp。

C5.[电梯静止?]如果电梯处于 E1 而且 $j \neq 1$,则预置 20 个 t 后启动 E6,并返回。

(7) 由上可见,关键是按时序管理系统中所有乘客和电梯的动作设计合适的数据结构。

【选做内容】

(1) 增加电梯数量,模拟多梯系统。

(2) 某高校的一座 30 层住宅楼有 3 部自动电梯,每部电梯最多载客 15 人。大楼每层 8 户,每户平均 3.5 人,每天早晨平均每户有 3 人必须在 7 时之前离开大楼去上班或上学。模拟该电梯系统,并分析分别在一梯、二梯和三梯运行情况下,下楼高峰期间各层的住户应提前多少时间候梯下楼? 研究多梯运行最佳策略。

2.9④ 迷宫问题

【问题描述】

以一个 $m \times n$ 的长方阵表示迷宫,0 和 1 分别表示迷宫中的通路和障碍。设计一个程序,对任意设定的迷宫,求一条从入口到出口的通路,或得出没有通路的结论。

【基本要求】

首先实现一个以链表作存储结构的栈类型,然后编写一个求解迷宫的非递归程序。求得的通路以三元组 (i,j,d) 的形式输出,其中,(i,j) 指示迷宫中的一个坐标,d 表示走到下一坐标的方向。例如,对于下列数据的迷宫,输出的一条通路为 $(1,1,1)$,$(1,2,2)$,$(2,2,2)$,$(3,2,3)$,$(3,1,2)$,…

【测试数据】

迷宫的测试数据如下:左上角 (1,1) 为入口,右下角 (8,9) 为出口。

	1	2	3	4	5	6	7	8
	0	0	1	0	0	0	1	0
	0	0	1	0	0	0	1	0
	0	0	0	0	1	1	0	1
	0	1	1	1	0	0	1	0
	0	0	0	1	0	0	0	0
	0	1	0	0	0	1	0	1
	0	1	1	1	1	0	0	1
	1	1	0	0	0	1	0	1
	1	1	0	0	0	0	0	0

【实现提示】

计算机解迷宫通常用的是"穷举求解"方法,即从入口出发,顺着某一个方向进行探索,若能走通,则继续往前进;否则沿着原路退回,换一个方向继续探索,直至出口位置,求得一条通路。假如所有可能的通路都探索到而未能到达出口,则所设定的迷宫没有通路。

可以二维数组存储迷宫数据,通常设定入口点的下标为$(1,1)$,出口点的下标为(n,n)。为处理方便起见,可在迷宫的四周加一圈障碍。对于迷宫中任一位置,均可约定有东、南、西、北 4 个方向可通。

【选做内容】

(1) 编写递归形式的算法,求得迷宫中所有可能的通路。

(2) 以阵列形式输出迷宫及其通路。

(3) 不断变换迷宫,增加趣味性。

做题示例:2.9 题 迷宫问题

本示例聚焦于需求分析、概要设计、详细设计和功能测试等环节。

一、需求分析

1. 以二维字符数组 Maze$[m+2][n+2]$表示迷宫,其中,Maze$[0][j]$和 Maze$[m+1][j]$($0 \leqslant j \leqslant n+1$)及 Maze$[i][0]$和 Maze$[i][n+1]$($0 \leqslant i \leqslant m+1$)为添加的一圈障碍。数组中以元素值为空格' '表示通路,'♯'表示障碍,限定迷宫的大小 $m,n \leqslant 10$。

2. 用户以文件的形式输入迷宫的数据:文件中第一行的数据为迷宫的行数 m 和列数 n;从第 $2 \sim m+1$ 行(每行 n 个数)为迷宫值,同一行中的两个数字之间用空白字符相隔。

3. 迷宫的入口位置和出口位置可由用户随时设定。

4. 若设定的迷宫存在通路,则以长方阵形式将迷宫及其通路输出到标准输出文件(即终端)上,其中,字符'♯'表示障碍;字符' * '表示路径上的位置;字符'@' 表示"死胡同",即曾途经然而不能到达出口的位置;余者用空格符印出。若设定的迷宫不存在通路,则报告相应信息。

5. 本程序只求出一条成功的通路。然而,只需要对迷宫求解的函数做小量修改,便可求得全部路径。

6. 测试数据见原题,当入口位置为$(1,1)$,出口位置为$(9,8)$时,输出数据应为:

#	#	#	#	#	#	#	#	#	#
>	*	*	#	@	@	@	#		#
#		*	*	@	@	@	#		#
#	*	*	@	@	#	#		#	#
#	*	#	#	#			#	@	#
#	*	*	*	#	*	*	*	@	#
#		#	*	*	*	*	*	#	#
#		#	#	#	#		*	#	#
#		#	#			#	*	#	#
#	#	#					*	*	>
#	#	#	#	#	#	#	#	#	#

7. 程序执行的命令为：

① 创建迷宫；② 求解迷宫；③ 输出迷宫的解。

二、概要设计

教科书已经讨论了迷宫问题的解法和数据结构与算法。本实习题的重点是栈的实现、迷宫的生成、程序经调试完善后能通过测试。

求解迷宫中一条通路的伪码算法：

```
设定入口位置为"当前位置"的初值；
do {
    若当前位置可进入，
    则 { 将当前位置压入栈顶；                //纳入路径
        若该位置是出口位置，则结束；          //已求得的路径存放在栈中
        否则从当前位置的东邻方块开始探索下一个可进入位置；
    }
    否则，若栈不空，
        则将栈顶位置退栈并将当前位置"回退"到该位置，
            若回退的位置尚有其他方向未探索，
            则设定新的当前位置为沿顺时针方向旋转找到的下一相邻块；
            否则就重复下述过程：
                栈不空就退栈，回退当前位置，
                直至找到一个可进入的相邻块作为"当前位置"或栈空；
} while(栈不空)；
至此，"穷尽了"各种可能仍未到达出口位置，故该迷宫不存在从入口到出口的路径
```

可以看教科书算法 3.3 为主算法。

三、详细设计

1. 坐标位置类型：

```
typedef struct {
    int r, c;      //迷宫中 r 行 c 列的位置
} PosType;
```

2. 迷宫类型：

```
typedef struct {
    int     m, n;
    char    arr[RANGE][RANGE];   //各位置取值' ','#','@'或'*'
} MazeType;
MazeTypeInitMaze(int a[][], int row, int col);
    //按照用户输入的 row 行和 col 列的二维数组(元素值为 0 或 1)
    //设置迷宫 maze 的初值，包括加上边缘一圈的值
bool MazePath(MazeType maze, PosType start, PosType end);
    //求解迷宫 maze 中，从入口 start 到出口 end 的一条路径
    //若存在，则返回 TRUE；否则返回 FALSE
void PrintMaze(MazeType maze);
    //将迷宫以字符型方阵的形式输出到标准输出文件上
```

3. 栈类型:

```
typedef struct{
    int              step;         //当前位置在路径上的"序号"
    PosType          seat;         //当前的坐标位置
    directiveType    di;           //往下一坐标位置的方向
} ElemType;                        //栈的元素类型
typedef struct NodeType {
    ElemType    data;
    NodeType    * next;
} NodeType, * LinkType;            //结点类型, 指针类型
typedef struct {
    SElemType    * base;           //基址, 也称栈底指针, 初始化时指向分配的元素存储空间
    SElemType    * top;            //栈顶指针
} * SqStack, * Stack;              //顺序栈指针类型
```

用到的栈基本操作的算法:

```
Status Push(Stack S, ElemType e) {
    //若分配空间成功, 则在 S 的栈顶插入新的栈顶元素 e, 并返回 TRUE
    // 否则栈不变, 并返回 FALSE
    if (!S) return ERROR;                //若栈 S 不存在, 则报错
    if (S->top - S->base >= S->size) {   //若栈已满, 则申请倍增扩容
      S->base = (ElemType * )realloc(S->base,S->size * 2 * sizeof(ElemType));
      if (!S->base) exit(OVERFLOW);      //若扩容失败, 则退出报错
      S->top = S->base + S->size;        //更新扩容后的栈顶指针(因栈底指针已改变)
      S->size *= 2;                      //更新栈的容量
    }
    * S->top++ = e;                      //将元素 e 置到栈顶, top 增 1
    return OK;
}
ElemTypePop(Stack S) {                   //若栈不空, 则删除并返回 S 的栈顶元素, 否则返回 nullE
    if (!S || S->top == S->base) return nullE;   //栈不存在或空, 则返回空元素
    return * --S->top;                   //函数值返回退栈元素值
}
```

4. 构建迷宫的两种方法。

(1) 人工编辑。以下是以二维数组声明时初始化方式定义的迷宫模板和构建函数:

```
char *M3[] =                          char *M4[] =
  { "##########", //图3.4迷宫            { "##########", //增加变化
    ">   #   # #",                        ">   # #  #",
    "# ## ## #",                          "##     # #",
    "#    #   #",                          "#. ###  #",
    "# ### # #",                          "# #  ####",
    "#   #   # #",                         "#   ## #",
    "## #   # #",                          "## #    #",
    "#  #  # ##",                          "#  # # ###",
    "##   #  >",                           "##   #  >",
    "##########" };                        "##########" };
```

(a) 迷宫模板示例1   (b) 迷宫模板示例2

```
MazeType InitMaze(char **arr, int row, int col) {
    MazeType maze;
    if (!(maze = (MazeType)malloc(sizeof( * maze)))) exit(OVERFLOW);
    maze->row = row;
    maze->col = col;
    for (int i=0; i<=row+1; i++ )
        for (int j=0; j<=col+1; j++)
            maze->arr[i][j] = arr[i][j];
    return maze;
}
```

（2）随机生成迷宫。尝试了完全随机生成的迷宫，效果不理想。障碍过疏，难度太小，不像迷宫。障碍稍密，很大机会是走不通的。

第（2）种尝试是对（1）增加一些随机化的变通。如下图（a）所示，编辑一个带一条路径（＊块组成），再加一些与路径相关的障碍块的"模板"。用以下函数加上随机化加工，可变化出一批不同的能走通的迷宫，且试探的步数不尽相同，增加了多样性和趣味性。

```
MazeType PathRandomMaze(char **arr, int row, int col) {
    //对含路径的模板 arr 添加随机化处理后生成并返回随机迷宫
    //并返回 TRUE,否则返回 FALSE
    MazeType maze = InitMaze(arr, row, col);
    char c[10] = "  #    #   ";
    for (int i=1; i<=row; i++)
        for (int j=1; j<=col; j++) {
            if (maze->arr[i][j]=='*') maze->arr[i][j] = ' ';
            else if (maze->arr[i][j]=='!' || maze->arr[i][j]==' ')
                maze->arr[i][j] = c[random(10)];
        }
    return maze;    //未走到出口,即"穷尽了"所有可能,确认不存在入口到出口的路径
}
```

```
    char  *M[] =        ##########     ##########     ##########
    { "##########",     >  # # ###     >  # ## #      >  #  ###
      ">**#   # #",      #      # #     #      # #     ##    # #
      "# *** # #",       # ## # ###     # ## # ###     # ## # #
      "#  #*# ##",       ##    ###      #     ###      # #   #
      "#  **  # #",       # ### #       ## ### #       ## ### #
      "##**### #",        # # # ###      # # # ###      # # # ###
      "#**#*** #",        # #   >        # #   >        # ##  >
      "#*#**#*###",       ##########     ##########     ##########
      "#***# ***>",       迷宫可以走通!    迷宫可以走通!    迷宫可以走通!
      "##########" };     路径长度共25通道块 路径长度共25通道块 路径长度共25通道块
                          ##########     ##########     ##########
                          >**# # # #     >**#  ## #     >**#!!!###
                          # ***!# #      # ****# #      ##**#!#!!#
                          # ##*#!###     # ##*## ###    # #**!# ##
                          ## **!!###     #  **!!# #     # #**!!# #
                          ##**### #      ##**###!##     ##**### #
                          #**#***# #     #*#****!!#     #**#***# #
                          #*#**#*###     #*#**#*###     #*#**#*###
                          #***# ***>     #***# ***>     #***##***>
                          ##########     ##########     ##########
                          Total steps : 34  Total steps : 37  Total steps : 52
```

| (a) 带路径模板 | (b) 变化 1 | (c) 变化 2 | (d) 变化 3 |

5. 求迷宫路径的算法(基本是教科书算法 3.3):

```
Stack S;          //外部变量栈,辅助求路径
                  //若找到路径,从栈底到栈顶的就是这条路径上的通道块位置
int MazePath(MazeType maze, Position start, Position end) {  //教科书算法 3.3
    //若迷宫 maze 存在从入口 start 到出口 end 的通道,则求得一条并存放在栈中
    //并返回其通道块数,否则返回 0
    Position curPos;
    int pathlen;
    ElemType e;
    S = InitStack(60);               //辅助栈 S 初始化
    curPos = start;                  //设定"当前位置"为"入口位置"
    pathlen = step = 1;              //探索计步器置 1
    do {
        if (CanEnter(maze, curPos)) {      //若当前位置可通过,即是未曾到过的通道块
            FootPrint(maze, curPos);       //则标记足迹
            e.dir = 1;   e.ord = pathlen;  e.pos = curPos;   //组合入栈元素
            Push(S, e);                                      //加入路径
            if (curPos.r == end.r && curPos.c == end.c) {
                { S = FreeStack(S);   return pathlen; } //到达出口,销毁栈,返回步数
            curPos = NextPos(curPos, 1);    //否则下一位置是当前位置的东邻
            pathlen++;                      //探索下一步,计步器增 1
        } else {                            //当前位置不能通过
            if (!StackEmpty(S)) {           //若栈 S 不空
                e = Pop(S);   pathlen--;    //栈顶元素退栈到 e,即回退一步
                while (e.dir==4 && !StackEmpty(S)) {  //若 4 个方向均已探索,且栈不空
                    MarkPrint(maze, e.pos);           //则标记"此路不通"
                    e = Pop(S);   pathlen--;          //再回退一步
                }
                if (e.dir<4) {                        //若仍有方向尚未探索
                    e.dir++;                          //则换下一个方向探索
                    Push(S, e);   pathlen++;   step++;
                    curPos = NextPos(e.pos, e.dir);   //进入新方向相邻块,更新当前位置
                }
            }
        } //else
    } while (!StackEmpty(S));               //若栈不空,则继续 do-while 循环
    return 0;          //未走到出口,即"穷尽了"所有可能,确认不存在入口到出口的路径
}
```

实习 3   串及其应用

本实习单元的目的是熟悉串类型的实现方法和文本模式匹配方法,熟悉一般文字处理软件的设计方法,较复杂问题的分解求精方法。本实习单元的难度较大,在教学安排上可以灵活掌握完成此单元实习的时间。

编程技术训练要点:并行的模式匹配技术(见本实习 3.1);字符填充技术(见本实习 3.2、实习 3.4);逻辑/物理概念隔离技术(GetAWord,见本实习 3.2);活区操作技术(见本实习 3.3);不定长对象的成块存储分配技术(见本实习 3.3);命令识别与分析技术(见本实习 3.3、实习 3.4);串的动态组织技术(见本实习 3.4);合理有效的错误处理方法(见本实习 3.4);程序语法结构基本分析技术(见本实习 3.5)。

3.1③   文学研究助手

【问题描述】

文学研究人员需要统计某篇英文小说中某些形容词的出现次数和位置。试写一个实现这一目标的文字索引系统,称为"文学研究助手"。

【基本要求】

英文小说存于一个多行文本中。待建索引的词汇集合要预先给定,即建索引工作必须在程序的一次运行之后就全部完成。程序的输出结果是每个词的出现次数和出现位置所在行的行号,格式自行设计。

【测试数据】

以你的 C 源程序模拟英文小说,C 语言的保留字集作为待建索引的词汇集。

【实现提示】

约定小说中的词汇一律不跨行。这样,每读入一行,就统计每个词在这行中的出现次数。出现位置所在行的行号可以用链表存储。若某行中出现了不止一次,不必存多个相同的行号。

如果读者希望达到选做内容(1)和(2)所提出的要求,则应先把 KMP 算法改写成如下的等价形式,再将它推广到多个模式的情形。

```
i = 1;   j = 1;
while (i != s[0]+1 && j != t[0]+1) {
    while (j != 0 && s[i] != t[j]) j = next[j];
    //j == 0 或 s[i] == t[j]
    j++;   i++;              //每次进入循环体,i 只增加一次
}
```

【选做内容】

(1) 模式匹配要基于 KMP 算法。

（2）整个统计过程中只对小说文字扫描一遍以提高效率。

（3）假设小说中的每个单词或者从行首开始，或者前置一个空格符。利用单词匹配特点另写一个高效的统计程序，与 KMP 算法统计程序进行效率比较。

（4）推广到更一般的模式集匹配问题，并设待查模式串可以跨行（提示：定义操作GetAChar）。

3.2③　文本格式化

【问题描述】

输入文件中含待格式化（或称为待排版）的文本，它由多行的文字组成，如一篇英文文章。每一行由一系列被一个或多个空格符所隔开的字①组成，任何完整的字都没有被分割在两行（每行最后一个字与下一行的第一个字之间在逻辑上应该由空格分开），每行字符数不超过 80。除了上述文本类字符之外，还存在起控制作用的字符：符号@指示它后面的正文在格式化时应另起一段排放，即空一行，并在段首缩入 8 个字符位置。@自成一个字。

一个文本格式化程序可以处理上述输入文件，按照用户指定的版面规格重排版面：实现页内调整、分段、分页等文本处理功能，排版结果存入输出文本文件中。

试写一个这样的程序。

【基本要求】

（1）输出文件中字与字之间只留一个空格符，即实现多余空格符的压缩。

（2）在输出文件中，任何完整的字仍不能分割在两行，行尾不齐没关系，但行首要对齐（即左对齐）。

（3）如果所要求的每页页底所空行数不少于 3，则将页号打印在页底空行中第 2 行的中间位置上，否则不打印。

（4）版面要求的参数要包含：

- 页长（Page Length）——每页内文字（不计页号）的行数。
- 页宽（Page Width）——每行内文字所占最大字符数。
- 左空白（Left Margin）——每行文字前的固定空格数。
- 头长（Heading Length）——每页页顶所空行数。
- 脚长（Footing Length）——每页页底所空行数（含页号行）。
- 起始页号（Starting Page Number）——首页的页号。

【测试数据】

此略。注意在标点之后加上空格符。

【实现提示】

可以设：左空白数×2＋页宽≤160，即行印机最大行宽，从而只要设置这样大的一个行缓冲区就足够了，每加工完一行，就输出一行。

如果输入文件和输出文件不是由程序规定死，而是可由用户指定，则有两种做法：一种

---

① 字是一行中不含空格符的最长（即任何一端都不能再扩展一个非空格符的字符进来的）子串，例如"good!"算一个字。

是像其他参量一样,将文件名交互地读入字符串变量中;另一种更好的方式是让用户通过命令行①指定,具体做法依机器的操作系统而定。

应该实现 GetAWord(w)这一操作,把诸如行尾处理、文件尾处理、多余空格符压缩等一系列"低级"事务留给它处理,使系统的核心部分集中对付排版要求。

每个参数都可以实现默认值②设置。上述排版参数的默认值可以分别取 56,60,10,5,5 和 1。

【选做内容】

(1) 输入文件名和输出文件名要由用户指定。

(2) 允许用户指定是否右对齐,即增加一个参量"右对齐否"(right justifying),默认值可设为 y(yes)。右对齐指每行最后一个字的字尾要对齐,多余的空格要均匀分布在本行中各字之间。

(3) 实现字符填充(character stuffing)技术。@作为分段控制符之后,限制了原文中不能有这样的字。现在去掉这一限制:如果原文中有这样的字,改用两个@并列起来表示一个@字。当然,如果原文中此符号夹在字中,就不必特殊处理了。

(4) 允许用户自动按多栏打印出一页。

3.3④　简单行编辑程序

【问题描述】

文本编辑程序是利用计算机进行文字加工的基本软件工具,实现对文本文件的插入、删除等修改操作。限制这些操作以行为单位进行的编辑程序称为行编辑程序。

被编辑的文本文件可能很大,全部读入编辑程序的数据空间(内存)的作法既不经济,也不总能实现。一种解决方法是逐段地编辑。任何时刻只把待编辑文件的一段放在内存,称为活区。试按照这种方法实现一个简单的行编辑程序。设文件每行不超过 320 个字符,很少超过 80 个字符。

【基本要求】

实现以下 4 条基本编辑命令。

(1) 行插入。格式:

> i<行号><回车><文本③>.<回车>

将<文本>插入活区中第<行号>行之后。

(2) 行删除。格式:

> d<行号 1>[<空格> <行号 2>]<回车>

删除活区中第<行号 1>行(到第<行号 2>行)。例如,"d10'|←"和"d10 14'|←"。

(3) 活区切换。格式:

---

① 命令行——用户在运行一个程序时所发的一个命令。它通常由一行字符组成。

② 默认值——当用户不愿意费心给一个参数提供数字时,他可以直接输入回车键。这时程序自动地对该参数赋一个预定的值。这个值称为默认值。

③ 文本——一行或多行可显示字符,每行以回车符结束。

n<回车>

将活区写入输出文件,并从输入文件中读入下一段,作为新的活区。

(4) 活区显示。格式:

p<回车>

逐页地(每页 20 行)显示活区内容,每显示一页之后请用户决定是否继续显示以后各页(如果存在)。打印出的每一行要前置行号和一个空格符,行号固定占 4 位,增量为 1。

各条命令中的行号均须在活区中各行行号范围之内,只有插入命令的行号可以等于活区第一行行号减 1,表示插入当前屏幕中第一行之前,否则命令参数非法。

【测试数据】

自行设定,注意测试将活区删空等特殊情况。

【实现提示】

(1) 设活区的大小用行数 ActiveMaxLen(可设为 100)来描述。考虑到文本文件行长通常为正态分布,且峰值为 $60 \sim 70$,用 $320 \times$ ActiveMaxLen 大小的字符数组实现存储将造成大量浪费。可以以标准行块为单位为各行分配存储,每个标准行块可含 81 个字符。这些行块可以组成一个数组,也可以利用动态链表连接起来。一行文字可能占多个行块。行尾可用一个特殊的 ASCII 字符(如 $(012)_8$)标识。此外,还应记住活区起始行号。行插入将引起随后各行行号的顺序下推。

(2) 初始化函数包括请用户提供输入文件名(空串表示无输入文件)和输出文件名,两者不能相同。然后尽可能多地从输入文件中读入各行,但不超过 ActiveMaxLen-x。x 的值可以自定,例如 20。

(3) 在执行行插入命令的过程中,每接收到一行时都要检查活区大小是否已达 ActiveMaxLen。如果是,则为了在插入这一行之后仍保持活区大小不超过 ActiveMaxLen,应将插入点之前的活区部分中第一行输出到输出文件中;若插入点为第一行之前,则只得将新插入的这一行输出。

(4) 若输入文件尚未读完,活区切换命令可将原活区中最后几行留在活区顶部,以保持阅读连续性;否则,它意味着结束编辑或开始编辑另一个文件。

(5) 可令前三条命令执行后自动调用活区显示。

【选做内容】

(1) 对于命令格式非法等一切错误做严格检查和适当处理。

(2) 加入更复杂的编辑操作,如对某行进行串替换;在活区内进行模式匹配等,格式可以为 S<行号>@<串 1>@<串 2><回车>和 m<串><回车>。

3.4⑤ 串基本操作的演示

【问题描述】

如果语言没有把串作为一个预先定义好的基本类型对待,又需要用该语言写一个涉及串操作的软件系统时,用户必须自己实现串类型。试实现串类型,并写一个串的基本操作的演示系统。

【基本要求】

在教科书 4.2.3 节用堆分配存储表示实现 LStr 串类型的最小操作子集的基础上，实现串抽象数据类型的其余基本操作（不使用 C 语言本身提供的串函数）。参数合法性检查必须严格。

利用上述基本操作函数构造以下系统：它是一个命令解释程序，循环往复地处理用户输入的每一条命令，直至终止程序的命令为止。命令定义如下：

(1) 赋值。格式：A ∅<串标识>∅<回车>

在格式中，∅表示 0 个、1 个或多个空格符所组成的串。<串标识>表示一个内部名或一个串文字。前者是一个串的唯一标识，是一种内部形式的（而不是字符形式的）标识符。后者是两端由单引号括起来的仅由可打印字符组成的序列。串内每两个连续的单引号表示一个单引号符。

用<串标识>所表示的串的值建立新串，并显示新串的内部名和串值。例如，A 'Hi!'

(2) 判相等。格式：E ∅<串标识 1>∅<串标识 2>∅<回车>

若两串相等，则显示 EQUAL，否则显示 UNEQUAL。

(3) 连接。格式：C ∅<串标识 1>∅<串标识 2>∅<回车>

将两串拼接产生结果串，它的内部名和串值都显示出来。

(4) 求长度。格式：L ∅<串标识>∅<回车>

显示串的长度。

(5) 求子串。格式：S ∅<串标识>∅+<数 1>∅+<数 2>∅<回车>

如果参数合法，则显示子串的内部名和串值。<数>不带正负号。

(6) 子串定位。格式：I ∅<串标识 1>∅<串标识 2>∅<回车>

显示第二个串在第一个串中首次出现时的起始位置。

(7) 串替换。格式：R ∅<串标识 1>∅<串标识 2>∅<串标识 3>∅<回车>

将第一个串中所有出现的第二个串用第三个串替换，显示结果串的内部名和串值，原串不变。

(8) 显示。格式：P ∅<回车>

显示所有在系统中被保持的串的内部名和串值的对照表。

(9) 删除。格式：D ∅<内部名>∅<回车>

删除该内部名对应的串，即赋值的逆操作。

(10) 退出。格式：Q ∅<回车>

结束程序的运行。

在上述命令中，如果一个自变量是串，则应建立它。基本操作函数的结果（即函数值）如果是一个串，则应在尚未分配的区域内新辟空间存放。

【测试数据】

自定。但要包括以下几组：

(1) E ""   ""<回车>，应显示 EQUAL。

(2) E "abc"   "abcd"<回车>，应显示 UNEQUAL。

(3) C ""   ""<回车>，应显示""。

(4) I "a"   ""<回车>，应报告：参数非法。

(5) R "aaa"   "aa"   "b"<回车>，应显示"ba"。

(6) R "aaabc"   "a"   "aab"<回车>，应显示 "aabaabaabbc"。

(7) R "aaaaaaaa"   "aaaa"   "ab"<回车>，应显示 "abab"。

【实现提示】

(1) 演示系统的主结构是一个串头表,可定义为:

```
struct{
    LStr StrHead[100];
    int     CurNum;
} StrHeadList;
```

将各串的头指针依次存于串头数组 StrHead 中(设串的数目不超过 100)。CurNum 为系统中现有的串的数目,CurNum + 1 是可为下一个新串头指针分配的位置。可以取 StrHead 的元素下标作为所对应串的内部名。

(2) 应设置一个命令分析函数,把命令分析结果通过以下类型的一个变量参数返回:

```
typedef struct {
    int     CmdNo;      //或 char 类型,为命令号或命令符
    int     s[3];       //命令的串参数的内部名(最多 3 个)
    int     num[2];     //命令的数值参数(最多 2 个)
} ResultType;
```

此函数还在存储结构中建立命令参数中的<串>。可能再设置一个"取下一个命令参数串"的操作是有益的。注意不要把这里的命令与所有机器的操作系统的命令相混。为了处理简化,可以不对命令的格式做严格语法检查。

【选做内容】

(1) 串头表改用单链表实现。

(2) 对命令的格式(即语法)做严格检查,使系统既能处理正确的命令,也能处理错误的命令。注意,语义检查(如某内部名对应的串已被删除而无定义等)和基本操作参数合法性检查仍应留给基本操作去做。

(3) 支持串名。将串名(可设不超过 6 个字符)存于串头表中。命令(1)、(3)、(5)要增加命令参数<结果串名>;命令(7)中的<串标识 1>改为<串名>,并用此名作为结果串名,删除原被替串标识,用<串名>代替<串标识>定义和命令解释中的内部名。每个命令执行完毕时立即自动删除无名串。

3.5⑤　程序分析

【问题描述】

读入一个 C 程序,统计程序中代码、注释和空行的行数以及函数的个数和平均行数,并利用统计信息分析评价该程序的风格。

【基本要求】

(1) 把 C 程序文件按字符顺序读入源程序。

(2) 边读入程序,边识别统计代码行、注释行和空行,同时还要识别函数的开始和结束,以便统计其个数和平均行数。

(3) 程序的风格评价分为代码、注释和空行 3 方面。每方面分为 A、B、C 和 D 4 个等级,等级的划分标准是:

	A 级	B 级	C 级	D 级
代码(函数平均长度)	10～15 行	8～9 行或 16～20 行	5～7 行或 21～24 行	<5 行或>24 行
注释(占总行数比率)	15%～25%	10%～14%或 26%～30%	5%～9%或 31%～35%	<5%或>35%
空行(占总行数比率)	15%～25%	10%～14%或 26%～30%	5%～9%或 31%～35%	<5%或>35%

以下是对程序文件 ProgAnal.C 分析的输出结果示例：

```
The results of analysing program file "ProgAnal.C":
Lines of code:      180
Lines of comments:  63
Blank lines:        52
Code   Comments   Space
61%    21%        18%
The program includes 9 functions.
The average length of a section of code is 12.9 lines.
Grade A: Excellent routine size style.
Grade A: Excellent commenting style.
Grade A: Excellent white space style.
```

【测试数据】

先对较小的程序进行分析。当程序能正确运行时，对程序本身进行分析。

【实现提示】

为了实现的方便，可做以下约定：

(1) 头两个字符是"//"的行称为注释行(该行不含语句)。除了空行和注释行外，其余均为代码行(包括类型定义、变量定义和函数头)。

(2) 每个函数代码行数(除去空行和注释行)称为该函数的长度。

(3) 每行最多只有一个{、}、**switch** 和 **struct**(便于识别函数的结束行)。

【选做内容】

(1) 报告函数的平均长度。

(2) 找出最长函数及其在程序中的位置。

(3) 允许函数的嵌套定义，报告最大的函数嵌套深度。

3.6⑤　简单正则式匹配器

【问题描述】

设计并实现一个简单的正则表达式匹配器，支持以下核心子集。

(1) 符号。

① 普通字符：直接匹配自身(如 a 匹配 a)。

② . ：匹配任意单个字符(如 a.c 匹配 abc、ac)。

③ ＊：匹配前导字符的 0 次或多次(如 a＊匹配空、a、aa、a…a)。

④ ＋：匹配前导字符的 1 次或多次(如 8＋匹配 8、88、8…8)。

(2) 3 种括号。

① ()：普通分组(如(ab)＊匹配 ab、abab…)。

② []：任选一个（如[abc]匹配 a、b 或 c）。

③ {}：量词（如 a{2,4}a 重复 2～4 次，匹配 aa、aaa、aaaa）。

（3）预定义字符。

① \d：匹配任意一个数字字符，等价于[0-9]，0～9 的任一个。

② \w：匹配任意一个单词字符，等价于[A-Za-z0-9_]，大小写字母、数字或下画线的任一个。

【基本要求】

输入：正则表达式 pattern（长度≤80）。

　　　待匹配的字符串 text 长度≤80）。

输出：如果 text 完全匹配 pattern，输出 YES；否则输出 NO。

示例：

> 输入 1：a＊b　　　　//模式
>
> 　　　aab　　　　//字符串
>
> 输出 1：YES
>
> 解释：a＊可以匹配 0 次 a（即 b），也可以匹配 1 次 a（即 ab），或多次 a（如 aaab）。这里 aab 匹配 a ＊b。
>
> 输入 2：^a.＊b$
>
> 　　　abc
>
> 输出 2：NO
>
> 解释：^a 要求字符串以 a 开头，.＊ 匹配任意字符（包括空），b$ 要求以 b 结尾。abc 不满足 b $（因为后面没有字符了）。
>
> 输入 3：^a.＊b$
>
> 　　　acb
>
> 输出 3：YES

【测试数据】

测试数据见下表：

序号	种　类	正则式（模式）	字　符　串	匹配结果
1	数字串	^123 $	123	1（YES）
			103	0（NO）
		^\d\d\d $	123 321	1
			12 1234 A23 3e4	0
2	无符号实数	^\d+\.\d+ $ （注：必须内含小数点）	3.14 2.71828	1
			.18 100. 3e4	0

序号	种 类	正则式（模式）	字 符 串	匹配结果
3	邮政编码	^[0-9][0-9][0-9][0-9][0-9][0-9]$ 或　^\d\d\d\d\d\d$ 或　^\d{6}	100084 510006	1
			10008 1000X6	0
4	日期格式	^\d\d\d\d-\d\d-\d\d$ 或　^\d{4}-\d{2}-\d{2}$	1983-09-01 2025-10-01	1
			1983-9-1 25-10-01	0
5	英语单词	^[a-zA-Z][a-zA-Z] * $ （注：未允许连字号-和下画线_）	Data Structure	1
			B-Tree date1	0
6	标识符	^[a-zA-Z_][a-zA-Z0-9_] * $	a A1d2 C_909	1
			x-1 8f	0

【实现提示】

(1) 选一种串存储结构，并实现要用的基本操作。

(2) 实现先易后难，逐步扩展。

【选做内容】

扩展正则式的符号集，如增加：

(1) ?：量词，分别表示匹配 0 或 1 次。

(2) ^：匹配字符串开头（仅当^出现在正则表达式开头时生效）。

(3) $：匹配字符串结尾（仅当 $ 出现在正则表达式末尾时生效）。

(4) \b：单词边界符。匹配单词的开始或结束位置（单词边界是指单词字符与非单词字符之间的位置）。

(5) \n：匹配换行符。

(6) \r：匹配回车符。

(7) \f：匹配换页符。

(8) \p：Unicode 支持的预定义符。

例如：

\p{L}：匹配任何语言的字母字符。（包括拉丁字母、希腊字母、西里尔字母等）

\p{N}：匹配任何语言的数字。（包括阿拉伯数字、罗马数字）

\p{P}：匹配任何语言的标点符号。

\p{S}：匹配任何语言的符号字符（如数学符号、货币符号等）。

\p{Z}：匹配任何语言的分隔符字符（如空格、换行符等）。

\p{Han}：Unicode 扩展的预定义符，匹配所有中文汉字。

\p{Han}：匹配一个汉字。

\p{Han}{2}：匹配两个汉字。

\p{Han}＊：匹配零或多个汉字。

注：作为实习题，可以直接用汉字，不用这样的预定义符，见下面车牌号码。

可供增加的符号还有更多，这里不再一一列举了。

建议选择扩展那些支持下列识别需求的符号。

(1) 识别中文汉字及词语。

(2) 识别单词所需的边界符和识别复杂形式的串所需的开头符和结尾符。

(3) 识别带符号的整数：^－?\d＋$。

浮点数：^－?\d＋\.\d＋$。

科学记数法：^－?\d＋(\.\d＋)?[eE][＋－]?\d＋$。

(4) 识别车牌号码（直接用汉字）：^[京津沪渝冀豫云辽黑湘皖鲁新苏浙赣鄂桂甘晋蒙陕吉闽贵粤青藏川宁琼使领][A-HJ-NP-Z](?:[A-HJ-NP-Z0-9]{4}[A-HJ-NP-Z0-9挂学警港澳]|[DF][A-HJ-NP-Z0-9]{5}|[A-HJ-NP-Z0-9]{4}[DF])$。

注：车牌号码还有普通、小型新能源、大型新能源、军车、警车等不同格式之分。

(5) 识别电子邮箱地址：^[a-zA-Z0-9._%＋－]＋@[a-zA-Z0-9.-]＋\.[a-zA-Z]{2,}$。

(6) 识别网址：^(https?:\/\/)?([\da-z\.-]＋)\.([a-z\.]{2,6})([\/\w \.-]＊)＊\/?$。

做题示例：3.1 题　文学研究助手

本示例聚焦于需求分析、概要设计、详细设计和功能测试等环节。

一、需求分析

1. 文本约定为多行非空字符串（串末带结束符'\0'），要建立索引的词集非空。

2. "单词"定义：由字母构成的字符序列，中间不含非字母符且不区分大小写。

3. 创建索引的目标"单词"在文本串中不跨行出现，它或者从行首开始，或者前置一个分隔符（单词由大小写字母连续串组成，本题把非字母的其他字符称为单词的分隔符）。

4. 在计算机终端输出的索引表内容：单词、出现的次数、出现位置所在行的行号，同一行出现两次的只输出一个行号。

5. 测试数据：模块测试的文本为类似 C 源代码的多行字符串；待建立索引的词集：

{if, else, for, while, return, void, int, char, typedef, struct}

最后用本题的 C 源码作为测试文本，且可扩展词集含 C 的全部保留字。

二、概要设计

借鉴教科书 4.4.2 节建立词索引表的数据结构和算法，做以下修改。

1. 将书号索引改为行号。

2. 将对一个书名的处理改为对一行文本串的处理。无须从书名串分离打头的书号,直接应用文本行号即可,文本行号从 1 起编。分词比书名复杂,可将所有可能的非大小写字母作为单词分隔符。

3. 索引表结构仍沿用词索引表 IdxList 类型,称为词行索引表。但为满足题意要求,每个索引项增加一个单词出现总次数的计数域 count。初始化算法需要修改,由指定单词表建成一个对单词有序的顺序表,每个索引项的 3 个域分别赋值:key 为单词串,count 为 0,lnlist 为带头结点和头尾指针的有序单链表。

4. 采用对两个有序表进行单词确认比较和查重的策略构建索引表,无须建立每行的临时词表。

三、详细设计

1. 有序链表类型及实现:

```
Typedef int    ElemType;
typedef struct NLNode {
    ElemType   data;                        //单词行号
    NLNode  * next;
} * NLink;                                  //结点指针类型
typedef struct {
    NLink head, tail;
    int    len;                             //链表长度,本应用也是出现单词的行数
} * NLinkList;                              //教科书 2.3.4 节新的线性链表类型
NLink MakeNode(ElemType e) {
    NLink p;
    if (!(p = (NLink)malloc(sizeof(NLNode)))) exit(OVERFLOW);
    p->data = e;     p->next = NULL;
    return p;
}
NLinkList InitList() {                      //初始化空链表
    NLinkList L;
    if (!(L = (NLinkList)malloc(sizeof(* L)))) exit(OVERFLOW);
    if (!(L->head = L->tail = (NLink)calloc(1, sizeof(* L->head))))
      exit(OVERFLOW);
    L->len = 0;
    return L;
}
Status AppendOne(NLinkList L, NLink s) {    //在表尾链接 s 结点(单个)
    if(!L || !s) return ERROR;
    L->tail->next = s;
    L->tail = s;    L->len++; return OK;
}
```

2. 词行索引表类型及实现:

```
typedef struct {
    char      * key;                        //单词
    NLinkList  lnlist;                       //存放行号索引的有序链表
    int        count;                       //出现总次数
} IdxTerm;                                   //索引项类型
typedef struct {
```

```
    IdxTerm   item[MaxKeyNum];
    int       len;
} * IdxList;                                      //索引表指针类型(双层有序表)
IdxList InitIdxList(char * ws[], int n) {         //初建索引表
    IdxList idxl;
    if (!(idxl = (IdxList)malloc(sizeof(* idxl)))) exit(OVERFLOW);
    idxl->len= n;
    for (int i=0; i<n; i++) {
        idxl->item[i].key = ws[i];
        idxl->item[i].lnlist = InitList();
    }
    return idxl;
}
Status isSeparator(char c)                        //判别是否单词分隔符
    { return ('a'<=c && c>='z' || 'A'<=c && c>='Z') ? FALSE : TRUE; }
void ExtractWord(char * line, int line_num, IdxList idxl) {        //处理一行文本
    int i=0, k=0, g, h;    char word[15];    NLink p=NULL;
    while (1) {            //每个行文本串末尾都有作为结束符'\0'
        if (!isSeparator(line[i]) && line[i]!='\0') {
            //若非分隔符和词结束符,则字符加入新词串
            if (line[i] >= 'A' && line[i] <= 'Z')
                line[i] -= 'A'-'a';                //大写转小写
            word[k] = line[i];
            k++;  i++;
        } else {                                  //否则是分隔符,则 word 是一个单词
            word[k] = '\0';
            for (g=0; g<idxl->len &&                //在有序索引表内查找(词多可折半查找)
                strcmp(word, idxl->item[g].key) > 0; g++);
            if (g<idxl->len && strcmp(word, idxl->item[g].key) == 0) {
                //是建索引的指定词
                if (idxl->item[g].lnlist->tail->data != line_num) {    //查重
                    //是本行首次出现,加入索引链表
                    p = MakeNode(line_num);            //生成 line_num 的结点
                    AppendOne(idxl->item[g].lnlist, p);    //新行号结点加到行号链表尾
                }
                idxl->item[g].count++;            //该词出现次数增 1
            }
            if (line[i] == '\0') break;           //若已是串结束符,则本行处理结束
            k=0;  i++;
        }
    }
}
void PrintIdxList(IdxList idxl) {                 //显示词行索引表
    printf("指定词    次数    词行索引\n");
    for (int i=0;  i<idxl->len;  i++) {           //逐个单词索引项
        printf(" %-8s  ", idxl->item[i].key+1);//单词
        printf(" %2d   ", idxl->item[i].count); //文本中出现总次数
        for (NLink p = idxl->item[i].lnlist->head->next;  p; p = p->next)
            printf("%03d  ", p->data);           //行号
        printf("\n");
    }
}
```

3. 对文本构建词表的词行索引表：

```
typedef char **Text;                                  //文本类型
typedef char **Words;                                 //词表类型
//对词表 ws 构建文本 T 的词行索引表,lines 和 n 分别是文本的行数和词表的单词个数
IdxList MakeWordLineIdxList(Text T, int lines, Words ws, int n) {
  IdxList idxlist;
  idxlist = InitIdxList(ws, n);                        //初始化索引表 idxl 为空表
  printf(" ----处理多行文本,构造指定词表的行索引表 ----\n");
  for (int i=1; i<=lines; i++) {                       //逐行处理文本
      printf("%03d: %s\n", i, T[i-1]);                 //显示第 i 行
      ExtractWord(T[i-1], i, idxlist);                 //提取指定词加入索引表
  }
  printf(" ----------索引表 -----------\n");
  PrintIdxList(idxlist);                               //显示已构建的索引表
  return idxlist;                                      //返回索引表
}
```

4. 主函数和词表、文本测试用例：

```
int main() {                                          //主函数和测试用例
  int wd_total =10;
  char * ws[] = { "char", "else", "for", "if", "int", "return", "struct",
                "typedef", "void", "while" };          //指定词表
  int line_total = 18;
  Text text = { "typedef struct {",                    //测试文本
              "  char a;  int * ip;  char b;",
              "} node;",
              "int f(char * s, int n) {",
              "  char a,b;  int k, m=0;  char c;",
              "  for(int i=0; i<n; i++) {",
              "      k=0;",
              "      while( * s++) k++;",
              "      if(k<2)m+=k; else m * =k;",
              "  }",
              "  return m;",
              "}",
              "int main() {",
              "  node * p;  void * q;",
              "  char * c = { 'a','b','c'};",
              "  int i = f(c, 4);",
              "  return 0;",
              "}"
  };
  IdxList idxlist;                                     //索引表
  idxlist = MakeWordLineIdxList(text, line_total, ws, wd_total);
  return 0;
}
```

在 AnyviewC 测试构建索引表的过程部分截图如下。

（1）索引表初始化和处理第一和第二行文本后的索引表状态如下。第二行有两个 char,但第二个未重复加入索引链表,但对其进行了出现计数(索引表的可视化未呈现各索引项的次数计数)。

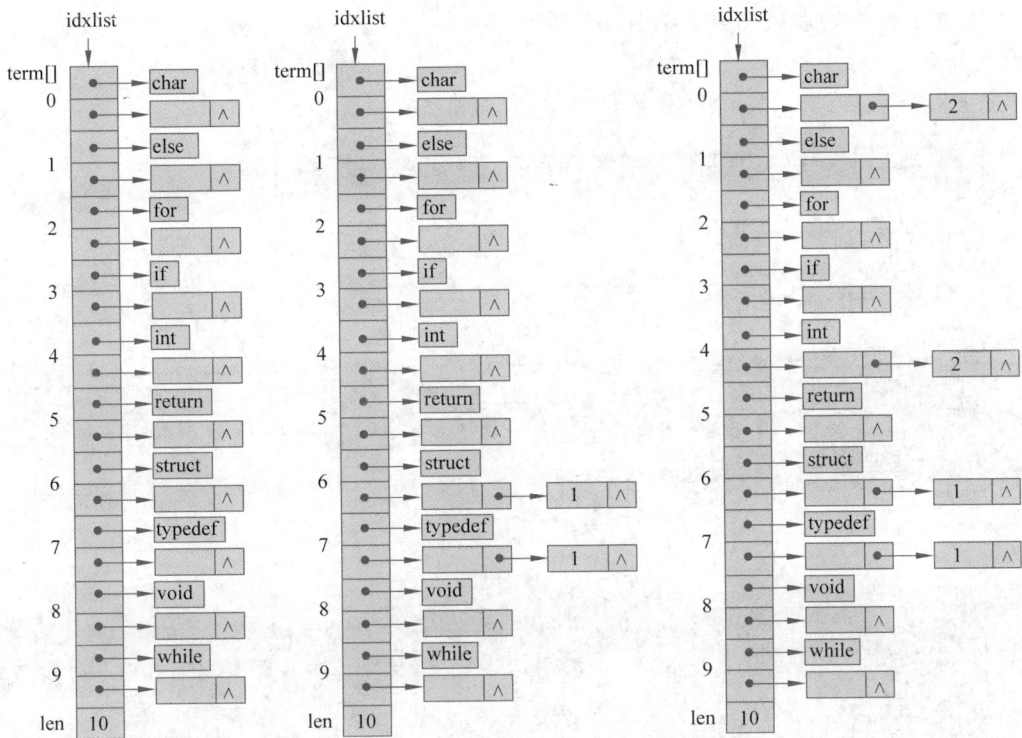

索引表初始化　　　　　　　　处理第一行文本后　　　　　　　　处理第二行文本后

（2）文本第四行有两个 int 和一个 char，各自索引链表只插入一个行号 4 的结点。

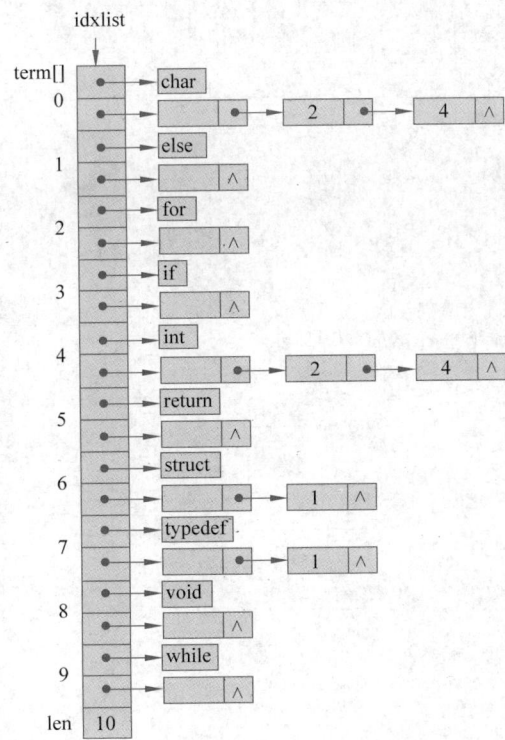

处理第四行之后

（3）文本全部处理后的索引表如下：

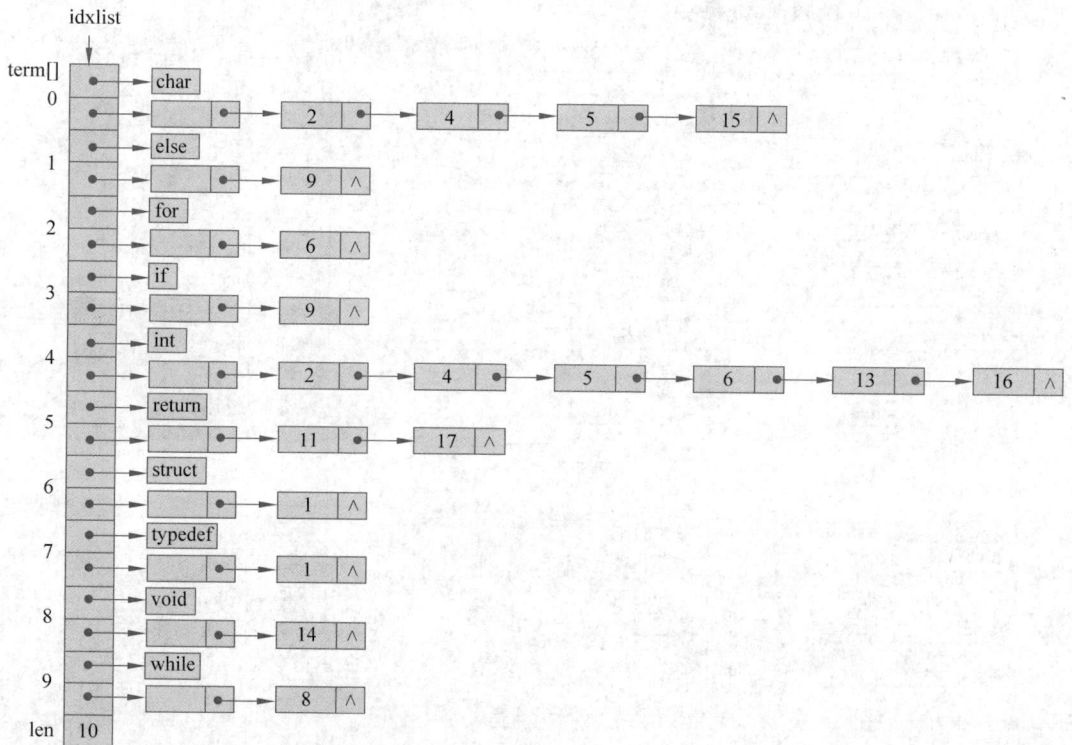

idxlist

term[]

0	→ char
	→	2 → 4 → 5 → 15 ∧
1	→ else
	→	9 ∧
2	→ for
	→	6 ∧
3	→ if
	→	9 ∧
4	→ int
	→	2 → 4 → 5 → 6 → 13 → 16 ∧
5	→ return
	→	11 → 17 ∧
6	→ struct
	→	1 ∧
7	→ typedef
	→	1 ∧
8	→ void
	→	14 ∧
9	→ while
	→	8 ∧
len	10

文本全部处理后的索引表

（4）以下是完成构建索引表后，调用函数 PrintIdxList 按题意显示的索引表：

```
----------  索引表  -----------
  指定词     次数     词行索引
char         6     002   004   005   015
else         1     009
for          1     006
if           1     009
int          7     002   004   005   006   013   016
return       2     011   017
struct       1     001
typedef      1     001
void         1     014
while        1     008
```

实习 4　数组和广义表

本实习单元是作为从线性结构到非线性结构的过渡来安排的。数组和广义表可以看成其元素本身也是自身结构(递归结构)的线性表。广义表本质上是一种层次结构,自顶向下识别并建立一个广义表的操作,可视为某种树的遍历操作:遍历逻辑的(或符号形式的)结构,访问动作是建立一个结点。稀疏矩阵的十字链表存储结构也是图的一种存储结构。由此可见,这个实习单元的训练具有承上启下的作用。希望读者能深入研究数组的存储表示和实现技术,熟悉广义表的存储结构的特性。

编程技术训练要点:稀疏矩阵的表示方法及其运算的实现(见本实习 4.1);共享数据的存储表示方法(见本实习 4.2);形式系统的自底向上和自顶向下识别技术(见本实习 4.3);递归算法的设计方法(见本实习 4.3);表达式求值技术(见本实习 4.4);嵌套结构的处理方法(见本实习 4.5)。

4.1④　稀疏矩阵运算器

【问题描述】

稀疏矩阵是指那些多数元素为零的矩阵。利用"稀疏"特点进行存储和计算可以大大节省存储空间,提高计算效率。实现一个能进行稀疏矩阵基本运算的运算器。

【基本要求】

以"带行逻辑链接信息"的三元组顺序表表示稀疏矩阵,实现两个矩阵相加、相减和相乘的运算。稀疏矩阵的输入形式采用三元组表示,而运算结果的矩阵则以通常的阵列形式列出。

【测试数据】

$$
\begin{bmatrix} 10 & 0 & 0 \\ 0 & 0 & 9 \\ -1 & 0 & 0 \end{bmatrix} + \begin{bmatrix} 0 & 0 & 0 \\ 0 & 0 & -1 \\ 1 & 0 & -3 \end{bmatrix} = \begin{bmatrix} 10 & 0 & 0 \\ 0 & 0 & 8 \\ 0 & 0 & -3 \end{bmatrix}
$$

$$
\begin{bmatrix} 10 & 0 \\ 0 & 9 \\ -1 & 0 \end{bmatrix} - \begin{bmatrix} 0 & 0 \\ 0 & -1 \\ 1 & -3 \end{bmatrix} = \begin{bmatrix} 10 & 0 \\ 0 & 10 \\ -2 & 3 \end{bmatrix}
$$

$$
\begin{bmatrix} 4 & -3 & 0 & 0 & 1 \\ 0 & 0 & 0 & 8 & 0 \\ 0 & 0 & 1 & 0 & 0 \\ 0 & 0 & 0 & 0 & 70 \end{bmatrix} \times \begin{bmatrix} 3 & 0 & 0 \\ 4 & 2 & 0 \\ 0 & 1 & 0 \\ 1 & 0 & 0 \\ 0 & 0 & 0 \end{bmatrix} = \begin{bmatrix} 0 & -6 & 0 \\ 8 & 0 & 0 \\ 0 & 1 & 0 \\ 0 & 0 & 0 \end{bmatrix}
$$

【实现提示】

(1) 输入矩阵的行数和列数,并判别给出的两个矩阵的行、列数是否与所要求进行的运算相匹配。可设矩阵的行数和列数均不超过 20。

（2）程序可以对三元组的输入顺序加以限制，例如，按行优先。注意研究教科书 5.3.2 节中的算法，以便提高计算效率。

（3）在用三元组表示稀疏矩阵时，相加或相减所得结果矩阵应该另生成，乘积矩阵也可用二维数组存放。

【选做内容】

（1）按教科书 5.3.2 节中的描述方法，以十字链表表示稀疏矩阵。

（2）增添矩阵求逆的运算，包括不可求逆的情况。在求逆之前，先将稀疏矩阵的内部表示改为十字链表。

4.2④　多维数组

【问题描述】

设计并模拟实现整型多维数组类型。

【基本要求】

尽管 C 和 Pascal 等程序设计语言已经提供了多维数组，但在某些情况下，定义用户所需的多维数组也是很有用的。通过设计并模拟实现多维数组类型，可以深刻理解和掌握多维数组。整型多维数组应具有以下基本功能。

（1）定义整型多维数组类型，各维的下标是任意整数开始的连续整数。

（2）下标变量赋值，执行下标范围检查。

（3）同类型数组赋值。

（4）子数组赋值，例如，a[1..n]＝a[2..n＋1]；a[2..4][3..5]＝b[1..3][2..4]。

（5）确定数组的大小。

【测试数据】

由读者指定。

【实现提示】

各基本功能可以分别用函数模拟实现，应仔细考虑函数参数的形式和设置。

定义整型多维数组类型时，其类型信息可以存储在如下类型的记录中：

```
#define MaxDim 5                    //数组最大维数
typedef   struct {
    int dim;                        //数组维数
    BoundPtr lower;                 //各维下界表的指针
    BoundPtr upper;                 //各维上界表的指针
    ConstPtr constants;             //映像函数常量表的指针
} NArray, * NArrayPtr;
```

整型多维数组变量的存储结构类型可定义为：

```
typedef struct{
    ElemType * elem;                //数组元素基址
    int num;                        //数组元素个数
    NArrayPtr TypeRecord;           //数组类型信息记录的指针
} NArrayType;
```

实现子数组赋值时应注意以下情况。

a[1..n]＝a[2..n＋1]是数组元素前移,等价于

```
for (i=1; i<=n; i++) a[i] = a[i+1];
```

但是,a[2..n＋1]＝a[1..n]是数组元素后移,却等价于

```
for (i=n; i>=1; i--) a[i+1] = a[i];
```

【选做内容】

（1）各维的下标是任意字符开始的连续字符。

（2）数组初始化。

（3）可修改数组的下标范围。

4.3② 识别广义表的"头"或"尾"的演示

【问题描述】

写一个程序,建立广义表的存储结构,演示在此存储结构上实现的广义表求头/求尾操作序列的结果。

【基本要求】

（1）设一个广义表允许分多行输入,其中可以任意地输入空格符,原子是不限长的仅由字母或数字组成的串。

（2）广义表采用如教科书图 5.8 所示结点的存储结构,试按表头和表尾的分解方法编写建立广义表存储结构的算法。

（3）对已建立存储结构的广义表施行操作,操作序列为一个仅由 t 或 h 组成的串,它可以是空串（此时打印出整个广义表）,自左至右施行各操作,再以符号形式显示结果。

【测试数据】

对广义表 ((),(e1),(abc,(e2,c,dd))) 执行操作：tth。

其他参见第 5 章解答题 13。

【实现提示】

（1）广义表串可以利用 C 语言中的串类型或者利用实习 3 中已实现的串类型表示。

（2）输入广义表时靠括号匹配判断结束,滤掉空格符之后,存于一个串变量中。

（3）为了实现指定的算法,应在上述广义表串结构上定义以下 4 个操作。

- test(s)：当 s 分别为空串、原子串和其他形式串时,分别返回'N'、'E'和'O'(代表 Null、Element 和 Other)。
- hsub(s,h)：s 表示一个由逗号隔开的广义表和原子的混合序列,h 为变量参数,返回时为表示序列第一项的字符串。如果 s 为空串,则 h 也赋为空串。
- tsub(s,t)：s 的定义同 hsub 操作；t 为变量参数,返回时取从 s 中除去第一项（及其之后的逗号,如果存在）之后的子串。
- strip(s,r)：s 的定义同 hsub 操作；r 为变量参数。如果串 s 以"("开头、以")"结束,则返回时取除去这对圆括号后的子串,否则取空串。

（4）在广义表的输出形式中,可以适当添加空格符,以使结果更美观。

【选做内容】

（1）将 hsub 和 tsub 这两个操作合为一个(用变量参数 h 和 t 分别返回各自的结果),以

便提高执行效率。

（2）设原子为单个字母。广义表的建立算法改用边读入边建立的自底向上识别策略实现，广义表符号串不整体地缓冲。

4.4③ 简单 LISP 算术表达式计算器

【问题描述】

设计一个简单 LISP 算术表达式计算器。

简单 LISP 算术表达式（以下简称表达式）定义有如下两种。

（1）一个 0..9 的整数。

（2）（运算符 表达式 表达式）。

例如，6，(＋45)，(＋(＋25)8)都是表达式，其值分别为 6,9 和 15。

【基本要求】

实现 LISP 加法表达式的求值。

【测试数据】

6，(＋45)，(＋(＋25)8)，(＋2(＋58))，(＋(＋(＋12)(＋34))(＋(＋56)(＋78)))。

【实现提示】

写一个递归函数：

```
int Evaluate(FILE * CharFile);
```

字符文件 CharFile 的每行是一个如上定义的表达式。每读入 CharFile 的一行，求出并返回表达式的值。

可以设计以下辅助函数：

```
status isNumber(char ReadInChar);
    //视 ReadInChar 是否是数字而返回 TRUE 或 FALSE
int TurnToInteger(char IntChar);
    //将字符'0'..'9'转换为整数 0..9
```

【选做内容】

（1）标准整数类型的 LISP 加法表达式的求值。

（2）标准整数类型的 LISP 四则运算表达式的求值。

（3）LISP 算术表达式的语法检查。

4.5④ 基因序列嵌套结构的广义表建模与操作

【问题描述】

在基因序列分析中，某些复杂基因会呈现嵌套结构特征（如重复序列、选择性剪接等）。本题目要求使用广义表（Generalized List）实现基因序列的嵌套结构建模，并实现相关操作。

（1）用广义表对基因序列嵌套结构建模，首先要了解基因序列的基本组成。

基因序列是由 4 种核苷酸（A、T、C、G）组成的长链分子，这 4 种字母的意义如下。

- A（Adenine，腺嘌呤）：一种含氮碱基，与胸腺嘧啶（T）配对。
- T（Thymine，胸腺嘧啶）：一种含氮碱基，与腺嘌呤（A）配对。

- C(Cytosine,胞嘧啶)：一种含氮碱基，与鸟嘌呤(G)配对。
- G(Guanine,鸟嘌呤)：一种含氮碱基，与胞嘧啶(C)配对。

在 DNA 双螺旋结构中，A 总是与 T 配对，C 总是与 G 配对，这种互补配对关系是 DNA 复制和遗传信息传递的基础。

（2）基因序列的嵌套结构特点。

基因序列并非简单的线性排列，而是具有复杂的嵌套结构。

① 基因片段：基因序列由多个基因片段组成，每个片段具有特定功能。

② 调控区域：包含启动子、增强子等调控元件，控制基因表达。

③ 重复序列：存在大量重复的 DNA 序列，具有多种功能。

④ 嵌套结构：某些基因片段可能包含子序列，形成层次化结构。

（3）广义表的适用性。

广义表是一种递归定义的数据结构，可以表示线性表、树状结构和图结构。其定义如下：

- 空表：()。
- 原子：A,T,C,G。
- 子表：(A,(T,C),G)。

广义表可以很好地表示基因序列的嵌套结构，例如：

- 简单序列：(A,T,C,G)。
- 嵌套结构：(A,(T,(C,G)),A)。

【基本要求】

（1）理解基因序列的嵌套结构特点。

（2）使用广义表数据结构表示基因序列及其嵌套关系。

（3）实现基因序列的基本操作(创建、插入、删除、查找等)。

（4）支持嵌套结构的遍历和可视化。

（5）提供用户交互界面进行测试验证。

【测试数据】

以下是 10 个由 A、T、C、G 4 种字母构成的表示基因序列嵌套结构的广义表表达串示例，可作为测试用例。这些示例展示了从简单到复杂的嵌套结构，包括单层列表、多层嵌套以及混合嵌套的情况。

（1）简单线性序列。广义表：(A,T,C,G)。

解释：这是一个简单的线性序列，包含 4 个碱基 A、T、C、G。结构上没有嵌套，所有元素都是原子。

（2）包含子表的简单嵌套。广义表：(A,(T,C),G)。

解释：外层列表包含 3 个元素 A、(T,C)和 G。其中，(T,C)是一个子表，表示 T 和 C 的嵌套结构。

（3）多层嵌套。广义表字符：(A,(T,(C,G)),A)。

解释：外层列表包含 3 个元素 A、(T,(C,G))和 A。第二个元素(T,(C,G))是一个子表，其中 (C,G)是更深一层的子表。

（4）复杂嵌套结构。广义表：((A,T),(C,(G,A)),T)。

解释：外层列表包含 3 个元素(A,T)、(C,(G,A))和 T。第一个元素(A,T)是一个子表。第二个元素(C,(G,A))包含一个更深层的子表(G,A)。

（5）嵌套与重复。广义表：(A,(T,C),(T,C),G)。

解释：外层列表包含 4 个元素 A、(T,C)、(T,C)和 G。子表(T,C)重复出现两次，表示某种重复模式。

（6）深层嵌套。广义表：(A,(T,(C,(G,A))),T)。

解释：外层列表包含 3 个元素 A、(T,(C,(G,A)))和 T。第二个元素(T,(C,(G,A)))包含两层嵌套，最内层是(G,A)。

（7）混合嵌套与线性。广义表：(A,T,(C,G),A,(T,C))。

解释：外层列表包含 5 个元素 A、T、(C,G)、A 和(T,C)。子表(C,G)和(T,C)表示部分嵌套结构。

（8）全嵌套结构。广义表：((A,(T,C)),((G,A),T))。

解释：外层列表包含两个元素(A,(T,C))和((G,A),T)。每个元素都是子表，且存在多层嵌套。

（9）嵌套与单元素。广义表：(A,(T,),(C,G),A)。

解释：外层列表包含 4 个元素 A、(T,)、(C,G)和 A。子表(T,)只包含一个元素 T，表示可能的单一碱基重复或强调。

（10）复杂模式嵌套。广义表：((A,T),(C,(G,(A,T))),(T,C))。

解释：外层列表包含 3 个元素(A,T)、(C,(G,(A,T)))和(T,C)。第二个元素(C,(G,(A,T)))包含 3 层嵌套，展示了复杂的基因序列模式。

【实现提示】

（1）确定广义表存储结构，实现所需的基本操作。

（2）设计和实现基因序列的操作：基因序列深度计算、子序列查找、序列复制（深拷贝功能）等。

【选做内容】

（1）碱基统计：

```
void CountBases(GList L, int counts[4]);
```

统计各碱基出现的频率。

（2）嵌套结构可视化输出。

做题示例：4.3 题　识别广义表的"头"或"尾"的演示

本示例聚焦于需求分析、概要设计、详细设计和功能测试等环节。

一、需求分析

1. 题意分析。

（1）本题的问题描述要求建立广义表的存储结构，教科书的算法 5.10 已实现。

（2）演示的要求是基于已建立的广义表，按给出的表头表尾串（由字母 h 和 t 构成）依次显示每个操作的结果广义表的串表示。

（3）综合而言，完成（1）需要给定广义表的定义串，而完成（2）有两种选择。

① 题目原意：基于存储结构求表头或表尾后，需要遍历结果广义表获得其表示串，再显示该串。

② 直接对（1）的定义串求表头或表尾子串，然后显示。可以不做（1）的构建广义表存储结构。

（4）拟对（3）的两种方式都予以实现。方式 ① 可在 AnyviewC 上观察广义表的存储结构的构建过程和结构形态。

2. 本题广义表不涉及共享子表，构成广义表的合法字符：小写字母、逗号和左右圆括弧，且设广义表的原子为单个小写字母。

3. 演示程序以用户和计算机的对话方式执行，广义表的建立方式为边输入边建立；分解操作的进行方式为，输入整个命令串，然后分步显示每个操作的结果。

4. 程序执行的命令：

（1）建立广义表，提示用户输入广义表字符串。

（2）求广义表的表头或表尾，提示用户输入命令串（以字符'h'表示求表头，以字符't'表示求表尾），之后在计算机终端显示每一步的操作结果。

5. 输入过程中能自动滤去合法字符以外的其他字符，并能在输入不当时输出相应的提示信息。

6. 测试数据：

（1）输入：((),(e),(a,(b,c,d)))，操作 tth。

输出：((e),(a,(b,c,d)))、((a,(b,c,d)))和(a,(b,c,d))。

（2）输入：((a,b),(c,d))，操作 thth。

输出：((c,d))、(c,d)、(d)和 d。

二、概要设计

1. 广义表既有的存储结构类型定义和主要操作函数原型：

```
//-----广义表的头尾链表存储表示和主要操作函数原型 -----
typedef char   AtomType;
typedef enum { ATOM, LIST } ElemTag;
typedef struct GLNode {
  ElemTag tag;
  union {
    AtomType atom;
    struct { GLNode * hp, * tp; } ptr;
  };
} * GList;
GList NewGList(SStr S);          //算法 5.10 已实现,但需修改完善为无内存泄漏
GList CopyGList(GList L);         //算法 5.9 已实现
```

2. 主程序框架：

```
int main() {
  初始化;
  do {
    接收命令(输入广义表或输出表头表尾串);
    处理命令;
```

```
    } while ("命令" != "退出");
    return 0;
}
```

三、详细设计

对本题还需的广义表的基本操作的函数原型及其实现。

```
GList Head(GList L);                //返回非空广义表 L 的表头指针
GList HeadCopy(GList L);            //返回复制非空广义表 L 的表头广义表
GList Tail(GList L);               //返回非空广义表 L 的表尾指针
GList TailCopy(GList L);           //返回复制非空广义表 L 的表尾广义表

GList Head(GList L){                //返回非空广义表 L 的表头指针
    if (!L) { printf("L 是空表,其表头无定义!\n");    return NULL; }
    return L->ptr.hp;
}
GList HeadCopy(GList L){            //返回复制非空广义表 L 的表头广义表
    if (!L) { printf("L 是空表,其表头无定义!\n");    return NULL; }
    return CopyGList(L->ptr.hp);
}
GList Tail(GList L){                //返回非空广义表 L 的表尾指针
    if (!L) { printf("L 是空表,其表尾无定义!\n");    return NULL; }
    return L->ptr.tp;
}
GList TailCopy(GList L){            //返回复制非空广义表 L 的表尾广义表
    if (!L) { printf("L 是空表,其表尾无定义!\n");    return NULL; }
    return CopyGList(L->ptr.tp);
}
GList NewGList(SStr S){             //算法 5.10 的改进版,确保无内存泄漏
    //采用头尾链表存储结构,由广义表的书写形式串 S 创建广义表 L。设 emp="()"
    char s[3]="()";   SStr emp = SStrNew(s);       //emp 的空间须适时回收
    SStr sub, hsub;
    GList L, p, q;
    if (SStrCmp(S, emp)==0) L = NULL;              //若是空表串"()",则创建空表
    else {
        if (!(L = (GList)malloc(sizeof(GLNode)))) exit(OVERFLOW);   //分配结点
        if (SStrLen(S)==1) { L->tag = ATOM;   L->atom =S[1]; }      //置为原子结点
        else {
            L->tag = LIST;   p = L;
            sub = SStrSub(S, 2, SStrLen(S)-2);     //脱外层圆括号,sub 的空间须适时回收
            do {                                   //重复建 n 个子表
                hsub = Sever(sub);                 //从 sub 中分离出表头串 hsub
                p->ptr.hp = NewGList(hsub);   q = p;   free(hsub);   //回收 hsub
                if (!SStrEmpty(sub)) {             //表尾不空
                    if (!(p = (GLNode * )malloc(sizeof(GLNode)))) exit(OVERFLOW);
                    p->tag = LIST;   q->ptr.tp = p;
                }
```

```
        } while (!SStrEmpty(sub));
      q->ptr.tp = NULL;
    }
  }
  free(sub);    free(emp);                    //回收 sub 和 emp
  return L;
}
void FreeGList(GList * L) {              //回收并置空广义表 * L(L 为双重指针参数)
  GList p;
  if ((p = * L) == NULL) return;        //若是空表,则返回
  if (p->ptr.hp->tag == ATOM) free(p->ptr.hp);        //回收原子
  else FreeGList(&p->ptr.hp);           //对非原子表头递归
  FreeGList(&p->ptr.tp);                //对表尾递归
  free(p);                              //回收表结点
  * L = NULL;                           //置空 * L
}
void GList2SStr(GList ls, SStr s) {  //短串 s 的实参须是已构建的空串且容量足够
  GLNode * p;
  if (ls==NULL)                         //若是空表,则"()"加到串末
      { strcat(s+1+(int)s[0], "()");   s[0]+=2; } //调用 C 语言的连接函数
  else if (ls->tag==ATOM) {             //若是原子
      s[++s[0]] = ls->atom;   s[1+s[0]] = '\0'; //则原子加到串末
  } else {                              //子表
      p = ls;   s[++s[0]] = '(';        //加左括号(进入下一层)
      while (p!=NULL) {                 //扫描表尾链
        GList2SStr(p->ptr.hp, s);       //依次对表头递归
        p = p->ptr.tp;
        if (p!=NULL) s[++s[0]] = ',';   //加头号
      }
      s[++s[0]] = ')';   s[1+s[0]] = '\0'; //右圆括号
  }
}
SStr HeadSStr(SStr str){                        //返回广义表串 str 的表头子串
  //返回非空串 str 第一层的第一个',',之前的子串 hsub
  SStr hstr, sub; int n, i, k;
  if ((n = SStrLen(str)) < 1) exit(UNDERFLOW);
  sub = SStrSub(str, 2, n-2);                   //脱外层括号
  n = SStrLen(sub);   i = 1;   k = 0;           //k 记尚未配对的左圆括号个数
  do {                                          //搜索最外层的第一个逗号
      char ch = GetChar(sub, i);                //取第 i 字符
      if (ch == '(')++k;
      else if (ch == ')') --k;
      ++i;
  } while (i<=n && ch!=',' || k!=0);            //找逗号
  if (i<=n)                                     //如果找到逗号
      hstr = SStrSub(sub, 1, i-2);              //则提取逗号前的表头子串
  else hstr = SStrCopy(sub);                    //否则剩余串复制给表头子串
  free(sub);                                    //回收
```

```
    return hstr;                               //返回表头子串
}
SStr TailSStr(SStr str){                        //返回广义表非空串 str 的表尾子串
    int n,i,k;
    if ((n = SStrLen(str)) < 1) exit(UNDERFLOW);
    SStr tstr = SStrCopy(str);                  //复制
    i = 2;   k = 0;                             //k 记尚未配对的左圆括号个数
    do {                                        //搜索最外层的第一个逗号
        char ch = GetChar(tstr, i);             //取第 i 字符
        if (ch == '(')++k;
        else if (ch == ')') --k;
        ++i;
    } while (i<n && ch!=',' || k!=0);           //找逗号
    if (i<n)                                     //如果找到逗号
        SStrDelete(tstr, 2, i-2);               //去表头子串,保留表尾串
    else   SStrClear(tstr);                      //清空 str(表尾是空串)
    return tstr;                                 //返回表尾串
}
```

四、两种实现方式

1. 在 AnyviewC 直观演示广义表以及取表头、表尾的广义表形态。

(1) 由广义表定义串：

```
ls = SStrNew("((),(e),(a,(b,c,d)))");          //短串
```

执行：

```
L = NewGList(ls);                              //建 L
```

构建的广义表存储结构：

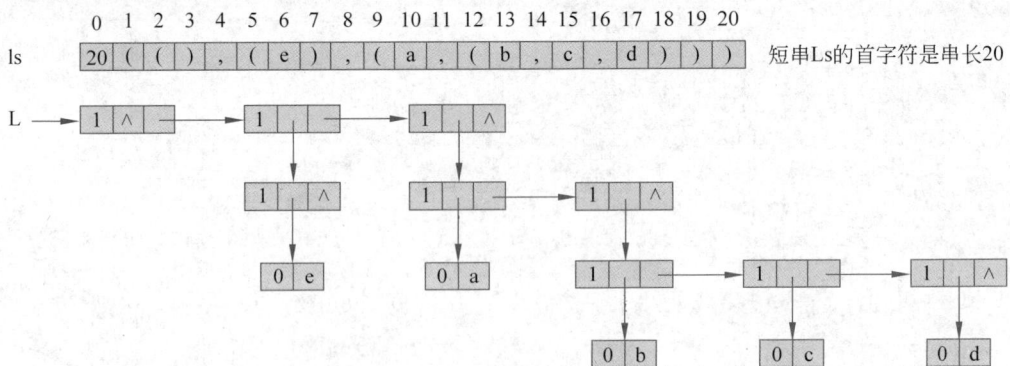

依次执行 tth 的 3 个操作的结果广义表。

第一指令符 t,执行：

```
Tc = TailCopy(L);                //复制 L 的表尾为 Tc
GList2SStr(Tc, ts);              //遍历 Tc 求得其定义串 ts
```

采用复制方式便于在 AnyviewC 上独立可视结果广义表 Tc：

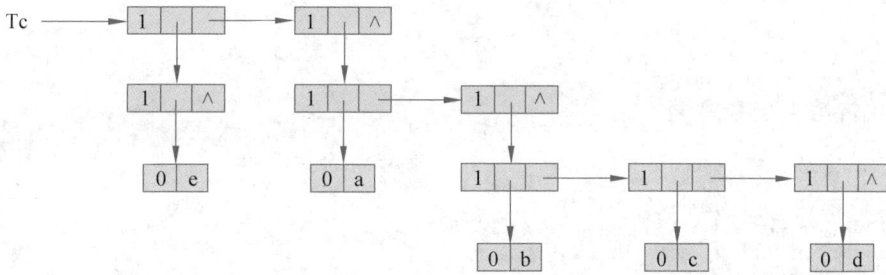

```
    0  1 2 3 4 5 6 7 8 9 10 11 12 13 14 15 16 17
ts  17 ( ( e ) , ( a , ( b , c , d ) ) )
```

第二指令符 t，执行：

```
TTc = TailCopy(Tc);        //复制 Tc 的表尾为 TTc
GList2SStr(TTc, tts);      //求得 TTc 的定义串 tts
```

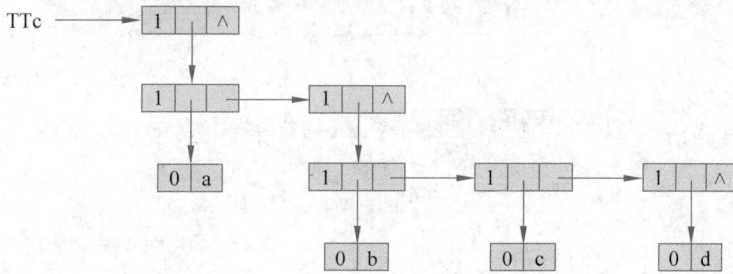

```
     0  1 2 3 4 5 6 7 8 9 10 11 12 13
tts  13 ( ( a , ( b , c , d ) ) )
```

第三指令符 h，执行：

```
TTHc = HeadCopy(TTc);      //复制 TTc 的表头为 TTHc
GList2SStr(TTHc, tths);    //求得 TTHc 的定义串 tths
```

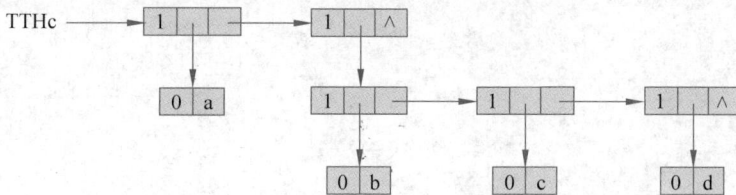

```
      0  1 2 3 4 5 6 7 8 9 10 11
tths  11 ( a , ( b , c , d ) )
```

2. 直接对广义表表达串进行串处理，完成指令符序列的表头/表尾操作。

对第二个表达串((a,b),(c,d))执行操作 thth。

创建短串：

```
ls = SStrNew("((a,b),(c,d))");        //短串
```

（1）执行第一指令符 t：

```
ts = TailSStr(ls);                    //求串 ls 的表尾串 ts
```

（2）执行第二指令符 h：

```
ths = HeadSStr(ts);                   //求串 ts 的表头串 ths
```

（3）执行第三指令符 t：

```
thts = TailSStr(ths);                 //求串 ths 的表尾串 thts
```

（4）执行第四指令符 h：

```
thths = HeadSStr(thts);               //求 thts 表头串 thths
```

结果依次为：

	0	1	2	3	4	5	6	7	8	9	10	11	12	13
ls	13	(	(	a	,	b	)	,	(	c	,	d	)	)

	0	1	2	3	4	5	6	7
ts	7	(	(	c	,	d	)	)

	0	1	2	3	4	5
ths	5	(	c	,	d	)

	0	1	2	3
thts	3	(	d	)

	0	1
thths	1	d

实习 5　树、图及其应用

树和图是两种应用极为广泛的数据结构,也是这门课程的重点。它们的特点在于非线性。本实习单元继续突出了数据结构加操作的程序设计观点,但根据这两种结构的非线性特点,将操作进一步集中在遍历操作上,因为遍历操作是其他众多操作的基础。本实习单元还希望达到熟悉各种存储结构的特性,以及如何应用树和图结构解决具体问题(即原理与应用的结合)等目的。

编程技术训练要点有:形式系统的自底向上和自顶向下识别技术(见本实习 5.1);表达式求值技术(见本实习 5.1 和实习 5.6);逻辑和算术表达式"软计算器"的实现技术(见本实习 5.1、实习 5.7);非线性结构的文件存储方法(见本实习 5.2);赫夫曼方法及其编/译码技术(见本实习 5.2);完整的应用系统的用户界面("菜单"方式;文件安排等)设计和操作定义方法(见本实习 5.2);路径遍历和求解技术(见本实习 5.3、实习 5.5、实习 5.8 和实习 5.9);以及全排列产生技术(借以克服计算机求得方案的刻板性)(见本实习 5.4)。

◆5.1④　重言式判别

【问题描述】

一个逻辑表达式如果对于其变元的任一种取值都为真,则称为重言式;反之,如果对于其变元的任一种取值都为假,则称为矛盾式;然而,更多的情况下,既非重言式,也非矛盾式。试写一个程序,通过真值表判别一个逻辑表达式属于上述哪一类。

【基本要求】

(1) 逻辑表达式从终端输入,长度不超过一行。逻辑运算符包括|、& 和～,分别表示或、与和非,运算优先程度递增,但可由括号改变,即括号内的运算优先。逻辑变元为大写字母。表达式中任何地方都可以含多个空格符。

(2) 若是重言式或矛盾式,可以只显示 True forever 或 False forever,否则显示 Satisfactible 以及变量名序列,与用户交互。若用户对表达式中变元取定一组值,程序就求出并显示逻辑表达式的值。

【测试数据】

(1) (A|～A)&(B|～B)。

(2) (A&～A)&C。

(3) A|B|C|D|E|～A。

(4) A&B&C&～B。

(5) (A|B)&(A|～B)。

(6) A&～B|～A&B。

A 和 B 分别取值:0,0;0,1;1,0;1,1。

【实现提示】

(1) 识别逻辑表达式的符号形式并建立二叉树可以有两种策略:自底向上的算符优先

法(教科书 3.2.5 节)和自顶向下分割,先序遍历建立二叉树的方法(教科书 6.3.1 节建立二叉树存储结构的算法)。

(2) 可设表达式中逻辑变量数不超过 20。真值的产生可通过在一维数组上维护一个"软计数器"实现;用递归算法实现更简单。

【选做内容】

逻辑变元的标识符不限于单字母,可以是任意长的字母数字串。还可以根据用户的要求显示表达式的真值表。

◆5.2③ 赫夫曼编/译码器

【问题描述】

利用赫夫曼编码进行通信可以大大提高信道利用率,缩短信息传输时间,降低传输成本。但是,这要求在发送端通过一个编码系统对待传数据预先编码,在接收端将传来的数据进行译码(复原)。对于双工信道(即可以双向传输信息的信道),每端都需要一个完整的编/译码系统。试为这样的信息收发站写一个赫夫曼码的编/译码系统。

【基本要求】

一个完整的系统应具有以下功能。

(1) I:初始化(Initialization)。从终端读入字符集大小 n,以及 n 个字符和 n 个权值,建立赫夫曼树,并将它存于文件 hfmTree 中。

(2) E:编码(Encoding)。利用以建好的赫夫曼树(如不在内存,则从文件 hfmTree 中读入),对文件 ToBeTran 中的正文进行编码,然后将结果存入文件 CodeFile 中。

(3) D:译码(Decoding)。利用已建好的赫夫曼树将文件 CodeFile 中的代码进行译码,结果存入文件 TextFile 中。

(4) P:打印代码文件(Print)。将文件 CodeFile 以紧凑格式显示在终端上,每行 50 个代码。同时将此字符形式的编码文件写入文件 CodePrin 中。

(5) T:打印赫夫曼树(Tree Printing)。将已在内存中的赫夫曼树以直观的方式(树或凹入表形式)显示在终端上,同时将此字符形式的赫夫曼树写入文件 TreePrint 中。

【测试数据】

(1) 利用教科书例 6-1 中的数据调试程序。

(2) 用下表给出的字符集和频度的实际统计数据建立赫夫曼树,并实现以下报文的编码和译码:THIS PROGRAM IS MY FAVORITE。

字符		A	B	C	D	E	F	G	H	I	J	K	L	M
频度	186	64	13	22	32	103	21	15	47	57	1	5	32	20
字符	N	O	P	Q	R	S	T	U	V	W	X	Y	Z	
频度	57	63	15	1	48	51	80	23	8	18	1	16	1	

【实现提示】

(1) 编码结果以文本方式存储在文件 CodeFile 中。

(2) 用户界面可以设计为"菜单"方式:显示上述功能符号,再加上 Q,表示退出运行

Quit。请用户输入一个选择功能符。此功能执行完毕后再显示此菜单,直至某次用户选择了 Q 为止。

(3) 在程序的一次执行过程中,第一次执行 I、D 或 C 命令之后,赫夫曼树已经在内存了,不必再读入。每次执行中不一定执行 I 命令,因为文件 hfmTree 可能早已建好。

【选做内容】

(1) 上述文件 CodeFile 中的每个 0 或 1 实际上占用了 1 字节的空间,只起到示意或模拟的作用。为最大限度地利用码点存储能力,试改写系统,将编码结果以二进制形式存放在文件 CodeFile 中。

(2) 修改系统,实现对系统源程序的编码和译码(主要是将行尾符编/译码问题)。

(3) 实现各转换操作的源/目标文件,均由用户在选择此操作时指定。

5.3③　图遍历的演示

【问题描述】

很多涉及图上操作的算法都是以图的遍历操作为基础的。试写一个程序,演示在连通的无向图上访问全部结点的操作。

【基本要求】

以邻接多重表为存储结构,实现连通无向图的深度优先和广度优先遍历。以用户指定的结点为起点,分别输出每种遍历下的结点访问序列和相应生成树的边集。

【测试数据】

"做题示例:5.5 题导游咨询"的测试用例示意图。暂时忽略里程,起点为北京。

【实现提示】

设图的结点不超过 30 个,每个结点用一个编号表示(如果一个图有 n 个结点,则它们的编号分别为 $1,2,\cdots,n$)。通过输入图的全部边输入一个图,每个边为一个数对,可以对边的输入顺序做出某种限制。注意,生成树的边是有向边,端点顺序不能颠倒。

【选做内容】

(1) 借助于栈类型(自己定义和实现),用非递归算法实现深度优先遍历。

(2) 以邻接表为存储结构,建立深度优先生成树和广度优先生成树,再按凹入表或树状打印生成树。

(3) 正如第 7 章的解答题 8 提示中所分析的那样,图的路径遍历要比结点遍历具有更为广泛的应用。再写一个路径遍历算法,求出从北京到广州中途不过郑州的所有简单路径及其里程。

5.4③　教学计划编制问题

【问题描述】

大学的每个专业都要制订教学计划。假设任何专业都有固定的学习年限,每学年含两学期,每学期的时间长度和学分上限值均相等。每个专业开设的课程都是确定的,而且课程在开设时间的安排必须满足先修关系。每门课程有哪些先修课程是确定的,可以有任意多门,也可以没有。每门课恰好占一个学期。试在这样的前提下设计一个教学计划编制程序。

【基本要求】

(1) 输入参数包括学期总数，一学期的学分上限，每门课的课程号(固定占 3 位的字母数字串)、学分和直接先修课的课程号。

(2) 允许用户指定下列两种编排策略之一：一是使学生在各学期中的学习负担尽量均匀；二是使课程尽可能地集中在前几个学期中。

(3) 若根据给定的条件问题无解，则报告适当的信息；否则将教学计划输出到用户指定的文件中。计划的表格格式自行设计。

【测试数据】

学期总数为 6；学分上限为 10；该专业共开设 12 门课，课程号为 $C_{01} \sim C_{12}$，学分顺序为 2，3，4，3，2，3，4，4，7，5，2，3。先修关系见教科书图 7.29。

【实现提示】

可设学期总数不超过 12，课程总数不超过 100。如果输入的先修课程号不在该专业开设的课程序列中，则作为错误处理。应建立内部课程序号与课程号之间的对应关系。

【选做内容】

产生多种(如 5 种)不同的方案，并使方案之间的差异尽可能大。

5.5③ 导游咨询

【问题描述】

设计一个导游程序，为来访的客人提供各种信息查找服务。

【基本要求】

(1) 导游的区域可选性很大。既可选全国或某区域的一组主要城市，也可选你所在校园。

① 如一组大城市的交通里程示意图。

② 设计你所在学校的校园平面图，所含景点不少于 10 个。

以图中顶点表示各城市或校内各景点，存放名称、代号、简介等信息；以边表示路径，存放路径长度等相关信息。

(2) 为来访客人提供图中任意城市或校内各景点相关信息的查找。

(3) 为来访客人提供图中任意城市或校内各景点的问路查找，即查找任意两个景点之间的一条最短的简单路径。

【测试数据】

由读者根据实际情况指定。

【实现提示】

一般情况下，道路是双向通行的，可设定为一个无向网。顶点和边均含相关信息。

【选做内容】

(1) 求图的关结点。

(2) 提供图中任意城市(景点)问路查找，即求任意两个城市(景点)之间的所有路径。

(3) 提供图中多个城市(景点)的最佳访问路线查找，即求途经这多个城市(景点)的最佳(短)路径。

(4) 导游图的城市(景点)和道路的修改扩充功能。

（5）扩充道路信息，如道路类别（城市间的铁路车次或航班；校园车道、人行道等）、沿途景色等级，以至可按客人所需分别查找人行路径、车行路径或观景路径等。

（6）扩充每个城市（景点）的邻接城市（景点）的方向等信息，使得路径查找结果能提供详尽的导向信息。

（7）实现导游图的仿真界面。

5.6③　最小生成树问题

【问题描述】

若要在 n 个城市之间建设通信网络，只需要架设 $n-1$ 条线路即可。如何以最低的经济代价建设这个通信网，是一个网的最小生成树问题。

【基本要求】

（1）利用克鲁斯卡尔算法求网的最小生成树。

（2）实现教科书 6.5 节中定义的抽象数据类型 MFSet，以此表示构造生成树过程中的连通分量。

（3）以文本形式输出生成树中各条边以及它们的权值。

【测试数据】

参见本题集第 7 章的解答题 7。

【实现提示】

通信线路一旦建立，必然是双向的。因此，构造最小生成树的网一定是无向网。设图的顶点数不超过 30 个，并为简单，网中边的权值设成小于 100 的整数，可利用 C 语言提供的随机函数产生。

图的存储结构的选取应和所做操作相适应。为了便于选择权值最小的边，此题的存储结构既不选用邻接矩阵的数组表示法，也不选用邻接表，而是以存储边（带权）的数组表示图。

【选做内容】

求无向网的最大生成树。

◆5.7④　表达式类型的实现

【问题描述】

一个表达式和一棵二叉树之间，存在着自然的对应关系。写一个程序，实现基于二叉树表示的算术表达式 Expression 的操作。

【基本要求】

假设算术表达式 Expression 内可以含变量（a～z）、常量（0～9）和二元运算符（＋，－，＊，/，^（乘幂））。实现以下操作：

（1）ReadExpr（E）——以字符序列的形式输入语法正确的前缀表达式并构造表达式 E。

（2）WriteExpr（E）——用带括号的中缀表达式输出表达式 E。

（3）Assign（V，c）——实现对变量 V 的赋值（V＝c），变量的初值为 0。

（4）Value（E）——对算术表达式 E 求值。

（5）CompoundExpr(P,E1,E2)——构造一个新的复合表达式(E1) P(E2)。

【测试数据】

（1）分别输入 0；a；—91；＋a＊bc；＋＊5^x2＊8x；＋＋＋＊3^x3＊2^x2x6 并输出。

（2）每当输入一个表达式后，对其中的变量赋值，然后对表达式求值。

【实现提示】

（1）在读入表达式的字符序列的同时，完成运算符和运算数（整数）的识别处理以及相应的运算。

（2）在识别出运算数的同时，要将其字符形式转换为整数形式。

（3）用后根遍历的次序对表达式求值。

（4）用中缀表示输出表达式 E 时，适当添加括号，以正确反映运算的优先次序。

【选做内容】

（1）增加求偏导数运算 Diff(E,V)——求表达式 E 对变量 V 的导数。

（2）在表达式中添加三角函数等初等函数的操作。

（3）增加常数合并操作 MergeConst(E)——合并表达式 E 中所有常数运算。例如，对表达式 E＝(2+3—a)＊(b+3＊4) 进行合并常数的操作后，求得 E＝(5—a)＊(b+12)。

（4）以表达式的原书写形式输入。

5.8⑤　全国交通咨询模拟

【问题描述】

出于不同目的的旅客对交通工具有不同的要求。例如，因公出差的旅客希望在旅途中的时间尽可能短，出门旅游的游客则期望旅费尽可能省，而老年旅客则要求中转次数最少。编制一个全国城市间的交通咨询程序，为旅客提供两种或三种最优决策的交通咨询。

【基本要求】

（1）提供对城市信息进行编辑（如添加或删除）的功能。

（2）城市之间有两种交通工具：火车和飞机。提供对列车时刻表和飞机航班进行编辑（如增设或删除）的功能。

（3）提供两种最优决策：最快到达或最省钱到达。全程只考虑一种交通工具。

（4）旅途中耗费的总时间应该包括中转站的等候时间。

（5）咨询以用户和计算机的对话方式进行。由用户输入起始站、终点站、最优决策原则和交通工具，输出信息：最快需要多长时间才能到达或者最少需要多少旅费才能到达，并详细说明依次于何时乘坐哪一趟列车或哪一趟航班到何地。

【测试数据】

全国铁路交通图，自行设计列车时刻表和飞机航班表。

【实现提示】

（1）对全国城市交通图、列车时刻表及飞机航班表的编辑，应该提供文件形式输入和键盘输入两种方式。飞机航班表的信息应包括起始站的出发时间、终点站的到达时间和票价；列车时刻表则需根据交通图给出各路段的详细信息，例如，基于"做题示例：5.5 题 导游咨询"的测试用例示意图的交通图，对从北京到上海的火车，需给出北京至天津、天津至徐州及徐州至上海各段的出发时间、到达时间及票价等信息。

（2）以邻接表作交通图的存储结构，表示边的结点内除含邻接点的信息外，还应包括交通工具、路程中消耗的时间和花费以及出发和到达的时间等多项属性。

【选做内容】

增加旅途中转次数最少的最优决策。

◆5.9④　社交网络关系分析系统

【问题描述】

设计并实现具有查找最短关系链等功能的用户关系图，构建社交关系分析系统。

【基本要求】

（1）深入理解图的核心算法，训练开发实际图处理系统的能力。

（2）核心功能：

① 构建用户关系图（邻接表存储）。

② 计算顶点度数（中心性分析）。

③ 寻找最短关系链（通过广度优先搜索（BFS）求解）。

【测试数据】

模拟所熟悉的现实社交网络系统，自行设计测试数据。

【实现提示】

（1）选择适当的图存储结构，实现需用的基本操作。

（2）实现或扩展图的一些算法，如广度优先搜索遍历、最短路径等。

（3）设计和实现中心性分析算法——计算顶点度数。

（4）设计和实现求最短关系链算法。

【选做内容】

（1）加权图支持：添加带权边，实现 Dijkstra 算法。

（2）可视化输出用户关系图、中心点、某条最短关系链等。

（3）社交推荐：基于共同好友的推荐。

做题示例：5.5 题　导游咨询

本示例聚焦于需求分析、概要设计、详细设计和功能测试等环节。

一、需求分析

1. 题目的要求是基于无向网抽象数据类型的实现做导游咨询应用。拟选择做城市群的导游咨询。

2. 本程序的目的是为用户提供交通咨询。根据用户指定的始点和终点输出相应路径（可扩展到车次或航班信息），或者根据用户指定的城市输出城市的信息。

3. 测试数据（见本做题示例功能测试的测试用例）。

二、概要设计

1. 教科书第 7 章已全面讨论了图的 4 种存储结构、基于邻接矩阵和邻接表实现了图的部分基本操作。本题所需的最短路径算法也给出了基于邻接表的实现。

2. 为了挑战难度,选择教科书没有展开讨论的邻接多重表作为存储结构。因此要自行实现必要的基本操作和重写迪杰斯特拉最短路径算法。以下是邻接多重表的类型定义和本题所需的基本操作的函数原型:

```
typedef enum {DG, DN, UDG, UDN} GraphKind;      //{有向图,有向网,无向图,无向网}
enumVisitIf {unvisited,visited};                //边结点标志域 mark 的枚举类型
typedef char * InfoType;                        //信息类型,可扩展
typedef struct {
    int vi, vj;                                 //边的端点
    int wt;                                     //边的权值
} Edge;                                         //边的输入信息类型


typedef struct {
    int lengh;                                  //边的权值,表示路径长度
    int ivex, jvex;                             //边的两端顶点号
} EdgeType;                                     //边的类型


typedef struct EBox {
    VisitIf mark;                               //访问标记
    int     ivex, jvex;                         //该边依附的两个顶点的位置
    EBox * ilink, * jlink;                      //分别指向依附这两个顶点的下一条边
    int     length;                             //边权值(长度)
    InfoType * info;                            //该边信息指针
} EBox, * EdgePtr;                              //边结点类型,边结点指针类型
typedef struct VexBox {
    char data;
    char * name;                                //该顶点代表的景点的名称
    char * info;                                //景点的信息
    EBox * firstEdge;                           //指向第一条依附该顶点的边
} VexBox;                                        //顶点结点类型
typedef   struct AMLGraph {
    VexBox * vexs;                              //顶点结点动态数组
    int n,e;                                    //无向图的当前顶点数和边数
    GraphKind kind;                             //图的种类标志
} * AMLGraph;                                    //邻接多重表指针类型(须动态分配和回收)
int LocateVex(AMLGraph G, VexType u);           //返回顶点 u 的序号(存储下标)
EdgePtr FirstEdge(AMLGraph g,int vi);           //返回 vi 顶点的第一条边的结点指针
void NextEdge(int vi, EdgePtr p, int * vj, EdgePtr * q);   //下一条边的结点指针
AMLGraph MakeAMLN(char * vs, int n, Edge * es, int e);     //构建并返回一个无向网
```

3. 路径类型:

```
typedef struct {
    Edge path[MAX_VERTEX_NUM];                  //当前的路径串
    int len;                                    //当前路径的长度
} PathType;


typedef struct {
    charvertices[MAX_VERTEX_NUM];               //路径中景点的序列
    int num;
```

```
} PVType;
void InitPath(PathType * pa);                              //初始化空路径 pa
void copyPath(PathType * p1, PathType p2);                 //复制路径 p2 到 * p1
void InsertPath(PathType * pa, int v, int w);              //在路径 pa 中加入一条边(v,w)
void OutPath(AMLGraph g, PathType pa, PVType * vtxes);     //将路径转换为顶点序列
```

三、详细设计

1. 邻接多重表基本操作的实现(用到的)。其中,FirstEdge 和 NextEdge 这一对操作的实现虽不复杂,但能对它们的调用,就抹去了不同存储结构之间的同一算法的主要差异,包括本题的最短路径算法。

```
int LocateVex(AMLGraph G, VexType u) {
    //初始条件: 无向图 G 存在,u 和 G 中顶点有相同特征
    //操作结果: 若 G 中存在顶点 u,则返回该顶点在无向图中位置;否则返回-1
    int i;
    for (i=0; i<G->n; ++i)
      //if(strcmp(u,G->vexs[i].data)==0)
      if(u == G->vexs[i].data)
        return i;
    return -1;
}
EdgePtr FirstEdge(AMLGraph g, int vi) {
    //返回图 g 中指向依附于顶点 vi 的第一条边的指针 g→adjmulist[vi].firstEdge
    return g->vexs[vi].firstEdge;
}
void NextEdge(int vi, EdgePtr p, int * vj, EdgePtr * q) {
    //以 vj 返回依附于顶点 vi 的一条边(由指针 p 所指)的另一端点
    //以 q 返回 vi 在图 g 中相对于该边的下一条边
    if (p->ivex == vi) { * q = p->ilink;    * vj = p->jvex; }
    else { * q = p->jlink;    * vj = p->ivex; }
}
AMLGraph MakeAMLN(char * vs, int n, Edge * es, int e) {
    AMLGraph G;                                        //采用邻接多重表存储结构,构造无向图 G
    if (!(G = (AMLGraph)malloc(sizeof(* G)))) exit(OVERFLOW);  //G 的结构记录
    if (!(G->vexs = (VexBox *)calloc(n, sizeof(VexBox))))
                                                       //顶点动态数组
      exit(OVERFLOW);
    int i, j, k, l;    EBox * p;
    G->n = n;    G->e = e;    G->kind =UDN;            //顶点数,弧(边)数,无向网种类
    for (i=0; i<n; i++)                                //设置顶点向量
      { G->vexs[i].data=vs[i];    G->vexs[i].firstEdge=NULL; }
    for (k=0; k<G->e; ++k) {                           //构造边结点链表
      i = LocateVex(G, es[k].vi);                      //i 端
      j = LocateVex(G, es[k].vj);                      //j 端
      if (!(p = (EBox *)malloc(sizeof(EBox)))) exit(OVERFLOW);    //分配边结点
      p->mark = unvisited;                             //设访问标志初值
      p->ivex = i;    p->jvex = j;
      p->length = es[k].wt;                            //边有权值(长度)
```

```
        p->info = NULL;
        p->ilink = G->vexs[i].firstEdge;                //在 i 链表头插入
        G->vexs[i].firstEdge = p;
        p->jlink = G->vexs[j].firstEdge;                //在 j 链表头插入
        G->vexs[j].firstEdge = p;
    }
    return G;
}
```

2. 路径类型基本操作的实现：

```
void InitPath(PathType * pa) {                          //初始化空路径 pa
    pa->len = 0;
}
void copyPath(PathType * p1, PathType p2) {             //复制路径 p2 到 * p1
    for (int i=0; i<p2.len; i++) {
        p1->path[i].vi = p2.path[i].vi;
        p1->path[i].vj = p2.path[i].vj;
    }
    p1->len = p2.len;
}
void InsertPath(PathType * pa, int v, int w) {          //在路径 pa 中加入一条边(v,w)
    pa->path[pa->len].vi = v;
    pa->path[pa->len].vj = w;
    pa->len++;
}
void OutPath(AMLGraph g, PathType pa, PVType * vtxes) {      //边序列转顶点序列
    int m = 0;    VexBox vtx;
    for (int i = 0; i<pa.len; i++) {
        vtx = GetVex(g, pa.path[i].vi);
        vtxes->vertices[m++] = vtx.data;
    }
    vtx = GetVex(g, pa.path[pa.len-1].vj);
    vtxes->vertices[m] = vtx.data;
    vtxes->num = m;
}
```

3. 迪杰斯特拉求最短路径算法（基于邻接多重表）。
（1）全局变量：

```
int dist[MAX_VERTEX_NUM];                   //源点可达的当前最短路径,也可定义为动态数组
PathType path[MAX_VERTEX_NUM];              //由入选边组成的当前最短路径
```

（2）用于求当前最短边的辅助最小堆及用到的基本操作的实现：

```
Typedef int HElemType;
typedef struct {
    HElemType * elem;                       //堆的元素值 dist 数组的下标
    int len;
    int size;
    int inc;                                //每次存储空间扩容的增量
```

```c
} * SqList;                                          //顺序表,堆
typedef SqList  Heap;                                //堆、优先队列指针类型
Status lessPrior(HElemType x, HElemType y)           //小顶堆优先函数
   { return dist[x] <= dist[y]; }                    //比较 dist 元素值:源点当前两条最短路径
Status (* Prior)(HElemType, HElemType);              //Prior 为优先函数变量
Heap InitHeap(int size) {                            //初建最大容量为 size 的空堆 H
   Heap H;
   if (!(H = (Heap)malloc(sizeof(* H)))) exit(OVERFLOW);    //堆的结构记录
   if (!(H->elem = (HElemType *)malloc((size+1) * sizeof(HElemType))))
     exit(OVERFLOW);
   H->len = 0;    H->size = size;    return H;
}
Status swapElem(Heap H, int i, int j) {              //交换堆 H 中的第 i 元素和第 j 元素
   HElemType t;
   if (i<=0 || i>H->len || j<=0 || j>H->len) return ERROR;
   t = H->elem[i];   H->elem[i] = H->elem[j];   H->elem[j] = t;
   return OK;
}
void SiftDown(Heap H, int pos) {                     //对 pos 节点做筛选,调整为子堆
   while (pos<=H->len/2) {                           //若 pos 节点为叶节点,循环结束
      int c = pos * 2;                               //c 为 pos 节点的左孩子位置
      int rc = pos * 2+1;                            //rc 为 pos 节点的右孩子位置
      if (rc<=H->len && Prior(H->elem[rc], H->elem[c]))
        c = rc;                                      //c 为 pos 节点的左右孩子中较优先者的位置
      if (Prior(H->elem[pos], H->elem[c])) return;   //pos 节点较优则筛选结束
      swapElem(H, pos, c);                           //否则 pos 节点和较优先者 c 节点交换位置
      pos = c;                                       //继续向下调整
   }
}
void SiftUp(Heap H, HElemType e) {                   //对值为 e 的元素向上调整
   int curr;                                         //dist[e]变小后调用此函数
   for (int i=1; i<=H->len && H->elem[i]!=e; i++);
   if (i<=H->len) {
      curr = i;                                      //将插入元素加到堆尾
      while (1!=curr && Prior(H->elem[curr], H->elem[curr/2])) {
         swapElem(H, curr, curr/2);                  //交换 curr 与 curr/2 节点,即向上调整
         curr /= 2;
      }
   }
   return OK;
}
Status Insert(Heap H, HElemType e) {                 //将节点 e 插入堆 H 中
   int curr;
   if(H->len >= H->size) return ERROR;               //堆已满,插入失败
   curr = ++H->len;   H->elem[curr] = e;             //将插入元素加到堆尾
   while (1!=curr && Prior(H->elem[curr], H->elem[curr/2])) {
      swapElem(H, curr, curr/2);                     //交换 curr 与 curr/2 节点,即向上调整
      curr /= 2;
   }
   return OK;
}
```

（3）求最短路径算法的实现。使用最小堆辅助，就无须对入选顶点标注，因为已从堆删除，不会重复入选。但与求源点到其他所有顶点最短路径有所不同的是，求单终点的最短路径须在每次更新 dist 时，同步对应调堆（参见算法中的注释），相应增加的时间不影响总的时间复杂度。

```
void ShortestPath(AMLGraph g, int st, int nd,
                        int * pathLength, PVType * PathInfo) {
   //利用迪杰斯特拉算法的基本思想求图 g 中从顶点 st 到顶点 nd 的一条
   //最短路径 PathInfo 及其路径长度 pathLength
   //设 int dist[MAXVTXNUM]; PathType path[MAXVTXNUM];
   Heap H = InitHeap(g->n);        //初始化建容量为 G 的顶点个数的空堆 H
   for (int i=0; i<g->n; i++)  //初始化
      { dist[i] = INFINITY;   InitPath(&path[i]); }
   int adjvex;
   EBox * q, * p = FirstEdge(g, st);
   while (p) {                        //初始化 dist 数组,检测依附于起始点的每一条边
      NextEdge(st, p, &adjvex, &q);
      dist[adjvex] = p->length;
      InsertPath(&path[adjvex], st, adjvex);
      p = q;
   }
   for (int j=0; j<g->n; j++)
      if (j!=st) Insert(H, j);   //源点之外的顶点序号插入最小堆 H(按 dist[j]判优先)
   Status found = FALSE;
   while (!found) {                   //重复,直到找到目标顶点 nd
      int min = DelTop(H);           //删除并获取堆顶(lowcost 最小)顶点序号
      //在所有尚未求得最短路径的顶点中求使 dist[i]取最小值的 i 值
      if (min == nd) found = TRUE;     //遇终点即停止(需要每次更新 dist 时对应调堆)
      else {
         int w, v = min;
         p = FirstEdge(g, v);
         while (p) {                     //检测依附于 v 的每一条尚未访问过的边
            NextEdge(v, p, &w, &q);
            if (dist[v]+p->length < dist[w]) {
               dist[w] = dist[v]+p->length; SiftUp(H,w);   //须同步对应调堆
               copyPath(&path[w], path[v]);                //更新路径
               InsertPath(&path[w], v, w);
            }
            p = q;                      //接续求下一关联边(邻接顶点)
         }
      }
   } //while (!found)
   * pathLength = dist[nd];             //st 到 nd 的最短路径长度
   OutPath(g, path[nd], PathInfo);      //将求得的最短路径序列转为顶点序列
   FreeHeap(H);                         //回收辅助的堆
}
void GetShortestPath(AMLGraph g, char source, char target,
                     int * pathLength, PVType * PathInfo) {   //求最短路径主函数
   //求从源点 source 到终点 target 的一条最短路径及其长度
```

```
    int sv = LocateVex(g, source);                          //求源点存储序号
      int tv = LocateVex(g, target);                        //求终点存储序号
      ShortestPath(g, sv, tv, pathLength, PathInfo);        //求 sv 到 tvd 最短路径
}
```

四、功能测试

测试用例。一组城市之间的交通距离的模拟数据如示意图：

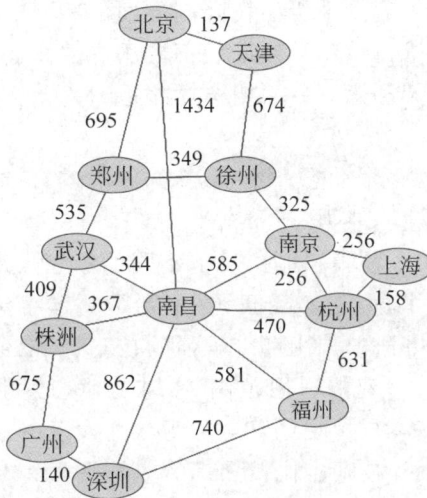

```
char V[] = "ABCDEFGHIJKLM";    //为简便,用字母为城市代号(由边的长度值可对应城市)
Edge ds2[] = {
{'A','B',137}, {'A','C',695}, {'B','D',674}, {'C','D',349}, {'A','F',1434},
{'D','I',325}, {'E','J',158}, {'F','G',367}, {'C','H',534}, {'H','G',409},
{'I','E',294}, {'I','H',512}, {'I','F',585}, {'F','L',862}, {'J','K',631},
{'L','K',740}, {'L','M',140}, {'M','G',675}, {'F','J',470}, {'H','F',344},
{'I','J',256}, {'F','K',581}};                          //主要城市铁路里程图
G = MakeAMLG(V, 13, ds2, 22, UDN);
int len;    PVType PathInfo;                            //分别作实参代回
Prior = lessPrior;                                      //选定小顶堆的判优函数
GetShortestPath(G, 'A', 'K',&len, &PathInfo);           //替换 'A'、'K'求不同最短路径
```

在 AnyviewC 上执行以上代码,求不同城市之间最短距离,结果均正确。

更多关于导游咨询的应用信息和功能就不再展开,留给读者完成。

实习6 存储管理、查找和排序

与前 5 个实习单元不同,本实习单元旨在集中对几个专门的问题做较为深入的探讨和理解,不强调对某些特定的编程技术的训练。

动态存储管理问题的实习遇到高级语言限制方面的困难。6.1 题绕过了这个限制。尽管与实际情况有差距,例如,求得伙伴地址以后不能用它寻址得到伙伴的头,但还是较完整地体现了伙伴系统的主要框架和意图。希望选择此题的读者认真思考:如何修改自己的程序才能得到实用的系统。

6.4 题用平衡二叉树实现一个动态查找表,其选做内容合并和分裂平衡二叉树,可加深对平衡二叉树的理解并提高应用能力。

6.2 题、6.3 题、6.5 题和 6.8 题集中地探讨了不同的索引技术。散列技术是索引技术中的一种非常重要和有效的技术,但与实际问题(主要是关键字集的形态和特点)关系甚密。散列函数的选择和冲突解决方法的选用都带较强的技巧性和经验性,自己动手试一试是非常有益的;平衡树和键树有其一定的适用范围;B 树是动态索引文件的一种极好的组织方式,也是物理数据库实现的基本技术。尽管这几题难度大了一些,但给读者带来的提高也相应地大些,其中所含的程序设计技巧也比较多。

6.6 题除了使读者对各种内部排序方法及效率获得深入理解之外,还可以给读者以启发:对于一个一般的问题而言,开发高效算法的可能性如何?应该如何寻找和构造高效算法?6.7 题是一个多关键字的排序问题。

6.1④ 伙伴存储管理系统演示

【问题描述】

伙伴存储管理系统是一种巧妙而有效的方法。试写一个演示系统,演示分配和回收存储块前后的存储空间状态变化。

【基本要求】

程序应不断地从终端读取整数 n。每个整数是一个请求。如果 $n>0$,则表示用户申请大小为 n 的空间;如果 $n<0$,则表示归还起始地址(即下标)为 $-n$ 的块;如果 $n=0$,则表示结束运行。每读入一个数,就处理相应的请求,并显示处理之后的系统状态。

系统状态由占用表和空闲表构成。显示系统状态意味着显示占用表中各块的起始地址和长度,以及空闲表中各种大小的空闲块的起始地址和长度。

【测试数据】

$1,-<①1>,3,4,4,4,-<①4>,-<①3>,2,2,2,2,-<②4>,-<①2>,-<②2>,$
$-<③2>,-<④2>,-<③4>,40,0$。其中,$<③,2>$ 表示第③次申请大小为 2 的空间使得块的起始地址。其余类推。

【实现提示】

可以取 $m=5$,即 SpaceSize $=2^5$,数据结构如下:

```
typedef struct BlkHeader {
    BlkHeader * llink, * rlink;
    int tag;
    int kvalue;
    int blkstart;          //块起始地址
} BlkHeader, * Link;
typedef struct{
    int blksize;
    Link first;
} ListHeader;
typedef char cell;         //cell 也可以是其他单位
```

主要变量是：

```
cell           space[SpaceSize];        //被管理的空间
ListHeader     avail[m+1];              //可用空间表
Link           allocated;               //占用表的表头指针
```

在这里，把每块的块头分离出来，通过 blkstart 域与相应的块建立联系。每个块一旦被分配，其块头就进入占用表，其中的各块头由 rlink 域链接在一起。tag 域实际上不起作用，但为了与实际伙伴管理系统更接近，没有把它去掉。显然，在这种模拟实现方法中，不对数组 space 做任何引用或赋值。

【选做内容】

（1）同时还用直观的图示方式显示状态。

（2）写一个随机地申请和归还各种规格的存储块的函数，考验你的伙伴系统。

6.2②　散列表设计

【问题描述】

针对某个集体（如你所在的班级）中的"人名"设计一个散列表，使得平均查找长度不超过 R，完成相应的建表和查表程序。

【基本要求】

假设人名为中国人姓名的汉语拼音形式。待填入散列表的人名共有 30 个，取平均查找长度的上限为 2。散列函数用除留余数法构造，用伪随机探测再散列法处理冲突。

【测试数据】

取读者周围较熟悉的 30 个人的姓名。

【实现提示】

如果随机函数自行构造，则应调整好随机函数，使其分布均匀。人名的长度均不超过 19 个字符（最长的人名如：庄双双（Zhang Shuangshuang）。字符的取码方法可直接利用 C 语言中的 toascii 函数，并可对过长的人名先做折叠处理。

【选做内容】

（1）从教科书上介绍的几种散列函数构造方法中选出适用者，并设计几个不同的散列函数，比较它们的地址冲突率（可以用更大的名字集合做试验）。

（2）研究这 30 个人名的特点，努力找一个散列函数，使得对于不同的拼音名一定不发生地址冲突。

（3）在散列函数确定的前提下尝试各种不同处理冲突的方法,考查平均查找长度的变化和造好的散列表中关键字的聚簇性。

6.3⑤ 图书管理

【问题描述】

图书管理基本业务活动包括对一本书的采编入库、清除库存、借阅和归还等。试设计一个图书管理系统,将上述业务活动借助计算机系统完成。

【基本要求】

（1）每种书的登记内容至少包括书号、书名、著者、现存量和总库存量等 5 项。

（2）作为演示系统,不必使用文件,全部数据可以都在内存存放。但是由于上述后 4 项基本业务活动都是通过书号（即关键字）进行的,所以要用 B 树（2-3 树）对书号建立索引,以获得高效率。

（3）系统应实现的操作及其功能定义如下。

① 采编入库：新购入一种书,经分类和确定书号之后登记到图书账目中。如果这种书在账目中已有,则只将总库存量增加。

② 清除库存：某种书已无保留价值,将它从图书账目中注销。

③ 借阅：如果一种书的现存量大于零,则借出一本,登记借阅者的图书证号和归还期限。

④ 归还：注销对借阅者的登记,改变该书的现存量。

⑤ 显示：以凹入表的形式显示 B 树。这个操作是为了调试和维护的目的而设置的。下列 B 树的打印格式如下所示：

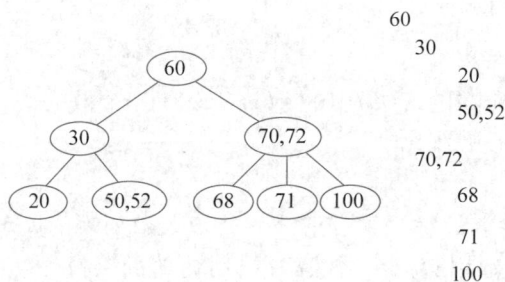

【测试数据】

入库书号：35,16,18,70,5,50,22,60,13,17,12,45,25,42,15,90,30,7。

然后清除：45,90,50,22,42。

其余数据自行设计。由空树开始,每插入、删除一个关键字后就显示 B 树的状态。

【实现提示】

（1）2-3 树的查找算法是基础,入库和清除操作都要调用。难点在于删除关键字的算法,因而只要算法对 2-3 树适用即可,暂时不必追求高阶 B 树也适用的删除算法。

（2）每种书的记录可以用动（或静）态链式结构。

借阅登记信息可以链接在相应的那种书的记录之后。

【选做内容】

（1）将一次会话过程（即程序一次运行）中的全部人机对话记入一个日志文件 log 中。

（2）增加列出某著者全部著作名的操作。思考如何提高这一操作的效率，参阅教科书 12.5.2 节。

（3）增加列出某种书状态的操作。状态信息除了包括这种书记录的全部信息外还包括最早到期（包括已逾期）的借阅者证号，日期可用整数实现，以求简化。

（4）增加预约借书功能。

6.4⑤　平衡二叉树操作的演示

【问题描述】

利用平衡二叉树实现一个动态查找表。

【基本要求】

实现动态查找表的 3 种基本功能：查找、插入和删除。

【测试数据】

由读者自行设定。

【实现提示】

（1）初始，平衡二叉树为空树，操作界面给出查找、插入和删除 3 种操作供选择。每种操作均要提示输入关键字。每次插入或删除一个节点后，应更新平衡二叉树的显示。

（2）平衡二叉树的显示可采用如第 6 章算法设计题 37 要求的凹入表形式，也可以采用图形界面画出树状。

（3）教科书已给出查找和插入算法，本题重点在于对删除算法的设计和实现。假设要删除关键字为 x 的节点。如果 x 不在叶节点上，则用它左子树中的最大值或右子树中的最小值取代 x。如此反复取代，直到删除动作传递到某个叶节点。删除叶节点时，若需要进行平衡变换，可采用插入的平衡变换的反变换（如左子树变矮对应于右子树长高）。

【选做内容】

（1）合并两棵平衡二叉树。

（2）把一棵平衡二叉树分裂为两棵平衡二叉树，使得在一棵树中的所有关键字都小于或等于 x，另一棵树中的任一关键字都大于 x。

6.5③　英语词典的维护和识别

【问题描述】

Trie 树通常作为一种索引树，这种结构对于大小变化很大的关键字特别有用。利用 Trie 树实现一个英语单词辅助记忆系统，完成相应的建表和查表程序。

【基本要求】

不限定 Trie 树的层次，每个叶节点只含一个关键字，采用单字符逐层分割的策略，实现 Trie 树的插入、删除和查找的算法，查找可以有两种方式：查找一个完整的单词或者查找以某几个字母开头的单词。

【测试数据】

自行设定。

【实现提示】

以实习 3 中已实现的串类型或 C 语言中提供的长度不限的串类型表示关键字,叶节点内应包括英语单词及其注音、释义等信息。

【选做内容】

限定 Trie 树的层次,每个叶节点可以包含多个关键字。

6.6③ 内部排序算法比较

【问题描述】

在教科书中,各种内部排序算法的时间复杂度分析结果只给出了算法执行时间的阶,或大概执行时间。试通过随机数据比较各算法的关键字比较次数和关键字移动次数,以取得直观感受。

【基本要求】

(1) 对以下 6 种常用的内部排序算法进行比较:起泡排序、直接插入排序、简单选择排序、快速排序、希尔排序、堆排序。

(2) 待排序表的表长不小于 100;其中的数据要用伪随机数产生程序生成;至少要用 5 组不同的输入数据做比较;比较的指标为有关键字参加的比较次数和关键字的移动次数(关键字交换计为 3 次移动)。

(3) 最后要对结果做出简单分析,包括对各组数据得出结果波动大小的解释。

【测试数据】

由随机数产生器生成。

【实现提示】

主要工作是设法在已知算法中的适当位置插入对关键字的比较次数和移动次数的计数操作。程序还可以考虑几组数据的典型性,如正序、逆序和不同程度的乱序。注意采用分块调试的方法。

【选做内容】

(1) 增加折半插入排序、二路插入排序、归并排序、基数排序等。

(2) 对不同的输入表长做试验,观察检查两个指标相对于表长的变化关系。还可以对稳定性做验证。

6.7③ 多关键字排序

【问题描述】

多关键字的排序有其一定的适用范围。例如,在进行高考分数处理时,除了需对总分进行排序外,不同的专业对单科分数的要求不同,因此尚需在总分相同的情况下,按用户提出的单科分数的次序要求排出考生录取的次序。

【基本要求】

(1) 假设待排序的记录数不超过 10 000,表中记录的关键字数不超过 5,各关键字的范围均为 0~100。按用户给定的进行排序的关键字的优先关系,输出排序结果。

(2) 约定按 LSD 法进行多关键字的排序。在对各关键字进行排序时采用两种策略:其一是利用稳定的内部排序法;其二是利用分配和收集的方法。并综合比较这两种策略。

由随机数产生器生成。

【实现提示】

用 5～8 组数据比较不同排序策略所需时间。

由于是按 LSD 方法进行排序,则对每个关键字均可进行整个序列的排序,但在利用通常的内部排序方法进行排序时,必须选用稳定的排序方法。借助分配和收集策略进行的排序,如同一趟基数排序,由于关键字的取值范围为 0～100,则分配时将得到 101 个链表。

【选做内容】

增添按 MSD 策略进行排序,并和上述两种排序策略进行综合比较。

6.8⑤ 多场景索引系统设计与性能优化

【问题描述】

掌握索引底层原理、实现多种索引结构,并完成多场景下的性能优化。

【基本要求】

(1) 理论基础。阐述索引的核心作用与分类(B 树/B$^+$ 树、散列、倒排、空间索引等),推导索引时间复杂度公式,分析存储开销与查找效率的权衡关系。

(2) 系统设计。实现以下功能模块。

① 索引管理器:支持动态创建/删除索引,自动选择最优索引类型。

② 查找优化器:基于成本模型选择索引扫描或全表扫描。

③ 性能监控:实时统计索引命中率、磁盘 I/O 消耗等指标。

【测试数据】

根据完成功能,自行设计测试数据。

【实现提示】

(1) 管理多种索引的参考数据结构。

```
typedef struct {
    char index_type[20];        //索引类型(B⁺Tree/Hash/Bitmap)
    void * index_structure;     //指向具体索引结构的指针
    int selectivity;            //选择度(0-1)
    long memory_usage;          //内存占用
} IndexMeta;                    //索引元类型
typedef struct {
    IndexMeta * metas;
    int capacity;
    int count;
} IndexCatalog;                 //索引表类型
```

(2) 可选择内存模拟或使用 C 文件实现。

(3) 核心功能。

① 实现 B$^+$ 树索引的插入、删除、范围查找。

② 实现倒排索引的词项压缩与分片存储。

③ 开发查找优化模块,对比不同索引策略的执行计划。

```
}
Status Less(int i, int j) {              //小于比较
    //若表中第 i 个元素小于第 j 个元素,则返回 True,否则返回 False
    compCount++;                         //关键字比较次数加 1
    return data[i] < data[j];
}
void Swap(int data[], int i, int j) {    //交换表中第 i 个和第 j 个数据元素
    int t = data[i];   data[i] = data[j];   data[j] = t;
    shiftCount = shiftCount+3;           //关键字移动次数加 3
}
void Shift(int i, int j) {               //将表中第 i 个元素的值赋给第 j 个元素
    data[j] = data[i];
    shiftCount++;                        //关键字移动次数加 1
}
void CopyData(DataType list1, DataType * list2) {    //复制数据
    for (int i=1; i<=size; i++)  * list2[i] = list1[i];
}
void InverseOrder() {                    //将可排序表置为逆序
    for (int i=1; i<=size; i++) data[i] = data2[i] = size-i+1;
}
//----- 6种内嵌了比较和移动元素次数统计功能的排序算法及支持操作的算法 -----
void InitList(int n) {                   //将排序表和备份表初始化为相同升序表,data[i]=i
    if (n<1) size = 0;
    else {
        if (n>MAXSIZE) n = MAXSIZE;      //限制 n 不超过最大表长
        for (int i=1; i<=n; i++) data[i] = data2[i] = i;
        size = n;
    }
    compCount = shiftCount = 0;
}
void RandomizeList(int d, int isInverse) {
    //对可排序表进行 d 次随机打乱。0≤d≤8,d 为 0 时表不变
    if (isInverse) InverseOrder();  //逆序
    else InitList(size);            //正序
    for (int k=1; k<=Mix[d]; k++) {  //d 级打乱,随机交换若干元素
        int i = random(size)+1, j = random(size)+1;
        int t = data[i];   data[i] = data[j];   data[j] = t;
    }
    CopyData(data, &data2);         //保留,以便对各种排序算法测试相同数据
}
void RecallList() {
    //恢复最后一次用 RandomizeList 随机打乱得到的可排序表
    CopyData(data2, data);
}
void BubbleSort(long * c, long * s) {
    //进行起泡排序,返回关键字比较次数 c 和移动次数 s
    BeforeSort();Status swapped;
    do {
```

```
          swapped = FALSE;
          for (int i=1; i<=size-1; i++)
              if (Less(i+1, i)) { Swap(data, i+1, i);   swapped = TRUE; }
    } while(swapped);
    * c = compCount;   * s = shiftCount;
}
void InsertSort(long * c, long * s) {
    //进行插入排序,返回关键字比较次数 c 和移动次数 s
    BeforeSort();
    for (int i=2; i<=size; i++) {
        Shift(i, 0);   int j = i-1;
        while (Less(0, j)) { Shift(j, j+1);   j--; }
        Shift(0, j+1);
    }
    * c = compCount;   * s = shiftCount;
}
void SelectSort(long * c, long * s) {
    //进行选择排序,返回关键字比较次数 c 和移动次数 s
    BeforeSort();
    for (int i=1; i<=size-1; i++) {
        int min = i;
        for (int j = i+1; j<=size; j++)
            if (Less(j, min)) min = j;
        if (i != min) Swap(data, i, min);
    }
    * c = compCount;   * s = shiftCount;
}
void QSort(int lo, int hi) {                        //QuickSort 的递归实施函数
    if (lo<hi) {
        int i=lo, j=hi, m = (lo+hi)/2;
        do {
            while (Less(i, m)) i++;                 //中间元素作枢轴
            while (Less(m, j)) j--;
            if (i<=j) {
                if (m == i) m = j;
                else if (m == j) m = i;
                Swap(data, i, j); i++; j--;
            }
        } while (i <= j);
        QSort(lo, j); QSort(i, hi);
    }
}
void QuickSort(long * c, long * s) {
    //进行快速排序,返回关键字比较次数 c 和移动次数 s
    BeforeSort();
    QSort(1, size);
    * c = compCount;   * s = shiftCount;
}
```

```
void ShellSort(long * c, long * s) {
   //进行希尔排序,返回关键字比较次数 c 和移动次数 s
   BeforeSort();
   int i=4, h=1;
   while (i<=size) { i = i * 2; h = 2 * h+1; }
   while (h != 0) {
      i = h;
      while (i<=size) {
         int j = i-h;
         while (j>0 && Less(j+h, j)) { Swap(data, j, j+h);   j = j-h; }
         i++;
      }
      h = (h-1) / 2;
   }
   * c = compCount;   * s = shiftCount;
}
void Sift(int left, int right) { //大顶堆排序的调堆函数
   int i=left, j=2 * i;
   Shift(left, 0); Status finished = FALSE;   Shift(left, MAXSIZE+1);
   while (j<=right && !finished) {
      if (j<right && Less(j, j+1)) j++;
      if (!Less(0, j)) finished = TRUE;
      else { Shift(j, i);   i = j;   j = 2 * i; }
   }
   Shift(MAXSIZE+1, i);
}
void HeapSort(long * c, long * s) {
   //进行堆排序,返回关键字比较次数 c 和移动次数 s
   BeforeSort();
   for (int left = size / 2; left>=1; left-- ) Shift(left, size);
   for (int right = size; right>=2; right-- )
      { Swap(data, 1, right);   Shift(1, right-1); }
   * c = compCount; * s = shiftCount;
}
//……其余略……
```

四、功能测试

1. 对正序、逆序和若干不同程度随机打乱的可排序表,进行各种排序方法的比较测试,得到的测试数据具有较好的典型性和可比较性。通过设计和实现指定程度的随机乱序算法,对伪随机数序列的产生有了具体的认识和实践。

2. AnyviewC 支持程序运行时的一维和二维数组(3D)可视化。不仅可高效完成对 6 种排序方法的调试,还能观察各算法排序过程的风格,以下分享部分截图。

(1)起泡排序可观察到缓慢的"起泡"过程"。截图是打乱的 25 个元素中最大的那个移动过程,以及第 6 大的元素移动到位的情形。

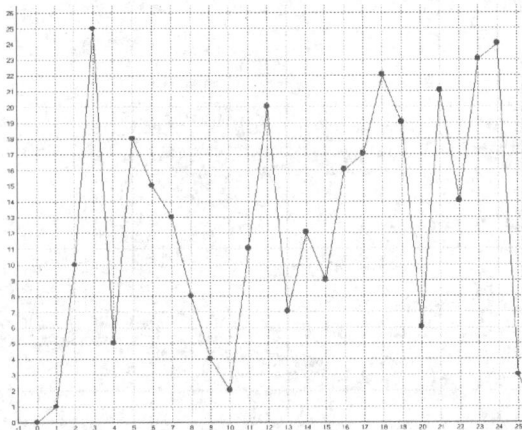

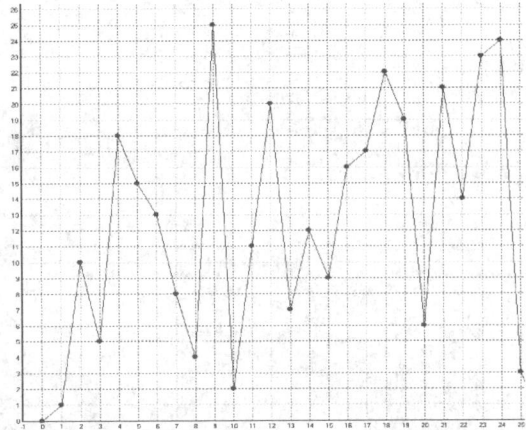

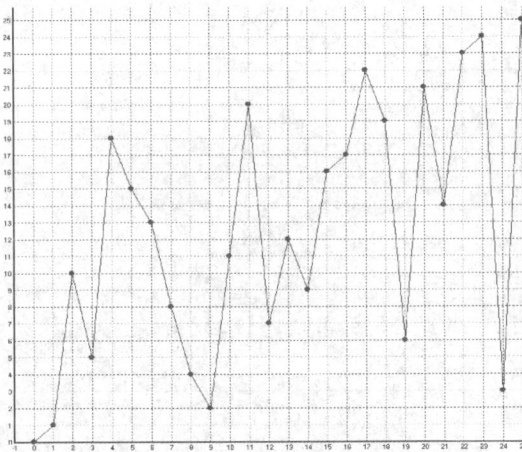

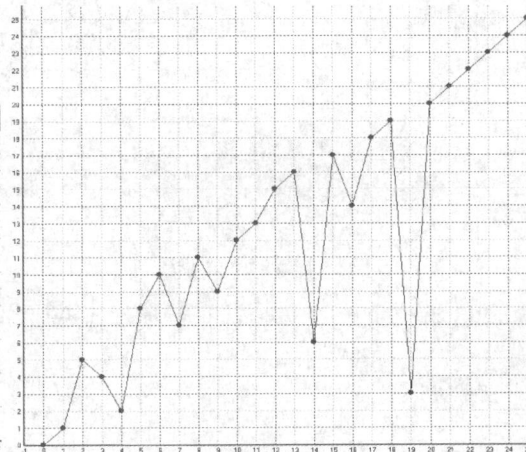

（2）从选择排序过程可观察到移动元素的次数非常少。但统计结果与理论分析一样，其元素比较次数是 $O(n^2)$ 级的，使用于元素"体量"大的排序。每个元素只需一次交换即可到位。

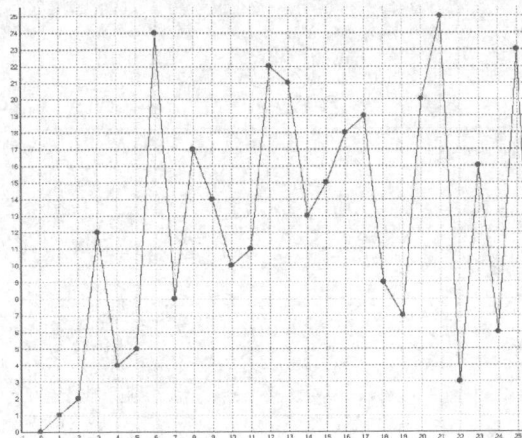

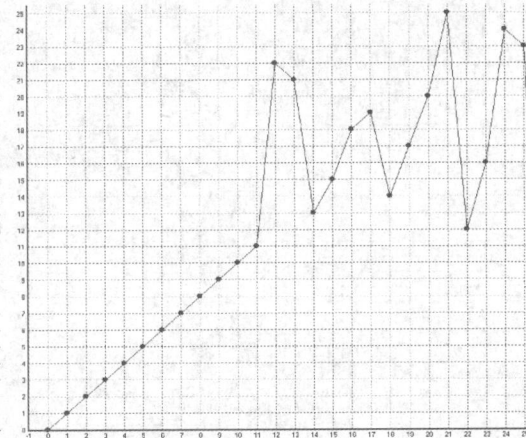

（3）希尔排序的每趟将元素向对角线"压缩"，效率较高，风格独特。

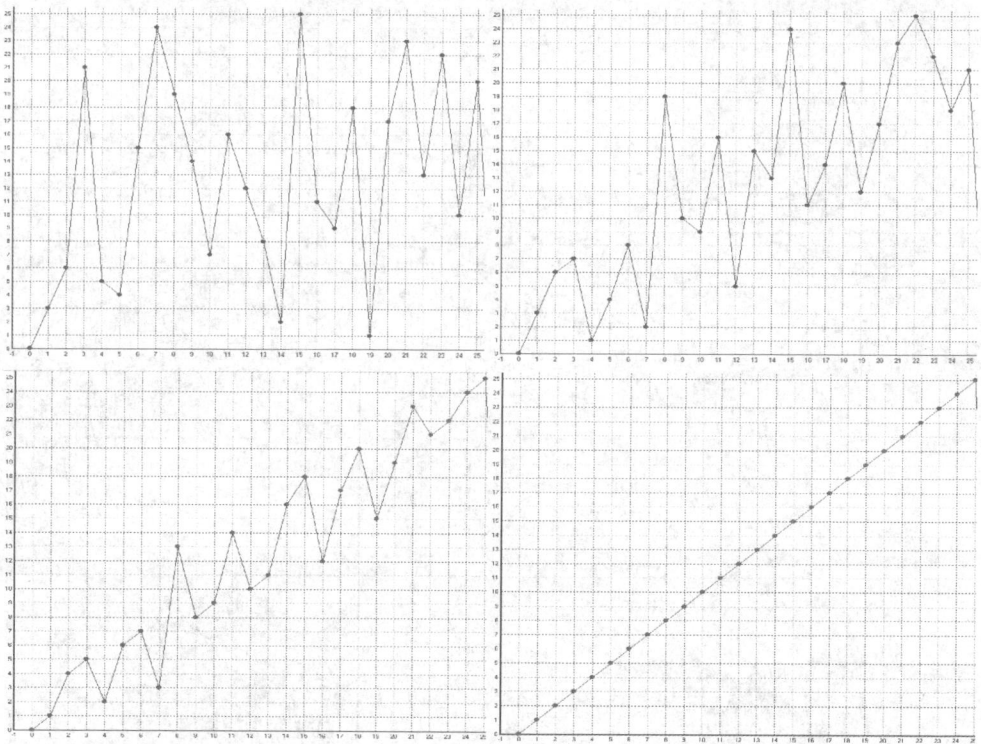

（4）快速排序每次划分将元素分成"前低后高"两组，不断递归划分，元素快速归位。

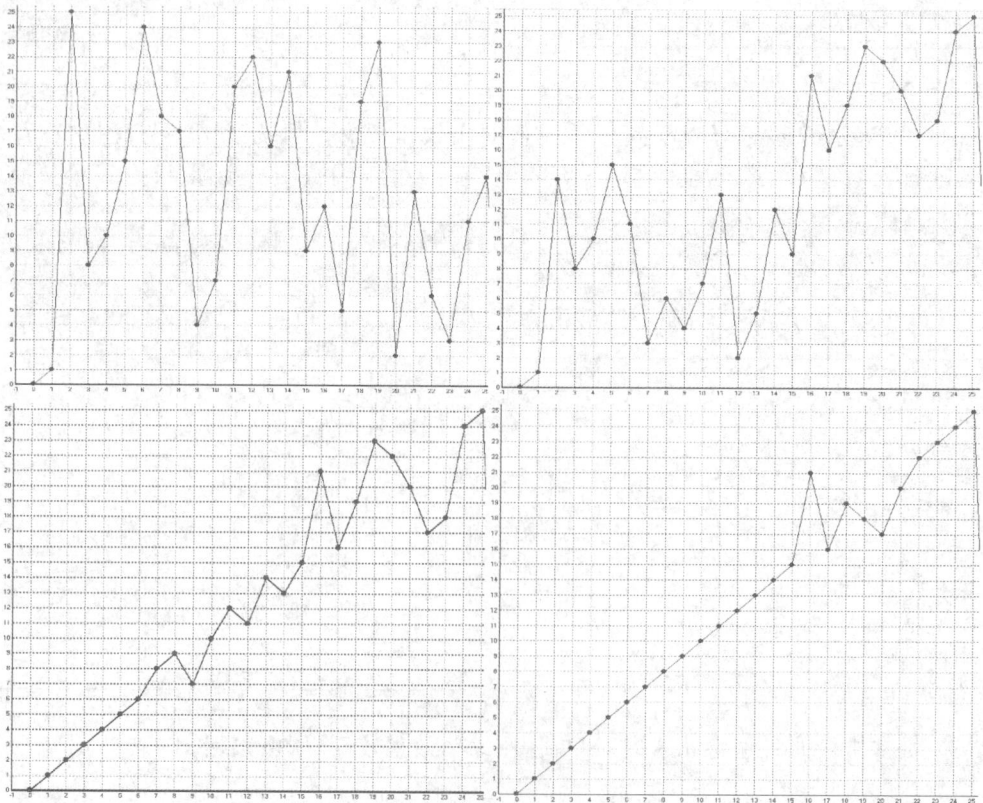

（5）堆排序初始建堆后，每次一个元素到位的同时，其他元素也向目标位置"靠拢"。

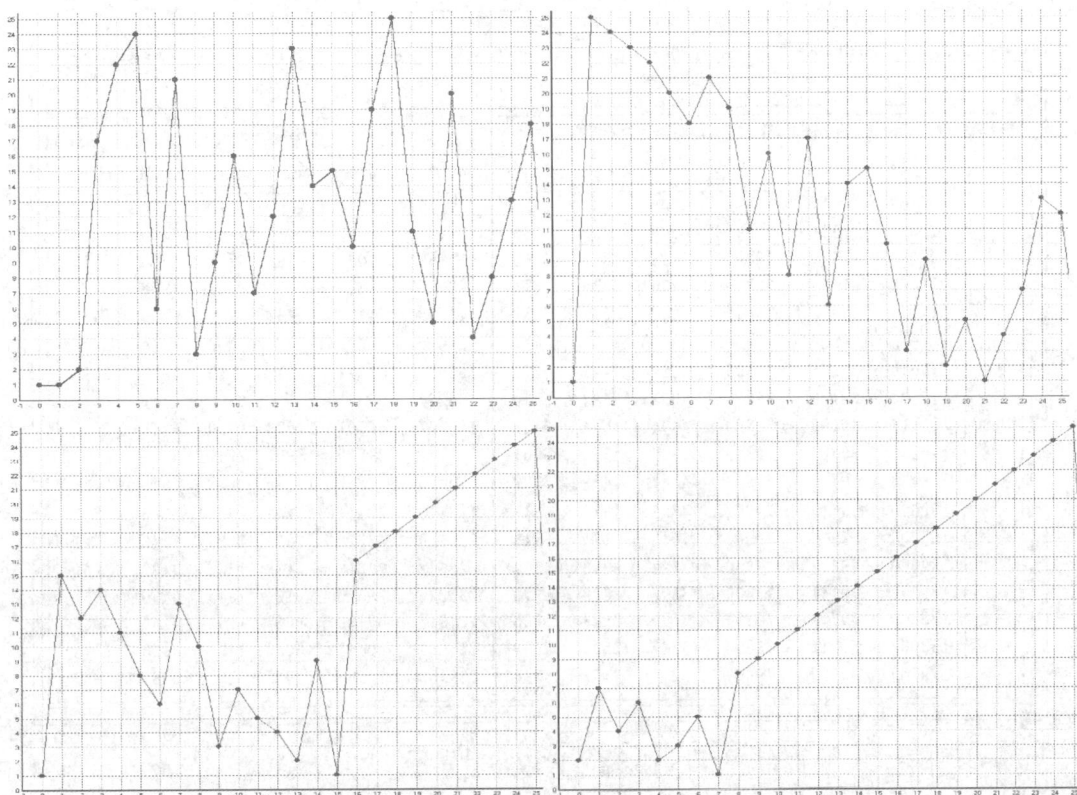

（6）插入排序不展示截图。

3. 将排序算法中的关键字比较、赋值（移动）和交换分别由 Less、Shift 和 Swap 3 个内部操作实现，较好地解决了排序算法的关键字比较次数和移动次数的统计问题。

4. 各种排序算法的时间和空间复杂度在教科书中已有讨论，实测的情况参见下图：测试结果。测试数据的生成和对测试的控制等算法则比较简单，主要工作是对数据的"打乱"。现在的打乱算法的优点在于可控制打乱程度，但也有不足：随着打乱程度的提高，有的元素反复交换，使得时间复杂度无谓增大。

```
***** ***** SortTest--1    Size(100~1000)--2    Groups(8~18)--3    Quit--q    **********
Command?1                  size = 400           groups = 18
```

Mix	comparisonCount						shiftCount					
	Bubbl	Inser	Selec	Quick	Shell	Heap	Bubbl	Inser	Selec	Quick	Shell	Heap
0	399	399	79800	3208	2698	5352	0	798	0	765	0	5417
1	27531	534	79800	3208	2800	5360	405	933	3	768	309	5426
2	42294	665	79800	3208	2894	5352	798	1064	6	771	588	5415
3	152418	1425	79800	3208	3358	5375	3078	1824	12	783	1998	5421
4	144438	4325	79800	3229	3679	5382	11778	4724	48	840	3000	5431
5	141645	13609	79800	3397	4165	5454	39630	14008	192	1203	4566	5495
6	140049	21376	79800	3629	4447	5579	62931	21775	381	1569	5643	5590
7	147630	32158	79800	4021	4582	5640	95277	32557	753	2199	6141	5638
8	152418	40108	79800	4404	4654	5701	119127	40507	1167	2790	6513	5712
−8	145236	39580	79800	4906	4646	5701	117543	39979	1185	2757	6417	5720
−7	156408	50410	79800	4844	4439	5782	150033	50809	1149	2658	5931	5782
−6	159600	59915	79800	4753	4582	5847	178548	60314	960	2694	6318	5847
−5	157206	67979	79800	4033	4171	5915	202740	68378	792	2223	5148	5911
−4	159600	76613	79800	3722	3948	5951	228642	77012	648	1734	4422	5941
−3	159600	79141	79800	3807	3619	5978	236226	79540	612	1515	3456	5961
−2	158802	79703	79800	3660	3529	5988	237912	80102	606	1701	3186	5965
−1	159600	80042	79800	3387	3509	5990	238929	80441	603	1494	3123	5978
−0	159600	80199	79800	3214	3496	5984	239400	80598	600	1362	3084	5967

5. 对各种表长和测试组数进行了测试,程序运行正常。分析实测得到的数值,6 种排序算法(快速排序采用"比中法")的特点小结如下:

测试	起泡排序	插入排序	选择排序	快速排序	希尔排序	堆排序
比较次数	最多 越乱(逆)越多	第三多 越乱(逆)越多	第二多 与乱否无关	少 乱否差异小	少 乱否差异小	稍多 乱否差异很小
移动次数	最多 越乱(逆)越多	第二多 越乱(逆)越多	最少 正或逆序少	第二少 乱否差异较小	约为快速排序 的两倍	稍多 乱否差异很小

第三篇　部分习题的解答或提示

概　　述

数据结构常常被认为是一门较难的课程,主要困难可能来自解答习题。

数据结构习题的要求和侧重,与先修课"C 语言程序设计"有很大的不同:C 语言程序设计侧重于通过编写不太复杂的程序来理解掌握语言的特性和语言的运用;而数据结构则侧重于解决问题的策略和方法,即研究算法。它不但要求给出问题的一种算法,还要求算法的时空效率高、算法结构清晰、可读性好以及容易验证等。对问题的数据表示和解法所采取的观点也大大提高了一步,通过定义数据结构及其上的操作以解决问题。这样,过去写的解决某个问题的程序,如果是用"就事论事"的策略写成的,在先修课程中可能是合格的,而现在解决同样的问题,过去的算法就不再合格了。这就是不少初学者总不能入门的原因所在。

数据结构课程教学中的一种常见现象:理解授课内容并不困难,但一接触习题,往往不是无从下手,就是解答中出错很多。实际上,在理解课程内容与能够较好地完成习题之间存在着明显的差距,而算法题完成的质量与基本的程序设计的素质培养是密切相关的。为了帮助读者更快地入门,引导读者高效益地进行时间和精力的投入,同时也考虑到部分习题过难,作者在这一部分中,对某些精心选择的习题作了完整的解答;对部分算法习题作了提示;对多数有确定答案的习题给出了答案。提示的方法又有多种,有些陈述解法的大体思想;有些给出解决这一类问题的一般模式;也有些只对易犯的错误做了提醒。前几章习题的解答相对详细一些,以便把初学者的思路引上正轨,而后几章的解答就少一些,提示也更笼统一些。

本书这一部分的使用得当与否,直接影响读者获益的程度。正确的用法是:首先研究原题,尽可能地往下做,待做完或做不下去时再看提示。如果解答或提示对读者有启发,则应考虑一下从中吸取到了什么,或自己的思路为什么没有纳入较好的思路轨道,以后应该如何改进思考方法和算法设计方法等。如果总是想着这一部分中有"救命稻草",就不能深入独立思考,水平就提高不快。切忌还未认真理解和思考原题,就先翻阅本部分的解答和提示。更不认可到网上或某些"习题全解"直接获得答案或代码。应逐渐进步到能够自主完成中等难度的题目。

能力较强的读者应该努力培养自己的"挑战意识",努力写出比这里给出或提示的方法更好的算法,即使不能频频得手,也要坚持下去。

AnyviewC 是一个 2000 年前后业余编写的非商业教学试用软件,在广东工业大学等院校的数据结构、C 程序设计和离散数学等课程使用多年,尚不完善。但是,教科书的大多数数据结构和算法基本都能运行,且具有较好的可视交互跟踪观察和调试功能。AnyviewC 为本题集大部分算法设计题提供了自动测评。建议读者除了用其可视交互跟踪观察教科书算法运行外,尝试对算法进行修改、扩充并编写测试程序,以更深入地理解和探讨,也欢迎在其上完成算法设计题的调试运行和提交测评。

第 1 章

单项选择题答案

1. A   2. D   3. B   4. D   5. D   6. B   7. D   8. C   9. A   10. D
11. B   12. D   13. D   14. A   15. C   16. C   17. C   18. D   19. A   20. A
21. B   22. C   23. B

解答题解析或提示（部分）

2. 简单地说，数据结构定义了一组按某些关系结合在一起的数组元素。数据类型不仅定义了一组带结构的数据元素，而且还在其上定义了一组操作。

7. 在正规的软件设计中，要求各模块之间以恰当的方式进行调用，以便使各模块中出现的错误局部化。

8. 注意：(1)、(2)和(3)三个程序段中任何两段都不等效；

程序段(8)取自著名的 McCarthy91 函数

$$M(x) = \begin{cases} x - 10, & x > 100 \\ M(M(x+1)), & x \leqslant 100 \end{cases}$$

对任何 $x \leqslant 100, M(x) = 91$。此程序实质上是一个双重循环，对每个 $y(>0)$ 值，@语句执行 11 次，其中 10 次是执行 $x++$。

10. (1) 函数要点见注释。

```
void f1(int n){
    int i=1,s=1;
    while (s<=n) {    //注意：循环控制变量是 s，步长为 i，而不是 1
        i++;
        s=s+i;
        printf("*");
    }
}
```

根据方程式 $s_i = s_{i-1} + i$ 来定义 s。每次迭代时，变量 i 的值加 1。在第 i 次迭代时，s 的值是 i 的累加和。如果 k 是函数迭代的总次数，那么当循环终止时应该满足的条件是

$$1 + 2 + \cdots + k = \frac{k(k+1)}{2} > nk = O(\sqrt{n})$$

(2)

```
void f2(int n) {
    int i, count=0;
    for (i=1; i*i<=n; i++)    //i 虽每次增 1，但以平方值与 n 比较
        count++;
}
```

分析函数代码，如果 $i^2 \leqslant n \Rightarrow T(n) = O(\sqrt{n})$，则上述函数中的循环将终止。理由与题(1)相同。

(3) 分析要点见注释。

```
void f3(int n) {
    int i,j,k,count=0;
    for (i=n/2; i<=n; i++)          //外层循环执行 n/2 次
        for (j=1; j+n/2<=n; j++)    //中层循环执行 n/2 次
            for (k=1; k<=n; k*=2)   //内层循环执行 log(n) 次
                count++;
}
```

函数的时间复杂度是 $O(n^2 \log n)$。

（4）分析要点见注释。

```
void f4(int n) {
    int i,j,k,count=0;
    for (i=n/2; i<=n; i++)          //外层循环执行 n/2 次
        for (j=1; j<=n; j*=2)       //中层循环执行 log(n) 次
            for (k=1; k<=n; k*=2)   //内层循环执行 log(n) 次
                count++;
}
```

函数的时间复杂度是 $O(n \log^2 n)$。

（5）分析结果以注释加在函数中。

```
void f5(int n) {
    if (n==1) return;                   //常数时间
    for (int i=1; i<=n; i++) {          //外层函数执行 n 次
        for (int j=1; j<=n; j++) {      //内层循环只执行一次,break 直接退出
            printf(" * \n");
            break;
        }
    }
}
```

函数的时间复杂度为 $O(n)$。尽管内层循环的迭代上界是 n，但 **break** 语句使得内层的循环只执行 1 次。

（6）

```
void f6(int n) {
    int k=1;
    while (k<n)
        k*=3;           //3 倍增
}
```

当 $k \geqslant n$ 时，**while** 循环结束。每次迭代中，k 的值变为原来的 3 倍。在 i 次迭代后 k 的值为 3^i。循环终止条件是 $3^i \geqslant n \Leftrightarrow i \geqslant \log_3 n$，所以 i 是 $\Omega(\log n)$ 的。

（7）分析结果见注释。

```
void f7(int n) {
    int count=1;                    //常数时间
    do {
        for (int i=0; i<n; i++)     //循环执行 n 次
            count++;
```

```
        f16(n/2);                      //递归调用,参数值为 n/2
        f16(n/2);                      //递归调用,参数值为 n/2
    }
}
```

函数的递归公式为 $T(n)=2T\left(\dfrac{n}{2}\right)+1$。根据主定理,可求得 $T(n)=O(n)$。

12. 各函数的排列次序如下:

$(2/3)^n$,2^{100},$\log_2(\log_2 n)$,$\log_2 n$,$(\log_2 n)^2$,$\sqrt{n}$,$n^{2/3}$,$n/\log_2 n$,n,$n\log_2 n$,$n^{3/2}$,$(4/3)^n$,$(3/2)^n$,$n^{\log_2 n}$,$n!$,n^n。

13. 结论是第一个算法较适宜。由此可见,虽然一般情况下多项式阶的算法优于指数阶的算法,但高次多项式的算法在 n 的很大范围内不如某些指数阶的算法。

14. (2) 错   (4) 对

15. 大约在 $n>450$ 时,函数 n^2 的值才大于函数 $50n\log_2 n$ 的值。

算法设计题提示或参考答案(部分)

1. 假设我们仍依 X、Y 和 Z 的次序输入这 3 个大小随机的整数,则此题的目标是做到 $X{\geqslant}Y{\geqslant}Z$。在算法中应考虑对这 3 个元素做尽可能少的比较和移动,如下述算法在最坏的情况下只需进行 3 次比较和 7 次移动。

```
void Descending() {
    int x, y, z, temp;
    scanf("%d %d %d", &x, &y, &z);
    if (x<y) { temp=x;   x=y;   y=temp; }        //使 x⩾y
    if (y<z) {
        temp=z;   z=y;                            //使 temp>z(z 已最小)
        if (x>=temp) y=temp;
        else  { y=x;   x=temp; }
    }
    printf(x, y, z);
}
```

2. 数组区间覆盖可分为 7 种情况,详见注释。参考代码如下,其中 S+si < T+tj 是比较 S[si] 和 T[tj] 的内存地址。连续若干元素的移动和覆盖是后序章节中顺序存储结构的常见操作。

```
int Cover(int * S, int * T, int sn, int tn, int si, int tj, int k) {
    //分 7 种情况处理数组区间覆盖
    int kind=1, i;                             //kind 初值为 1:正常情况,k 个元素覆盖
    if (si<0||si>=sn||tj<0||tj>=tn||k<=0) return 0;    //返回 0,无元素覆盖
    if (si+k>sn) { kind=2;  k=sn-si; }         //2:从 si 起不足 k 个元素,有多少取多少
    if (tj+k>tn) { kind=3;  k=tn-tj; }         //3:T 从 tj 起不足 k 个位置,覆盖到末尾
    if (S+si < T+tj) kind = -kind;             //是向后覆盖,则 kind 变为负值
    if (kind>0) for (i=0; i<k; i++) T[i+tj] = S[i+si];   //实施向前覆盖
    else  for (i=k-1; i>=0; i--) T[i+tj] = S[i+si];      //实施向后覆盖
    return kind;                               //返回实际情况种类:1、2、3、-1、-2 或 -3
}
```

3. 在编写此题的函数的过程中，应根据参量 m 和 k 区分下列 4 种情况：① $m<0$；② $0 \leqslant m < k-1$；③ $m = k-1$；④ $m \geqslant k$。其次，在计算 $m \geqslant k$ 的 f_m 值时，可先对计算公式做数学处理，将 f_{i+1} 表示为 f_i 和 f_{i-k} 的简单函数。最后考虑计算 f_n 所需的辅助空间。

4. 设置此题目的在于复习结构型变量的使用方法，在此题中可设

```
typedef enum {A, B, C, D, E} SchoolName;
typedef enum {FEMALE, MALE} SexType;
typedef struct {
    char event[3];              //项目名称
    SexType sex;                //性别
    SchoolName school;          //校名
    int score;                  //得分
} Component;
typedef struct{
    int malesum;                //男团总分
    int femalesum;              //女团总分
    int totalsum;               //团体总分
} Sum;
Component report[n];            //常量 n 是项目总数
Sum result[5];                  //5 所学校
```

算法过程体中的主要结构：

```
for (i=0; i<n; i++) {
    对 result[report[i].school] 进行处理；
}
for (s=A; s <= E; s++)          //输出各校成绩
    printf(…);
```

5. 注意 MAXINT 为计算机中允许出现的整数最大值，则在过程体中不能以计算所得结果大于 MAXINT 作为判断出错的依据。

6. 注意计算过程中，不要对多项式中的每一项独立计算 x 的幂。

<h1 style="text-align:center">第 2 章</h1>

单项选择题答案

1. B   2. C   3. D   4. A   5. B   6. B   7. C   8. B   9. C   10. C
11. B   12. C   13. B   14. D   15. A   16. D   17. B   18. A   19. A   20. D
21. C   22. D   23. D

解答题解析或提示（部分）

1. 首元结点是指链表中存储线性表中第一个数据元素 a_1 的结点。为了操作方便，通常在链表的首元结点之前附设一个结点，称为头结点，该结点的数据域中不存储线性表的数据元素，其作用是为了对链表进行操作时，可以对空表、非空表的情况以及对首元结点进行统一处理。头指针是指向链表中第一个结点（或为头结点或为首元结点）的指针。若链表中附设头结点，则不管线性表是否为空表，头指针均不为空，否则表示空表的链表的头指针为空。这 3 个概念对单链表、双向链表和循环链表均适用。是否设置头结点，是不同的存储结构表示同一逻辑结构的问题。

2. (1) 表中一半,表长和该元素在表中的位置。

(2) 必定,不一定。

(3) 其直接前驱结点的链域的值。

(4) 插入和删除首元素时不必进行特殊处理。

6. b. (7) (11) (8) (4) (1)   c. (5) (12)

7. c. (10) (12) (7) (3) (14)   e. (9) (11) (3) (14)

9. (1) 如果 L 的长度不小于 2,则将首元结点删除并插入表尾。

10. (1) 问题:参数 head 是局部变量,修改它不会影响外部传入的头指针。

改正:使用双指针传递头指针地址。参考代码如下:

```
void Insert_head(LNode ** head, ElemType data) { //插入元素 e
  LNode * new_node;
  if (!(new_node = (LNode *)malloc(sizeof(LNode)))) exit(OVERFLOW);
  new_node->data = data;
  new_node->next = * head;
  * head = new_node;                       //修改外部头指针
}
```

(2) 问题:直接访问 curr->next 前未检查 curr 是否为空。

改正:先检查当前结点有效性。参考代码如下:

```
void Print_list(LNode * head) {        //显示链表所有元素
  LNode * curr = head;
  while (curr != NULL) {               //确保 curr 非空
    printf("%d ", curr->data);
    curr = curr->next;
  }
}
```

(3) 问题:找到结点后未调用 free 释放内存。

改正:在函数末增加一行"free(curr);",释放已删除结点的内存。

(4) 问题:未处理链表长度为 0 或 1 的情况。

改正:分情况处理边界条件。参考代码如下:

```
void Delete_tail(LNode ** head) {  //删除尾结点
  if (* head == NULL) return;        //空链表
  if ((* head)->next == NULL) {      //仅一个结点
    free(* head);
    * head = NULL;
    return;
  }
  LNode * curr;
  curr = * head;
  while (curr->next->next != NULL)
    curr = curr->next;
  free(curr->next);
  curr->next = NULL;
}
```

（5）问题：释放 head 后访问 head->next 导致未定义行为。

改正：先保存下一结点再释放。参考代码如下：

```
void Delete_all(LNode ** head) {            //删除链表所有结点
    LNode * curr;
    curr = * head;
    while (curr != NULL) {
        LNode * temp = curr;
        curr = curr->next;
        free(temp);
    }
    * head = NULL;                          //避免野指针
}
```

算法设计题提示或参考答案（部分）

1. 错误有两处：

（1）参数不合法的判别条件不完整。合法的入口参数条件为

```
(0<i<=L->len) ∧ (0<=k<=L->len-i)
```

（2）第二个 **for** 语句中，元素前移的次序错误。

低效之处是逐次删除一个元素的策略。

2. 此题的算法思想：

（1）查找 x 在顺序表 L->elem[L->len]中的插入位置，即求满足 L->elem[i]≤x<
L->elem[i+1]的 i 值（i 的初值为 L->len−1）。

（2）将顺序表中的 L->len−i−1 个元素 L->elem[i+1..L->len−1]后移一个位置。

（3）将 x 插入 L->elem [i+1]中且将表长 L->len 增 1。

上述算法正确执行的参数条件为 0 <=L->len < L->size。

参考算法如下：

```
Status InsertOrderList(SqList L,ElemType x) {
    //顺序表 a 中的元素依值递增有序,本算法将 x 插入其中适当位置
    //以保持其有序性。入口断言:0≤L->len<L->size
    if (L->len==L->size) return OVERFLOW;  //或扩容,参见教科书算法 2.4
    else {
        int i = L->len-1;
        while (i >= 0 && x < L->elem[i]) i--;  //查找 x 的插入位置
        //i<0 || x≥L->elem[i]
        for (int j=L->len-1; j>=i+1; j--)
          L->elem[j+1] = L->elem[j];         //元素后移(为 x 腾出位置)
        L->elem[i+1] = x;                     //插入 x
        L->len++;                             //表长加 1
        return OK;
    }
}
```

注：

（1）算法中设置的断言表明以下程序代码正确执行时所要求满足的参数条件，或表明
以上程序代码执行后所达到的变量状态。

（2）在 while 循环中,条件与 && 采用 C 语言的定义,其作用是避免当 i<0 时发生数组 a->elem 越界的错误。

（3）注意上述算法在 a->len==0 时也能正确执行。

（4）可以将上述算法中元素后移的动作并入查找的 while 循环中一起完成,即删除上述算法中的 for 循环语句,且将 while 循环语句改为下列形式:

```
while (i >= 0 && x < L->elem[i])
     { L->elem[i+1] = L->elem[i];   i--; }
```

3. 用同一个下标变量控制两个线性表。注意算法对空表也应能正确执行。

4. 设两个升序顺序表分别为 L1 和 L2。算法设计要点:

（1）分别确定 L1 和 L2 的中位数 m1,m2。

（2）若 m1=m2,则为所求的共同中位数,结束。

（3）若 m1<m2,则舍弃 L1 中较小的一半和 L2 中较大的一半。

（4）若 m1>m2,则舍弃 L1 中较大的一半和 L2 中较小的一半。

（5）对剩下两个升序顺序表重复步骤（2）、（3）、（4）,直至步骤（2）满足。

时间复杂度可以是 $O(\log n)$,空间复杂度是 $O(1)$。

6. 算法要点:

（1）p 和 q 指向表头。

（2）p 先走 k 步。

（3）相距 k 的 p 和 q 一起走,直到 p 走出表尾。

（4）q 指向倒数第 k 个结点。

指针 p 扫描了整个链表,故时间复杂度是 $O(n)$,空间复杂度是 $O(1)$。

8. 根据给定的两个链表的长度选择较短的链表并找到其尾结点。注意释放较长链表的头结点。

9. 注意此题中的条件是,采用的存储结构（单链表）中无头结点,因此在写算法时,特别要注意空表和第一个结点的处理。算法中尚有其他类型的错误,如结点的计数,修改指针的次序等。此题的参考算法如下:

```
Status DeleteAndInsertSub(LinkList la, LinkList lb, int i, int j, int len) {
    //la 和 lb 分别指向两个单链表中第一个结点,本算法是从 la 表中删除自第 i 个元素起共 len
    //个元素,并将它们插入 lb 表中第 j 个元素之前,若 lb 表中只有 j-1 个元素,则插在表尾
    //入口断言:(i>0) ∧ (j>0) ∧ (len>0)
    if (!la || !lb || i<0 || j<0 || len<0) return INFEASIBLE;
    int k=1;
    LNode * p=la->next, * prev=NULL;   //p 指向 la 的第一个元素结点
    while (p && k<i)                   //在 la 表中查找第 i 个结点
        { prev=p;   p=p->next;   k++; }
    if (!p) return INFEASIBLE;
    LNode * q=p;   k=1;                //p 指向 la 表中第 i 个结点
    while (q && k<len)
        { q=q->next;   k++; }          //查找 la 表中第 i+len-1 个结点
    if (!q) return INFEASIBLE;
    if (!prev) la=q->next;             //i=1 的情况
    else prev->next=q->next;           //完成删除
```

```
                              //将从 la 中删除的结点插入 lb 中
    if (j==1) { q->next=lb;    lb=p; }
    else {                                //j≥2
        LNode * s=lb;    k=1;             //s 指向 lb 的头结点
        while (s->next && k<j)            //查找 lb 表中第 j-1 个元素,或者 s 指向 lb 的表尾
            { s=s->next;    k++; }
        q->next=s->next;    s->next=p;        //完成插入
    }
    return OK;
}
```

10 和 11. 参见第 9 题,注意涉及空表和首元结点的操作。

12. 合法的入口条件只要求线性表不空。若 mink>maxk,则表明待删元素集为空集。注意题中要求的"高效"算法指的是,应利用"元素以值递增有序排列"的已知条件,被删元素集必定是线性表中连续的一个元素序列。则在找到第一个被删元素时,应保存指向其前驱结点的指针。注意在删除结点的同时注意释放它的空间。

14. 设辅助数组,对出现的正整数打标记。参考代码如下,要点可参阅注释。

```
int FirstMissingPositiveInt(SqList L) {
    ElemType * t;    int i;
    t = (ElemType *) calloc(L->len+1, sizeof(ElemType));        //分配辅助数组
    for (i = 0; i < L->len; i++)                                //扫描全表元素
        if (L->elem[i]>0 && L->elem[i]<=L->len)//若是正整数且小于表长
            t[L->elem[i]] = 1;                         //则值为下标在辅助数组打"出现"标记
    for (i=1; i<=L->len; i++)                                   //扫描辅助数组
        if (t[i]==0) break;                                //一旦无标记则终止循环
    free(t);    return i;            //返回未出现的正整数 i(若大于表长,则全是"最小正整数")
}
```

算法的时间复杂度为 $O(n)$,空间复杂度为 $O(n)$。

16. 扫描以辅助变量记住重复出现元素并计数,但遇不同元素的计数减一。算法参考代码如下,要点可参阅注释。

```
int FindMajorElem(SqList L, int n) {    //求长度为 n 的 L 的主元素,假设元素均≥0
    int i, maj=L->elem[0], count=1;    //maj 辅助查找主元素,保存当前"可能"主元素
    for (i=1; i<L->len; i++) {
        if (L->elem[i]==maj) count++;          //若重复出现,则加 1
        else if (count>0) count--;             //否则若出现过,则减 1
        else { maj = L->elem[i];    count = 1; }//否则改为记住当前元素
    }
    if (count>0)                    //若 count>0,则 maj 是"局部过半",是主元素唯一候选
        for (i=0, count=0; i< L->len; i++)     //重新统计 maj 出现次数
            if (L->elem[i]==maj) count++;
    if (count > L->len/2) return maj;          //若 maj 出现次数过半,则是主元素
    return -1;
}
```

算法的时间复杂度为 $O(n)$,空间复杂度为 $O(1)$。

17. 以单链表作存储结构进行就地逆置的正确做法应该是:将原链表中的头结点和第一个元素结点断开(令其指针域为空),先构成一个新的空表,然后将原链表中各结点,从第

一个结点起,依次插入这个新表的头部(即令每个插入的结点成为新的第一个元素的结点)。

18. 扫描链表,分拆为奇号结点和偶号结点两个链表(其中偶号结点链表是逆置的),再将已逆置的偶号结点链表接到奇数链表末尾。时间复杂度为 $O(n)$,空间复杂度为 $O(1)$。

```
void Reverse2(LinkList L) {
    LNode * p1, * p2, * q1, * L2;
    if (!(q1 = L) || !(p1 = L->next)) return;
                                            // * q1 和 * p1 分别是头结点和第一个元素结点
    if (!(p2 = p1->next)) return;           //p2 指向第二个元素结点
    L2 = NULL;                              //偶号结点链表 L2 初始为空
    while (p1 && p2) {                      //p1 和 p2 分别扫描奇号和偶号结点
        q1->next = p1;   q1 = p1;   p1 = p2->next;      // * p1 插入奇号链表末尾
        p2->next = L2;   L2 = p2;   if (p1) p2 = p1->next;  // * p2 插入偶号链表表首
    }                                       //注意:在表首插入即逆置
    if (p1) { q1->next = p1;   q1 = p1; }   //若 p1 不空,则 * p1 接入奇号链表表尾
    q1->next = L2;                          //将偶号链表接到奇号链表表尾
}
```

19. 假设以表 A 的头结点作为表 C 的头结点,则自 a_1 和 b_1 起,交替将表 A 和表 B 中的结点链接到表 C 上。假设指针 pc 指向新的表 C 中当前最后一个结点,pa 和 pb 分别指向表 A 和表 B 中当前尚未链接到表 C 去的(剩余部分)第一个结点,则 pc->next 域或者指向 pa 所指结点,或者指向 pb 所指结点,使每次循环在表 C 中只增加 1 个结点。注意循环进行的条件是什么? 跳出循环后还应进行什么操作? 还应注意最后释放表 B 的头结点。

20. 参考算法如下。时间复杂度是 $O(\max\{m,n\})$,m 和 n 分别是两个链表的长度,空间复杂度为 $O(1)$。

```
LNode * FindIntersectingNode(LinkList L1, LinkList L2) {
    int diff=0;
    LNode * p1, * p2;                           //将分别扫描 L1 和 L2
    int len1=length(L1);                        //花 O(m) 时间求 L1 表长
    int len2=length(L2);                        //花 O(n) 时间求 L2 表长
    for (p1=L1; len1>len2; len1--) p1=p1->next; //两个 for 循环的实际效果
    for (p2=L2; len1<len2; len2--) p2=p2->next; //让扫描较长表的指针先走过长度差
    while (p1->next!=NULL && p1->next!=p2->next) //P1 和 p2 继续扫描到相遇
        { p1=p1->next;   p2=p2->next; }
    return p1->next;                            //返回交点指针
}
```

21. 对两个或两个以上,结点按元素值递增/减排列的单链表进行操作时,应采用"指针平行移动、一次扫描完成"的策略。

26 和 27. 实现这两题操作不应先分别删除表 A 和表 B 中多余的值相同的元素,应同样采用和第 21 题相同的策略,只要进一步考虑,和表 B 中结点值相同的表 A 的结点值,是否和表 C 中当前最后一个结点的值相同。

28 和 29. 这两题相当于做多重集的集合运算 $A=A-(B\bigcap C)$("$-$"表示求集合差的运算:$X-Y=X\bigcap \sim Y$)。

32. 先设置 3 个空的循环链表,然后将单链表中的结点分别插入这 3 个链表。注意 3 个结果表的头指针在参数表中应设置为变参。

34. 设指针 p 指向当前结点，left 指向它的左邻结点，right 指向它的右邻结点，则有

$$right == left \oplus p\text{->}LRPtr \quad 和 \quad left == p\text{->}LRPtr \oplus right$$

一般而言，设指针 r 的初值为 NULL。若从左到右遍历，则 p 的初值为链表的左端指针 L->Left；若从右到左遍历，p 的初值为链表的右端指针 L->Right。访问 p 结点后，下一个结点的指针

$$q = r \oplus p\text{->}LRPtr \quad 或 \quad q = p\text{->}LRPtr \oplus r$$

39. 只存储 c_i 和 $e_i (i=1,2,\cdots,m)$，则无论顺序结构或链表结构，都符合题目的要求。

注意算法时间复杂度应是 $O(e_m)$，而不是 $O\left(\sum_{i=1}^{m} e_i\right)$。

42. 和第 32 题类似。此题只拆成两个表，可只分配一个偶次项链表的头结点，将所有偶次项结点从原表中删除并插入新链表中，然后构成循环链表，最后返回偶次项多项式。以下是参考代码。时间复杂度为 $O(n)$，n 为多项式项数，空间复杂度为 $O(1)$。

```
typedef struct PolyNode {
    int coef;                        //系数
    int exp;                         //指数
    struct PolyNode * next;
} PolyNode, * LinkedPoly;            //项结点类型,多项式指针类型
LinkedPoly Demerge(LinkedPoly poly){          //从多项式 poly 拆分出并返回偶次项多项式
    LinkedPoly poly2;
    PolyNode * p2, * q = poly->next, * p = poly;
    if (!(poly2 = p2 = (PolyNode * )malloc(sizeof(PolyNode))))     //偶次项多项式头结点
        exit(OVERFLOW);
    while (q != poly) {                       //扫描多项式(循环链表)
        if ((q->exp %2) == 0) { p2->next = q;   p2 = q; }         //插入偶次项多项式
        else { p->next = q;    p = q; }        //插入奇次项多项式
        q = q->next;
    }
    p->next = poly;   p2->next = poly2;       //末项指回头结点(构成循环链表)
    return poly2;                             //返回分拆的偶次项多项式
}
```

第 3 章

单项选择题答案

1. B   2. B   3. C   4. A   5. D   6. B   7. A   8. B   9. C   10. A

11. D   12. C   13. A   14. D   15. B   16. D   17. A   18. C   19. D   20. A

21. C   22. C   23. D

解答题解析或提示(部分)

1. (1) $123,132,213,231,321$。

(2) 可以得到 135426，不可能得到 435612，因为'4356' 出栈说明 12 已在栈中，则 1 不可能在 2 之前出栈。

3. 输出结果：stack。

4. (2) 利用栈 T 辅助将栈 S 中所有值为 e 的数据元素删除。

5. 判别给定序列 T 是否合法的充分必要条件是

$$[N_{sl}(T)+N_{xl}(T)=l] \wedge [N_{sl}(T)=N_{xl}(T)] \wedge (\forall i)(1\leqslant i\leqslant l \rightarrow N_{si}(T)\geqslant N_{xi}(T))$$

其中，$N_{si}(T)$ 表示序列 T 中前 i 个字符构成的子序列中'S'的数目；$N_{xi}(T)$ 表示序列 T 中前 i 个字符构成的子序列中'X'的数目；l 为序列的长度。

6. 可用反证法证明。

7. 见下表。

序号	OPTR 栈	OPND 栈	当前字符												备注（操作）
			A	—	B	*	C	/	D	+	E	^	F	#	
1	#		·												Push(OPND,'A')
2	#	A		·											Push(OPTR,'—')
3	#—	A			·										Push(OPND,'B')
4	#—	AB				·									Push(OPTR,'*')
5	#—*	AB					·								Push(OPND,'C')
6	#—*	ABC						·							归约，令 $T_1=B*C$
7	#—	AT_1						·							Push(OPTR,'/')
8	#—	AT_1							·						Push(OPND,'D')
9	#—/	AT_1D								·					归约，令 $T_2=T_1/D$
10	#—/	AT_2								·					归约，令 $T_3=A-T_2$
11	#	T_2								·					Push(OPTR,'+')
12	#+	T_3									·				Push(OPND,'E')
13	#+	T_3E										·			Push(OPTR,'↑')
14	#+↑	T_3E											·		Push(OPND,'F')
15	#+↑	T_3EF												·	归约，令 $T_4=E↑F$
16	#+	T_3T_4												·	归约，令 $T_5=T_3+T_4$
17	#	T_5												·	**return**(T_5)

8. 设至少要执行 $M(n)$ 次 move 操作，则

$$M(n)=\begin{cases} 1, & n=1 \\ 2M(n-1)+1, & n>1 \end{cases}$$

解此差分方程可求得解为 $M(n)=2^n-1$。

9. 该递推过程可改写为下列递归过程：

```
void digui(int j) {
    if (j>1) {
        printf(" %d", j);
        digui(j-1);
    }
}
```

由于该递归过程中的递归调用语句出现在过程结束之前,俗称"尾递归",因此可以不设栈,而通过直接改变过程中的参数值,利用循环结构代替递归调用。

10. 该递归过程不能改写成一个简单的递推形式的过程,从它的执行过程可见,其输出的顺序恰好和输入相逆,则必须用一个辅助结构保存其输入值,然后逆向取之,显然用栈最为恰当。结果是函数返回值,已无需递归函数用以递归调用传递值的参数 sum。

```
int test() {
    int sum, x;   scanf("%d", &x);
    Stack S;   S = InitStack();
    while (x) { Push(S,x);   scanf("%d", &x); }
    sum=0;   printf(" %d", sum);
    while ((x=Pop(S,))!=nullE) { sum += x;   printf(" %d", sum); }
    FreeStack(S);
    return sum;
}
```

12. 该程序段的输出结果:char。

13. 算法的功能:利用"栈"作辅助,将"队列"中的数据元素进行逆置。

14. (1) 4,1,3,2;　　　(2) 4,2,1,3;　　　(3) 4,2,3,1。

算法设计题提示或参考答案(部分)

1. 注意在入栈和出栈的算法中,i(=0 或 1)作为值参出现,因此在算法中应分清两种情况。注意避免易犯的错误,如

```
if (top[0]+top[1]==m) return OVERFLOW;
else { top[i] = top[i]+1;  … }
```

2. 注意两侧的铁道均为单向行驶道,且两侧不相通。所有车辆都必须通过"栈道"进行调度。

3. 在写算法之前,应先分析清楚不符合给定模式的几种情况。注意题中给出的条件:模式串中应含字符'&',则不含字符'&'的字符序列与模式串也不匹配。

4. 由于表达式中只含一种括号,只有两种错误情况,即在没有左括号的情况下,出现右括号或者整个表达式中的左括号数目多于右括号。因此只需要附设一个计数器,记录已经出现的,且尚未有右括号与之配对的左括号的个数。

5. 和第 4 题不同,这是一个需要借助栈来处理的典型问题,它具有天然的后进先出特性。可按"期待匹配消解"的思想来设计算法,对表达式中每个左括号都"期待"一个相应的右括号与之匹配,且自左至右按表达式中出现的先后论,越迟的左括号期待匹配的渴望程度越高。反之,不是期待出现的右括号则是非法的。

7. 注意所有的变量在逆波兰式中出现的先后顺序和在原表达式中出现的相同,因此只需要设立一个"栈",根据操作符的"优先数"调整它们在逆波兰式中出现的顺序。

9. 若以顺序表表示后缀表达式,即以每个分量为一个字符的一维数组存储表达式,则设一个数据元素为字符串的栈,以存放在分析后缀表达式过程中得到的子前缀表达式;若以单链表(每个结点的数据域存放一个字符)表示表达式,则每个栈元素为指示构成子前缀表达式的第一个结点和最后一个结点的一对指针。在以顺序表表示表达式时,也可以设一个数据元素为字符的栈,则在转换过程中得到的子表达式可表示为栈中的一个字符序列,并在

两个子表达式之间加一分隔符。顺序扫描表达式,若当前字符是变量,则该字符就是一个子前缀表达式;若当前字符是运算符 O,则它和栈顶元素 S_2、次栈顶元素 S_1 构成一个新的子前缀表达式(OS_1S_2)。子前缀表达式可用 C 语言中的串表示。正确性的判断可在转换过程中进行。

13. (1) 递归算法如下:

```
int akm(int m, int n) {
    int akmV,v;
    if (m==0) akmV = n+1;
    else if (n==0)
        akmV = akm(m-1,1);
    else {
        v = akm(m,n-1);
        akmV = akm(m-1,v);
    }
    return akmV;
}
```

(2) 非递归算法如下:

```
int akm1(int m, int n) {        //S[MAX]为附设栈,top 为栈顶指针
    top=0;    S[top].mval=m;    S[top].nval=n;
    do {
        while (S[top].mval) {
            while (S[top].nval) {
                top++;   S[top].mval=S[top-1].mval;
                S[top].nval=S[top-1].nval-1;
            }
            S[top].mval--;   S[top].nval=1;
        }
        if (top>0) {
            top--;
            S[top].mval--;
            S[top].nval=S[top+1].nval+1;
        }
    } while (top!=0 || S[top].mval!=0);
    akm1=S[top].nval+1;   top--;
}
```

14. 此题注意出队列操作在队列中只有一个元素时的特殊情形需单独处理。

15. 标志位 tag 的初值置 0。一旦元素入队列使 rear==front 时,需置 tag 为 1;反之,一旦元素出队列使 front==rear 时,需置 tag 为 0,以便使下一次进行入队列或出队列操作时(此时 front==rear),可由标志位 tag 的值来区别队列当时的状态是"满",还是"空"。

16. 设 head 指示循环队列中队头元素的位置,则有

```
head = ((Q->rear+Q->size) - Q->length+1) %Q->size
```

其中,Q->size 为队列可用的最大空间。

17. 由于依次输入的字符序列中不含特殊的分隔符,则在判别是不是"回文"时,一种比

较合适的做法是,同时利用"栈"和"队列"两种结构。

18. 由于循环队列中只有 k 个元素空间,则在计算 $f_i (i \geqslant k)$ 时,队列总是处在头尾相接的状态,故仅需一个指针 rear 指示当前队尾的位置。每次求得一个 f_i 之后即送入 $(rear+1) \% k$ 的位置上,冲掉原队头元素。若将题目条件减弱为允许含 $k+1$ 个分量的数组,则在计算时可利用简化公式。

第 4 章

单项选择题答案

1. B　2. A　3. B　4. D　5. D　6. C　7. C　8. B　9. A　10. B
11. D　12. C　13. C　14. A　15. D　16. D　17. B　18. A　19. C　20. B

解答题解析或提示(部分)

2. 所述操作中的前 5 种都不能由其他基本操作构造而得。如教科书 4.1 节所述,可由 StrLen、StrSub 和 StrCmp 实现 Index,Replace 也可由 StrLen、StrNew、StrConcat、StrSub 和 Index 等实现,采用短串的参考算法如下所示:

```
void Renew(SStr * S, SStr T)                    //对 S 先回收,再赋予 T,避免内存泄漏
  { SStr old = * S;    SStrFree(old);    * S = T; }
SStr Replace(SStr s, SStr t, SStr v){           //用 v 替换 s 中所有 t
  int k=Index(s,t,1);
  if (k) {
    SStr temp = SStrNew("");                     //temp 为置换后得到的新串
    int n=SStrLen(t);
    while (k) {                //每次先取 s 中 t 出现之前部分和 v 连接,并连接到 temp
      Renew(&temp, SStrConcat(temp, SStrConcat(SStrSub(s, 1, k-1), v)));
      if (SStrRange(s, k+n, s[0])==ERROR)        //s 为置换后的剩余串,若失败,则
        s=SStrFree(s);                           //s 被回收并置为 NULL
      k = Index(s, t, 1);                        //为 t 串做下一个定位
    }
    if (s==NULL) s = temp;                       //若 s 已无剩余,则被赋予 temp
    else Renew(&s, SStrConcat(temp, s));         //否则 temp 接上剩余的 s 赋给 s
  }
  return s;                                      //返回完成替换的串 s
}
```

3. 14,4,"STUDENT","O",3,0,"I AM A WORKER","A GOOD STUDENT"。

4. v="THIS SAMPLE IS A GOOD ONE";INDXE(v,g)=3; INDEX(u,g)=0。

5. t=THESE ARE BOOKS,v=YXY,u=XWXWXWXY。

7.

j	1	2	3	4
串 s	a	a	a	b
next[j]	0	1	2	3
nextval[j]	0	0	0	3

j	1	2	3	4	5	6	7
串 t	a	b	c	a	b	a	a
next[j]	0	1	1	1	2	3	2
nextval[j]	0	1	1	0	1	3	2

j	1	2	3	4	5	6	7	8	9	10	11	12	13	14	15	16	17	18	19	20
串 u	a	b	c	a	a	b	b	a	b	c	a	b	a	a	c	b	a	c	b	a
Next[j]	0	1	1	1	2	2	3	1	2	3	4	5	3	2	2	1	1	2	1	1
Nextval[j]	0	1	1	0	2	1	3	0	1	1	0	5	3	2	2	1	0	2	1	0

9. $d(4k,l) = \dfrac{l}{4(k+1) \cdot \left\lfloor \dfrac{l}{4k} \right\rfloor}$

算法设计题提示或参考答案(部分)

2. 用数组 Loc[SStrLen(s)](初值为 0)依次存放新串 r 中每个字符在 s 中第一次出现的位置,假设用 rlen 对 r 的当前长度计数。当扫描到串 s 中第 i 个字符 SStrSub(s,i,1)时,仅当该字符不在 r 和 t 中时,才将其接到 r 的末尾,rlen 加 1,Loc[rlen−1]置为 i。

3. 算法思想同解答题 2 的提示中所述,但不允许调用串操作 Index。

4. 如果 S 存在 del 子串,则被 del 分隔为多段。需要做的就是在 S 中每识别一个 del,就把其之前一段前移,使得保留的段之间不留空隙。参考代码如下:

```
SStr DelSubStrings(SStr S, SStr del){
    //删除 S 中所有 del 子串:把被 del 子串分隔的部分前移覆盖 del 子串
    int m=S[0], n=del[0], i=1, k=1, c;           //m 和 n 是 S 和 del 的长度
    //i 指示串 S 中当前待进行删除 del 串的起始位置,k 指示每轮 S 与 del 比较的起始位置
    S[0]=0;                                       //S 串当前已保留部分的长度
    while (m-k+1 >= n) {
        int j=1;                                  //del 每轮比较的起始位置
        while (j<=n && S[k+j-1]==del[j]) j++;      //逐个字符比较
        if (j<=n) k++;                             //本次匹配失败,del 串滑动一位
        else {                                    //匹配成功
            for (c=0; c<k-i; c++) S[S[0]+1+c] = S[i+c];  //前移保留的 k-i 个字符
            S[0] += (k-i);                        //更新串长
            i=k+n;    k=i;                         //更新辅助变量
        }
    }
    if (i<=m) {                                   //若 S 还有剩余,则前移
        for (c=0; c<m-i+1; c++) S[S[0]+1+c] = S[i+c];
        S[0] += (m-i+1);                          //更新串长
    }
    return S;                                      //返回置换后的串
}
```

5. 将串 T 连接到串 S 的末尾需确保 S 有足够空间。但是,C 串未保存空间信息,所以

按需分配新空间较为稳妥。S 原有空间是否回收由程序员决定,因为可能有其他变量共享该空间全部或部分。参考代码如下:

```
CStr CStrcat(CStr S, CStr T){                    //自定义字符串连接函数
    int Slen = strlen(S);                        //求 S 长度
    CStr original_S;
    if (!(original_S = (CStr)calloc(Slen+strlen(T)+1, sizeof(char))))
        exit(OVERFLOW);                          //按两串长度之和+1分配空间
    strcpy(original_S, S);                        //S 移到新空间
    S = original_S + Slen;                        //S 指向串的末尾(跳过已有内容)
    while (* S++ = * T++);                        //将 T 串的内容(包括'\0')复制到 S 串后
    return original_S;                            //返回连接串(起始地址)
}
```

6. 在字符串 S 中查找子字符串 T 第一次出现的位置。若找到,返回指向该位置的指针;否则返回 NULL。参考代码如下:

```
CStr CStrstr(CStr S, CStr T){                    //自定义字符串查找函数
    //特殊情况处理:子字符串为空时返回原字符串
    if (* T == '\0') return S;
    while (* S != '\0') {                         //遍历主串
        CStr sp = S, tp = T;                      //准备新一轮比较
        while (* sp != '\0' && * tp != '\0' && * sp == * tp)   //逐字符比较
            { sp++;    tp++; }
        if (* tp == '\0')                         //如果子字符串完全匹配
            return S;                             //则返回 T 串首字符在 S 串位置指针
        S++;                                      //主串指针后移
    }
    return NULL;                                  //未找到子字符串
}
```

注意:查找子串只是返回位置指针,并不构建子串。

7. 使用一个元素类型为 CStr 的栈辅助,入栈的是转换过程中的后缀子串,最后出栈的是转换所得后缀式。可通过注释帮助理解转换过程,关键是控制变量 t 的作用。参考代码如下:

```
CStr PostfixExp(CStr prevE){
    //把前缀表达式 prevE 转换为后缀式 postE,假设运算量为大小写字母,运算符为其他字符
    int t=0, prevlen=strlen(prevE);
    CStr a, b, p, postE = NULL;            //后缀式初始为空串
    SqStack s = InitStack(10,10);          //栈元素为 CStr 类型,初始容量及增量按需确定
    for (int i=0; i<prevlen; i++) {        //扫描前缀串
        b = CStrSub(prevE,i,1);      char c = * b;    //取当前字符 c
        if (t==0) {                        //若 t 为 0,则
            Push(s,b);                     //子串 b 入栈
            if (c>='A' && c<='Z' || c>='a' && c<='z') t=1;  //若 c 为字母,则 t 置为 1
        } else {                           //t!=0
            while (c>='A' && c<='Z' || c>='a' && c<='z') {  //循环到 c 非运算量
                a = Pop(s);    p = Pop(s);                    //出栈两个子串
                b = CStrcat(a,b);    b = CStrcat(b,p);        //连接成后缀子串 b(=abp)
```

```
        if (StackEmpty(s)) c='#';              //若栈空,c置为结束符'#'
        else { p = GetTop(s);   c= * p; }      //否则取栈顶子串p,c置为 * p字符
        t=2;                    //t置位 2,令外循环下一个字符(串 b)不直接入栈
      }
      Push(s,b);   t--;    //将单个运算符或 while 循环整合的后缀子串 b 入栈,t 减 1
    }
  }
  postE = Pop(s);            //后缀式出栈
  if (!StackEmpty(s))    return NULL;          //若栈不空,则前缀串有误
  return postE;              //返回后缀式
}
```

10. 置换过程中应注意避免数组越界,可将算法设计成函数,若置换过程中引起数组越界,则置函数值为 FALSE。算法思想同解答题 2 和算法设计题 3,也可以看成算法设计题 4 的扩展。如果 V 串是空串,置换就是删除子串。在题目要求的存储结构上可将解答题 2 的算法求精如下(建议与算法设计题 4 的参考代码做对比):

```
SStr Repl_8(SStr S, SStr T, SStr V){
  //以串 V 置换串 S 中所有和 T 相同的子串后构成一个新串 NewS
  //若因置换引起数组越界,则截断超长部分
  int m=S[0], n=T[0], vlen = V[0];
  int len = vlen>n ? MAXSTRLEN : m;
  SStr newS = allocSStr(len)                   //确保足够的空间
  newS[0] = 0;
  int i=1, k=1, l=0;
  //i 指示主串 S 中当前待进行置换的剩余串的起始位置
  //k 指示每轮 S 与 T 比较的起始位置
  //l 指示串 NewS 的当前长度
  while (m-k+1 >= n) {
    int j=1;
    while (j<=n && S[k+j-1]==T[j]) j++;         //逐个字符比较
    if (j<=n) k++;                 //本次匹配失败,S 比较起始位置加 1(即 T 串滑动一位)
    else {                         //匹配成功
      if (l+k-i+vlen > MAXSTRLEN) vlen = MAXSTRLEN-(l+k-i);       //越界则截断
      copy(newS, S, l+1, i, k-i);               //复制 S 中 T 匹配位置前 k-i 个字符
      copy(newS, V, l+1+k-i, 1, vlen);          //复制 V 串
      newS[0] += (k-i+vlen);                    //更新串长
      l=l+k-i+vlen;   i=k+n;   k=i;             //更新辅助变量
    }
  }
  if (i<=m && l+(m-i+1)<=MAXSTRLEN) {           //若 S 还有剩余部分
    copy(newS, S, l+1, i, m-i+1);              //则复制
    newS[0] += (m-i+1);                        //更新串长
  }
  return newS;                     //返回置换后的串
}
```

注:上述算法中过程 copy(S,T,si,tj,n)的功能,是将串 T 中自第 t_j 个字符起共 n 个字符,复制到串 S 中第 s_i 个字符起的位置上,代码如下:

```
void copy(SStr S, SStr T, int si, int tj, int n)
   { for (int i=0; i<n; i++) S[i+si] = T[i+tj]; }
```

11. 设置一个类似第 2 题的串 R（初始为空串），rlen 对 R 的当前长度计数，数组 Count[length(s)]（初值为 0）依次对工作串 R 中每个字符在 S 中出现的次数计数。当扫描到串 S 的字符 S[i] 时：如果 S[i] 不在 R 中，则将其接到 R 的末尾，rlen 加 1，Count[rlen−1] 置为 1；如果 S[i] 已在 R 中，假设 S[i]＝R[k]，则 Count[k−1] 加 1。

14. 若设串类型为

```
typedef struct StrNode {
   char chdata;
   StrNode * next;
} StrNode, * StrPtr;
```

则可如下定义基本操作：

```
StrPtr crtstr(char * sval);                        //赋值
StrPtr newstr(StrPtr t);                           //复制
StrPtr concat(StrPtr s, strPtr t);                 //连接
StrPtr substr(StrPtr s, int start, int len);       //求子串
     //start 和 len 的合法性需动态检查
MYBOOL eql(StrPtr s, strPtr t);                    //判等
     //MYBOOL 定义为纯量类型(TT, FF, INVALID)
int strlen(StrPtr s);                              //求长
```

按照题目的要求（各函数之间可以自由地嵌套），在实现上述操作时必须做到：①结果串与自变量串不共享空间；②操作不破坏自变量串；③基本操作要求高效执行，彼此之间不能调用。同时为了便于区分合法串与非法串，建议合法串一律用带头结点的单链表表示，以空指针表示非法串，当自变量中有一个非法串时，函数值可为−1、INVALID 或 NULL。

15. 为了节省插入或删除的运算时间，应避免字符在结点间大量移动，而应利用非串字符（如@）来填补结点中多余空间。

16. 注意利用题目给的条件（已知串长）。为在 $O(n)$ 时间内实现此算法，必须附设栈，从串的中间开始判其对称否。

24. 当 $k \leqslant n$ 时，原算法的比较次数为 $(k+1)(n-k+1)$，改进算法的比较次数为 $2(n-k)+(k+1)$。

25 和 26. 注意 KMP 算法在顺序存储结构和链表存储结构两种不同情况下的类似之处和不同之处。

27. 此题可有多种解法，但时间复杂度不同，较好的做法能达到的时间复杂度为 $O(LENGTH(s))$。例如，教科书算法 4.10 求 next 数组值的过程，求出了所有较长的重复子串。在此过程中，记住最长的重复子串及其位置即可。

28. 类似第 27 题但有所不同，好的解的时间复杂度为 $O(LENGTH(s) \cdot LENGTH(t))$。

第 5 章

单项选择题答案

1. D   2. C   3. A   4. C   5. A   6. B   7. B   8. D   9. D   10. B

11. C　12. C　13. D　14. C　15. A　16. D　17. B　18. B　19. D　20. B

21. A　22. C

解答题解析或提示(部分)

2. (3) A_{3125} 的存储地址：1784。

3. $(0,0,0,0),(1,0,0,0),(0,1,0,0),(1,1,0,0),\cdots,(0,1,2,2),(1,1,2,2)$。

4. $k=\dfrac{a\times(a-1)}{2}+b-1$,其中 $a=\text{Max}\{i,j\},b=\text{Min}\{i,j\}$。

5. $k=ni-(n-j)-\dfrac{i(i-1)}{2}-1,(i\leqslant j)$ 则得 $f_1(i)=\left(n+\dfrac{1}{2}\right)i-\dfrac{1}{2}i^2,f_2(j)=j,$
$c=-(n+1)$。

6. 一种答案是：$u=i-j+1,v=j-1$。

7. (1) $k=2(i-1)+j-1,(|i-j|\leqslant 1)$。

(2) $i=(k+1)/3+1,(0\leqslant k\leqslant 3n-1),j=k+1-2(i-1)=k+1-2(k/3)$。

8. i 为奇数时 $k=i+j-2,i$ 为偶数时 $k=i+j-1$,合并成一个公式,可写成 $k=i+j-(i\%2)-1$ 或 $k=2(i\ \text{div}\ 2)+j-1$。

10.

C	i	j	e
0	1	1	12
1	1	4	24
2	2	5	48
3	3	4	−13
4	4	2	46

12.

$$\begin{bmatrix} 0 & 0 & 0 & 0 & 0 \\ -13 & 0 & 0 & 61 & 0 \\ 0 & 0 & 0 & 0 & -12 \\ 0 & 0 & 0 & 0 & 0 \\ 27 & -74 & 0 & 0 & 0 \\ 0 & 0 & 0 & 38 & -7 \end{bmatrix}$$

13. (1) p;　(2) (k,p,h);　(3) (a,b);　(4) $((c,d))$;

(5) (c,d);　　(6) (b);　　(7) b;　　(8) (d)。

14. (1) GetHead[GetTail[GetTail[L1]]];

(2) GetHead[GetHead[GetTail[L2]]];

(3) GetHead[GetHead[GetTail[GetTail[GetHead[L3]]]]];

(4) GetHead[GetHead[GetHead[GetTail[GetTail[L4]]]]];

(5) GetHead[GetHead[GetHead[GetTail[L5]]]];

(6) GetHead[GetTail[GetHead[L6]]];

(7) GetHead[GetHead[GetTail[GetTail[L7]]]]。

15. (1)

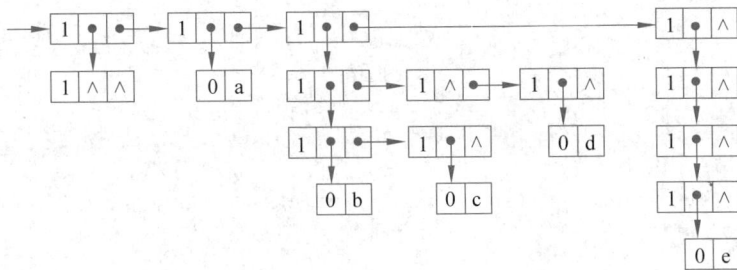

(2)

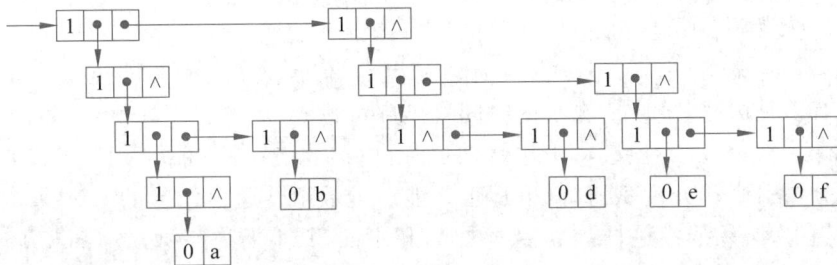

18. (1) $((x,(y)),(((())),(),(z)))$。

(2) $(((a,b,()),()),(a,(b)),())$。

20. 用 $P(A)$ 表示 A 的幂集,定义谓词 beset(X) 表示 X 是一个集合。则

$$P(A) = \begin{cases} \{\Phi\}, & |A|=0 \\ P(A-\{a\}) \bigcup I(P(A-\{a\}),a), & |A| \neq 0 \end{cases}$$

其中,$a \in A$ 且 $I(X,y) = \{x \mid (\exists x_0)(x_0 \in X \land \text{beset}(x_0) \land x = x_0 \bigcup \{y\})\}$。

21. 记 $a+b$ 为 add(a,b),一种写法为

$$\text{add}(a,b) = \begin{cases} a, & b=0 \\ (\text{add}(++a,--b)), & b>0 \end{cases}$$

22. (5) 注意: $\dfrac{1}{n}\sum\limits_{i=1}^{n} a_i \neq \dfrac{1}{2}\left(\dfrac{1}{n-1}\sum\limits_{i=1}^{n-1} a_i + a_n\right)$

算法设计题提示或参考答案(部分)

1. 本题难点在于找到 $O(n)$ 的算法。注意分析研究此问题的数学性质,以寻求好的算法。本题有多种解法,但要注意不要将在特殊条件下出现的现象当作一般规律。例如,本题易犯的错误是,从第 i 个分量中的元素起,循环右移 k 位,顶掉第 $(j+k)\%n$ 的元素,以此类推。这似乎是个漂亮的算法,但只是在某些情况下可得正确结果。参考算法如下:

```
int gcd(int n,int k) {                    //辗转相除法,求最大公约数
   while (n!=0 && k!=0)
      { n %= k;   if (n!=0) k%=n; }
   return n==0? k:n;
}
void Rotate_k(char a[], int n, int k) {   //循环右移 k 位
   if (n>1 && k>0) {                       //k 的实参允许大于 n
```

```
        k %= n;                      //k 对 n 取模
        int m = gcd(n,k);            //求 n 与 k 最大公约数
        for (int i=0; i<m; i++) {    //循环次数为 n 和 k 的最大公约数(解题关键点)
            char temp=a[i];          //a[i]暂存到 temp(腾出一个空位)
            int j=i;                 //j 总是指示空位
            int p=(i-k+n)%n;         //在 n 元素"环"内,p 在 i"左"边 k 位
            while (p!=i)             //循环到 p 等于 i 为止(可能转一圈,也可能转多圈才实现)
                { a[j]=a[p];  j=p;  p=(p-k+n)%n; }              //a[p]右移 k 位到 a[j]
            a[j]=temp;               //temp 到位,结束本轮右移
        }
    }
}
```

全国考研统考题:循环左移 k 位。只需改两个"—"为"+"。

2. 注意矩阵中若存在多个马鞍点,则必定相等,但反之,值相等的点不一定都是马鞍点。本题可有多种解法,最坏情况下的时间复杂度可达 $O(m \times n)$。

3. 此题中 m 是算法的参量,m 维数组只能由一维数组自行构造:用一个函数和一个过程分别实现分量引用和分量赋值,诸下标也只能通过数组传递。此题的另一个难点在于,若按降幂顺序扫描,必须确定这样的 m 维"对角"超平面,其上所有系数对应的项等幂。

5. 先将 A->nzElem[1..A->t]搬到 A->nzElem[MAXSIZE—A->t+1..MAXSIZE]再进行处理,可以得到 $O(m+n)$ 算法。当然也可以从后向前处理,最后上移。

6. 假设 rpos[maxmn]为附设的行起始向量,则 rpos[i]指示第 i 行的第一个非零元在二元组顺序表中的位置。由此对应一组下标值(i,j),只需要从 rpos[i]起搜索二元组表,检查每个非零元的列号是否等于 j,若相等,则找到和下标值(i,j)对应的矩阵元素;若直到 rpos[i+1]都没有搜索到其列号和 j 相等的非零元,则下标值为(i,j)的矩阵元素为零。这种表示方法的优点是,可以随机存取稀疏矩阵中任意一行的非零元,而三元组顺序表只能按行进行顺序存取。

13. 广义表的深度 DEPTH(LS)也可定义:

$$
\mathrm{DEPTH(LS)} = \begin{cases} 1, & \text{LS 为空表} \\ 0, & \text{LS 为单原子} \\ \mathrm{MAX}\{\mathrm{DEPTH(GetHead(LS))}+1, & \text{其他} \\ \quad\quad \mathrm{DEPTH(GetTail(LS))}\} \end{cases}
$$

14. 按教科书 5.5 节图 5.11 的结点结构定义,原子结点也有表尾域,则不管 ls->tag 是否为零,都要执行第二个递归调用语句。教科书中图 5.9 和图 5.10 这两种结点结构的差别在复制操作意义下的差别是非本质的。

15. 可以在参数表中加一个值参,以表示当前递归的层次。

17. 一个简单的分析方法是:将广义表看成一个"线性链表",则其逆转的过程和线性链表的逆转类似。

18. 基本思路:对每层子表产生一对括号,并扫描其表尾链,依次对表头递归,并添逗号相隔。参考算法如下:

```
void GList2SStr(GList ls, SStr s) {          //短串 s 的实参须是已构建的空串且容量足够
    GLNode * p;
```

```
    if (ls==NULL)                                        //若是空表,则"()"加到串末
        { strcat(s+1+(int)s[0], "()");   s[0]+=2; }      //调用 C 语言的连接函数
    else if (ls->tag==ATOM) {                            //若是原子
        s[++s[0]] = ls->atom;   s[1+s[0]] = '\0';        //则原子加到串末
    } else {                                             //子表
        p = ls;   s[++s[0]] = '(';                       //加左括号(进入下一层)
        while (p!=NULL) {                                //扫描表尾链
            GList2SStr(p->ptr.hp, s);                    //依次对表头递归
            p = p->ptr.tp;
            if (p!=NULL) s[++s[0]] = ',';                //加逗号
        }
        s[++s[0]] = ')';   s[1+s[0]] = '\0';             //右括号
    }
}
```

19. 用"层号有序"队列辅助。元素是由表结点指针和层号组成的 Pair 指针类型,入队元素按层号 level 由小到大保序插入(本质上这就是第 6 章介绍的优先队列,若采用堆作存储结构,则效率更高)。

```
typedef struct {
    GList p;
    int level;
} Pair;                                                  //指针和层号对类型
Pair * MakePair(GList p, int level) {                    //构造并返回一个指针和层号对指针
    Pair * pr;
    if (!(pr = (Pair *)malloc(sizeof(Pair)))) exit(OVERFLOW);
    pr->p = p;   pr->level = level;
    return pr;
}
```

参考算法如下:

```
void PrintGL(GList L, int level) {                       //按层序显示广义表 L 的所有原子,同层同行
    for (GList p=L;  p!=NULL;  p=p->ptr.tp)              //扫描表尾链表,若是原子,则显示
        if (p->ptr.hp->tag==ATOM) printf(" %c", p->ptr.hp->atom);
        else EnQueue(Q, MakePair(p->ptr.hp, level+1));   //否则层号+1入队
    while (!QueueEmpty(Q)) {
        Pair * pair = DeQueue(Q);                        //出队
        if (pair->level > level) printf("\n");           //每当层号变大,显示换行
        PrintGL(pair->p, pair->level);                   //通过有序队列,延迟了对每个表头的递归
    }
}
```

21. 注意删除原子项并不仅仅是删除该原子结点。而且用作递归实参的指针可能被改变,因此对表头和表尾的递归都必须将返回值赋给用作递归实参的指针。参考算法如下:

```
GList DeleteAtom(GList L, int x) {                       //从广义表 L 中删除所有值为 x 的原子
    GList p;
    if (L && L->tag==LIST) {
        if (L->ptr.hp->tag==LIST) {                      //若表头是表结点,则
            L->ptr.hp = DeleteAtom(L->ptr.hp,x);         //对表头递归
```

```
        L->ptr.tp = DeleteAtom(L->ptr.tp,x);          //对表尾递归
    } else if (L->ptr.hp->atom==x) {                   //否则是原子结点,且若是 x,则删除
        p = L;    L = L->ptr.tp;                        //L 指向下一个结点
        free(p->ptr.hp);    free(p);                   //回收原子结点和 p 结点
        L = DeleteAtom(L,x);                            //对表尾递归
    } else
        L->ptr.tp = DeleteAtom(L->ptr.tp,x);          //对表尾递归(跳过了非 x 原子)
    }
    return L;                                           //L 可能改变,必须返回
}
```

算法也可以循环扫描表尾链表,只对表头递归。

22. 凡是在算法过程中分配的临时串,都需要在恰当时机回收所分配的空间。参考代码参见第二篇实习 4 的做题示例 4.3 题"识别广义表的'表'或'尾'的演示"的对应算法。

第 6 章

单项选择题答案

1. D　2. A　3. B　4. C　5. C　6. C　7. D　8. C　9. B　10. C

11. C　12. C　13. A　14. A　15. C　16. B　17. D　18. C　19. C　20. A

21. C　22. A　23. D　24. B　25. A　26. D　27. A　28. A　29. C　30. B

31. C　32. D　33. A　34. C　35. A　36. A　37. A　38. D　39. D　40. A

41. B　42. D　43. B　44. C　45. C　46. B　47. C

解答题解析或提示(部分)

1. (1) A　　　　　　　　(2) D,M,N,F,J,K,L

(3) C　　　　　　　　(4) A,C　　　　　　　　　　(5) J,K

(6) I,M,N　　　　　　(7) E 的兄弟是 D,F 的兄弟是 G 和 H

(8) 2,5　　　　　　　(9) 5　　　　　　　　　　(10) 3

3. 含 3 个节点的树只有两种形态:(1)和(2);而含 3 个节点的二叉树可能有下列 5 种形态:(一),(二),(三),(四),(五)。

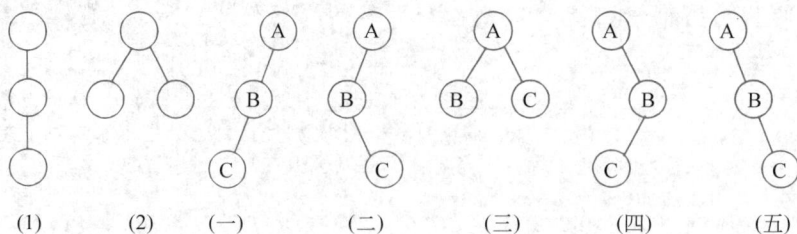

(1)　　(2)　　(一)　　(二)　　(三)　　(四)　　(五)

注意:(2)和(三)是完全不同的结构。

4. (1) 第 i 层有 k^{i-1} 个节点。

(2) $p=1$ 时,该节点为根,无父节点。

否则其父节点编号为 $\left\lceil \dfrac{p+(k-2)}{k} \right\rceil$ $(k \geqslant 2)$。

(3) 其第 $k-1$ 个儿子的编号为 $p \cdot k$。所以,如果它有儿子,则其第 i 个儿子的编号为

$p \cdot k = (i - (k-1))$。

（4）$(p-1)\%k \neq 0$ 时，该节点有右兄弟，其右兄弟的编号为 $p+1$。

5. $n_0 = 1 + \sum_{i=1}^{k} (i-1)n_i$。

7. 显然，能达到最大深度的是单支树，其深度为 n；深度最小的是完全 k 叉树。

11. 这个条件是 $k < \dfrac{12n}{m-n}$。思考：一棵一般的二叉树存于顺序结构上时，应如何判别某个节点是否为叶节点？如何判别非节点分量？

12.

	（一）	（二）	（三）	（四）	（五）
前序	ABC	ABC	ABC	ABC	ABC
中序	CBA	BCA	BAC	ACB	ABC
后序	CBA	CBA	BCA	CBA	CBA

13. 解此类题应画图帮助思考。

1	1	1
0	0	0
1	$\varnothing$	0
0	$\varnothing$	1

15.

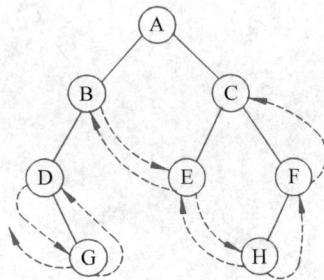

16.

	1	2	3	4	5	6	7	8	9	10	11	12	13	14
Info	A	B	C	D	E	F	G	H	I	J	K	L	M	N
Ltag	0	0	0	1	0	1	0	1	0	0	1	1	1	1
Lchild	2	4	6	2	7	3	10	14	12	13	13	9	10	11
Rtag	0	0	1	1	0	0	0	1	1	1	1	0	1	1
Rchild	3	5	6	5	8	9	11	3	12	13	14	0	11	8

17. 算法中有 3 个错需改正。

18. 本题难点在于找当前节点 ＊p 的双亲节点，由于二叉树以中序全线索链表表示，则以节点 ＊p 为根的子树中必存在这样一个节点：其前驱或后继线索指向 ＊p 的双亲节点。

19.

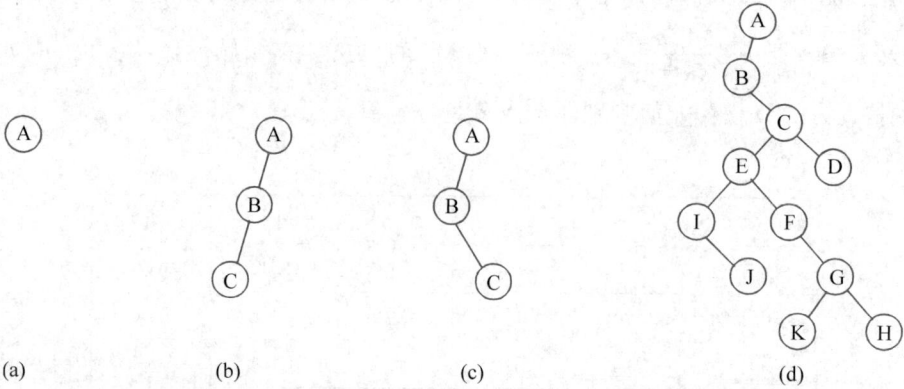

(a)　　　　　　　(b)　　　　　　　(c)　　　　　　　(d)

20.

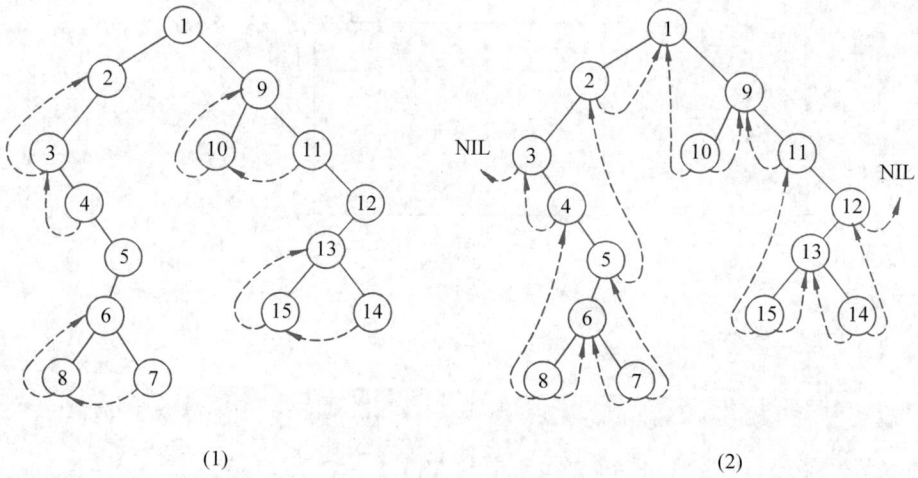

(1)　　　　　　　　　　　　　　　　　　　(2)

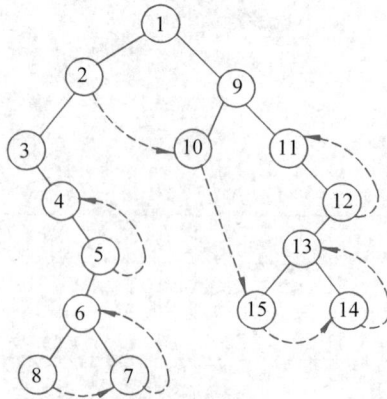

(3)

21.

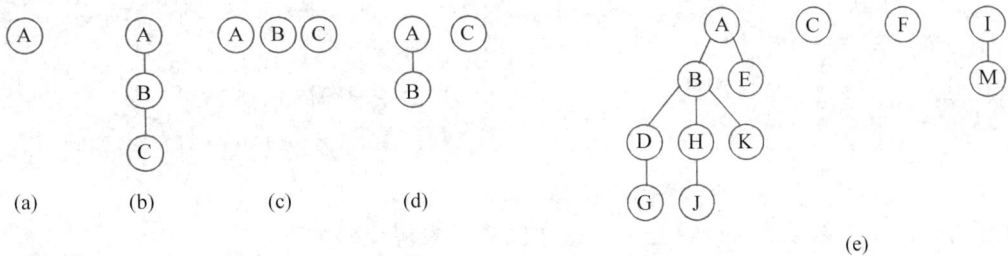

(a)   (b)   (c)   (d)

(e)

22.

(1) (a) A   (b) ABC   (c) ABC   (d) ABCEIJFGKHD

(2) (a) A   (b) CBA   (c) BCA   (d) BIJEFKGHCDA

26. 赫夫曼编码方案的带权路径长度为 $WPL_{HF} = 2.61$，而等长编码的路径长度为 $WPL_{EQ} = 3$。显然前者可大大提高通信信道的利用率,提高报文发送速度或/和节省存储空间。下面给出两种编码的对照表及赫夫曼树的逻辑结构。

频数	7	19	2	6	32	3	21	10
赫夫曼编码	0010	10	00000	0001	01	00001	11	0011
等长编码	000	001	010	011	100	101	110	111

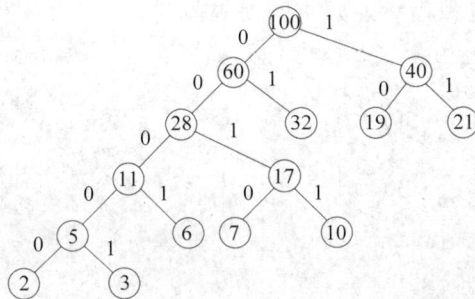

31. 设前序序列和中序序列分别为 $u_1, u_2, \cdots, u_n$ 和 $u_{p_1}, u_{p_2}, \cdots, u_{p_n}$，其中 $p_1, p_2, \cdots, p_n$ 是 $1, 2, \cdots, n$ 的一个排列。

32. 两个方向的证明都利用数学归纳法。前一个结论的证明要着重研究前序序列和中序序列的性质,参见第 31 题提示;后一个结论的证明应研究序列进出栈的特点,结合考虑第 31 题的提示。

33. (1) 问题:当树为空时,T 是局部指针,修改后外部根节点仍为 NULL。

改正:使用作为函数值返回根节点地址。参考代码如下:

```
BiTNode * Insert(BiTNode * T, int e) {          //在二叉树 T 插入 e 为叶子,位置随机
    if (T == NULL) {
        if (!(T = (BiTNode *)malloc(sizeof(BiTNode)))) exit(OVERFLOR);
        T->data = e;
        T->lchild = T->rchild = NULL;
    } else {
```

```
        if (random(100)%2 == 0)                    //产生100以内的随机数并对2取模
            T->lchild = Insert(T->lchild, e);      //函数值返回给实参
        else T->rchild = Insert(T->rchild, e);     //函数值返回给实参
    }
    return T;                                       //返回根指针
}
```

（2）问题：未将子树的查找结果通过 **return** 传递回上层调用。

改正：链式地逐层返回并综合左右递归结果。参考代码如下：

```
Status Search(BiTNode* T, int e) {                 //在二叉树T查找e是否存在
    if (!T) return FALSE;
    if (T->data == e) return TRUE;
    return Search(T->lchild, e) || Search(T->rchild, e);
}
```

（3）问题：未检查 T 是否为 NULL 直接访问其成员。

改正：优先处理空树情况。参考代码如下：

```
int Count_leaves(BiTNode* T) {                      //求二叉树T的叶子个数
    if (T == NULL) return 0;
    if (T->lchild == NULL && T->rchild == NULL) return 1;
    return Count_leaves(T->lchild) + Count_leaves(T->rchild);
}
```

（4）问题：前序释放导致后续递归访问无效内存。

改正：必须使用后序遍历释放。参考代码如下：

```
BiTNode* Free_tree(BiTNode* T){                     //回收(删除)二叉树T
    if (T == NULL) return NULL;
    Free_tree(T->lchild);
    Free_tree(T->rchild);
    free(T);                                         //最后释放当前节点
    return NULL;
}
```

算法设计题提示或参考答案（部分）

1 和 2. 存储结构可以认为是静态二叉链表。u 是 v 的子孙⇔v 是 u 的祖先。如果在一棵给定的二叉树上判别两个节点之间的这种关系是经常性操作，则第一次建立 T 后，以后的操作可大大节省时间。进而推广为更一般的结论：如果一个给定数据结构不适于所要求的某种操作，而此数据结构已经在一个软件系统中使用，则不改数据结构，而采取这种"向上兼容"的扩充策略是一种可以考虑的方法，当然要注意维护数据结构的一致性，例如，插入/删除操作。

3. 本题设了一个圈套，其实所求整数就是 i。反过来，本题说明了元素下标的逻辑含义，它唯一地对应了二叉树逻辑结构中的一个位置。

7. 建立一个当前节点所处状态的概念，节点的标志域正是起一个区分当前节点正处在什么状态的作用。当前节点的状态可能为：①由其双亲节点转换来；②由其左子树遍历结束转换来；③由其右子树遍历结束转换来。则算法主要循环体的每一次执行都按当前点的

状态进行处理,或切换当前节点,或切换当前节点的状态。参考算法如下:

```
void PostOrder(BiPTree bt, void (*visit)(TElemType)) {
    //设二叉树的节点中含 4 个域:mark, parent, lchild, rchild
    //mark 域的初值均为零,指针 root 指向根节点,后序遍历此二叉树
    while (bt) {
        switch (bt->mark) {
        case 0: bt->mark = 1;
                if (bt->lchild) bt=bt->lchild;
                break;
        case 1: bt->mark = 2;
                if (bt->rchild) bt=bt->rchild;
                break;
        case 2: bt->mark = 0;
                visit(bt->data);
                bt=bt->parent;
        }
    }
}
```

通过修改条件可以使本题继续增加难度:①mark 的值只取 0 或 1;②去掉双亲指针域,用逆转链的方法维持双亲节点指针。其算法类似于教科书 8.5 节中的标志算法。

13. 建议由两个算法实现,即释放被删子树上所有节点空间可单独写一个算法。注意易犯的错误是参数的设置不适当。

15. 按层次遍历是基于另一种搜索策略的遍历,它的原则是先被访问的节点的左右孩子节点先被访问,因此在遍历过程中需利用具有先进先出特性的队列。

16. 此题不宜写成递归算法。注意考察非递归遍历算法中栈的状态。

17. 基于按层次顺序遍历的搜索策略较为适宜。也可利用第 3 题的结论,另设一个布尔数组记录访问过的节点,最后检查数组中是否只有一个 TRUE 平台,但这样做的时空效率低一些。若读者希望写一个递归算法,则先要给出完全二叉树的与原定义等价的递归定义。然后设计一个判别给定二叉树是满二叉树、不满的完全二叉树还是非完全二叉树的递归函数。

18. 按层次顺序遍历一棵逻辑上的二叉树,"访问当前节点"的操作为建立该节点和给对应域赋值。

19. 由于从表达式建二叉树的过程是后序遍历的过程,因此建成的二叉树唯一确定了表达式的求值过程,即其左右子树根的运算先于根的运算进行。若左子树根运算符的优先数小于根运算符的优先数,或右子树根运算符的优先数不大于根运算符的优先数时,则在原表达式中必存在括号。

22. 由于此题目给的条件是完全二叉树的顺序存储结构,则可按层次遍历建二叉链表,注意空表的处理和根指针必须是变参。

27. 有一种算法:修改二叉树遍历的递归算法,使其参数表增加参数 father,它指向被访问的当前节点在树中的双亲节点。

28. 注意树的叶节点的特征是什么。

30. 与计算二叉树深度的算法在概念上根本不同。

33. 注意：写好此题递归形式算法的要点在于设置合适的参数。

34. 设一个辅助指针数组 p，初始时使每个指针指向一个节点，且置节点数据域的值为双亲表中相应节点的数据元素。以后的工作只是建立这些节点的链域。

38. 不妨称这种字符序列为"二叉广义表"，参考教科书 5.7.3 节。自顶向下的识别策略通常导致结构良好的算法。

41. 根据语法图，在此只讨论非空森林，且假设输入的字符序列符合语法图，即不讨论输入出错的情况。建森林和建树的间接递归算法分别如下所示：

```
char * s_ = "A(B(E,F),C(G),D)";        //全局字符串变量,其值是待识别的字符序列
char scan() { return * s_++; }         //扫描 s_内容,每调用一次,返回下一个字符
char ch;                               //用于读取字符的全局字符变量
CSTree CreateT();                      //CreateT 和 CreateF 相互间接递归调用
CSTree CreateF(){
    //本算法识别一个带标号的广义表形式的字符序列
    //建立森林的孩子兄弟链表存储结构
    //全局量 ch 中含当前读入的字符,FS 为指向根节点的指针
    CSTree FS = CreateT();             //建森林中第一棵树
    CSTree p = FS;
    while (ch==',') {                  //建森林中其余各棵树
        p->nextSib = CreateT();
        p = p->nextSib;
    }
    p->nextSib = NULL;
    return FS;
}
CSTree CreateT(){    //本算法识别树广义表串,建立树的孩子兄弟链表,T 指向根节点
    CSTree T;
    ch = scan();
    if (!(T = (CSTree)malloc(sizeof(CSNode)))) exit(OVERFLOW);
    T->data = ch;                      //建立根节点
    ch = scan();                       //识别大写字母之后的一个字符
    if (ch != '(') T->firstChild = NULL;    //叶节点
    else {
        T->firstChild = CreateF();     //建子树森林
        ch = scan();                   //读取该树广义表串的闭括号
    }
    return T;
}
```

以上采用全局字符串变量和 scan 函数模拟 scanf 从键盘读入字符的方法，提高了程序调试和运行的效率。

45. 用最小堆维护当前所有链表中最小节点——堆顶元素。初始可设一个链表指针数组，指向 k 个链表的第一个（也就是最小节点），并调整成最小堆。然后不断将堆顶元素（链表指针）所指节点加入合并链表末尾，并将其后继节点指针放到堆顶后进行一次调堆。直至最后合并成一个链表。参考算法如下：

```
LNode * MergeKLists(LinkList * lists,int k) {    //用最小堆辅助归并 k 个升序链表
    prior = lessPrior;
```

```
    Heap h = MakeHeap(lists, k, 10, 0, prior);   //建最小堆
    LNode * L, * curr;                            //合并链表的头指针和工作指针
    if (!(L = curr = (LNode *)malloc(sizeof(LNode)))) exit(OVERFLOW);
    while (h->n > 1) {
        LNode * min_node = h->r[1];               //堆顶最小节点指针
        curr->next = min_node;                    //加到合并链表的表尾
        curr = curr->next;
        if (min_node->next)                       //若最小节点的后继指针不空
            h->r[1] = min_node->next;             //则置到堆顶
        else h->r[1] = h->r[h->n--];              //否则将位于堆尾的指针移到堆顶,堆缩小1
        SiftDown(h, 1);                           //调堆
    }
    FreeHeap(h);
    return L;                                      //返回合并链表头节点指针
}
```

46. 核心功能：小顶堆维护当前最大的 k 个元素，第 k 大的元素在堆顶。可不断产生伪随机数来模拟数据流。参考算法如下 3 个函数：

```
Heap kthLargestCreate(int k, int nums[], int n) {
    //对 nums 中 n 个数构建第 k 大小顶堆
    prior = lessPrior;                            //指定小顶堆优先函数
    Heap h = InitHeap(k+1, 0, prior);             //建容量为 k 的小顶空堆
    for (int i=0; i<n; i++) {                      //扫描 nums 中 n 个数
        if (h->n < k) {                            //若堆未"满员"
            Insert(h, nums[i]);                    //则插入
        } else if (nums[i] > h->r[1]) {            //若大于堆顶元素,则
            h->r[1] = nums[i];                     //替换
            SiftDown(h, 1);                        //向下调堆
        }                                          //其他情形则放过
    }
    return h;                                      //返回构建的第 k 大小顶堆
}
void NewNumbers(Heap h, int x) {                   //处理新数
    if (x > h->r[1]) {                             //若大于堆顶值,则更新堆
        h->r[1] = x;
        SiftDown(h, 1);
    }
}
int kthLargestGetKthLargest(Heap h) {              //获取当前第 k 大的数
    return h->r[1];                                //返回堆顶值
}
```

第 7 章

单项选择题答案

1. D 2. A 3. C 4. B 5. A 6. D 7. A 8. B 9. C 10. D
11. D 12. B 13. A 14. C 15. D 16. B 17. D 18. A 19. C 20. A

21. A 22. C 23. B 24. A 25. C 26. B 27. D 28. C

解答题解析或提示(部分)

1. (1)

顶点	1	2	3	4	5	6
入度	3	2	1	1	2	2
出度	0	2	2	3	1	3

(2)邻接矩阵:

$$\begin{bmatrix} 0 & 0 & 0 & 0 & 0 & 0 \\ 1 & 0 & 0 & 1 & 0 & 0 \\ 0 & 1 & 0 & 0 & 0 & 1 \\ 0 & 0 & 1 & 0 & 1 & 1 \\ 1 & 0 & 0 & 0 & 0 & 0 \\ 1 & 1 & 0 & 0 & 1 & 0 \end{bmatrix}$$

(3)邻接表:

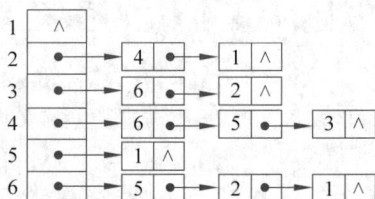

(4)逆邻接表:

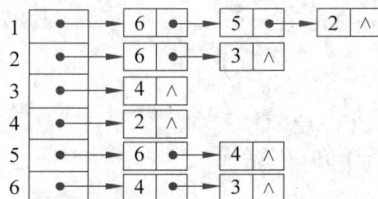

(5)有 3 个强连通分量:

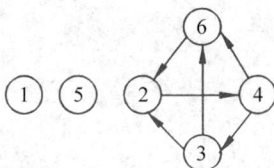

2. 记$(a_{ij}^{(k)}) = A_{n \times n}^k$,则 $a_{ij}^{(k)}$ 为由 $i \sim j$ 的长度为 k 的路径数。注意,不能理解为简单路径。

3.

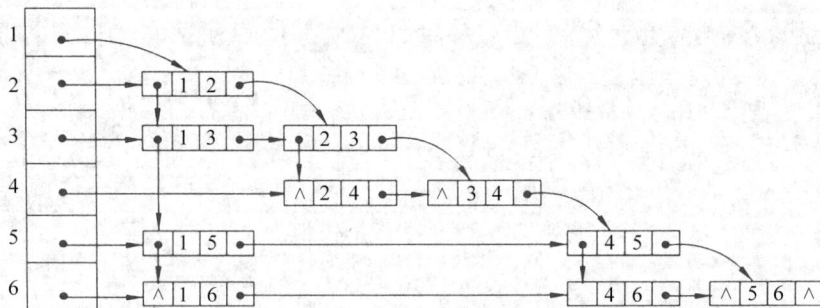

4. 从顶点 A 出发进行广度优先遍历,所得广度优先生成森林为

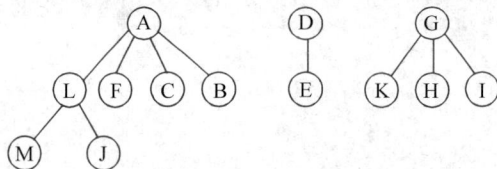

5. 深度优先生成树：   广度优先生成树：

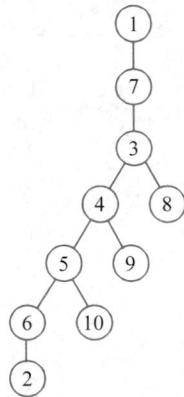
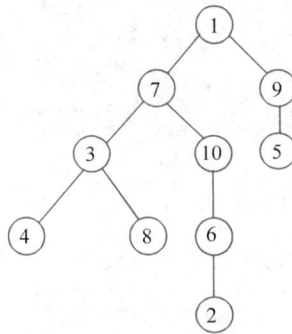

7.

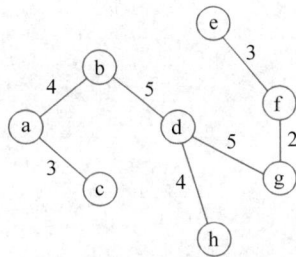

8.

G->vexs[I].data	V_1	V_2	V_3	V_4	V_5	V_6	V_7	V_8
Visited[i]	1	2	6	3	5	7	8	4
Low[i]的产生序号	1	4	7	3	1	6	5	2
Low[i]	1	1	1	2	2	6	6	2

9. 注意养成系统化思维方法：

1	5			2	6		3	4
1	5			2			3	6	4
1	5	6		2			3	4
	5		1	2	6		3	4
	5		1	2			3	6	4
	5		1		6	2	3	4
	5	6	1	2			3	4

其中,第一个序列为算法 TopologicalSort 所求得的序列。

10.

顶点	ve	vl
α	0	0
A	1	20
B	6	24
C	17	26
D	3	19
E	34	34
F	4	8
G	3	3
H	13	13
I	1	7
J	31	31
K	22	22
ω	44	44

边	e	l	$l-e$
(α,A)	0	19	19
(α,B)	0	18	18
(α,D)	0	16	16
(α,F)	0	4	4
(α,G)	0	0	0
(α,I)	0	6	6
(A,C)	1	20	19
(B,C)	6	24	18
(D,C)	3	19	16
(D,E)	3	26	23
(D,J)	3	25	22
(F,E)	4	23	19
(F,H)	4	8	4
(G,ω)	3	23	20
(G,H)	3	3	0
(I,H)	1	7	6
(C,E)	17	26	9
(H,C)	13	22	9
(H,J)	13	27	14
(H,K)	13	13	0
(K,J)	22	22	0
(J,E)	31	31	0
(J,ω)	31	32	1
(E,ω)	34	34	0

关键路径只有一条：(α,G,H,K,J,E,ω)。

11. 从顶点 a 到其他各点的最短路径的求解过程如下：

终点 Dist	b	c	d	e	f	g	S（终点集）
$K=1$	15 (a,b)	**2** **(a,c)**	12 (a,d)				{a,c}
$K=2$	15 (a,b)		12 (a,d)	10 (a,c,e)	**6** **(a,c,f)**		{a,c,f}
$K=3$	15 (a,b)		11 (a,c,f,d)	**10** **(a,c,e)**		16 (a,c,f,g)	{a,c,f,e}
$K=4$	15 (a,b)		**11** **(a,c,f,d)**			16 (a,c,f,g)	{a,c,f,e,d}
$K=5$	15 (a,b)					**14** **(a,c,f,d,g)**	{a,c,f,e,d,g}
$K=6$	**15** **(a,b)**						{a,c,f,e,d,g,b}

12. dist[i] 定义为从源点 V 到其他各点 V_i 的仅经 S 中顶点的最短路径长度。证其初

13.

A	A^(0)				A^(1)			
	1	2	3	4	1	2	3	4
1	0	1	∞	3	0	1	∞	3
2	∞	0	1	∞	∞	0	1	∞
3	5	∞	0	2	5	**6**	0	2
4	∞	4	∞	0	∞	**4**	∞	0

PATH	PATH^(0)				PATH^(1)			
	1	2	3	4	1	2	3	4
1		AB		AD		AB		AD
2			BC				BC	
3	CA			CD	CA	**CAB**		CD
4		DB				DB		

A	A^(2)				A^(3)			
	1	2	3	4	1	2	3	4
1	0	1	**2**	3	0	1	2	3
2	∞	0	1	∞	**6**	0	1	**3**
3	5	6	0	2	5	6	0	2
4	∞	4	**5**	0	**10**	4	5	0

PATH	PATH^(2)				PATH^(3)			
	1	2	3	4	1	2	3	4
1		AB	**ABC**	AD		AB	ABC	AD
2			BC		**BCA**		BC	**BCD**
3	CA	CAB		CD	CA	CAB		CD
4		DB	**DBC**		**DBCA**	DB	DBC	

A^(4) 和 A^(3) 相同;PATH^(4) 和 PATH^(3) 相同。

算法设计题提示或参考答案(部分)

8. 统计邻接矩阵第 i 列 1 的个数。

11. 参考算法:

```
Status Transitive(MGraph G) {
    //判断邻接矩阵存储的有向图 G 是不是可传递的,是则返回 TRUE,否则返回 FALSE
    int x,y,z;
    for (x=0; x<G.vexnum; x++)
        for(y=0; y<G.vexnum; y++)
            if (G.arcs[x][y].adj)
```

```
        for (z=0; z<G.vexnum; z++)
            if (z!=x && G.arcs[y][z].adj && !G.arcs[x][z].adj)
                return FALSE;          //不可传递
    return TRUE;                       //可传递
}
```

13. 参考算法：

```
Status DfsReachable(ALGraph G, int i, int j) {
    Status cn=FALSE;
    G->visited[i]=TRUE;
    ArcNode * p=G->vexs[i].firstArc;   //i 的第一条引出弧
    while (!cn && p!=NULL)             //检测每一条引出弧,一旦有可达结果则结束
        if (p->adjvex==j) cn=TRUE;      //若 j 是邻接顶点,则 i 可达 j
        else {
            if (!visited[p->adjvex])    //若该邻接顶点未访问
                cn=DfsReachable(g, p->adjvex, j);   //则 Dfs 递归,结果赋 cn
            if (!cn)  p=p->nextArc;     //若不可达,则取 i 的下一条引出弧
        }
    return cn;
}
```

16. 认真研究过解答题第 2 题并且熟悉图论知识的读者自然会想到：图中存在经过 V_i 的回路的充分必要条件是 $a_{ii}^{(m)} \neq 0$（图论知识：若一个图中有回路,则必存在长度不超过 n 的(简单)回路）。这种方法在理论上显得简洁,但算法的时间复杂度高达 $O(n^4)$,又不适用于本题中给出的存储结构,因而是不足取的。

必须看到,遍历一个图不过是按一种特定的方式搜索一个图：每个顶点被访问且只访问一次。它能够解决的问题类型是这样的：寻找满足给定条件 P 的第一个(或一些,或所有)顶点；或者判别从某个给定顶点到达其他顶点的可达性(如第 13、14 题),其中,P 是一个命题,例如"从给定顶点到达它的最短路径为 4",也可以就是"真"。然而,比上述问题类大得多的一类问题,即人工智能中所讨论的问题求解的一般提法是：在给定图(甚至不限于有穷图)中寻找从给定初始顶点到满足给定条件 P 的第一个(或一些或所有)满足条件 Q 的简单路径。由路径的定义(相邻顶点之间存在边或弧的顶点序列)可知,"求"路径即为在遍历的过程中记录属于"当前所求路径"的顶点。此时,教科书上的遍历算法就不适用了,原因是没有记录路径(由 traver 算法所得顶点序列不一定是"路径"),特别是没有行遍历所有简单路径。下面给出按深度优先策略进行"路径"遍历的算法的基本框架：

```
void PathDFS(Graph G; vexindex v) {
    //在 G 中找以当前路径为前缀的、到达满足条件 P 的顶点的
    //所有满足条件 Q 的简单路径,并打印出它们。v 为当前考察的顶点
    if (!OnCurrentPath[v]) {
        OnCurrentPath[v] = TRUE;
        EnCurrentPath(v, CurrentPath);
        //将当前访问的顶点 v 置为当前路径上的一个新的顶点
        //初始时,数组 OnCurrentPath[vexindex]为全"假"
        //EnCurrentPath 表示往路径中添加顶点
        if (P(v) && Q(CurrentPath)) print(CurrentPath);
```

```
    else {
        w=FirstAdjVex(G, v);
        while (w) { PathDFS(G, w);    w=NextAdjVex(G, v, w); }
    } //visit(v);
    OnCurrentPath[v]=FALSE;
    DeCurrentPath(v, Current);        //把当前顶点 v 从当前路径上删除
  }
}
```

　　如果只要求做出一条路径,问题要简单得多,因为递归调用的各层局部参量(注意,在某一层中不能存取它们)恰好是当前路径的顶点序列! 所以只要设全程布尔量 successful(初值为假),将 print(CurrentPath)改为 Successful＝TRUE;以(!Successful)为条件执行 visit 之后的两条语句,并且在后一条(即 while)之后插入 if (Successful) printf(v)。打印操作的位置不变,而只设布尔量也是可以的,但很多问题较简单,不涉及条件 Q。这时数据结构 CurrentPath 以及涉及它的操作就可被求精掉了,使程序大大简化。这个模式尚不适于最优解问题,但只要稍加改变就成为求最优路径问题的模式,如最短路径。

　　回路不是简单路径。求回路的模式可以通过对上述模式稍加修改而得到。

　　有兴趣的读者可以继续研究路径遍历的广度优先算法,参阅《人工智能原理》(N.J. Nilson 著,石纯一译)。

　　17. 充分性稍难证一些,参阅拓扑排序一节。

　　18. 应采用(限制深度的)深度优先策略,必须使用路径遍历算法,而不能简单套用教科书上的遍历算法。读者可以以图$\{(v_1,v_2),(v_2,v_3),(v_3,v_4)\}$ $k=2$ 为例进行验证:判断 $v_1\sim v_4$ 是否存在长度为 2 的简单路径,参阅第 16 题的提示。

　　19. 最典型的路径遍历问题,参见第 16 题的提示。本题实际上是一般化的走迷宫问题,和实习 2 的实习报告范例中给出的算法本质上一样,只要将那里迷宫中的通道方格视为顶点,"相邻"关系视为无向边。数据结构 CurrentPath 必须维护。

　　24. 设计一个数据结构及其之上的操作表示等价类。运算包括初始化、判等价、合并两个类等。数据结构的选取可以参考教科书的 6.7 节,也可以组织为静态循环链表。后者要先考虑怎样把两个循环链表合并为一个循环链表。数据结构的选取原则:使以上所述的操作易于高效地实现。

　　用以下 3 个图作为测试数据,看看你的算法能否正确执行。G_1:$V=\{v_1,v_2\}$,$E=\varPhi$; G_2:$|V|=3$,$E=\{(v_1,v_2),(v_2,v_3),(v_3,v_1)\}$,数值分别为 10,20,30;$G_3$:$|V|=4,E=\{(v_1,v_2),(v_2,v_3),(v_3,v_4)\}$,数值分别为 10,30,20。$G_1,G_2,G_3$ 均为无向图。

　　26. 考察 DAG 图的逆邻接表可知,从每个顶点出发的深度优先路径遍历(不是顶点遍历)中所有回溯点相同的充要条件为 DAG 有根。但是,路径遍历时间复杂度较高,读者应考虑按顶点遍历时,DAG 有根的充要条件是什么。

　　28. 考察以任一个特定顶点为起点的最长路径,若无所邻接到的顶点,则它的长度为 0;否则为其诸邻接点的最长路径中的最大值。最后思考:上述思想方法在非 DAG 图中会怎样。

　　34. 算法思路:BFS/DFS 染色,相邻顶点颜色不同,参考算法以队列辅助。

```
Status isBipartite(MGraph G) {
    int color[MAX_VERTEX_NUM];
    Queue Q = InitQueue();
    for (int i=0; i < G->n; i++) {                     //扫描全部顶点
        if (!color[i]) {                               //若未染色
            color[i] = 1;                              //则染 1 号色
            EnQueue(Q, i);                             //入队
            while (!QueueEmpty(Q)) {                   //检测队列的顶点号
                int u = DeQueue(Q);                    //出队的顶点号为 u
                for (int v = 0; v < G->n; v++) {       //依次与各顶点 v 比较颜色
                    if (G->arcs[u][v].adj) {           //若相邻
                        if (color[v] == color[u]) return FALSE;  //同色则非二部图
                        if (!color[v]) {               //若 v 未染色
                            color[v] = 3 - color[u];   //则染不同色
                            EnQueue(Q, v);             //入队
                        }
                    }
                }
            }
        }
    }
    Free Queue(Q);        return TRUE;                  //是二部图
}
```

第 8 章

单项选择题答案

1. D   2. B   3. C   4. D   5. B   6. C   7. D   8. A   9. B   10. B
11. D   12. C   13. A   14. A

解答题解析或提示(部分)

1. 注意块头中 size 域的含义和申请大小的含义。

(1) 只要将原图中的 604 和 122 分别改为 559 和 167。

(2) 三块合并为一大块。将原图中第二块的始址和大小分别改为 330 和 17;再将后两块合为一块,始址和大小分别为 462 和 264。

2. 空闲块按由小到大的顺序有序,且头指针恒指最小的空闲块。

3. 可以举出多种实例序列,如下为其中一例。

(1) 110,80,100。

(2) 110,80,90,20。

4. (1) 内存块结构。

头部(Head):包含 tag(标记位,0 表示空闲,1 表示占用)、size(块总大小,含头尾)、llink(前驱指针)。

尾部(Foot):包含 uplink(指向块首地址)、tag(与头部一致)。

作用:通过头尾标记实现快速状态判断,size 支持合并操作,指针维护空闲链表。

（2）分配流程。

首次适配：从空闲链表头开始遍历，找到第一个满足大小的块，按需分割（剩余部分作为空闲块插入链表）。

最佳适配：遍历所有空闲块，选择最接近请求大小的块，减少外部碎片。

回收流程。

合并条件：检查待回收块的前后相邻块是否空闲。

若前/后块空闲，合并为更大块，递归检查新块的前后邻居。

若均不空闲，仅将当前块标记为空闲并插入链表。

6．（1）最佳适配策略下空闲块要按由小到大的顺序链接，可以不做成循环表。空闲块表头指针恒指最小空闲块。首次分配则力求使各种大小的块在循环表中均匀分布，所以经常移动头指针。

（2）无本质区别。

（3）最佳适配策略下（合并后）插入链表时必须保持表的有序性。

7．011011110100； 011011100000。

8．（1）内存块特点。

所有块大小为 2 的幂次方（如 4KB、8KB）。

分配块大小确定：找到满足请求的最小 2 的幂次方块。例如，请求 7KB 时分配 8KB 块。

（2）合并策略。

判断条件：待回收块的地址与伙伴块地址满足 addr ^ buddy_addr == size（size 为块大小）。

合并处理：合并后生成更大的块（如两个 8KB 块合并为 16KB），递归检查新块是否与更大块的伙伴相邻，直至无法合并。

9．下面指出各种情形下空闲表中的块。

（1）只有一个大小为 2^9 的块。

（2）有大小为 2^4，2^5 和 2^7 的块各一块。

申　请　量	分　配　量	占用块始址
23	2^5	0
45	2^6	64
52	2^6	128
100	2^7	256
11	2^4	32
19	2^5	192

（3）有大小为 2^5 和 2^6 的块各两块，2^7 的块 1 块。

10．$(2^{5-1}+1,1)$ 或 $(1,2^{5-1}+1)$。

11．数据结构的设计必须综合考虑操作的实现。

（1）如下图所示：

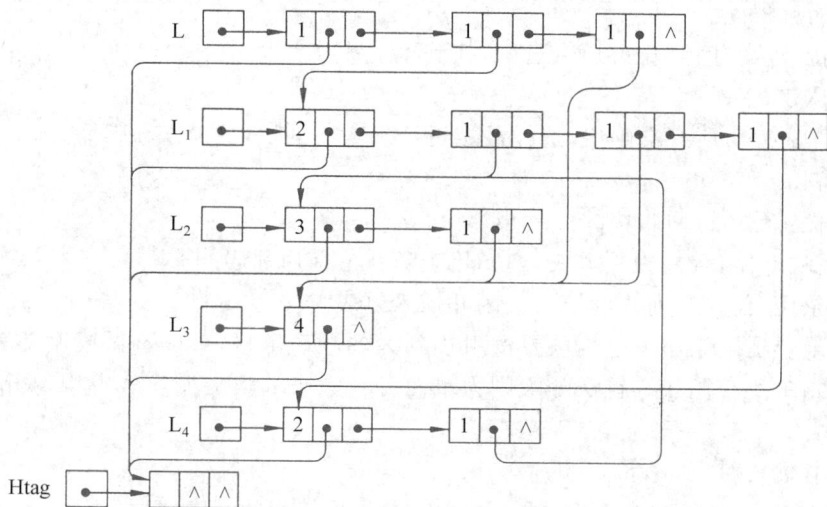

（2）表 L 中首元结点可以释放，即将它从链表中删除。将表 L_1 的头结点计数域减 1。

（3）形成间接递归。若不在实现时进行特殊处理，当删除 L_2 时会出现空间不能回收的不一致现象。

12.（1）定义与成因。

内部碎片：已分配块中未被使用的空间（如固定大小分配导致剩余部分无法利用）。

外部碎片：空闲内存分散为小块，无法满足大块请求。

（2）减少碎片的技术。

伙伴系统：按 2 的幂次方分配，合并相邻空闲块，减少外部碎片。

内存压缩：周期性整理堆内存，将存活对象紧凑排列。

13.（1）阶段与操作。

标记阶段：从根集合（全局变量、栈指针等）出发，递归标记所有可达对象。

清除阶段：遍历堆内存，回收未被标记的对象，将其加入空闲链表。

（2）问题与解决。

碎片问题：空闲块分散导致分配效率下降。

解决方案：结合压缩算法（如复制收集）将存活对象移动到连续区域。

14.（1）选型依据：实时系统优先选择伙伴系统，其分配/回收时间可预测，避免碎片导致的性能波动。

（2）高频分配场景。

技术选择：内存池或边界标识法。

理由：内存池预分配固定大小块，避免频繁系统调用；边界标识法通过链表快速管理空闲块，适合动态需求。

算法设计题提示或参考答案（部分）

3. 被管理的存储空间无论大小，都是有界的。忘记处理边界情况是易犯的错误。利用下面的函数，可以使回收算法简洁清晰，关键在于利用适当的数据结构以简化情况判断。

```
int dealloctype(blockptr p) {
   //返回值取值 1..4,分别表示 4 种情形
```

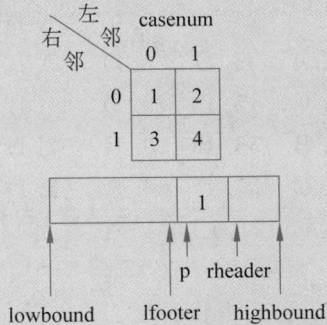

```
lfooter = p-1;   rheader = p+p->size;
//l 表示左邻,r 表示右邻,p->size 包括头部和底部
if (lfooter < lowbound) l=1;
else l = lfooter->tag;
if (rheader>highbound) r=1;
else r = rheader->tag;
return casenum[r][l];
}
```

4. 对于以下情形,检查你的算法是否正确:

① 连续合并。

② buddyaddr->tag==0 && buddyaddr->kval!=k。

③ buddyaddr->tag==0 && buddyaddr->rlink==buddyaddr。

分析问题时要注意以下事实:伙伴块被占用的充要条件:伙伴块一定不在 AVAIL 表中,故不必查该表,但伙伴地址中标志为 0 并不一定意味着伙伴块空闲。下面给出算法的核心框架:

```
k = p->kval;   newblock = p;   ready = FALSE;
while (k!=m && !ready) {
    计算伙伴地址 buddyaddr;
    //buddyaddr 和可能是待插入新块始址的 newblock 已经准备好
    if (不能同伙伴合并)
        ready = TRUE;      //newblock 即待插入新块始址
    else {                  //与伙伴合并
        从空闲表中删除伙伴;
        newblock = min(newblock, buddyaddr);
        k++;
    }
}
```

将 K 值设为 k,始址为 newblock 的块插入 AVAIL 表。

5. 赋初值:avail=NULL;p=highbound-cellsize+1;从高地址端向低地址端扫描,**while** 循环的终止条件为(!(p>=lowbound))(在此,假设(highbound-lowbound+1)%cellsize==0)。

第 9 章

单项选择题答案

1.C   2.B   3.A   4.A   5.B   6.A   7.A   8.B   9.A   10.B

11. C　12. A　13. B　14. D　15. B　16. D　17. C　18. B　19. C　20. C
21. A　22. B　23. A　24. C　25. A　26. C　27. D　28. B　29. C　30. B
31. C　32. B　33. C　34. A　35. D　36. D　37. B　38. D　39. B　40. A
41. D　42. C　43. C　44. C　45. D　46. D　47. B　48. B　49. A　50. A
51. A　52. A　53. C　54. B　55. B　56. B　57. D　58. B　59. A　60. A
61. A　62. C　63. A　64. D　65. C　66. B　67. D　68. D　69. A　70. A
71. D　72. D　73. A　74. D　75. C

解答题解析或提示（部分）

3. 等概率查找时查找成功的平均查找长度为

$$\text{ASL}_{\text{succ}} = \frac{1}{10}(1 \times 1 + 2 \times 2 + 3 \times 4 + 4 \times 3) = 2.9$$

4.

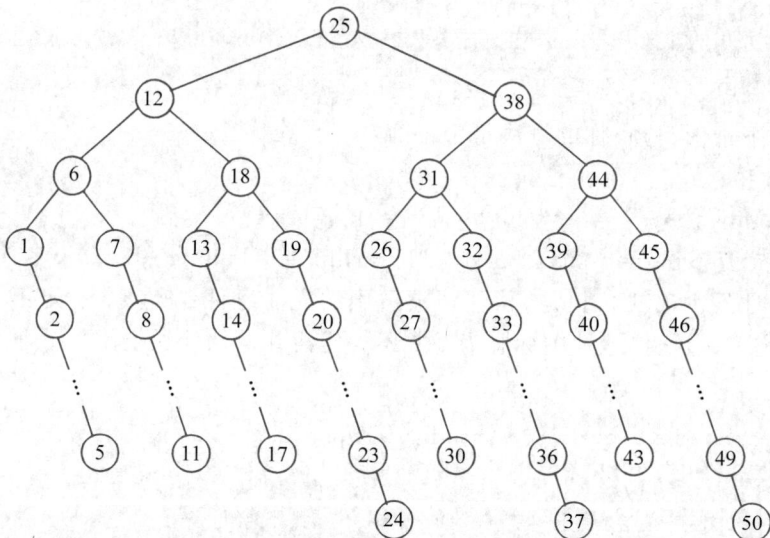

其等概率查找时查找成功的平均查找长度为

$$\text{ASL}_{\text{succ}} = \frac{1}{50}(1 \times 1 + 2 \times 2 + 3 \times 4 + (4 + 5 + 6 + 7 + 8) \times 8 + 9 \times 3) = 5.68$$

5.

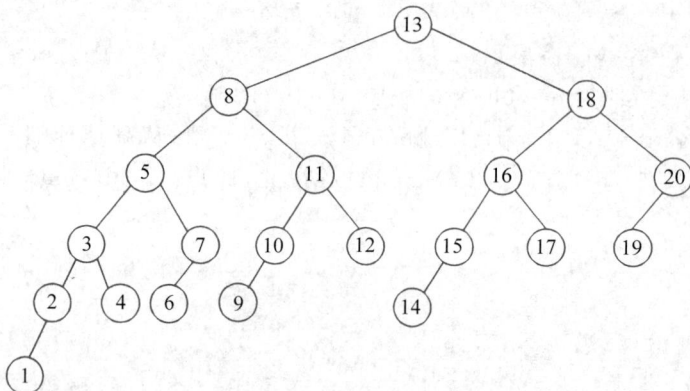

其等概率查找时查找成功的平均查找长度为

$$\text{ASL}_{\text{succ}} = \frac{1}{20}(1 \times 1 + 2 \times 2 + 3 \times 4 + 4 \times 7 + 5 \times 5 + 6 \times 1) = 3.8$$

6. 应该先列出该语句执行时间的期望值。

假设语句 S 的执行时间为 T,则该语句执行时间的期望值为

$$T = (1 - p(1))t(1) + p(1)(1 - p(2))(t(1) + t(2)) + \cdots +$$
$$p(1)p(2)\cdots p(n-1)(1 - p(n))(t(1) + t(2) + \cdots +$$
$$z(n)) + p(1)p(2)\cdots p(n)(t(1) + t(2) + \cdots + t(n) + t)$$

令 $p(0) = 1$,则上式可写为

$$T = \left(\prod_{j=1}^{n} p(j)\right)t + \sum_{j=1}^{n} t(j)\left(\sum_{i=1}^{n}\left(\prod_{j=0}^{i-1} p(j)\right)(1 - p(i)) + \prod_{j=1}^{n} p(j)\right)$$
$$= \left(\prod_{j=1}^{n} p(j)\right)t + \sum_{i=1}^{n}\left(\prod_{j=0}^{i-1} p(j)\right)t(i)$$

可以证明:当这 n 个布尔表达式 C_i 的排列满足

$$\frac{t(1)}{1 - p(1)} < \frac{t(2)}{1 - p(2)} < \cdots < \frac{t(n)}{1 - p(n)}$$

时将使 T 达极小值,则若依

$$\frac{t(i)}{1 - p(i)}$$

从小至大的次序来排列,将使该语句的执行最有效。

7. 平均查找长度为 $\dfrac{N+1}{2} + \dfrac{17}{8}$。

8. (1) 次优查找树如下图所示,其 PH 值为 133。

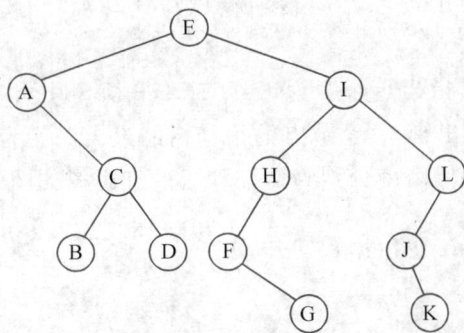

(2) 折半查找的判定树的 PH 值为 156。

9. (1) 求得的二叉排序树如下图所示,在等概率情况下查找成功的平均查找长度为

$$\text{ASL}_{\text{succ}} = \frac{1}{12}(1 \times 1 + 2 \times 2 + 3 \times 3 + 4 \times 3 + 5 \times 2 + 6 \times 1) = \frac{42}{12}$$

(2) 经排序后的表及在折半查找时找到表中元素所经比较的次数对照如下:

Apr	Aug	Dec	Feb	Jan	July	June	Mar	May	Nov	Oct	Sept
3	4	2	3	4	1	3	4	2	4	3	4

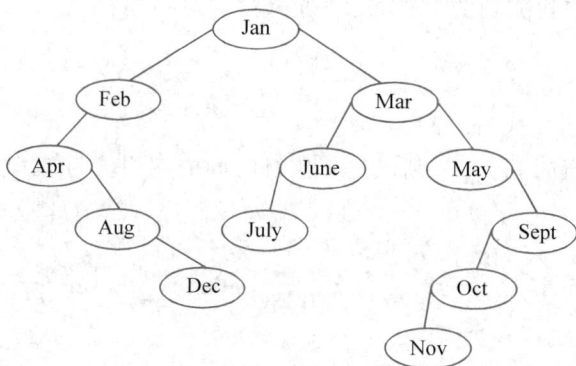

等概率情况下查找成功时的平均查找长度为

$$\text{ASL}_{\text{succ}} = \frac{1}{12}(1 \times 1 + 2 \times 2 + 3 \times 4 + 4 \times 5) = \frac{37}{12}$$

（3）按教科书 9.2.2 节所述求得的平衡二叉树为

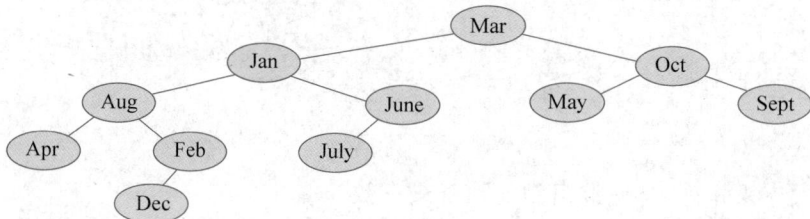

它在等概率情况下的平均查找长度为

$$\text{ASL} = \frac{1}{12}(1 \times 1 + 2 \times 2 + 3 \times 4 + 4 \times 4 + 5 \times 1) = \frac{38}{12}$$

10. 30 种。

11. 教科书 9.2.2 节已指出：深度为 h 的二叉平衡树中含有的最少节点数为 $N_h = N_{h-1} + N_{h-2} + 1$，由此可推出含 12 个节点的平衡树的最大深度为 5。

14. 完全二叉排序树和黑高度分别为 2、3 和 4 的红黑树如图（a）、（b）、（c）和（d）所示。

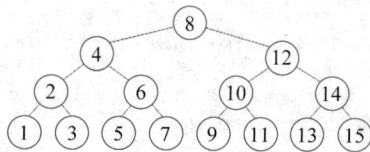

(a)

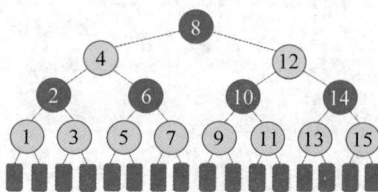

(b)

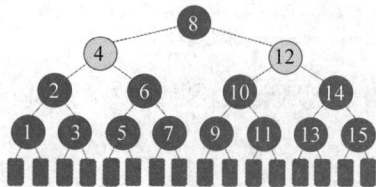

(c)

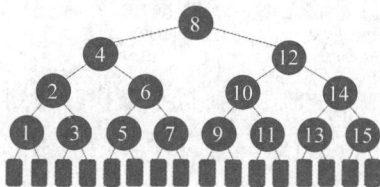

(d)

15. 黑高度为 k 的红黑树,其高度 h 满足:

最小高度: $h=k$(全黑树)。

最大高度: $h=2k-1$(红黑交替,类似满二叉树)。

最大内部节点数(非 NIL 节点)发生在完全二叉树的情况下:

内部节点数 $=2^h-1$(满二叉树),但红黑树允许部分节点为空。

实际上,最大内部节点数为 $2^{2k-1}-1$。

16. 特性(3)的意图在于保证 B 树中节点空间的利用率不低于某个下限。改为 $\lceil 2m/3 \rceil$ 是不行的,因为当某节点因插入关键字而使其中关键字数目为 m 时,无法分裂成两个子树个数均大于 $\lceil 2m/3 \rceil$ 的节点;改为 $\lceil m/3 \rceil$ 是可行的,但它的节点空间利用率较低,不过分裂不如 B 树那样频繁。

17. 至少含 4 个非叶节点;至多含 8 个非叶节点。

18. 建成的树为

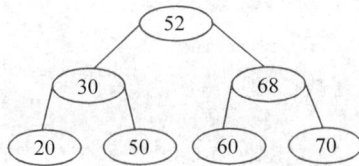

删除 50 之后的树为 ... 再删除 68 之后的树为

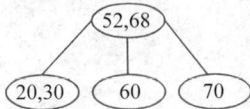

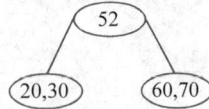

22. 跳跃表的层数直接影响查找效率。层数越多,索引越密集,查找时跳过的节点越多,时间复杂度越接近最优的 $O(\log n)$;层数过少则退化为链表,时间复杂度为 $O(n)$。

示例:假设跳跃表有 3 层,查找目标值 50。

(1) 最高层(第 3 层):从头部开始,快速跳过多个节点,定位到接近 50 的节点(如节点 40)。

(2) 中间层(第 2 层):从节点 40 下降到第 2 层,继续向右移动到节点 45。

(3) 最底层(第 1 层):从节点 45 下降到最底层,最终找到 50。

(4) 若只有 1 层(即普通链表),则需逐个遍历节点,效率显著降低。

23. 确定层数的方法:新节点的层数通过随机化算法生成,通常以固定概率(如 50%)决定是否提升到更高层。例如:

(1) 初始层数为 1。

(2) 每次以 50% 概率继续提升,直到随机终止。

平衡性分析:

时间优化:高层索引减少搜索路径长度,平均时间复杂度保持 $O(\log n)$。

空间权衡:随机层数避免固定层级导致的空间浪费(如完全平衡树),空间复杂度为 $O(n)$。

示例:插入节点 30 时,若随机生成层数为 3,则在第 1、2、3 层均插入索引;若生成层数为 1,则仅在最底层插入。

24. 优缺点对照表如下：

维　　度	跳　跃　表	红　黑　树
实现复杂度	简单(无须复杂旋转和颜色调整)	复杂(需严格维护平衡性质)
操作效率	查找、插入、删除均为 $O(\log n)$	同左
内存占用	较高(多级索引占用额外空间)	较低(仅需父子指针)
并发性能	支持高效分段锁,并发修改更灵活	需全局锁,高并发下性能受限

跳跃表适用场景：

(1) 高频插入/删除且对代码简洁性要求高的系统。

(2) 需要快速范围查找的场景(如时间序列数据检索)。

红黑树适用场景：

(1) 内存敏感且需严格平衡的场景(如操作系统进程调度)。

(2) 标准库实现(如 C++ 的 std::map)。

26. 查找成功时的平均查找长度

$$\text{ASL}_{\text{succ}} = \frac{1}{8}(1+1+1+1+2+2+6+3) = \frac{17}{8}$$

28. (1) $\text{ASL}_{\text{succ}} = \frac{31}{12}$, $\text{ASL}_{\text{unsucc}} = \frac{60}{14}$

(2) $\text{ASL}_{\text{succ}} = \frac{18}{12}$, $\text{ASL}_{\text{unsucc}} = \frac{12}{14}$

按照平均查找长度的定义,公式中的 C_i 指的是：关键字和给定值比较的个数,则在用链地址处理冲突时,和"空指针"的比较不计在内。

29. 设计散列表的步骤如下。

(1) 根据所选择的处理冲突的方法求出装载因子 α 的上界。

(2) 由 α 值设计散列表的长度 m。

(3) 根据关键字的特性和表长 m 选定合适的散列函数。

30. 两种策略都不可行。前者切断了探测链；后者可能移动了非同义词。一种可行的做法是将待删表项的关键字置为 0,以区别于空表项。查找和插入算法都应相应地进行调整。

31. 设计散列表时,若有可能利用直接定址找到关键字和地址一一对应的映像函数,则是大好事。本题旨在使读者认识到,复杂关键字集合或要求的装载因子 α 接近 1 时,未必一定找不到一一对应的映像函数。

(1) $\alpha = 1$。

(2) 这样的散列函数不唯一,一种方案是

$$H_1(C) = C_{678} + C_5 \times 200 + C_{34} \times (200+50) + (C_{12} - 96) \times ((200+50) \times 25)$$

其中

$$C = C_1 C_2 C_3 C_4 C_5 C_6 C_7 C_8$$
$$C_{678} = C_6 \times 100 + C_7 \times 10 + C_8$$

$$C_{34} = C_3 \times 10 + C_4$$
$$C_{12} = C_1 \times 10 + C_2$$

此散列函数在无冲突的前提下非常集聚。

（3）不能（虽然 $\alpha < 1$）。散列函数可设计为

$$H_2(C) = (1 - 2C_5)C_{678} + C_5(l-1) + C_{34}l + (C_{12} - 96) \times 25l$$

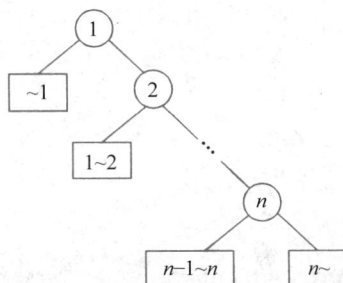

其中，$C_{678} = C_6 \times 100 + C_7 \times 10 + C_8$，其余类推。

方案一：$l = 150$，最后 5000 个表项作为公共溢出区。

方案二：$l = 200$，用开放定址处理冲突，也可有其他折中方案。

32. 初始化设计。

（1）从数据库加载所有商品 ID 到布隆过滤器，设置合理误判率（如 0.01%）。

（2）位数组大小根据商品总数 n 和误判率 p 计算，例如 $n = 107$，$p = 0.0001$，则 $m \approx 1.44 \times 107$b（约 1.8MB），$k = 5$。

动态更新：新商品上架时，通过散列函数计算其 ID 对应的位数组位置，将这些位置置为 1。

误判风险与解决：

问题——用户可能看到"商品不存在"的提示后放弃搜索，影响体验。

解决方案：

（1）二级校验：布隆过滤器返回"可能存在"时，再查找数据库确认。

（2）动态扩容：当误判率超过阈值时，扩展位数组并重新散列。

33. 差异对照表如下：

维　　度	布隆过滤器	散　列　表
空间效率	极高（仅存储位数组，无数据本身）	较低（需存储键-值对）
查找时间	$O(k)$（k 为散列函数数）	$O(1)$（直接寻址）
支持操作	仅插入、查找（无法删除）	插入、查找、删除
准确性	允许误判（假阳性）	精确（无误判）

适用场景如下。

布隆过滤器：

（1）缓存穿透防护（如题 32 的场景）。

（2）大规模黑名单/白名单校验（如垃圾邮件过滤）。

散列表:

(1) 需要精确判断的场景(如数据库主键查找)。

(2) 内存充足且需支持删除操作的场景。

算法设计题提示或参考答案(部分)

1. 查找成功时的平均查找长度为

$$\text{ASL}_{\text{succ}} = \frac{1}{n} \sum_{i=1}^{n} i = \frac{n+1}{2}$$

查找不成功时的平均查找长度为

$$\text{ASL}_{\text{unsucc}} = \frac{1}{n+1} \left(\sum_{i=1}^{n} i + (n+1) \right) = \frac{n+2}{2}$$

2. 折半查找递归调用的算法如下:

```
int BinSearch(SSTable S, int low, int high, KeyType key) {
    //在顺序表 S 的 S->elem[low..high]上进行折半查找,key 为查找的键值
    //查找成功时,函数返回值为关键字等于给定值的记录在顺序表中的位置(序号或称索引)
    if (low > high) return 0;                          //查找不成功
    else {
        int mid = (low+high)/2;
        if (key < S->elem[mid].key)                    //若 Key 较小
            return BinSearch(S, low, mid-1, key);      //则对较小的前半区递归
        else if (key > S->elem[mid].key > key)         //若 key 较大
            return BinSearch(S, mid+1, high, key);     //则对较大的后半区递归
        else return mid;                               //否则找到,返回索引(下标)
    }
}
```

3. 只要将教科书 9.1.2 节的折半查找算法,在查找不成功时改为 **return** high 即可。

4. 本题所用的存储结构,除了顺序表的动态元素数组 elem[]外,还建有索引表 idxtab[],其中 idxtab[MaxBlk]内含各块索引。

```
typedef struct {                          //索引项定义
    KeyType max key;                      //各块中最大关键字
    indexType idx;                        //各块的初始序号
                                          //若每块大小不等,则还要加一个 keynum 域
} IndexItem;                              //索引项类型
typedef struct {                          //索引顺序表定义
    ElemType  * elem;                     //元素动态数组
    IndexItem * idxtab;                   //索引表
    int   MaxBlk;                         //索引块数
    int   BlockSize;                      //每块大小
} IndexSqList;                            //索引顺序表类型
```

设每块大小相同,均为 BlockSize,且除最后一块外的每块都装满。

在索引表上进行折半查找的策略是找一个"缝隙",即求 i 满足

```
idxtab[0..i-1].key<K≤idxtab[i..MaxBlk-1].key (0≤i≤MaxBlk)
```

在块中进行顺序查找时,监视哨可设在本块的表尾,即将下一块的第一个记录暂时移走

（若本块内记录没有填满，则监视哨的位置仍在本块的尾部），待块内顺序查找完成以后再移回来。此时增加了赋值运算，但免去了判断下标变量是否出界的比较。注意最后一块尚需进行特殊处理。

注意你的算法在边界条件下执行的正确性：

① K＞idxtab[MaxBlk−1].key；

② K＝data[DataNum−1].key。

7. 注意仔细研究二叉排序树的定义。易犯的典型错误是按下述思路进行判别：若一棵非空的二叉树其左右子树均为二叉排序树，且左子树的根的值小于根节点的值，又根节点的值不大于右子树的根的值，则是二叉排序树。

应该在中序遍历过程中，每个节点与其刚访问的前驱进行大小比较。建议像中序线索化那样，设一个全局变量 pre 作为指向当前访问节点的前驱的指针。

9. 进行先右后左的遍历，并且一旦访问到关键字小于 x 的节点，立即结束遍历。

11. 虽然在题目中没有指出本题的存储结构是哪一种"序"的线索链表，但很明显，对于二叉排序树而言，只能是"中序"线索链表。

16. 容易看出，节点中增设的 lsize 域的值即为该节点在排序树上的"次序"。

17. 参考算法如下：

```
Status isRedBlackTree(RBNode * root) {      //主函数：判断一棵二叉排序树是不是红黑树
  if (root == NULL) return TRUE;            //空树可以认为是红黑树
  if (root->color != BLACK) return FALSE;   //检查性质2:根节点必须是黑色
  //检查性质4和性质5,并获取黑高
  int blackHeight = checkRBPropertiesHelper(root);
  if (blackHeight == -1) return FALSE;      //存在违反性质4或性质5的情况
  //性质1和性质3已经在辅助函数中隐含检查
  //性质1:每个节点要么红要么黑(在节点定义中已经限定)
  //性质3:所有叶节点(NIL)都是黑色(在isNil中处理)
  //如果辅助函数没有返回-1,则满足所有性质
  return TRUE;
}
```

主函数调用的辅助函数如下：

```
//辅助函数:检查节点是否为NIL(叶节点)
Status isNil(RBNode * node)                            //假设NIL节点用NULL表示
  { return node==NULL; }
//辅助函数:计算从当前节点到所有叶节点的黑高度,并检查红黑树性质
//返回值:如果当前子树是红黑树,返回其黑高度;否则返回-1
int checkRBPropertiesHelper(RBNode * node) {
  if (isNil(node)) return 1;                           //NIL节点是黑色,黑高度为1
  //检查当前节点是否为红色且子节点也是红色(违反性质4)
  if (node->color == RED)
    if ((!isNil(node->left) && node->left->color == RED) ||
        (!isNil(node->right) && node->right->color == RED))
      return -1;                                       //违反性质4
  //递归检查左子树和右子树
  int leftBlackHeight = checkRBPropertiesHelper(node->left);
  if (leftBlackHeight == -1) return -1;                //左子树不满足红黑树性质
```

```
    int rightBlackHeight = checkRBPropertiesHelper(node->right);
    if (rightBlackHeight == -1) return -1;        //右子树不满足红黑树性质
    //检查性质 5:左右子树的黑高度必须相同
    if (leftBlackHeight != rightBlackHeight) return -1;
    //当前子树的黑高度是子树黑高度加上当前节点是否为黑色
    return leftBlackHeight + (node->color == BLACK ? 1 : 0);
}
```

19. 关键点：对范围内分支递归遍历并收集结果。参考算法如下：

```
void RangeQuery(BTNode * node, int low, int high, int * result, int * idx) {
    if (node==NULL) return;        //空则返回
    int i = 0;
    while (i <= node->n) {        //扫描 * node 节点的所有分支及关键字(关键字下标大于 0)
        if (i==0) {               //左边分支
            if (low < node->keys[i+1])        //若子树可能有键在范围内,则递归
                RangeQuery(node->kids[i], low, high, result, idx);
        } else if (i==node->n) {              //右边分支
            if (node->keys[i] < high)         //若子树可能有键在范围内,则递归
                RangeQuery(node->kids[i], low, high, result, idx);
        } else {                              //非边分支
            if (node->keys[i] < high && low < node->keys[i+1])        //若范围内
                RangeQuery(node->kids[i], low, high, result, idx);    //则递归
        }
        if (i>0 && node->keys[i] >= low && node->keys[i] <= high)     //范围内
            result[( * idx)++] = node->keys[i]; //则存入结果数组
        i++;
    }
}
```

20. 递归遍历 B 树,参数 level 是节点层次,控制显示位置。参考算法如下：

```
void PrintBTree(BTNode * T, int level) {        //递归输出 B 树
    //首次调用,level=1(T 结点所在层,根为 1 层)
    int i;
    if (T) {
        for (i=1; i<level; i++)
            printf("                ");         //输出 level 段此空格串(16 个空格)
        if (level==1)
            printf(" T------------>[ ");         //根
        else
            printf("+------------->[ ");         //非根内部节点
        for (i=1; i<=T->n; i++)                 //依次输出 T 节点内的关键字
            printf("%3d ", T->keys[i]);
        printf("]\n");
        for (i=0; i<=T->n; i++)                 //对 T 节点的各子树依次递归输出
            PrintBTree(T->kids[i], level+1);
    }
}
```

21. 先从最高层链表出发查找范围区间起点 a 对应的节点，并由 start 指向首个入选（也是最小）的节点；然后在 0 层链表扫描，对范围内元素计数，并让 end 指向最后一个入选元素的节点。参考算法如下（添加显示入选元素的键-值对的语句，便于测试观察）：

```
int RangeQuery(SkipList * list, int a, int b, SLNode **start, SLNode **end) {
    SLNode * p;
    p = list->header;
    //从最高层开始查找第一个≥a 的节点
    for (int i = list->topLV-1; i >= 0; i--)
        while (p->next[i] != NULL && p->next[i]->key < a)
            p = p->next[i];
        * start = * end = p = p->next[0];                //移动到第一个≥a 的节点
    //遍历跳跃表,收集 [a, b] 区间内的节点
    printf("Nodes in range [%d, %d]: ", a, b);
    int count=0;
    while (p != NULL && p->key <= b) {
        if (p->value >= a) {                             //若入选
            printf(" (%d, %c)", p->key, p->value);       //则显示键-值对
            count++;                                      //计数
        }
        * end = p;    p = p->next[0];
    }
    printf("\n");
    return count;                                         //返回个数
}
```

22. 跳跃表的归并本质上是有序单链表归并的推广。调用的 newSkipList 和 InsertSL 函数均为教科书已给出的算法。本题参考算法如下：

```
SkipList * MergeSkipLists(SkipList * list1, SkipList * list2){ //归并跳跃表
    SkipList * mergedList = newSkipList();                //初建空的归并跳跃表
    SLNode * current1 = list1->header->next[0];
    SLNode * current2 = list2->header->next[0];
    while (current1 != NULL && current2 != NULL) {        //归并两个有序链表
        if (current1->value < current2->value) {
            InsertSL(mergedList, current1->key, current1->value);
            current1 = current1->next[0];
        } else if (current1->value > current2->value) {
            InsertSL(mergedList, current2->key, current2->value);
            current2 = current2->next[0];
        } else {
            //如果值相同,只插入一次
            InsertSL(mergedList, current1->key, current1->value);
            current1 = current1->next[0];
            current2 = current2->next[0];
        }
    }
    //处理剩余节点
    while (current1 != NULL) {
        InsertSL(mergedList, current1->key, current1->value);
```

```
            current1 = current1->next[0];
        }
        while (current2 != NULL) {
            InsertSL(mergedList, current2->key, current2->value);
            current2 = current2->next[0];
        }
        return mergedList;
    }
```

23. 按降序要求修改插入算法,然后建一新的空表,依次将原表节点的键-值对插入新表。

24. 为了便于一层链表的显示定位,可在跳跃表节点中增设一个节点在 0 层链表的序号域,在显示跳跃表前,先扫描 0 层链表,将每个节点的序号存入该序号域。然后从上而下逐层显示每层链表。参考算法如下:

```
void printSkipList(SkipList * SL) {                         //显示跳跃表的层次结构
    SLNode * p;    int i,j,k,m;
    for (p=SL->header, i=0;  p;  p=p->next[0], i++)        //扫描 0 层链表
        p->sn = i;                                         //依次给每个节点赋序号
    printf("Skip List (lv %d):\n", SL->topLV);
    for (i = SL->header->lvNum-1; i >= 0; i--) {           //自上而下画各层链表
        if (p = SL->header->next[i]) {
            printf("Level %d: ", i);   k = SL->header->sn;
            while (p != NULL) {                            //显示第 i 层链表
                m = p->sn-k;   k = p->sn;                  //m 为 p 节点与前驱 d 的序号差
                for (j=1; j<m; j++) printf("----");        //按序号差划 m-1 段线
                printf("->%d", p->key);   p = p->next[i];  //显示节点的关键字
            }
            printf("\n");
        }
    }               //注: for 循环结束后,可增加一个循环,在每个节点关键字之下显示元素值
}
```

28. 注意此题给出的条件:装载因子 $\alpha < 1$,则散列表未填满。由此可写出下列形式简明的算法:

```
void PrintWord(OpenHT ht) {
    //按第一个字母的顺序输出散列表 ht 中的标识符。散列函数为标识符的
    //第一个字母在字母表中的序号,处理冲突的方法是线性探测开放定址
    for (int i=1; i<=26; i++) {
        j=i;
        while (ht->es[j].key) {
            if (Hash(ht->es[j].key) == i)
                printf(" %s", ht->es[j].key);
            j=(j+1) %m;
        }
        printf("\n");
    }
}
```

## 第 10 章

单项选择题答案

1. B　2. A　3. C　4. A　5. D　6. A　7. D　8. B　9. C　10. B
11. A　12. B　13. C　14. C　15. B　16. A　17. C　18. D　19. A　20. D
21. C　22. C　23. B　24. D　25. D　26. B　27. B　28. A　29. C　30. A
31. A　32. A　33. B　34. B　35. A　36. B　37. A　38. D　39. C　40. D
41. B　42. D　43. D　44. A　45. D

解答题解析或提示(部分)

2. 三次调用函数 Partition 的结果分别为:

```
(Amy, Kay, Eva, Roy, Dot, Jon, Kim, Ann, Guy, Jim) Tim (Tom)
Amy (Kay, Eva, Roy, Dot, Jon, Kim, Ann, Guy, Jim) Tim (Tom)
Amy (Jim, Eva, Guy, Dot, Jon, Ann) Kay (Kim , Roy) Tim (Tom)
```

三次调用函数 Merge 的结果分别为:

```
(Kay, Tim, Eva, Roy, Dot, Jon, Kim, Ann, Tom, Jim, Guy, Amy)
(Eva, Kay, Tim, Roy, Dot, Jon, Kim, Ann, Tom, Jim, Guy, Amy)
(Eva, Kay, Tim, Dot, Roy, Jon, Kim, Ann, Tom, Jim, Guy, Amy)
```

3. 希尔排序、快速排序和堆排序是不稳定的排序方法。

4. (3) $n-1+\sum\limits_{i=1}^{n/2} i$

(4) $\dfrac{n}{2}-1+\sum\limits_{i=\frac{n}{2}+1}^{n} i$

5. 只要考虑序列中位于 a_i 和 a_j 之间的元素 $a_k (i<k<j)$ 的几种情况即可,当 $a_k>a_i>a_j$ 时,有可能使 a_i 由非逆序元素变为逆序元素,但整个序列的"逆序对"不变。

6. (1) 可像教科书 1.4.3 节的起泡排序算法那样,设一布尔变量 change,监测每趟过程是否有交换。

(2) 正序:元素比较次数为 $n-1$,移动次数为 0;

逆序:元素比较次数为 $\lfloor (n+1)/2 \rfloor \times (n-1)$。

7. 快速排序的最好情况是指,排序所需的"关键字间的比较次数"和"记录的移动次数"最少的情况,在 $n=7$ 时,至少需进行两趟排序。

9. Partiton 函数增加两个参数 ci 和 cj 分别返回了低和高半区是否有元素移动,使得QSort 函数可以判断是否需要对子区间递归。最好情况是排序前已有序,只调用 Partition 一次,且无须对子区间递归;"三者取中"只需比较关键字两次;Partition 函数进行 $n-1$ 次关键字比较和 $n-1$ 次与枢轴元素比较;总比较次数为 $2n$。QSort 函数参考代码为:

```
void QSort(SqList L, int low, int high) {          //非递归快速排序
    if (low < high) {                              //若当前区间不多于1个元素
        bool ci, cj;
        int privot = Partition(L, low, high, &ci, &cj);  //对当前区间进行分区
        if (ci) QSort(L, low, privot-1);
```

```
                if (cj) QSort(L, privot+1, high);
        }
    }
```

10. 将选择排序改变为每次在待排区间选择最小和最大元素,并分别交换到低端和高端有序区间。时间复杂度仍是 $O(n^2)$。

11. 至少需编排 17 场比赛。

13. 对近似有序的序列可用直接插入排序法,其时间复杂度为 $O(k \cdot n)$,当 $k \ll n$ 且 n 很大时,将比快速排序更有效。而起泡排序和简单选择排序的时间复杂度均为 $O(n^2)$,和 k 无关。本题旨在提醒读者注意算法效率讨论的前提条件。

14. 注意:要想不经排序而选出前 k 个关键字最大记录,不能利用插入排序和快速排序法。

15. 能用比 $2n-3$ 少的次数。假设序列存放在数组 S,可设立两个变量 max 和 min,分别存放最大元和最小元的位置,初始头两个元素进行比较,大的位置放入 max,小的位置放入 min;然后扫描其余元素,逐个先和 S[max] 比较,如果大于 S[max] 则以其位置替换 max,并结束本次比较;若小于 S[max] 则再与 S[min] 比较。在最好的情况下,不用和 S[min] 比较,只需要进行 $n-1$ 次比较就能找到最大元和最小元。最坏情况下,则要进行 $2n-3$ 次比较才能得到结果。

17. 对于长度为 3000 的单链表排序,适用的排序方法需要考虑链表的特性(只能顺序访问、无法随机访问)以及算法的时间和空间复杂度。对主要排序方法分析如下。

(1) 归并排序是单链表排序的首选方法之一,尤其适合链表结构。时间复杂度为 $O(n\log n)$(最优之一)。空间复杂度为 $O(\log n)$(递归栈空间,迭代实现可优化为 $O(1)$)。

(2) 快速排序可以用于链表,但性能可能不如归并排序。时间复杂度:平均 $O(n\log n)$,最坏 $O(n^2)$(如链表已有序且选择首结点为基准)。空间复杂度:$O(\log n)$(递归栈空间)。

(3) 插入排序适合小规模或近乎有序的链表。时间复杂度:$O(n^2)$(链表长度为 3000 时可能较慢)。空间复杂度:$O(1)$。

(4) 堆排序不适用于单链表。堆操作依赖数组的随机访问特性(需随机访问堆中的父结点和子结点),链表无法高效实现。

(5) 冒泡排序仅适用于教学或极小规模数据。时间复杂度 $O(n^2)$,效率极低。

18. 在多关键字排序中,最高位优先(Most Significant Digit,MSD)法和最低位优先(Least Significant Digit,LSD)法的效率对比取决于数据的分布特性。MSD 法在以下条件下可能比 LSD 法效率更高。

条　　件	MSD 法(更高效)	LSD 法(更低效)
高位区分度高	快速分组,减少后续处理规模	需处理所有位
数据规模大	递归深度可控时更快	必须完整扫描所有位
关键字长度差异大	跳过公共前缀	需处理到最长位
存储支持随机访问	高效分组	递归可能增加开销
部分排序需求	可提前终止	必须完成全部排序

19. 这是一个多关键字的排序问题。请思考对这个文件进行排序用哪一种方法更合适,是 MSD 法还是 LSD 法?

23. (1) 两个升序表归并为一个升序表的最坏情况是元素两两比较直到两表末位元素比较次数是两表长度之和减一。可将每个表的表长作为权值构建一棵赫夫曼树:

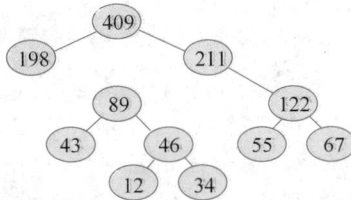

树根权值 409 即为经 5 次两两归并最终而成的升序表的元素个数。每两表归并的最坏情况的元素比较次数是树中父节点权值减一,所以全过程的总比较次数是 5 个内部节点的权值减一之和:

$$(46-1)+(89-1)+(122-1)+(211-1)+(409-1)=872$$

(2) $N(N\geqslant2)$ 个不等长升序表的合并策略是将每个表的表长作为权值,仿照构建一棵赫夫曼树的过程,做相应的当前最小长度的两表归并,可使得总比较次数最小。

24. 由于要求时间复杂度为 $O(n\log n)$,所以需要用排序来解决该问题。

算法设计题提示或参考答案(部分)

2. 教科书 10.2.2 节已讲述了算法要点,需要 $O(n)$ 的辅助空间。能减少排序过程的元素移动(排序后要将辅助数组中 n 个元素复制回表中),但不能减少元素比较,因此算法时间复杂度仍是 $O(n^2)$。参考算法如下:

```
void twoWayInsertSort(SqList L) {    //对顺序表做二路插入排序
  if (L->len <= 1) return;
  ElemType * sorted, n=L->len;       //n 记住元素个数
  if (!(sorted = (ElemType *)malloc(n * sizeof(ElemType))))        //分配辅助数组
    exit(OVERFLOW);
  int i,j, front = 0, rear = 0;
  sorted[0] = L->elem[1];              //教科书约定,第 9、10 章的顺序表的 0 号单元闲置
  for (i = 2; i <= n; i++) {
    int x = L->elem[i];
    if (x < sorted[front]) {
      front = (front - 1 + n) %L->len;
      sorted[front] = x;              //插入前端
    } else if (x >= sorted[rear]) {
      rear = (rear + 1) %n;
      sorted[rear] = x;               //插入后端
    } else {
      j = rear;
      while (x < sorted[j]) {
        sorted[(j + 1) %n] = sorted[j];
        j = (j - 1 + n) %n;
      }
      j = (j + 1) %n;
      sorted[j] = x;                  //插入中间
```

```
        rear = (rear + 1) %n;
      }
  }
  int k = 1;
  for (i = front; k <= n; i = (i + 1) %n)          //排序后元素复制回表中
      L->elem[k++] = sorted[i];
  free(sorted);                                     //回收辅助数组
}
```

6. 这是一个技巧性很强的程序设计练习,旨在培养综合能力。但这样的代码可读性较差,故在实际应用中并不鼓励这样做。参考代码如下,需理解 pos 数组和变量 d 的作用。

```
void BiBubbleSort(SqList L) {                     //对 L 双向起泡排序
    int pos[3], d=1;    //d 为增量,正向和反向起泡时值分别为 1 和 -1,初值为 1(正向)
    pos[0]=1;   pos[2]=L->len;                     //pos[d+1]为本趟扫描的终止下标
    int i=1;    Status exchanged=TRUE;             //记录一趟扫描中是否有交换
    while (exchanged) {                            //扫描一趟
      exchanged=FALSE;                             //本趟初始无交换
      while (i!=pos[d+1]) {
        if ((L->elem[i].key - L->elem[i+d].key) * d > 0) {
          ElemType t=L->elem[i];   L->elem[i]=L->elem[i+d];
          L->elem[i+d]=t;
          exchanged=TRUE;
        }
        i+=d;
      }
      pos[d+1] -= d;   i=pos[d+1];   d=-d;   //转向
    }
}
```

8. 非递归快速排序基本步骤。

(1)初始化栈,创建一个栈用于存储待处理的子数组区间(low 和 high)。

(2)循环处理当前区间。

① 若不多于 3 个元素,则直接比较交换排序,否则调用划分函数 Partition(与递归算法相同),将较大子区间参数入栈,对较小区间继续排序。

② 若当前区间已排序或只剩一个元素,则弹出栈顶的区间参数。

(3)终止条件:当前区间不超过一个元素时,排序完成。

对顺序表 L 排序参考算法如下:

```
QSort_Iterative(L->elem, 1, L->len);
void EasySort(RcdType R[], int low, int high) {        //对 3 个以内元素直接排序
  if (high-low == 1) {                                  //区间只含两个元素
    if (R[low] > R[high]) swap(R, low, high);
  } else {                                              //只含 3 个元素
    if (R[low] > R[low+1]) swap(R, low, low+1);
    if (R[low+1] > R[high]) swap(R, low+1, high);
    if (R[low] > R[low+1]) swap(R, low, low+1);
  }
}
```

```
void QSort_Iterative(RcdType R[], int low, int high) {   //非递归快速排序
    Interval current;
    Stack S = InitStack();                               //初始化辅助栈
    while (low < high) {                                 //当前区间长度大于 1 则循环
        if (high - low < 3) {                            //若当前区间不超过 3 个元素
            EasySort(R, low, high);    low = high;       //则直接比较交换排序
        } else {                                         //当前待排序区间长度大于 3
            int pivot = partition(R, low, high);         //对当前区间进行分区
            if (high - pivot > pivot - low) {            //若高区间较大,则区间参数入栈
                Push(S, pivot + 1, high);    high = pivot - 1;  //准备低区间排序
            } else {                                     //否则低区间较大,区间参数入栈
                Push(S, low, pivot - 1);    low = pivot + 1;    //准备高区间排序
            }
        }
        if (low >= high && !StackEmpty(S)) {             //若当前区间已排序且栈不空
            current = Pop(S);                            //则出栈一个待排区间参数
            low = current.low;
            high = current.high;
        }
    }
    FreeStack(S);                                        //回收栈
}
```

10. 请研究快速排序算法,修改一趟快速排序的算法。

14. 需要注意的问题。

(1) 在分割链表时,是否正确断开了左右部分。

(2) 递归调用时是否正确处理了头结点,右半部分新建的临时头结点是否正确使用。

(3) 合并后的链表是否正确连接到原头结点的 next。

参考代码如下:

```
LNode * Merge(LNode * a, Node * b) {       //合并两个有序链表
    LNode dummy;                           //临时头结点
    LNode * tail = &dummy;
    dummy.next = NULL;
    while (a != NULL && b != NULL) {
        if (a->data <= b->data) {
            tail->next = a;    a = a->next;
        } else {
            tail->next = b;    b = b->next;
        }
        tail = tail->next;
    }
    tail->next = (a != NULL) ? a : b;      //连接剩余段
    return dummy.next;
}
LNode * getMid(LNode * head) {             //使用快慢指针找到中间结点的前驱
    LNode * slow = head;                   //慢指针
    LNode * fast = head->next;             //快指针从第一个数据结点开始
    while (fast != NULL && fast->next != NULL) {
```

个合并的有序数组。参考算法如下：

```
void Merge(int A[], int m, int B[], int n) {
    int i=m-1, j=n-1;                    //分别指示两个数组末尾元素位置
    for (int k=m+n-1; k>=0; k--) {
        if (i<0 || B[j]>A[i]) {
            A[k]=B[j--];
            if (j<0) break;              //一旦 B 的元素已全部加入 A，则终止
        } else  A[k]=A[i--];
    }
}
```

时间复杂度为 $O(m+n)$。空间复杂度为 $O(1)$。

第 11 章

单项选择题答案

1. C　2. A　3. B　4. D　5. B　6. A　7. D　8. C　9. C　10. C
11. B　12. D　13. A

解答题解析或提示（部分）

1.（1）至少取 5-路进行归并。

（2）每次可取 12-路进行归并，则至少需两趟完成排序。然而对总数为 100 的初始归并段，要在两趟内完成归并，进行 10-路归并即可。

2. 150 000 个记录（1000 个物理块）经内部排序后得到 200 个初始归并段，需进行 $\lfloor \log_4 200 \rfloor = 4$ 趟 4-路平衡归并排序。所以，总的 I/O 次数为 $1000 \times 2 + 1000 \times 2 \times 4 = 10\ 000$。

3. b 是败者。败者树与堆的最大差别在于：败者树是由参加比较的 n 个元素作为叶节点而得到的完全二叉树；而堆则是 n 个元素 $R_i (i=1,2,\cdots,n)$ 的序列，它满足性质 $R_i \leqslant R_{2i}$ 且 $R_i \leqslant R_{2i+1} (1 \leqslant i \leqslant [n/2])$。由于这个性质中下标 i 和 $2i, 2i+1$ 的关系恰好和完全二叉树中第 i 个节点和它的孩子节点的序号之间的关系一致，则堆可看成含 n 个节点的完全二叉树。

7. 记录关键字为非递减排列时，可得到最长的初始归并段，长度为记录总数。

8. 记录关键字为非递增排列时，得到的初始归并段最短，长度为 w（工作区容量）。

11. 总的读写外存次数为 550。

12. 总的读写外存次数为 800。

算法设计题提示或参考答案（部分）

2. 与 k 叉最优树的差别是构造 k-路最佳归并树可能需要补虚段。虚段数计算公式可参见教科书 11.5 节。最佳归并树（最优树）的类型可定义如下。除了需要计算和增补虚段外，其与赫夫曼树的主要区别是将节点中的左右孩子指针改为长度为 K 的孩子指针数组。

```
//-----最佳归并树（最优树）的存储表示 -----
#define   K   3   //k 叉最佳归并树的节点的度均为 K
typedef struct OPTNode {
```

```
    int        weight;                      //节点权值,初始归并段(含虚段)的长度作为叶节点权值
    OPTNode * kids[K];                       //孩子指针数组,长度为 K
} OPTNode, * OptimalTree;                     //节点类型,最佳归并树(最优树)指针类型
```

第 12 章

单项选择题答案

1. A   2. A   3. C   4. A   5. D   6. A   7. A   8. C   9. B   10. C
11. B   12. D   13. B   14. B   15. D   16. C   17. A   18. C   19. D   20. D
21. C   22. B

算法设计题提示或参考答案(部分)

2. 从 B^+ 树的根出(不要直接找最左下叶子),找到范围下界所在叶节点,利用叶节点链表实现高效范围查找。参考算法如下:

```
int find_kid_index(KeyType * keys, int num, KeyType key) {
  //顺序查找,确定 key 对应的孩子分支号
  if (key < keys[0]) return 0;                           //最左分支
  for (int i=0; i<num-1; i++)
    if (key >= keys[i] && key < keys[i+1]) return i;     //i 分支
  return num-1;                                           //最右分支
}
BpTNode * find_leaf(BpTNode * root, KeyType key){          //查找键的叶节点
  if (!root) return NULL;
  BpTNode * current = root;
  while (current->kind != LEAF) {                         //直到叶子为止
    int idx = find_kid_index(current->keys, current->kn, key);
    current = current->kids[idx];
  }
  return current;                                          //返回叶子指针
}
void Range_Query(BpTNode * root, KeyType min, KeyType max) {//B⁺树范围查找
  if (!root) return;
  BpTNode * current = find_leaf(root, min);              //找到范围下界所在叶节点
  while (current) {
    for (int i=0; i < current->kn; i++) {                //有序链表中,范围内键是连续的
      if (current->keys[i] >= min && current->keys[i] <= max)
        printf("%d ", current->keys[i]);
      if (current->keys[i] > max) return;                 //超过最大值时即终止
    }
    current = current->next;
  }
}
```

3. 参考算法如下。第一个 if 语句是必要的;最后返回 high 而不是 low 是关键选择。

```
//找到键应该插入的位置(二分查找)
int find_key_index2(KeyType * keys, int num, KeyType key) {
  if (key <= keys[0]) return 0;                          //边界检查
  int low = 0, high = num - 1;
```

```
while (low <= high) {                                 //折半查找
    int mid = (low + high) / 2;
    if (keys[mid] == key) return mid;
    else if (keys[mid] < key) low = mid + 1;
    else high = mid - 1;
}
return high;
}
```

7. 关键特性。

无节点分裂：通过预先计算节点分组实现。

自底向上构建：从叶子层开始逐层合并。

严格键数约束：节点键数和子节点数均不超过 M，也不小于 $M/2$。

时间复杂度：$O(n\log_m n)$。

```
BpTNode * create_leaf(int * keys, int kn) {            //生成叶节点
    BpTNode * node;
    if (!(node = (BpTNode *)malloc(sizeof(BpTNode)))) exit(OVERFLOW);
    node->kind = LEAF;
    node->kn = kn;
    memcpy(node->keys, keys, kn * sizeof(int));
    memset(node->kids, 0, M * sizeof(BpTNode *));
    node->next = NULL;
    return node;
}
//创建内部节点
BpTNode * create_internal_node(BpTNode * * kids, int num_kids, int * keys) {
    BpTNode * node;
    if (!(node = (BpTNode *)malloc(sizeof(BpTNode)))) exit(OVERFLOW);
    node->kind = INTERNAL;    node->kn = num_kids;
    memcpy(node->keys, keys, num_kids * sizeof(int));
    memcpy(node->kids, kids, num_kids * sizeof(BpTNode *));
    node->next = NULL;
    return node;
}
//分割有序数组生成叶节点层
BpTNode * * create_leaves(int * arr, int n, int * leaf_count) {
    * leaf_count = n<=M ? 1 : (n + M - 1) / M;          //叶子总数
    BpTNode** leaves;                                   //叶子指针向量
    if (!(leaves=(BpTNode * *)malloc(* leaf_count * sizeof(BpTNode *))))
        exit(OVERFLOW);
    int start, end, start_last, last=0;
    for (int i=0; i < * leaf_count; i++) {
        if (last || * leaf_count==1) { start = start_last;   end = n; }
        else {                                          //这段代码确保节点的大小合法
            start = i * M;
            if (n-start > 2 * M) end = (i+1) * M;
            else {
                end = start + (n-start)/2;
                start_last = end;    last = 1;
            }
        }
```

```
            int num = end - start;                              //叶子键数
            leaves[i] = create_leaf(arr + start, num);          //生成一个叶子
            if (i > 0) leaves[i-1]->next = leaves[i];            //加入叶子链表
        }
        return leaves;
    }
    BpTNode * build_level(BpTNode * * nodes, int count) {    //递归构建 B+树结构
        if (count == 1) return nodes[0];
        int new_count = (count + M - 1) / M;
        BpTNode * * new_nodes;
        if (!(new_nodes = (BpTNode * *)malloc(new_count * sizeof(BpTNode *))))
            exit(OVERFLOW);
        int start, end, start_last = 0, last = 0;
        for (int i = 0; i < new_count; i++) {
            if (last || count <= M) { start = start_last;  end = count; }
            else {                                      //这段代码确保节点的大小合法
                start = i * M;
                if (count-start > 2 * M) end = start+M;
                else {
                    end = start + (count-start)/2;
                    start_last = end;    last = 1;
                }
            }
            int group_size = end - start;
            //提取子节点指针和最小键值
            BpTNode * * kids;
            if (!(kids = (BpTNode * *)malloc(group_size * sizeof(BpTNode *))))
                exit(OVERFLOW);
            int * keys;
            if (!(keys = (int *)malloc(group_size * sizeof(int))))
                exit(OVERFLOW);
            for (int j = 0; j < group_size; j++) {
                kids[j] = nodes[start + j];
                BpTNode * node = kids[j];
                keys[j] = node->keys[0];                //用节点最小关键字作节点索引
            }
            new_nodes[i] = create_internal_node(kids, group_size, keys);
            free(kids);
            free(keys);
        }
        BpTNode * root = build_level(new_nodes, new_count);
        free(new_nodes);
        return root;
    }
    BpTNode * construct_bplus_tree(KeyType * sorted_arr, int n) {         //主构建函数
        int leaf_count;
        BpTNode** leaves = create_leaves(sorted_arr, n, &leaf_count);
        return build_level(leaves, leaf_count);
    }
```

附录 A　AnyviewC 使用说明

AnyviewC 是一个集编辑器、编译器和调试器为一体的 C 语言可视化学习环境。为理解算法与数据结构、学习编程和调试程序提供了方便直观的可视交互集成环境。

A.1　AnyviewC 功能界面

AnyviewC 主界面如图 A.1 所示,由主控区、编辑区和演示区 3 部分组成。主控区包括菜单栏和运行栏。编辑区划分为源程序编辑、程序结构和输入输出 3 个区(也称窗,下同),源程序编辑区简称编辑。演示区划分为数组、数据结构、运行栈和动态分配堆 4 个区,其中,数据结构、运行栈、动态分配堆 3 个区分别简称结构区、栈区和堆区。

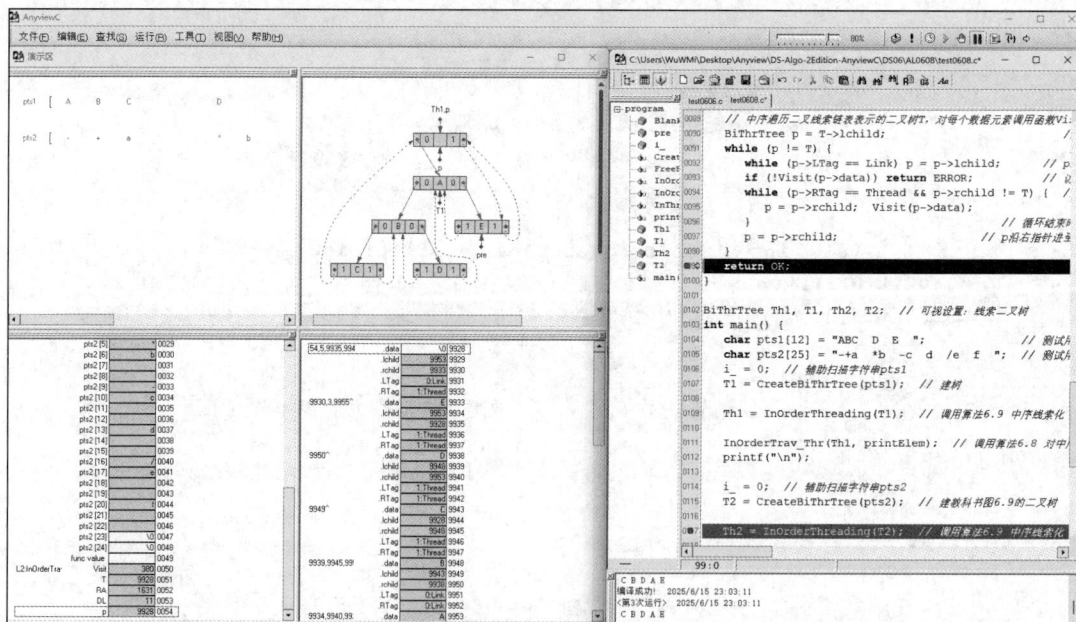

图 A.1　AnyviewC 主界面

A.2　菜单栏

AnyviewC 的菜单栏(见图 A.2)包括文件、编辑、查找、运行、工具、视图和帮助 7 个下拉菜单。

图 A.2　AnyviewC 菜单栏

1. 文件菜单

文件菜单包括对文件进行操作的 7 个相关选项,如图 A.3 所示。

登录(L):当与系统的连接中断(图标打了红色×)时,单击"登录"按钮,进行重新连接操作。

打开题库文件(L):在系统题库打开一个教材的算法测试或题集的算法设计题目的 C 源程序文件。单击"打开题库文件"命令,在弹出的"算法和习题目录"对话框中可单击显示算法测试或算法设计题目的在线题库目录,选择章-题子目录的具体算法或题目即可。

文件(F) 编辑(E) 查找(S) 运	
登录(L)	Ctrl+L
打开题库文件(Z)	Ctrl+L
关闭(C)	Ctrl+E
关闭全部(A)	
保存(S)	Ctrl+S
保存所有(E)	
退出(X)	Alt+F4

图 A.3　文件菜单

关闭(C):关闭当前编辑文件。

关闭全部(A):关闭当前的所有打开文件并关闭代码编辑窗口。

保存(S):保存当前所编辑的文件。

保存所有(E):保存当前打开的所有文件。

退出(X):退出 AnyviewC。

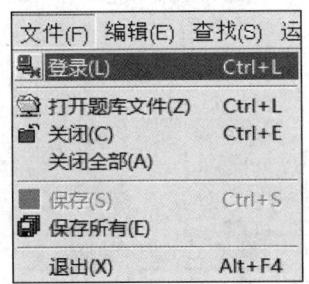

2. 编辑菜单

编辑菜单如图 A.4 所示。

撤销(U):撤销前面操作。可在配置菜单中设置可撤销的次数,默认为 65 535 次。

重做(R):重做已撤销的操作。

剪切(X):剪切所选择内容。

复制(C):将当前位置内容复制到剪切板。

粘贴(P):将剪切板内容复制到当前位置。

全选(A):选择当前文本编辑区的所有文本。

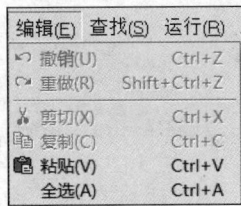

3. 查找菜单

查找菜单如图 A.5 所示。

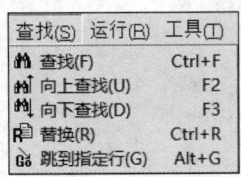

编辑(E) 查找(S) 运行(R)	
撤销(U)	Ctrl+Z
重做(R)	Shift+Ctrl+Z
剪切(X)	Ctrl+X
复制(C)	Ctrl+C
粘贴(V)	Ctrl+V
全选(A)	Ctrl+A

图 A.4　编辑菜单

查找(S) 运行(R) 工具(T)	
查找(F)	Ctrl+F
向上查找(U)	F2
向下查找(D)	F3
替换(R)	Ctrl+R
跳到指定行(G)	Alt+G

图 A.5　查找菜单

查找(F):在文本编辑区内进行查找。

向上查找(U):按先前查找条件往回查找上一个内容。

向下查找(D):按先前查找条件继续查找下一个内容。

替换(R):将查找到的内容用给定串替换。

跳到指定行（G）：光标直接跳转到指定的行，并使该行显示在文本编辑区。

4. 运行菜单

运行菜单如图 A.6 所示。

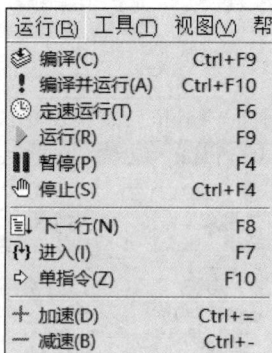

图 A.6　运行菜单

编译（C）：对源程序进行编译。

编译并运行（A）：首先对源程序进行编译，如果编译通过，立即连续运行程序。

定速运行（T）：根据设定的时间间隔，定速连续运行程序。

运行（R）：连续运行程序。

暂停（P）：暂停程序运行。

停止（S）：终止程序运行。

下一行（N）：执行下一行代码。

进入（I）：如果当前行包含一个函数调用，调试器进入该函数内部，并继续单步执行。

单指令（Z）：执行下一条指令。

加速（D）：在使用"定时运行"命令时，加速程序运行。

减速（B）：在使用"定时运行"命令时，减慢程序运行速度。

5. 工具菜单

工具菜单如图 A.7 所示。

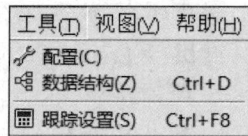

图 A.7　工具菜单

配置（C）：打开"配置"对话框，可对 AnyviewC 各功能进行设置。在"配置"对话框中可设置常规、编辑器、内存、数组链表、语法等各类参数。

数据结构（Z）：打开"数据结构"对话框（见图 A.8），可勾选所列的数据结构类型定义的源代码，插入当前编辑文件光标位置。

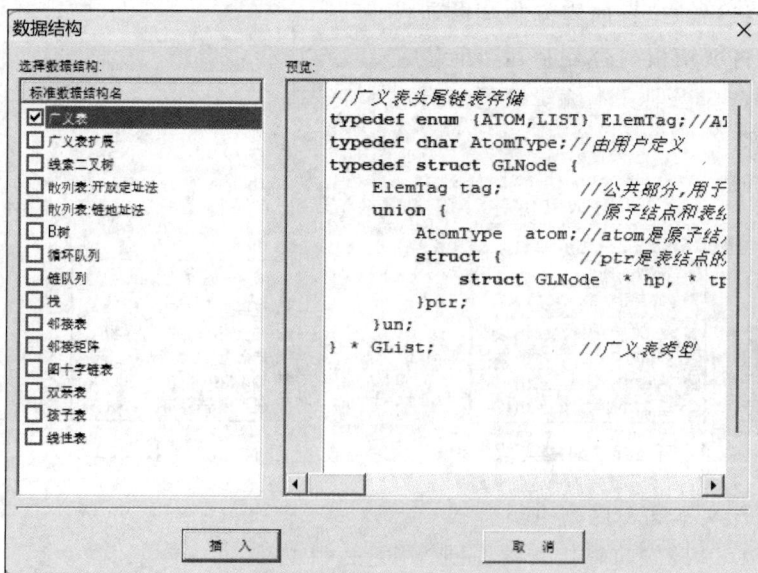

图 A.8　"数据结构"对话框

跟踪设置(S)：打开"跟踪设置"对话框，对需要进行可视化跟踪或调试的数据结构变量进行设置。参见"A.8　数据结构运行时的可视化"部分有关"跟踪设置"对话框的说明。

6. 视图菜单

视图菜单如图 A.9 所示。

文字大小(Y)：按照预设调整文字的大小。

源程序窗口(C)：显示或隐藏源程序窗口。

演示窗口(D)：显示或隐藏演示窗口。

程序结构窗口(T)：显示或隐藏程序结构窗口。

输入输出窗口(O)：显示或隐藏输入输出窗口。

输入输出信息窗口(I)：显示或隐藏输入输出信息窗口。

文档窗口(M)：显示或隐藏文档窗口。

栈窗口(S)：显示或隐藏栈窗口。

堆窗口(H)：显示或隐藏堆窗口。

数组窗口(A)：显示或隐藏数组窗口。

数据结构窗口(L)：显示或隐藏数据结构窗口。

三维数据结构窗口(G)：显示或隐藏三维数据结构窗口。可用于图的复杂关系结构的三维可视。

恢复窗体位置(Z)：恢复上述各窗体的默认位置和停靠状态。

图 A.9　视图菜单

7. 帮助菜单

帮助菜单如图 A.10 所示，单击"帮助"命令弹出"使用手册"窗口，单击"关于"命令则弹出 AnyviewC 的基本信息框。

A.3　运行栏

与菜单栏同行相对的右边是运行栏（见图 A.11），将菜单栏中的运行菜单项以按钮和移动条的形式列出，以方便程序编译、运行、跟踪和调试操作。这也是支持可视交互学习和调试的主要操作。

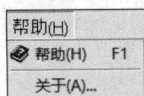

图 A.10　帮助菜单　　　　图 A.11　运行栏

A.4　源程序编辑

源程序编辑窗位于系统界面的右侧，如图 A.12 的上方所示。其上方的编辑操作栏排列了对应于编辑菜单和查找菜单的操作按钮，以及字体按钮。编辑窗口的左竖条的每个四位数是源程序各行的对应行号，单击行号可设定/取消该行为程序运行的暂停点（俗称"断点"），辅助对程序的跟踪调试。从图 A.12 所示编辑窗的 4 个程序名标签可见，已打开了 4 个源程序文件，单击选项卡可指定当前编辑、编译和运行的程序。

需要时，可单击源程序编辑窗左上角的"全屏/还原"按钮，改变源程序编辑窗的大小（系

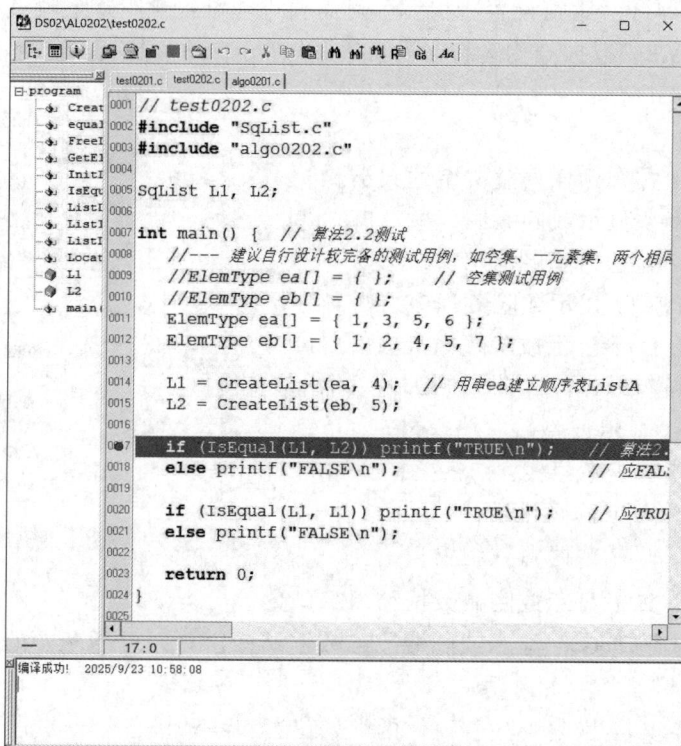

图 A.12　源程序编辑窗和输入输出窗口

统其他窗口类似）。

A.5　程序结构窗和可视设置

在源程序编辑窗的左侧是程序结构窗（见图 A.12）。源程序需编译通过后，该窗显示程序的外部变量和函数名，可单击进入函数列出参数和局部变量。该窗上方有 3 个按钮，分别为打开/关闭程序结构窗、弹出跟踪设置窗和打开/关闭输入输出窗。

A.6　输入输出信息

从图 A.12 可见，在源程序编辑窗的下方是输入输出窗。显示源程序编译错误信息和程序运行时的输入输出信息。需要时，可按住鼠标左键并压住源程序编辑窗和输入输出窗的边界，上下拖动改变两个窗口的相互大小。

A.7　程序运行时的内存可视化

主界面左半边是演示区域，有 4 个基本窗口：运行栈（简称栈）、动态分配堆（简称堆）、数组和数据结构。程序运行前或过程中，还可在视图下拉菜单单击弹出三维数据结构或特定数组的演示窗。其中，栈和堆实现程序运行时的内存可视化，也称 AnyviewC 虚拟机的可视化。

AnyviewC 的编译器是一个自行开发的 C 语言的较大子集的编译器，该 C 子集可支持数据结构课程的算法和习题编程。产生的目标程序由支持可视化运行的虚拟机解释执行。

虚拟机的内存从 0~9999 按十进制编址,其内容动态显示在栈和堆两个窗(以下简称栈区和堆区,也避免与数据结构中的栈和堆混淆)。

char、int、float 和指针等不同类型的值都简化为一个存储单元,用一个矩形格子表示,简称单元格。单元格内显示值,单元格右侧显示单元地址,单元格左侧显示变量或分量名。

栈区从 0 向高地址分配,堆区从 9999 向低地址分配(这与现在流行的 C 编译器是相反的,但不影响程序运行的正确性)。

栈区从 0 开始为全局变量和静态变量分配存储单元。程序开始运行时分配 main 函数的活动记录。每当调用一个函数,就在栈顶为其分配活动记录,包括参数和局部变量的存储单元以及两个控制单元,RA 是函数返回地址(代码指令地址),DL 是运行栈的指针(每个函数所需存储单元个数不同,活动记录之间用 DL 链接成一个"链栈")。因此,从栈区可观察函数,特别是递归函数的调用和返回,以及参数和变量的变化。

指针是栈区和堆区联系的纽带,从堆区可观察动态内存分配和回收的过程,以及数据结构的顺序、链式存储分配和回收。是否有"垃圾"和"野指针"一目了然。

作为内存分区的简化处理,程序中的字符串常量也分配在堆的高端。

A.8　数据结构运行时的可视化

仅在栈区和堆区观察还不足以直观了解数据结构的形态及其变化。AnyviewC 虚拟机最具特色的功能是对数据结构的可视化解释,并在演示窗口实时呈现程序运行时的数据结构动画,构成了《数据结构》(C 语言版·第 2 版)和《数据结构题集》(C 语言版·第 2 版)推荐可视交互学习模式的依托环境。

单击数据结构窗的上边缘即弹出带操作按钮的窗(见图 A.13),可按需缩放该窗以满足不同数据结构(组)的可视观察需求。4 个操作按钮依次是选择元素结点大小比例、选择结点矩形或圆形、还原窗口位置和缩放窗口为整个演示区大小。

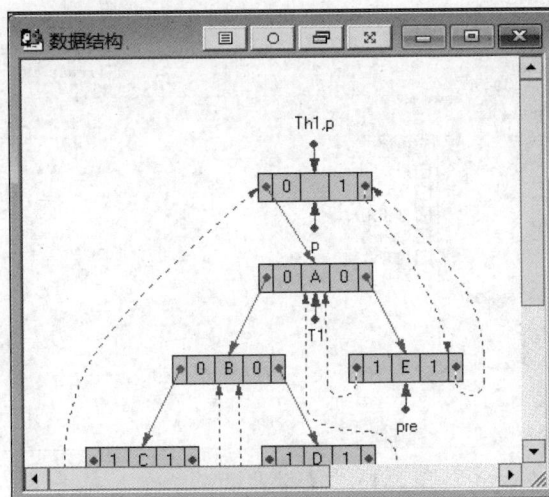

图 A.13　弹出数据结构窗

以教科书算法 7.1 和算法 7.2 为例,main 函数截图如图 A.14 所示。单击可视设置按钮弹出如图 A.15 所示的"跟踪设置"对话框,对图变量 G 选定其可视结构种类为邻接矩阵。

运行到断点 0108 行,算法 7.1 构建的 G 在数据结构窗的结构形态截图为图 A.16。如果觉得图的边相互交叉太多,可在视图菜单选择"三维数据结构窗口"命令即弹出 G 的三维视图(截图见图 A.17)。可以按住鼠标左键拖动旋转观察 G 的三维形态,也可以按住鼠标右键拖动移动 G。

图 A.14 调用算法 7.1 的 main 函数

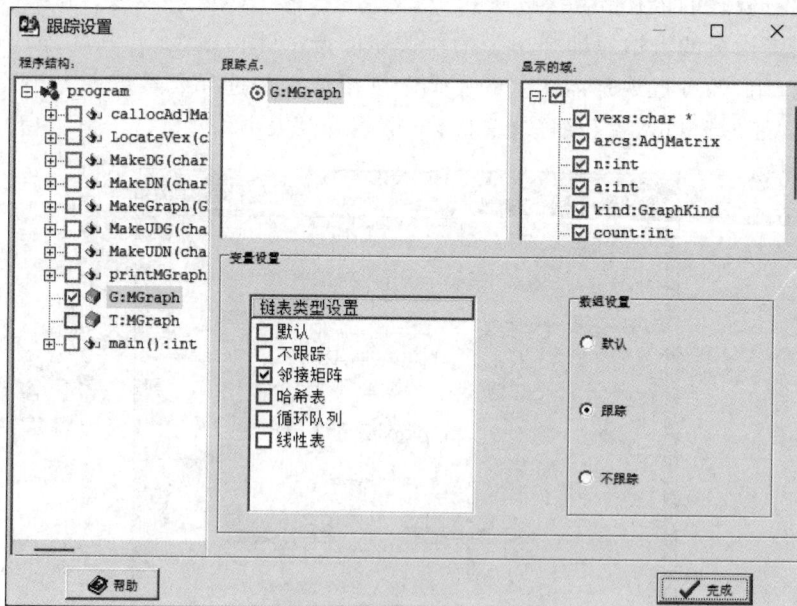

图 A.15 "跟踪设置"对话框

目前,AnyviewC 可自动识别链表、二叉树等部分数据存储结构的可视特征。顺序存储结构以及其他结构因有多种变形,需要在程序结构窗进行"跟踪设置",即对具体数据结构变量选定可视结构种类。

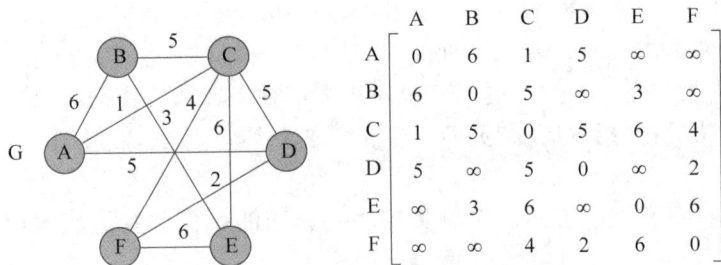

$$\begin{array}{c} & \begin{array}{cccccc} A & B & C & D & E & F \end{array} \\ \begin{array}{c} A \\ B \\ C \\ D \\ E \\ F \end{array} & \left[\begin{array}{cccccc} 0 & 6 & 1 & 5 & \infty & \infty \\ 6 & 0 & 5 & \infty & 3 & \infty \\ 1 & 5 & 0 & 5 & 6 & 4 \\ 5 & \infty & 5 & 0 & \infty & 2 \\ \infty & 3 & 6 & \infty & 0 & 6 \\ \infty & \infty & 4 & 2 & 6 & 0 \end{array}\right] \end{array}$$

图 A.16　G 在数据结构窗的结构形态

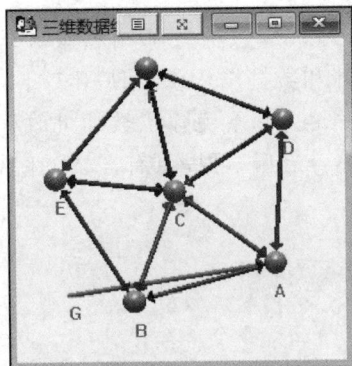

图 A.17　G 的三维视图

可在本题集的第一篇各章查看所列举的各种数据结构的可视形态示例及解析。

演示区的各窗口相互补充,共同支持可视交互跟踪程序运行细节和观察数据结构形态变化,可望实现课程学习的提速增效。

A.9　AnyviewC 的下载和登录

1. 下载安装

(1) 使用微信扫描右侧二维码获取下载地址。

(2) 下载完成后,解压文件并运行安装程序。

(3) 按照安装向导完成软件安装。

2. 账号注册与激活

1) 获取激活码

(1) 找到教科书《数据结构》(C 语言版·第 2 版)(书号:9787302703396)封底的作业系统二维码。

(2) 轻刮涂层露出完整二维码。

2) 扫码完成注册

(1) 使用微信扫描已刮开的二维码。

(2) 根据页面提示填写注册信息。

(3) 完成账号注册和软件激活。

重要提醒:每个激活码仅支持绑定一个账号,激活后无法更换,请妥善保管账号信息。

下载地址

3. 登录使用

（1）双击桌面 AnyviewC 图标启动软件。

（2）单击"登录"按钮，在弹出的页面中使用微信扫码或账号密码登录。

（3）登录成功后在"授权请求"页面中单击"同意授权"按钮，稍等几秒即可开始使用软件功能。

对教科书算法的可视交互运行和题集算法设计题的可视交互做题测评的有关说明，可在登录系统后获取或查阅。

A.10 关于 AnyviewC 算法设计作业管理系统

AnyviewC 算法设计作业管理系统包括教师端和服务端的作业管理模块，已在广东工业大学等院校的 C 语言程序设计和数据结构课程使用多年，对学生作业代码自动测评和分析统计，实现了学生编程作业无纸化，基本免除了教师批改程序作业的沉重工作负荷。待系统与出版社线上资源平台完成整合之后，可提供有需要的院校教师使用。